CAD/CAM/CAE 系列
入门与提高 丛书

U0749250

T20天正建筑V10.0
建筑设计
入门与提高

胡仁喜　张亭◎编著

清華大学出版社

北京

内 容 简 介

本书重点介绍 T20 天正建筑 V10.0 的新功能及各种基本操作方法和技巧。全书共 18 章,内容包括天正建筑软件入门、轴网绘制与编辑、墙体绘制与编辑、墙体立面工具、柱子绘制与编辑、门窗绘制与编辑、楼梯绘制与编辑、绘制其他设施、房间创建与布置、绘制屋顶、文字与表格、尺寸标注、符号标注、工具、立面绘制与编辑、剖面绘制与编辑、办公楼设计综合实例和别墅设计综合实例等。在介绍过程中,注重由浅入深、从易到难,各章节既相对独立又前后关联。编者根据自己多年经验及学习者的心理,及时给出总结和相关提示,可以帮助读者快捷地掌握所学知识。

本书内容翔实、图文并茂、语言简洁、实例丰富,可以作为相关院校的教材,也可作为初学者的自学指导书。

图书在版编目(CIP)数据

T20 天正建筑 V10.0 建筑设计入门与提高 / 胡仁喜,张亭编著. -- 北京:清华大学出版社,2025. 5. --(CAD/CAM/CAE 入门与提高系列丛书). -- ISBN 978-7-302-69149-5

Ⅰ. TU201.4

中国国家版本馆 CIP 数据核字第 2025DQ1951 号

责任编辑:秦 娜 赵从棉
封面设计:李召霞
责任校对:欧 洋
责任印制:杨 艳

出版发行:清华大学出版社
  网   址:https://www.tup.com.cn,https://www.wqxuetang.com
  地   址:北京清华大学学研大厦 A 座   邮   编:100084
  社 总 机:010-83470000   邮   购:010-62786544
  投稿与读者服务:010-62776969,c-service@tup.tsinghua.edu.cn
  质量反馈:010-62772015,zhiliang@tup.tsinghua.edu.cn
印 装 者:三河市东方印刷有限公司
经   销:全国新华书店
开   本:185mm×260mm   印   张:28.75   字   数:694 千字
版   次:2025 年 7 月第 1 版   印   次:2025 年 7 月第 1 次印刷
定   价:109.80 元

产品编号:105254-01

前 言

Preface

　　天正建筑是北京天正工程软件有限公司开发的专门用于建筑图绘制的参数化软件,符合我国建筑设计人员的操作习惯,贴近建筑图绘制的实际,并且有很高的自动化程度,因此在国内使用相当广泛。在实际操作过程中只要输入几个参数尺寸,就能自动生成平面图中的轴网、柱子、墙体、门窗、楼梯、阳台等,可以绘制和生成立面及剖面图等建筑图样。天正建筑采用二维图形描述三维空间,在绘制平面图的过程中,能够表现三维建筑物的形体,从而更加直观地表达建筑物。天正建筑的操作方式简单,易于掌握,使用它可以方便地完成建筑图的设计。

一、本书特点

　　• 作者权威

　　本书由 Autodesk 中国认证考试管理中心首席专家胡仁喜博士领衔的 CAD/CAM/CAE 技术联盟编写,所有编者都是在高校从事计算机辅助设计教学研究多年的一线人员,具有丰富的教学实践经验与教材编写经验。本书编委会前期出版的一些相关书籍经过市场检验很受读者欢迎。多年的教学工作使他们能够准确地把握学生的心理与实际需求。本书是作者总结多年的设计经验及教学的心得体会,经过多年的精心准备编写而成,力求全面、细致地展现 T20 天正建筑 V10.0 软件在建筑设计应用领域的各种功能和使用方法。

　　• 实例丰富

　　对于 T20 天正建筑 V10.0 这类专业软件在建筑设计领域应用的工具书,我们力求避免空洞的介绍和描述,而是步步为营,逐个知识点采用建筑设计实例演绎,可使读者在实例操作过程中就牢固地掌握该软件的功能。实例的种类也非常丰富,有知识点讲解的小实例,有几个知识点或全章知识点综合的综合实例,有练习提高的上机实例,也有最后完整实用的工程案例。各种实例交错讲解,以达到巩固读者理解的目标。

　　• 突出提升技能

　　本书从全面提升 T20 天正建筑 V10.0 实际应用能力的角度出发,结合大量的案例讲解如何利用 T20 天正建筑 V10.0 软件进行建筑设计,使读者了解 T20 天正建筑 V10.0 并能够独立地完成各种建筑设计与制图。

　　本书中有很多实例本身就是建筑设计项目案例,经过作者精心提炼和改编,不仅可以使读者学好知识点,更重要的是能够帮助读者掌握实际的操作技能,同时培养建筑设计实践能力。

二、本书的基本内容

　　本书重点介绍 T20 天正建筑 V10.0 中文版的新功能,以及各种基本操作方法和技巧。全书共 18 章,内容包括天正建筑软件入门、轴网绘制与编辑、墙体绘制与编辑、墙体立面工具、柱子绘制与编辑、门窗绘制与编辑、楼梯绘制与编辑、绘制其他设施、房间创建与布置、绘制屋顶、文字与表格、尺寸标注、符号标注、工具、立面绘制与编辑、剖面绘制与编辑、办公楼设计综合实例和别墅设计综合实例等。各章之间紧密联系,前后呼应。

三、本书的配套资源

本书通过扫描二维码下载丰富的学习配套资源,期望读者在最短的时间内学会并精通这款软件。

1. 配套教学视频

针对本书实例专门制作了228集配套教学视频,读者可以先看视频,像看电影一样轻松愉悦地学习本书内容,然后对照课本加以实践和练习,这样可以大大提高学习效率。

2. 全书实例的源文件和素材

本书附带很多实例,包含实例和练习的源文件和素材,读者可以安装T20天正建筑V10.0软件,打开并使用它们。

四、关于本书的服务

1. 关于本书的技术问题或有关本书信息的发布

读者如遇到有关本书的技术问题,可以将问题发到邮箱714491436@qq.com,我们将及时回复。

2. 安装软件的获取

按照本书上的实例进行操作练习,以及使用T20天正建筑V10.0进行建筑设计与制图时,需要事先在计算机上安装相应的软件。读者可从网络下载相应软件,或者从当地电脑城、软件经销商处购买。QQ交流群也会提供下载地址和安装方法教学视频,需要的读者可以关注。

本书由河北工业职业技术大学的胡仁喜博士和石家庄楚辉工程设计有限公司的张亭编写,其中胡仁喜执笔编写了第1~12章,张亭执笔编写了第13~18章。本书的编写和出版得到了很多朋友的大力支持,值此图书出版发行之际,向他们表示衷心的感谢。同时,也深深感谢支持和关心本书出版的所有朋友。

书中主要内容来自作者几年来使用天正建筑的经验总结,也有部分内容取自国内外有关文献资料。虽然几易其稿,但由于时间仓促,加之水平有限,书中纰漏与失误在所难免,恳请广大读者批评指正。

作　者

2025 年 2 月

0-1

目 录

Contents

Note

Note

第 *1* 章

天正建筑软件入门

本 章 导 读

　　T20 天正建筑 V10.0 软件是基于 AutoCAD 的一款建筑设计软件，本书采用 2024 版的 AutoCAD。T20 天正建筑 V10.0 软件新增了多种功能模块，提供专业的建筑信息模型（BIM）应用模式。本章主要介绍 T20 天正建筑 V10.0 软件的安装过程和操作界面。

学 习 要 点

◆ 软件安装
◆ 基本输入操作
◆ 系统设置

1.1 软 件 安 装

安装步骤如下：

(1) 首先安装 AutoCAD 2024，在相关网站上下载安装软件。安装上 AutoCAD 2024 中文版之后的操作界面如图 1-1 所示。

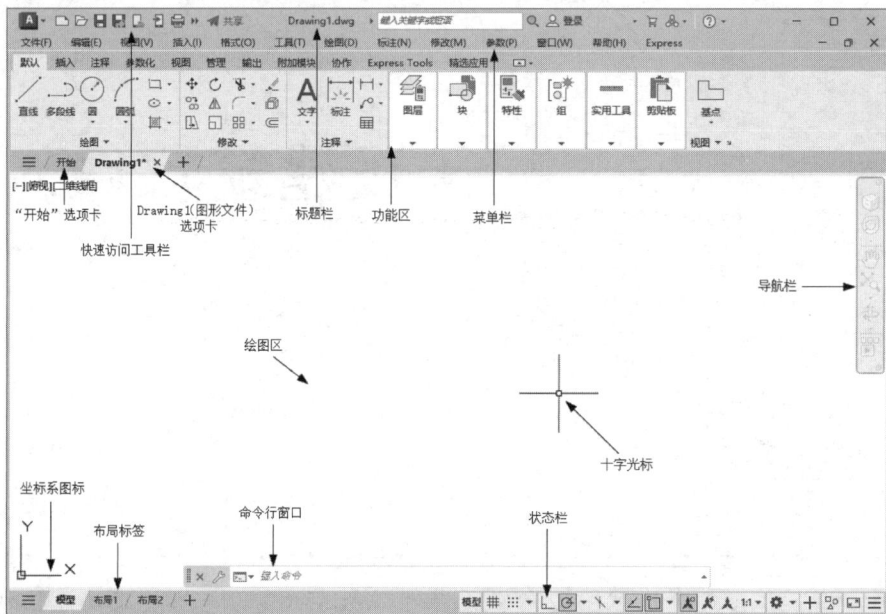

图 1-1   AutoCAD 2024 中文版的操作界面

(2) 关闭 AutoCAD 软件，双击计算机中的"T20 天正建筑 V10.0"文件夹，找到" T20 天正建筑 V10.0"程序文件，右击，在弹出的快捷菜单中选择"以管理员身份运行"选项，打开如图 1-2 所示的 T20 天正建筑软件安装盘界面，停留几秒钟，软件自动进入图 1-3 所示的安装界面，选择"我接受许可证协议中的条款"单选按钮，单击"下一步"按钮。

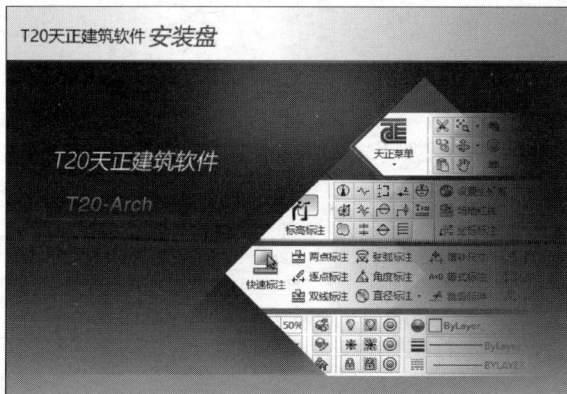

图 1-2   T20 天正建筑软件安装盘界面

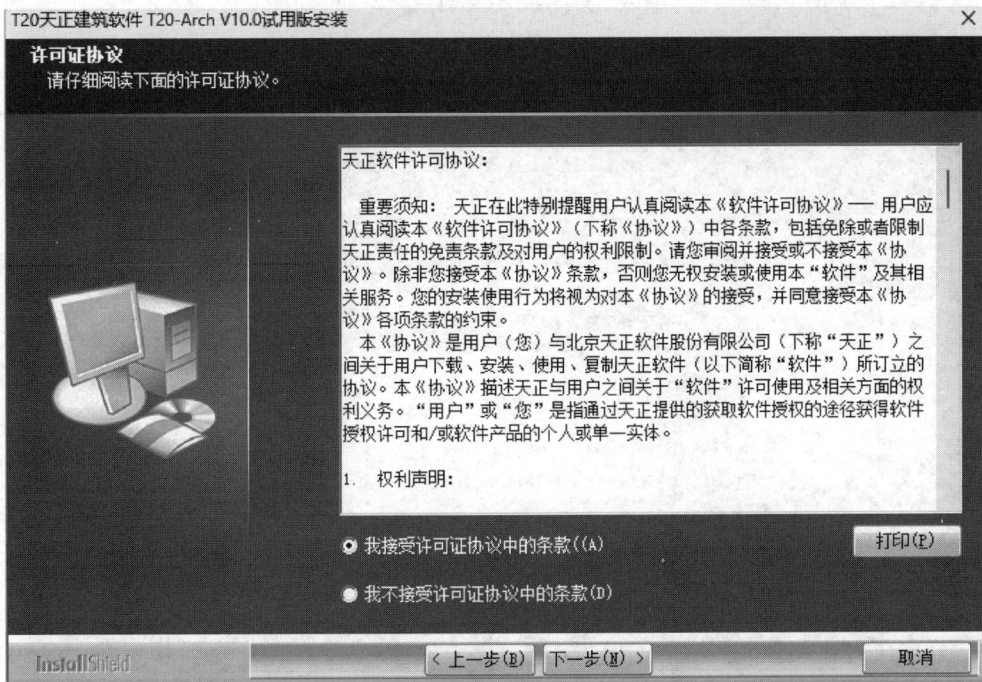

图 1-3　安装界面

（3）在安装界面中选择安装软件的位置，默认安装在 C 盘，这里读者可以自行选择安装位置，如图 1-4 所示。

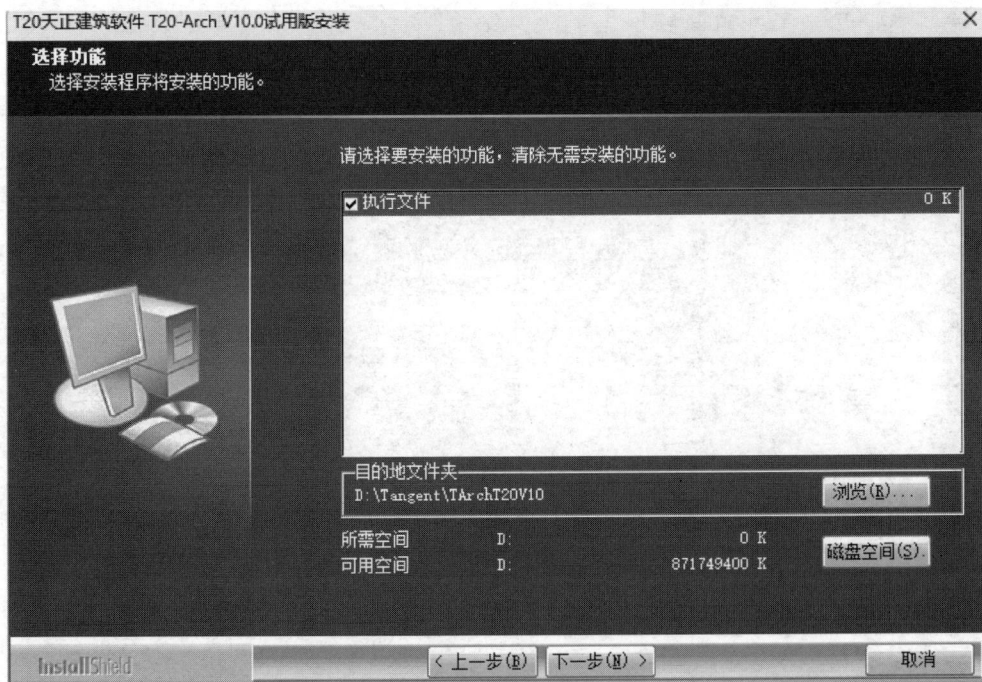

图 1-4　安装位置

（4）单击"下一步"按钮，进入"选择程序文件夹"界面，如图 1-5 所示。

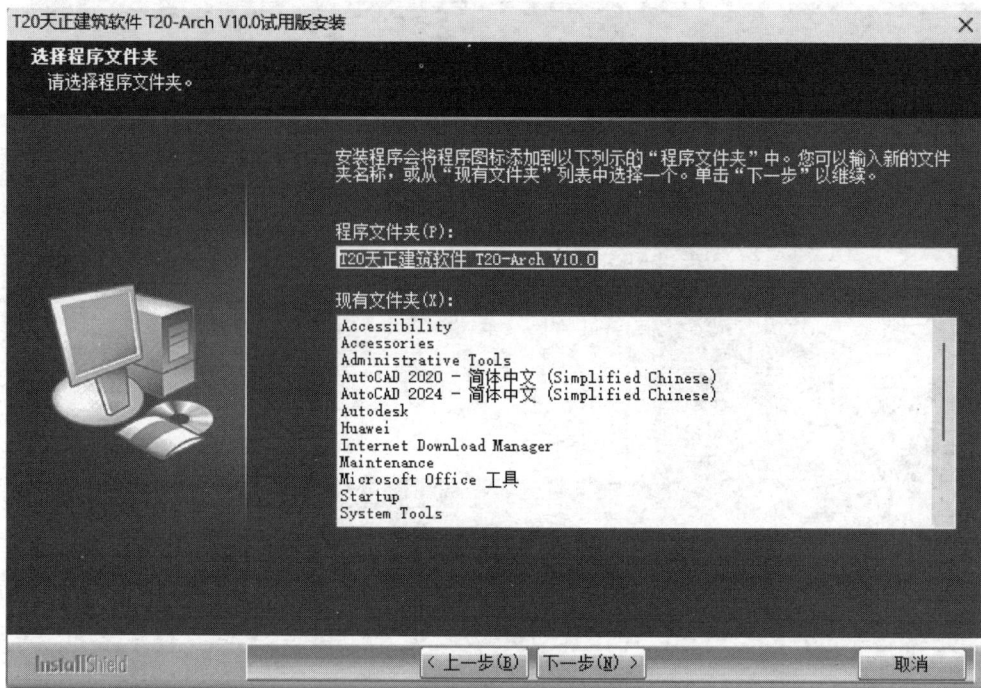

图 1-5 "选择程序文件夹"界面

（5）单击"下一步"按钮，进入如图 1-6 所示的安装状态界面，安装软件。

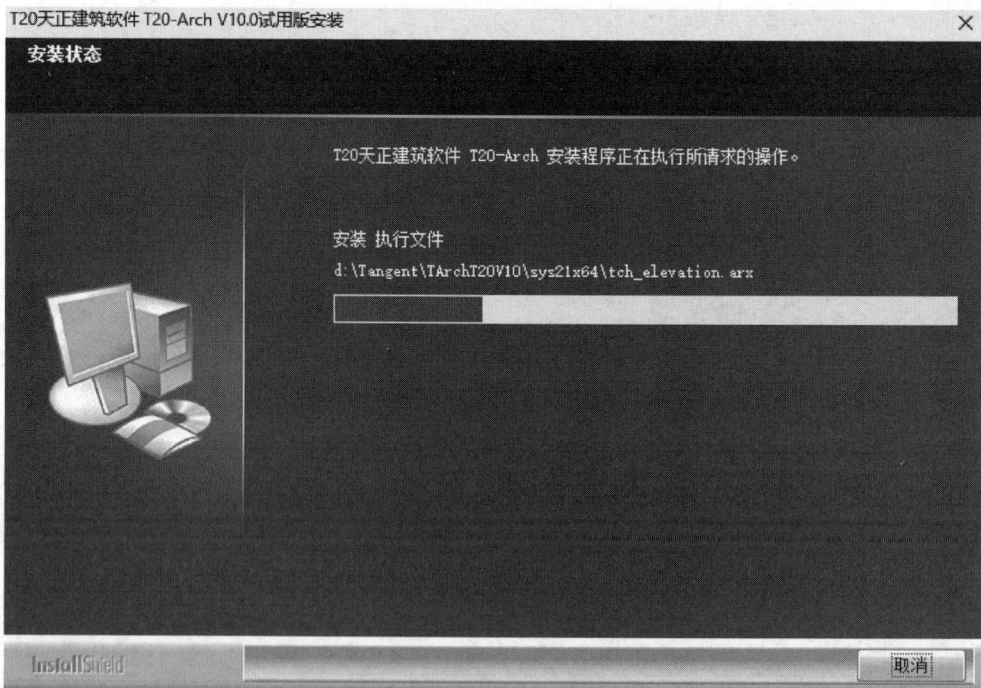

图 1-6 安装状态界面

（6）安装完成后，出现如图 1-7 所示的界面，单击"完成"按钮，完成安装。

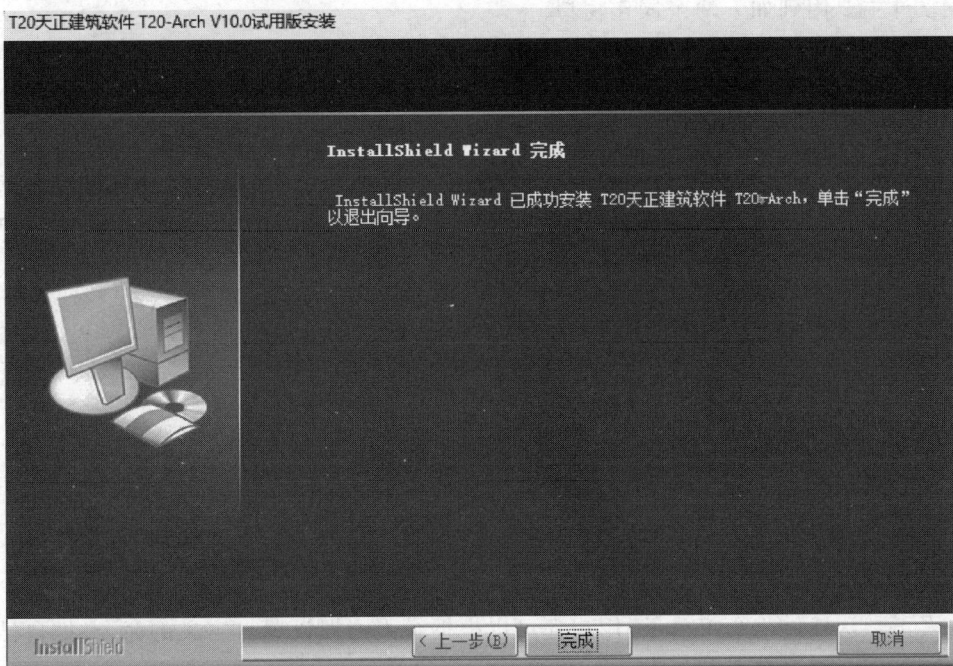

图 1-7　安装完成界面

（7）双击桌面上刚安装的 T20 天正建筑 V10.0 软件图标，选择对应的 AutoCAD 版本。这里我们选择 AutoCAD 2024，打开如图 1-8 所示的操作界面。

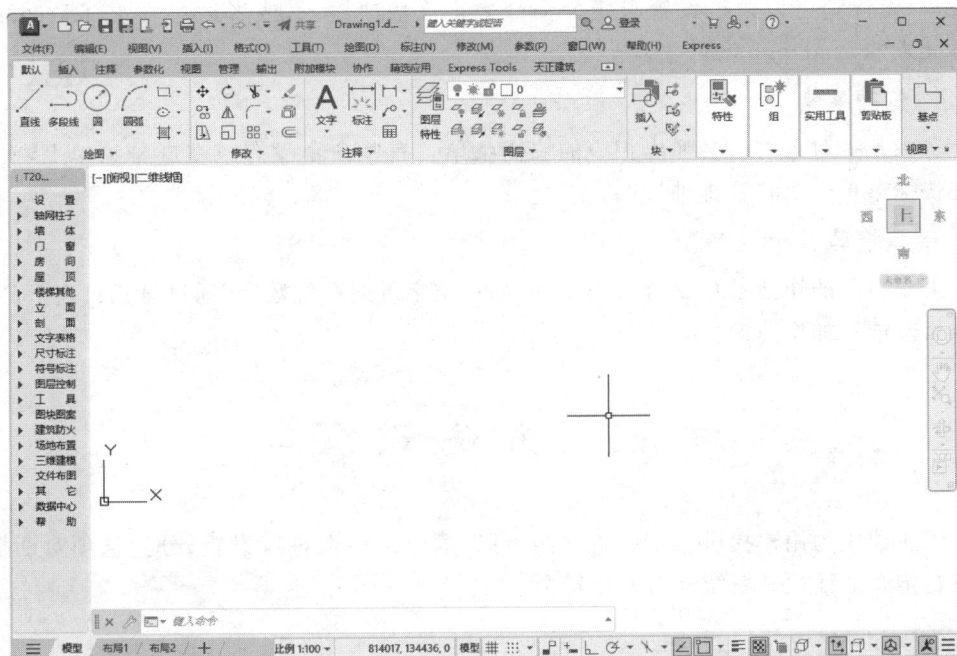

图 1-8　操作界面显示

在操作界面中可以看到，天正建筑和AutoCAD通用软件增加的是天正屏幕菜单。天正软件主要用到如下两个操作窗口。

（1）命令对话区：这是最基本的操作方式，使用屏幕菜单命令的每个汉字的第一个拼音字母的组合就可以调用该命令。在命令对话区输入命令，按Enter键执行命令，显示该命令的下一步操作提示，并在提示中输入执行命令所需的参数和数据。

（2）屏幕菜单：在天正屏幕菜单中，左侧有深蓝色三角形，表示该菜单有对应的下一级子菜单。通过单击该菜单，可以调出下一级子菜单。单击子菜单命令就可以执行该命令。

1.2 基本输入操作

1. 菜单

直接单击天正屏幕上的菜单来运行相关命令。

2. 工具条

天正默认提供4个工具条，用户还可以根据个人习惯设置自定义的命令，把自己经常使用的命令放置在工具条上。

3. 快捷输入

对于习惯使用键盘的设计师而言，通过快捷输入可以提高绘图效率。天正命令默认的快捷输入均为相关命令拼音首字母，如"绘制轴网"命令默认的快捷输入为HZZW，设计师可以通过设置自定义命令来定义快捷输入，或者通过修改TArch8sys文件夹下的acad.pgp文件实现。

4. 快捷菜单

选中某一对象右击会弹出相应的快捷菜单。有些命令没有放在屏幕菜单上，而只放在快捷菜单中，如"重排轴号"。

5. 快捷键

天正目前的快捷键只支持一个按键，即一位字母或一位数字，通过设置自定义命令可以修改或添加快捷键。

1.3 系统设置

天正建筑为用户提供初始设置功能，可以通过对话框进行设置，分为选项对话框、天正自定义对话框和系统参数三个部分。

1.3.1 自定义

自定义命令启动天正建筑的自定义对话框，由用户自己设置交互界面效果。

执行方式：

命令行：ZDY。

菜单："设置"→"自定义"。

执行上述任意一种命令，打开"天正自定义"对话框，其中有 4 个选项卡，分别为"基本设置"选项卡（如图 1-9 所示）、"屏幕菜单"选项卡（如图 1-10 所示）、"工具条"选项卡（如图 1-11 所示）、"快捷键"选项卡（如图 1-12 所示）。

Note

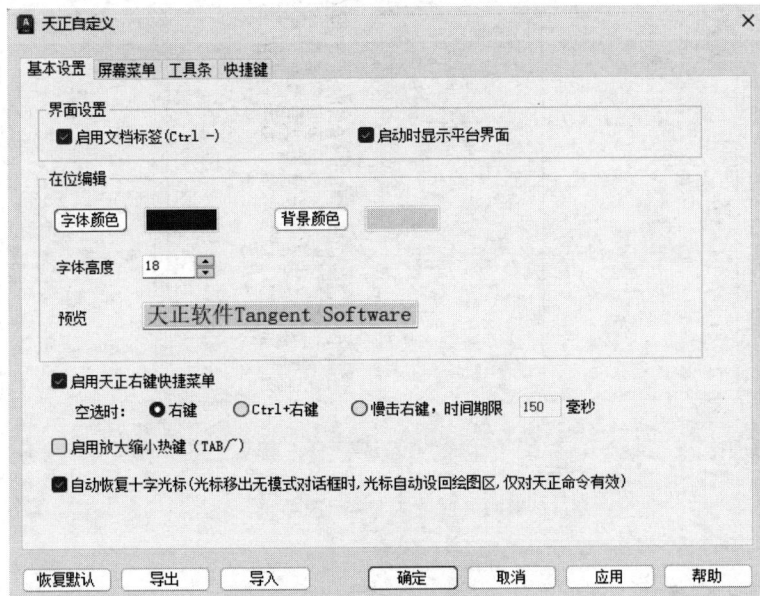

图 1-9 "基本设置"选项卡

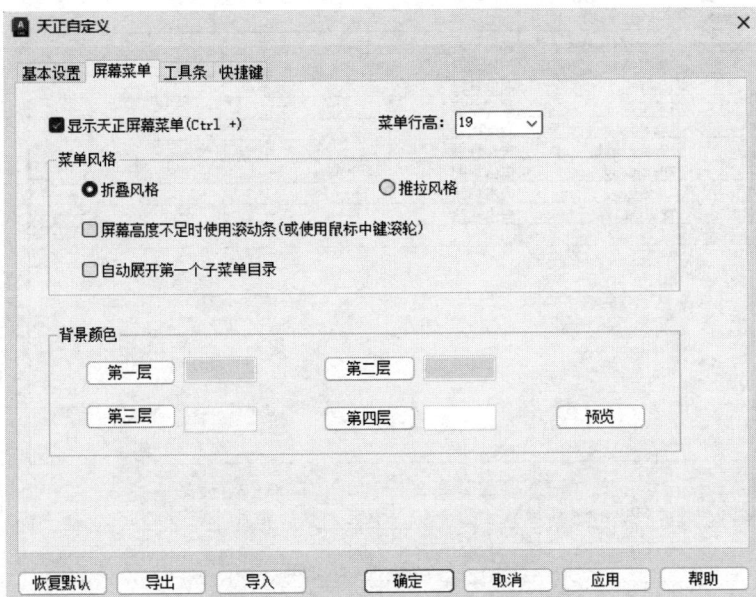

图 1-10 "屏幕菜单"选项卡

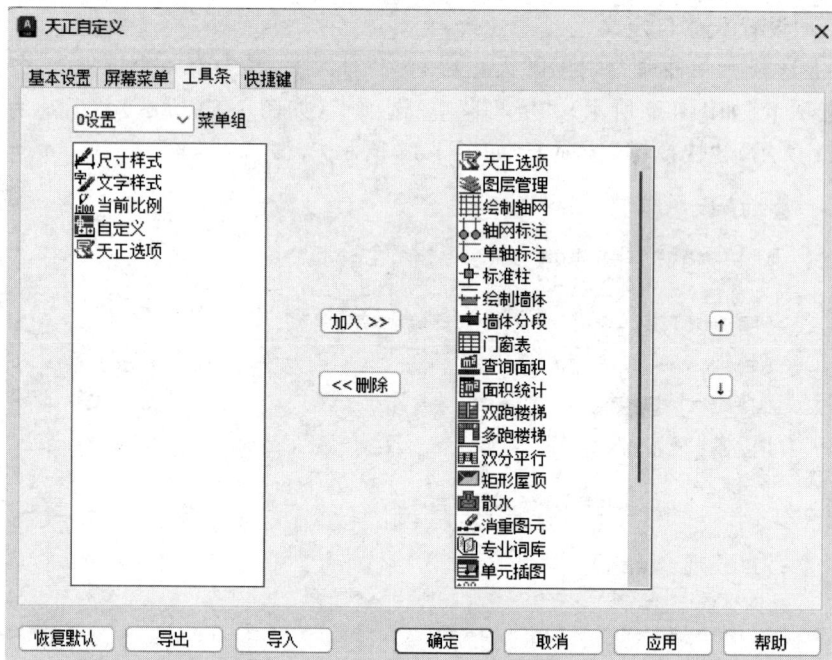

图 1-11 "工具条"选项卡

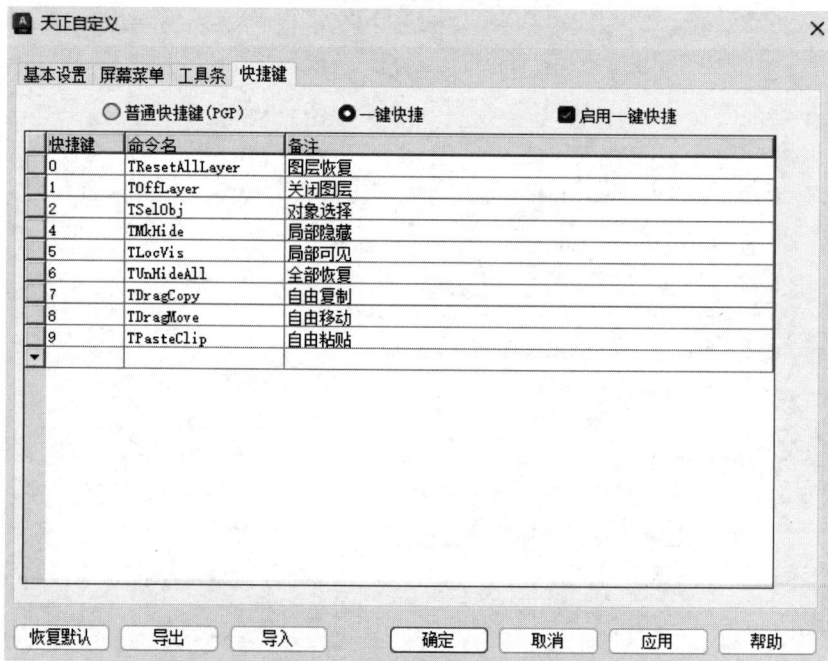

图 1-12 "快捷键"选项卡

"基本设置"选项卡包括界面设置(文档标签)和在位编辑两部分内容:

"文档标签"是指用户打开多个 DWG(图纸)文件时,在绘图窗口上方为每个 DWG 文件提供一个图形名称选项卡,供用户在已打开的多个 DWG 文件之间快速切换,不选中表示不显示图形名称切换功能。

"在位编辑"是指编辑文字和符号尺寸标注中文字对象时,在文字原位显示的文本编辑框使用的字体颜色、字体高度、编辑框背景颜色都在此处设置。

在"基本设置"选项卡中用户还可取消天正快捷菜单,没有选中对象(空选)时快捷菜单的弹出有 3 种方式:右键、Ctrl+右键、慢击右键(即右击后超过时间期限,放松右键,弹出快捷菜单)。单击右键作为回车(Enter)键使用,从而满足了既希望有右键回车功能,也希望不放弃使用天正快捷菜单命令的需求。

在"屏幕菜单"选项卡中选择屏幕的控制功能,以提高工作效率。

在"工具条"选项卡中可以选择需要的按钮拖动到浮动状态的工具栏中,从而方便工具栏命令的调用,提高作图速度。

在"快捷键"选项卡中定义某个数字或者字母键,单击就可以调用对应的天正建筑命令,如表 1-1 所示。

表 1-1　天正建筑软件的快捷键

快　捷　键	功　能
F1	AutoCAD 帮助文件的切换键
F2	屏幕的图形显示与文本显示的切换键
F3	对象捕捉开关
F6	状态栏的"动态 UCS(用户坐标系)"启用与禁用的切换键
F7	屏幕的栅格显示状态的切换键
F8	屏幕的光标正交状态的切换键
F9	屏幕的栅格捕捉的开关键
F11	对象捕捉追踪的开关键
F12	动态输入的切换键
Ctrl+"+"	屏幕菜单的开关
Ctrl+"－"	文档标签的开关
Ctrl+"～"	工程管理界面的开关

1.3.2　选项

选项命令显示与天正建筑全局有关的参数。

执行方式:

命令行:toptions。

菜单:"设置"→"天正选项"。

执行上述任意一种命令,打开"天正选项"对话框,其中有"基本设定"选项卡(如图 1-13 所示)、"加粗填充"选项卡(如图 1-14 所示)及"高级选项"选项卡(如图 1-15 所示)。

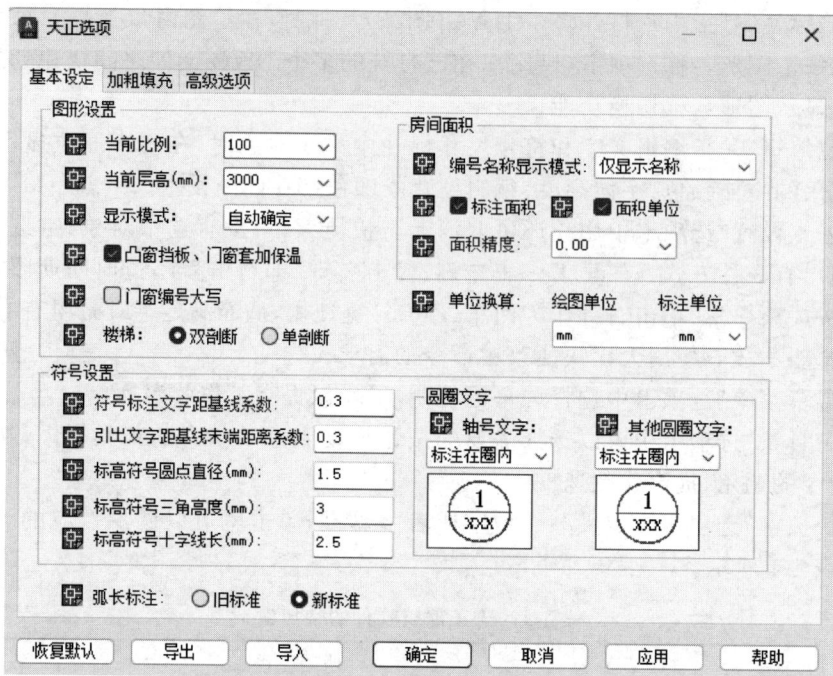

图 1-13 "基本设定"选项卡

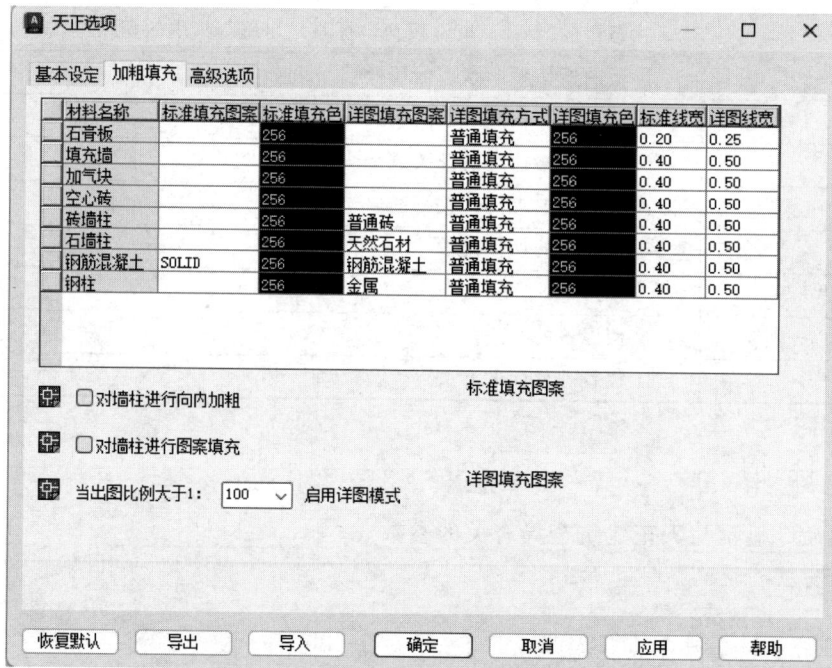

图 1-14 "加粗填充"选项卡

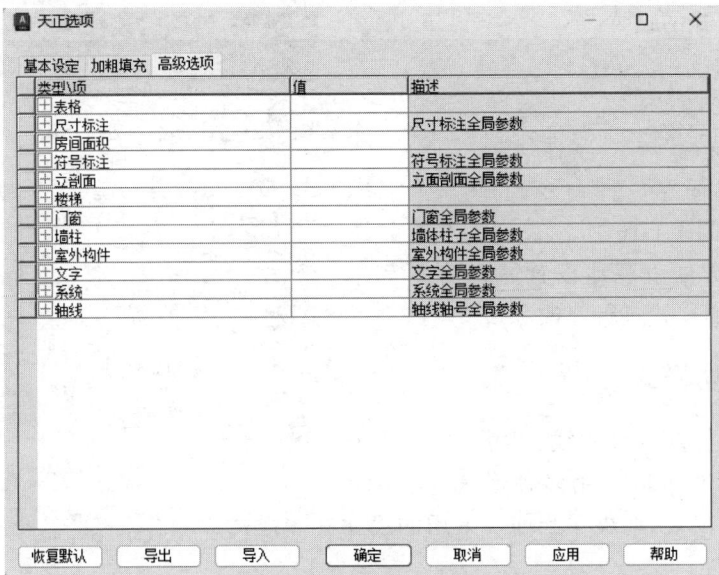

图 1-15 "高级选项"选项卡

在"基本设定"选项卡中可以进行图形设置、符号设置等,基本涵盖了绘图过程中常用的初始命令参数部分。

"加粗填充"选项卡主要用于对墙体与柱子的填充,可设置填充图案、填充方式、填充颜色和加粗线宽等。系统为对象提供了"标准"和"详图"两个级别,可满足图样的不同类型填充和不同加粗详细程度的要求。

"高级选项"选项卡主要控制天正建筑全局变量的用户自定义参数的设置界面,除了尺寸样式需专门设置外,这里定义的参数保存在初始参数文件中,不仅用于当前图形,对新建的文件也起作用。高级选项和当前图形选项是结合使用的,例如在高级选项中设置了多种尺寸标注样式,在当前图形中根据当前单位和标注要求选用其中几种用于制图。

1.3.3 当前比例

比例是指图中图形与其实物相应要素的线性尺寸之比。

1. 执行方式

命令行:DQBL。

菜单:"设置"→"当前比例"。

2. 操作步骤

```
命令:DQBL↙
TPSCALE
当前比例<100>:输入比例值↙
```

1.3.4 文字样式

在工程制图中,文字标注往往是必不可少的环节。天正建筑提供了文字相关命令来进行文字样式的设置。

执行方式：

命令行：WZYS。

菜单："设置"→"文字样式"。

执行上述任意一种命令，打开"文字样式"对话框，如图 1-16 所示。通过"文字样式"对话框可方便直观地设置需要的文字样式，或对已有的样式进行修改。

1.3.5 尺寸样式

组成尺寸标注的尺寸线、尺寸界线、尺寸文本和尺寸箭头可以采用多种形式，尺寸标注以什么形态出现，取决于当前所采用的尺寸标注样式。

图 1-16 "文字样式"对话框

执行方式：

命令行：D。

菜单："设置"→"尺寸样式"。

执行上述任意一种命令，打开"标注样式管理器"对话框，如图 1-17 所示。如果用户不建立尺寸样式而直接进行标注，则系统将使用默认名称为 STANDARD 的标注样式。如果用户认为使用的标注样式有某些设置不合适，则可以进行修改。

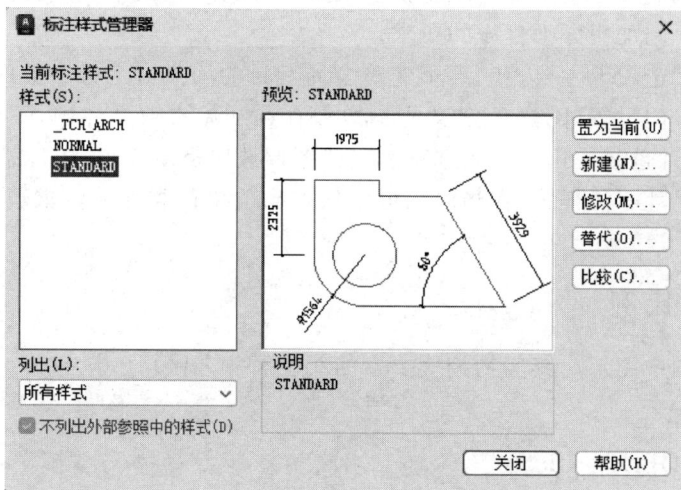

图 1-17 "标注样式管理器"对话框

第 2 章

轴网绘制与编辑

本 章 导 读

　　轴线是建筑物各组成部分的定位中心线,是图形定位的基准线;轴网是由两组到多组轴线与轴号、尺寸标注组成的平面网格。轴网分为直线轴网和弧线轴网,它是由轴线、标注尺寸和轴号组成的。

　　通过本章的学习,读者可掌握轴网的创建、编辑和标注。

学 习 要 点

◆ 轴网概述
◆ 绘制轴网
◆ 轴网的标注
◆ 编辑轴网
◆ 轴号编辑

2.1 轴 网 概 述

一般绘制建筑图时,先画出建筑物的轴网,轴网是由水平和竖向轴线组成的。在建筑制图中,将纵向相邻轴线之间的距离称作开间,横向相邻轴线之间的距离称作进深,它们共同构成建筑物的主体框架。建筑物的主要支承构件按照轴网的定位排列,可达到井然有序的效果。

2.2 绘 制 轴 网

轴网分为直线轴网和弧线轴网两种。弧线轴网是由弧线和径向直线组成的定位轴线。

2.2.1 绘制直线轴网

直线轴网用于生成正交轴网、单向轴网和斜交轴网。正交轴网指的是直线双向轴网,横向轴线和纵向轴线之间的夹角为90°。单向轴网指的是相互平行的轴线组成的轴网。斜交轴网指的是横向和纵向之间的夹角不是90°的轴线组成的轴网。

1. 执行方式

命令行:HZZW。

菜单:"轴网柱子"→"绘制轴网"。

执行上述任意一种命令,打开"绘制轴网"对话框,切换到"直线轴网"选项卡,如图2-1所示。

图2-1 "直线轴网"选项卡

2. 操作步骤

命令:HZZW ✓

请选择插入点[旋转90度(A)/切换插入点(T)/左右翻转(S)/上下翻转(D)/改转角(R)]:点选轴网基点位置

3. 控件说明

上开:在轴网上方进行轴网标注的房间开间尺寸。

下开:在轴网下方进行轴网标注的房间开间尺寸。

左进:在轴网左侧进行轴网标注的房间进深尺寸。

右进:在轴网右侧进行轴网标注的房间进深尺寸。

间距:开间或进深的尺寸数据,单击右侧数值输入轴网数据,也可以手动输入。

个数:相应轴间距数据的重复次数,直接输入。

键入 ⌨：输入轴网数据，每个数据之间用空格或英文逗号隔开，按 Enter 键，将数据输入电子表格中。

总开间：所有开间之和。

总进深：所有进深之和。

轴网夹角：输入开间与进深轴线之间的夹角数据，其中，90°为正交轴网，其他为斜交轴网。

删除轴网 ✎：将不需要的轴网进行批量删除。

拾取轴网参数 ✐：提取图上已有的某一组开间或者进深尺寸标注对象获得数据。

2.2.2　上机练习——正交轴网

练习目标

正交轴网，即正交直线轴网，夹角为 90°。绘制正交轴网，如图 2-2 所示。

设计思路

打开"绘制轴网"对话框，切换到"直线轴网"选项卡，设置上开间、下开间、左进深和右进深，绘制正交轴网。

操作步骤

（1）单击菜单中"轴网柱子"→"绘制轴网"命令，打开"绘制轴网"对话框，切换到"直线轴网"选项卡，如图 2-1 所示。

（2）"轴网夹角"采用默认数值为 90°，即为正交轴网。

（3）输入下开间值。选择"下开"单选按钮，即左面的圆圈中出现圆点（下同）。在"间距"下面的空白单元格中输入轴网数据，在"个数"下面的空白单元格中输入需要重复的次数，如图 2-3 所示。

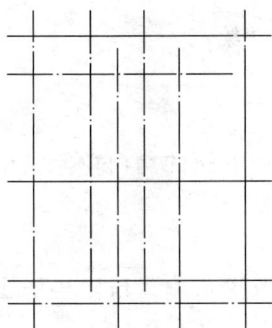

图 2-2　正交轴网

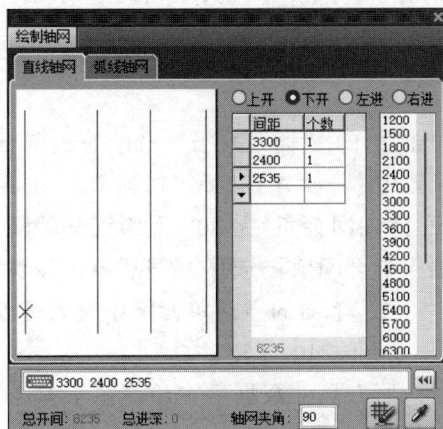

图 2-3　输入下开间值

下开间：3300 2400 2535

（4）输入上开间值。选择"上开"单选按钮，在"间距"下面的空白单元格中输入轴网数据，在"个数"下面的空白单元格中输入需要重复的次数。

上开间：2235 2100 3900

（5）输入左进深值。选择"左进"单选按钮，在"间距"下面的空白单元格中输入轴网数据，在"个数"下面的空白单元格中输入需要重复的次数。

左进：900 3900 4200 1500

（6）输入右进深值。选择"右进"单选按钮，在"间距"下面的空白单元格中输入轴网数据，在"个数"下面的空白单元格中输入需要重复的次数。

右进：900 3900 5700

（7）输入所有尺寸数据后，在绘图区域单击，系统根据提示输入所需要的参数。命令行显示如下：

请选择插入点[旋转90度(A)/切换插入点(T)/左右翻转(S)/上下翻转(D)/改转角(R)]：点选轴网基点位置

（8）保存图形。将图形以"正交轴网.dwg"为文件名进行保存。命令行显示如下：

命令：SAVEAS ↙

2.2.3　上机练习——单向轴网

练习目标

单向轴网指的是相互平行的轴线组成的轴网。绘制单向轴网，如图2-4所示。

设计思路

打开"绘制轴网"对话框，切换到"直线轴网"选项卡，利用正交轴网中的下开间和轴网夹角绘制单向轴网。

操作步骤

（1）单击菜单中"轴网柱子"→"绘制轴网"命令，打开"绘制轴网"对话框，切换到"直线轴网"选项卡。

（2）设置"轴网夹角"为90°，即为正交轴网。

（3）输入下开间值。选择"下开"单选按钮，在"间距"下面的空白单元格中输入轴网数据，在"个数"下面的空白单元格中输入需要重复的次数。

下开间：3300 2400 2535

（4）输入所有尺寸数据后在绘图区域单击，根据系统提示输入所需要的参数。命令行显示如下：

图2-4　单向轴网

单向轴线长度<1000>:15000 ↙
请选择插入点[旋转90度(A)/切换插入点(T)/左右翻转(S)/上下翻转(D)/改转角(R)]:点选轴网基点位置

（5）保存图形。将图形以"单向轴网.dwg"为文件名进行保存。命令行显示如下：

命令：SAVEAS ↙

2.2.4 上机练习——斜交轴网

练习目标

斜交轴网，即斜交直线轴网，夹角不是90°。绘制斜交轴网，如图2-5所示。

设计思路

打开"绘制轴网"对话框，切换到"直线轴网"选项卡，将轴网夹角设置为60°，沿用正交轴网实例中的开间和进深绘制斜交轴网。

操作步骤

（1）单击菜单中"轴网柱子"→"绘制轴网"命令，打开"绘制轴网"对话框，在其中单击"直线轴网"选项卡，如图2-1所示。

（2）设置"轴网夹角"。将夹角设置为60°，即为斜交轴网，如图2-6所示。

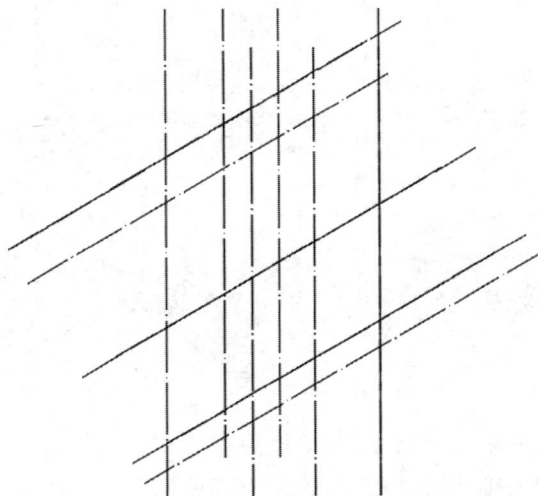

图 2-5 斜交轴网

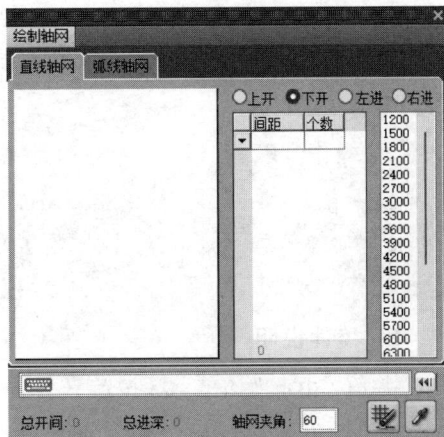

图 2-6 设置轴网夹角

（3）输入下开间值。选择"下开"单选按钮，在"间距"下面的空白单元格中输入轴网数据，在"个数"下面的空白单元格中输入需要重复的次数。

下开间：3300 2400 2535

（4）输入上开间值。选择"上开"单选按钮，在"间距"下面的空白单元格中输入轴网数据，在"个数"下面的空白单元格中输入需要重复的次数。

上开间：2235 2100 3900

（5）输入左进深值。选择"左进深"单选按钮，在"间距"下面的空白单元格中输入轴网数据，在"个数"下面的空白单元格中输入需要重复的次数。

左进：900 3900 4200 1500

（6）输入右进深值。选择"右进深"单选按钮，在"间距"下面的空白单元格中输入轴网数据，在"个数"下面的空白单元格中输入需要重复的次数。

右进：900 3900 5700

（7）输入所有尺寸数据后在绘图区域单击，根据系统提示输入所需要的参数，命令行显示如下：

请选择插入点[旋转90度(A)/切换插入点(T)/左右翻转(S)/上下翻转(D)/改转角(R)]：点选轴网基点位置

（8）保存图形。将图形以"斜交轴网.dwg"为文件名进行保存。命令行显示如下：

命令：SAVEAS✓

2.2.5 绘制圆弧轴网

圆弧轴网由一组同心弧线和不过圆心的径向直线组成，常与其他轴网组合，轴网边缘位置的径向轴线由两轴网共用。

1. 执行方式

命令行：HZZW。

菜单："轴网柱子"→"绘制轴网"。

执行上述任意一种命令，打开"绘制轴网"对话框，切换到"弧线轴网"选项卡，如图2-7所示。

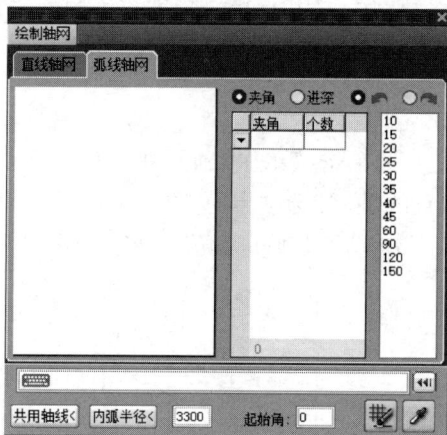

图2-7 "弧线轴网"选项卡

2. 操作步骤

命令：HZZW✓
请选择插入点[旋转90度(A)/切换插入点(T)/左右翻转(S)/上下翻转(D)/改转角(R)]：点选轴网基点位置

3. 控件说明

夹角：由起始角起算，按旋转方向排列的轴线开间序列，单位为(°)。

进深：在轴网径向，由圆心起算到外圆的轴线尺寸序列，单位为mm。

逆时针 ⟳：径向轴线逆时针旋转排列。

顺时针 ⟲：径向轴线顺时针旋转排列。

个数：栏中数据的重复次数，直接输入。

键入 ⌨：输入一组尺寸数据，用空格或逗号隔开，按Enter键，将数据输入电子表格中。

共用轴线＜：在与其他轴网共用一根径向轴线时，指定该径向轴线，通过移动鼠标拖动圆轴网,单击确定与其他轴网连接的方向。

内弧半径＜:由圆心起算的最内侧环向轴线圆弧半径,可从图上取两点获得,也可以为0。

起始角:x轴正方向到起始径向轴线的夹角(按旋转方向确定)。

删除轴网█:将不需要的轴网进行批量删除。

拾取轴网角度/尺寸 █:提取图中已有的某一组圆心角或者进深尺寸标注对象获得数据。

间距:进深的尺寸数据,单击右方数值栏输入轴网数据,也可以手动输入。

2.2.6 上机练习——圆弧轴网

练习目标

绘制如图2-8所示的夹角之和为90°的两段弧线轴网。

设计思路

打开"绘制轴网"对话框,切换到"弧线轴网"选项卡,设置夹角、进深、内弧半径和起始角,绘制弧形轴网。

操作步骤

(1)单击菜单中"轴网柱子"→"绘制轴网"命令,打开"绘制轴网"对话框,切换到"弧线轴网"选项卡,如图2-7所示。

(2)输入夹角值。选择"夹角"单选按钮,输入夹角的数值,从"个数"列表中输入需要重复的次数,如图2-9所示。

夹角:30 30 15 15

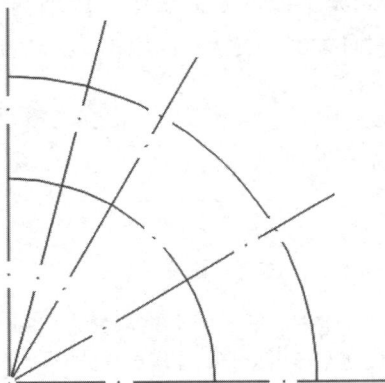

图2-8 弧线轴网

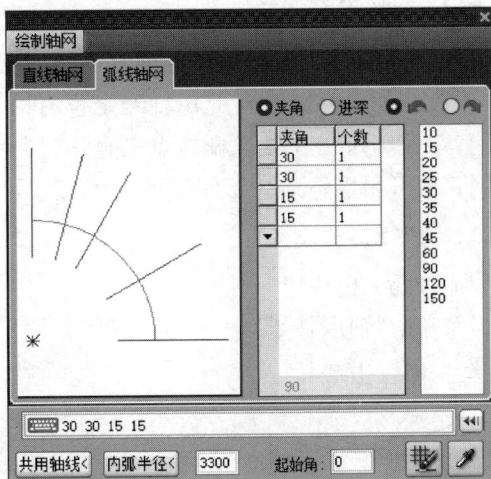

图2-9 输入夹角

Note

2-4

（3）输入进深值。选择"进深"单选按钮，输入进深的数值，从"个数"列表中输入需要重复的次数，将内弧半径设置为 0，起始角设置为 0°，如图 2-10 所示。

进深：3000 1500

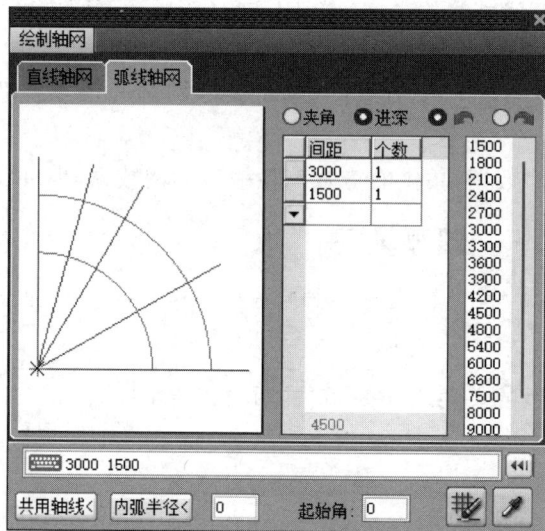

图 2-10　输入进深值

（4）输入所有尺寸数据后在绘图区域的空白位置处单击，根据系统提示输入所需要的参数。命令行显示如下：

> 请选择插入点[旋转90度(A)/切换插入点(T)/左右翻转(S)/上下翻转(D)/改转角(R)]:点选轴网基点位置

（5）保存图形。将图形以"圆弧轴网.dwg"为文件名进行保存。命令行显示如下：

> 命令:SAVEAS↙

2.2.7　墙生轴网

墙生轴网是由墙体生成轴网。在方案设计中，建筑师需反复修改平面图，如加、删墙体，改开间、进深等，对此用轴线定位有时并不方便。天正提供根据墙体生成轴网的功能，建筑师可以在参考栅格点上直接进行设计，待平面方案确定后，再用本命令生成轴网；也可用墙体命令绘制平面草图，然后生成轴网。

1. 执行方式

命令行：QSZW。

菜单："轴网柱子"→"墙生轴网"。

2. 操作步骤

> 命令:QSZW↙
> 请选取要从中生成轴网的墙体:点取要生成轴网的墙体或回车退出

在由天正绘制的墙体的基础上自动生成轴网。

2.2.8　上机练习——墙生轴网

练习目标

利用源文件中的"墙体图"图形,使用"墙生轴网"命令,利用原有的墙体生成轴网。结果如图 2-11 所示。

设计思路

打开源文件中的"墙体图"图形,如图 2-12 所示,利用"墙生轴网"命令,在墙体绘制的基线上生成墙体的轴网。

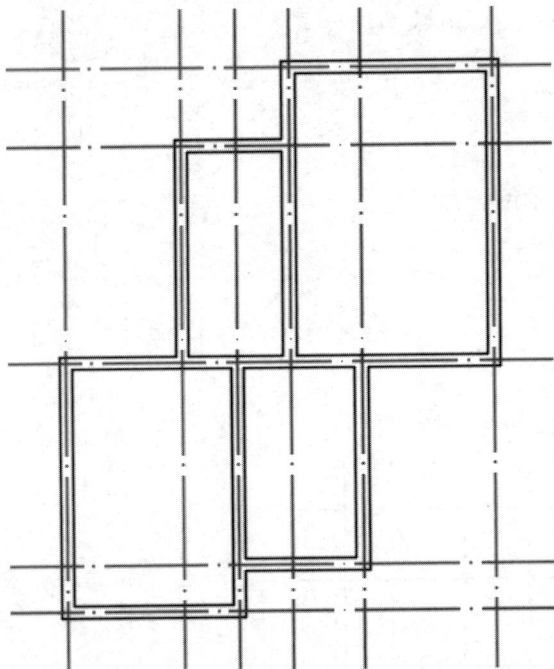

图 2-11　墙生轴网

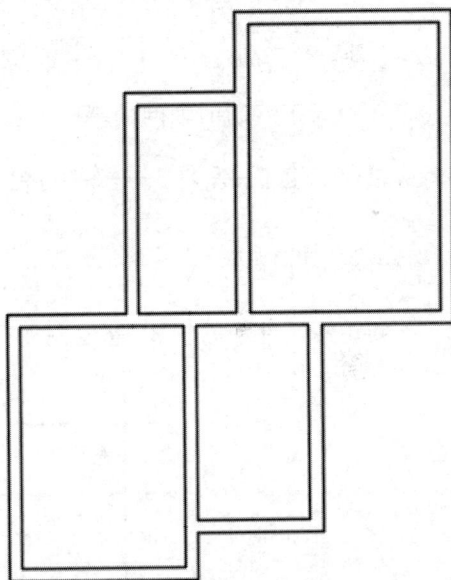

图 2-12　墙体图

操作步骤

(1) 单击菜单中"轴网柱子"→"墙生轴网"命令,生成轴网。命令行显示如下:

```
命令:QSZW↙
请选取要从中生成轴网的墙体:指定对角点:框选墙体
请选取要从中生成轴网的墙体:↙
```

生成的轴网如图 2-11 所示。

(2) 保存图形。将图形以"墙生轴网.dwg"为文件名进行保存。命令行显示如下:

命令：SAVEAS↙

2.2.9　轴网合并

本命令用于将多组轴网的轴线按指定的边界延伸，合并为一组轴线，同时清理其中重合的轴线。

1. 执行方式

命令行：ZWHB。

菜单："轴网柱子"→"轴网合并"。

2. 操作步骤

命令：ZWHB↙
请选择需要合并对齐的轴线<退出>:框选需要合并的轴线
请选择需要合并对齐的轴线<退出>:↙
请选择对齐边界<退出>:点取需要对齐的边界
请选择对齐边界<退出>:继续点取其他对齐边界
请选择对齐边界<退出>:回车结束合并

在由天正绘制的轴网的基础上自动将轴网合并。

2.2.10　上机练习——轴网合并

练习目标

利用源文件中的轴线图，绘制如图 2-13 所示的图形。

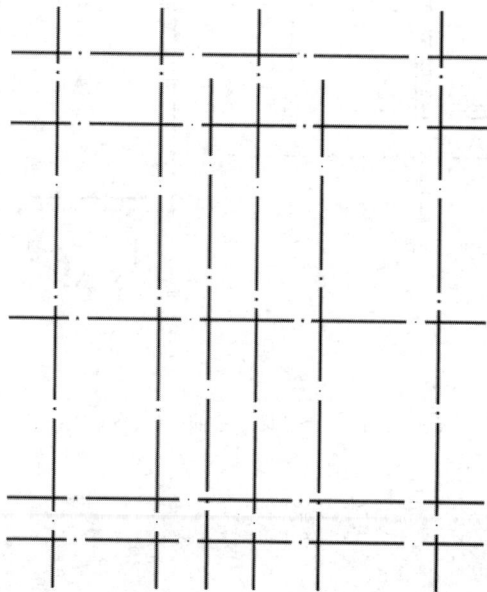

图 2-13　轴网合并

设计思路

打开源文件中的轴线图,使用"轴网合并"命令将轴线合并。

操作步骤

(1)打开源文件中的"轴线图"图形,如图 2-14 所示。

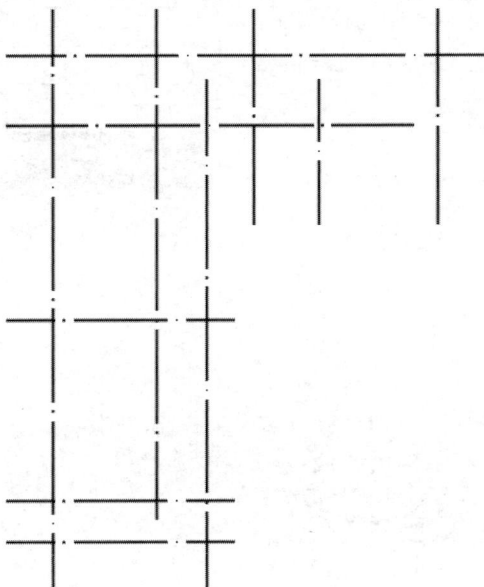

图 2-14　轴线图

(2)单击菜单中"轴网柱子"→"轴网合并"命令,生成新的轴网。命令行显示如下:

```
命令:ZWHB↙
请选择需要合并对齐的轴线<退出>:指定对角点:框选需要合并的轴线
请选择需要合并对齐的轴线<退出>:↙
请选择对齐边界<退出>:点取需要对齐的边界
请选择对齐边界<退出>:继续点取其他对齐边界
请选择对齐边界<退出>:回车结束合并
```

生成的轴网如图 2-13 所示。

(3)保存图形。将图形以"轴网合并.dwg"为文件名进行保存。命令行显示如下:

```
命令:SAVEAS↙
```

2.3　轴网的标注

轴网的标注包括轴号标注和尺寸标注,横向的轴号用数字标注,纵向的轴号用英文字母标注,但是字母 I、O、Z 不用于轴号,在排序时会自动跳过这些字母。本节主要介绍"轴网标注"和"单轴标注"命令。

2.3.1 轴网标注方法

利用轴网标注可以进行轴号和尺寸标注,自动删除重叠的轴线。默认的起始轴号水平方向为①,垂直方向为Ⓐ,用户也可以在编辑框中自行给出其他轴号,或者删除轴号以标注出空白轴号的轴网。

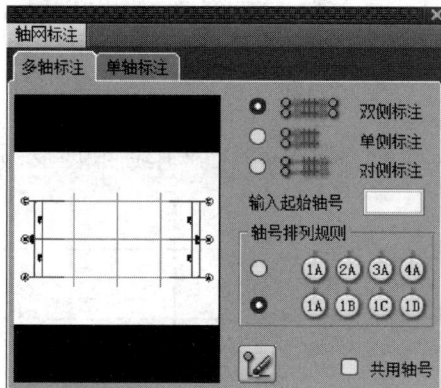

图 2-15 "轴网标注"对话框

1．执行方式

命令行:ZWBZ。

菜单:"轴网柱子"→"轴网标注"。

执行上述任意一种命令,打开"轴网标注"对话框,如图 2-15 所示。

2．操作步骤

```
命令:ZWBZ↙
请选择起始轴线<退出>:选择起始轴线
请选择终止轴线<退出>:选择终止轴线
请选择不需要标注的轴线:回车退出
```

3．控件说明

输入起始轴号:起始轴号默认值为 1 或者 A。

共用轴号:选中后表示起始轴号由已选择的轴号决定。

单侧标注:表示在当前选择一侧的开间(进深)标注轴号和尺寸。

双侧标注:表示在两侧的开间(进深)均标注轴号和尺寸。

对侧标注:表示在一侧的开间(进深)标注轴号,相对的另一侧标注尺寸。

删除轴网标注 🖉:在已有的轴网标注中删除多余的尺寸标注。

2.3.2 上机练习——轴网标注

练习目标

利用"轴网标注"命令进行标注,如图 2-16 所示。

设计思路

打开源文件中的"正交轴网"图形,利用"轴网标注"命令,选择"双侧标注"和"单侧标注"标注开间、进深和轴号,结果如图 2-16 所示。

操作步骤

（1）单击菜单中"轴网柱子"→"轴网标注"命令，打开"轴网标注"对话框，如图2-17所示。

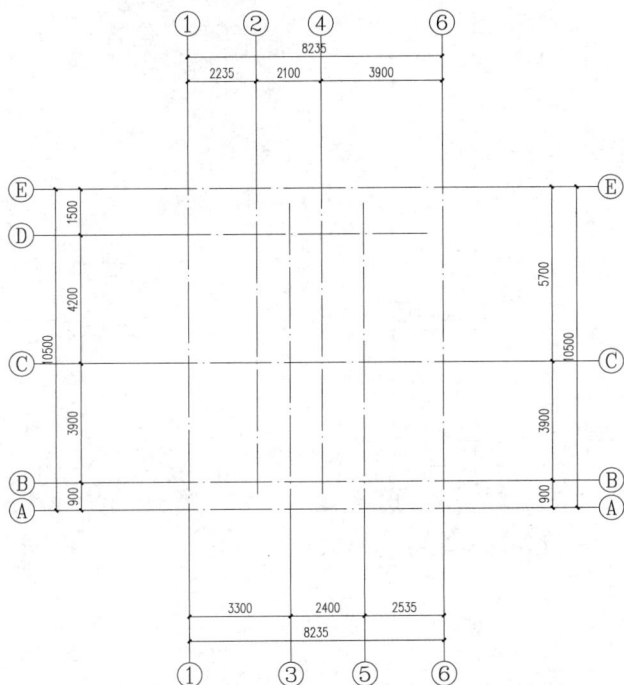

图2-16 轴网标注

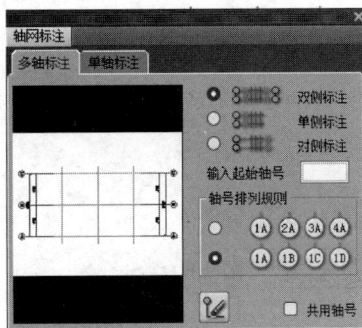

图2-17 "轴网标注"对话框

（2）选择"双侧标注"单选按钮，在"输入起始轴号"文本框中输入1。命令行显示如下：

```
命令:ZWBZ↙
请选择起始轴线<退出>:选择起始轴线1
请选择终止轴线<退出>:选择终止轴线6
请选择不需要标注的轴线:↙
```

完成竖向轴网标注，如图2-18所示。

（3）选择"单侧标注"单选按钮，在"输入起始轴号"文本框中输入A。命令行显示如下：

```
命令:ZWBZ
请选择起始轴线<退出>:选择起始轴线A
请选择终止轴线<退出>:选择终止轴线E
请选择不需要标注的轴线:回车退出↙
```

采用相同的方法标注另外一侧的轴网，最终完成横向轴网标注，如图2-16所示。

（4）保存图形。将图形以"轴网标注.dwg"为文件名进行保存。命令行显示如下：

```
命令:SAVEAS↙
```

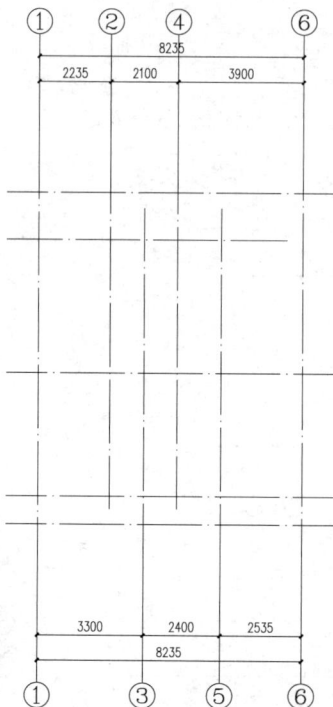

图 2-18 标注竖向轴网

2.3.3 单轴标注

单轴标注命令用于标注指定轴线的轴号。该命令标注的轴号是一个单独的对象，不参与轴号和尺寸重排，不适用于一般的平面图轴网，适用于立面、剖面、房间详图中标注单独轴号。

1. 执行方式

命令行：DZBZ。

菜单："轴网柱子"→"单轴标注"。

执行上述任意一种命令，打开"单轴标注"选项卡，如图 2-19 所示。

在"输入轴号"文本框中输入轴号。

单轴标注命令是连续执行的命令，可以连续标注多条轴线。

2. 操作步骤

```
命令:DZBZ↙
点取待标注的轴线或[手工绘制(D)]<退出>:选择轴线
```

2.3.4 上机练习——单轴标注

练习目标

绘制单轴轴标，如图 2-20 所示。

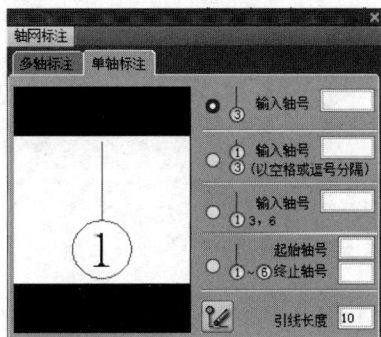

图 2-19　"单轴标注"选项卡　　　　图 2-20　单轴轴标

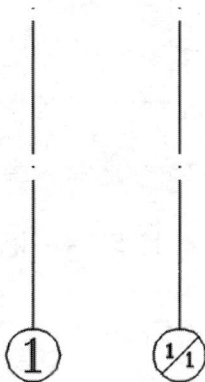

设计思路

打开源文件中的"正交轴网",利用"单轴标注"命令进行单轴轴网的标注。

操作步骤

(1) 单击菜单中"轴网柱子"→"单轴标注"命令,打开"单轴标注"选项卡,在"输入轴号"文本框中输入轴号 1。命令行显示如下:

命令:DZBZ↙
点取待标注的轴线或[手工绘制(D)]<退出>:选择左侧轴线

(2) 在"输入轴号"文本框中输入轴号 01/1 命令行显示如下。

点取待标注的轴线或[手工绘制(D)]<退出>:选择右侧轴线

(3) 保存图形。将图形以"单轴标注.dwg"为文件名进行保存。命令行显示如下:

命令:SAVEAS↙

2.4　编　辑　轴　网

当轴线绘制完毕之后,有时需要对绘制的轴网进行修改,这样就会用到编辑轴网的命令,包括"添加轴线""轴线裁剪""轴改线型"等。

2.4.1　添加轴线

添加轴线需要参考某一根已经存在的轴线,在其任意一侧添加一根新轴线,把新轴线和轴号一起融入已有的参考轴线。

1. 执行方式

命令行:TJZX。
菜单:"轴网柱子"→"添加轴线"。

执行上述任意一种命令,打开"添加轴线"对话框,如图 2-21 所示。

2.操作步骤

```
命令:TJZX↙
选择参考轴线 <退出>:点取参考轴线
距参考轴线的距离<退出>:输入距参考轴线的距离↙
```

2.4.2 上机练习——添加轴线

练习目标

添加轴线,如图 2-22 所示。

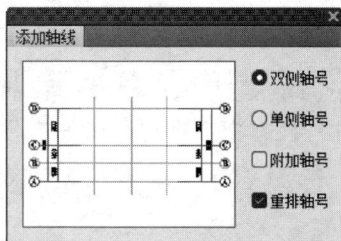

图 2-21 "添加轴线"对话框

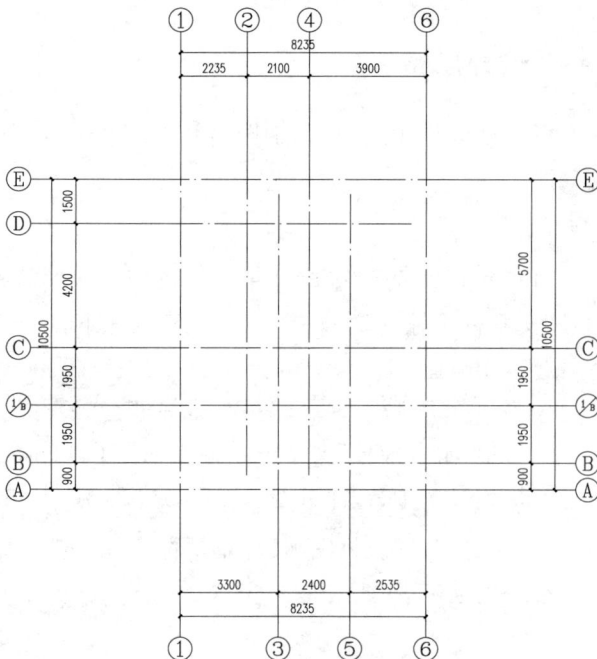

图 2-22 添加轴线

设计思路

打开源文件中的"轴网标注"图形,利用"添加轴线"命令,在Ⓑ轴线上侧添加轴线。

操作步骤

(1) 单击菜单中"轴网柱子"→"添加轴线"命令,打开"添加轴线"对话框,选择"双侧轴号"单选按钮,选中"附加轴号"复选框,取消选中"重排轴号"复选框,添加Ⓑ轴线上侧的辅助轴线,距离Ⓑ轴线的距离为1950,如图 2-22 所示。命令行显示如下:

```
命令:TJZX ↙
选择参考轴线<退出>:选择轴线Ⓑ
距参考轴线的距离<退出>:1950 ↙(偏移方向为Ⓑ方向)
```

（2）保存图形。将图形以"添加轴线.dwg"为文件名进行保存。命令行显示如下：

```
命令:SAVEAS ↙
```

2.4.3 轴线裁剪

轴线裁剪命令可以与AutoCAD中的"修剪"命令相结合，用于调整轴线的长度。

1．执行方式

命令行：ZXCJ。

菜单："轴网柱子"→"轴线裁剪"。

2．操作步骤

```
命令:ZXCJ ↙
矩形的第一个角点或[多边形裁剪(P)/轴线取齐(F)]<退出>:
另一个角点<退出>:
```

2.4.4 上机练习——轴线剪裁

练习目标

绘制轴线剪裁，如图2-23所示。

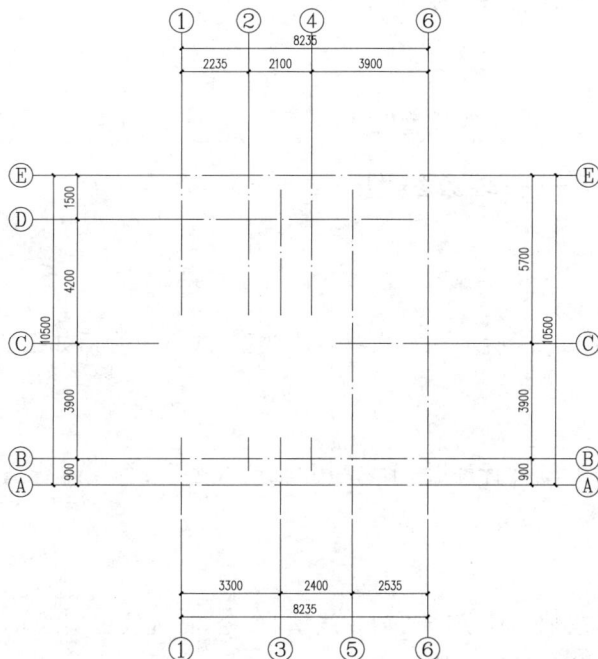

图2-23 轴线剪裁图

29

设计思路

打开源文件中的"轴网标注"图形,利用"轴线裁剪"命令,自左下侧向右上侧指定矩形的两个角点,修剪轴线。

操作步骤

(1) 单击菜单中"轴网柱子"→"轴线裁剪"命令,指定矩形的两个角点。命令行显示如下:

命令:ZXCJ✓
矩形的第一个角点或 [多边形裁剪(P)/轴线取齐(F)]<退出>:点取左下侧
另一个角点<退出>:点取右上侧

结果如图 2-23 所示。

(2) 保存图形。将图形以"轴线裁剪.dwg"为文件名进行保存。命令行显示如下:

命令: SAVEAS✓

2.4.5 轴改线型

轴改线型命令是将轴网命令中生成的默认线型实线改为点划线,实现在点划线和实线之间的转换。轴改线型也可以通过在 AutoCAD 命令中将轴线所在图层的线型改为点划线实现。

建筑制图要求轴线必须使用点划线,但由于点划线不便于对象捕捉,因此在绘图过程中使用实线,在输出的时候切换为点划线。

执行方式:
命令行:ZGXX。
菜单:"轴网柱子"→"轴改线型"。

2.4.6 上机练习——轴改线型

练习目标

线型改变前如图 2-24 所示。本练习修改线型,线型改变后如图 2-25 所示。

设计思路

打开源文件中的"轴网标注"图形,使用"轴改线型"命令修改线型。

操作步骤

(1) 单击菜单中"轴网柱子"→"轴改线型"命令,将轴线由实线转为点划线线型,结果如图 2-25 所示。命令行显示如下:

命令:ZGXX✓

Note

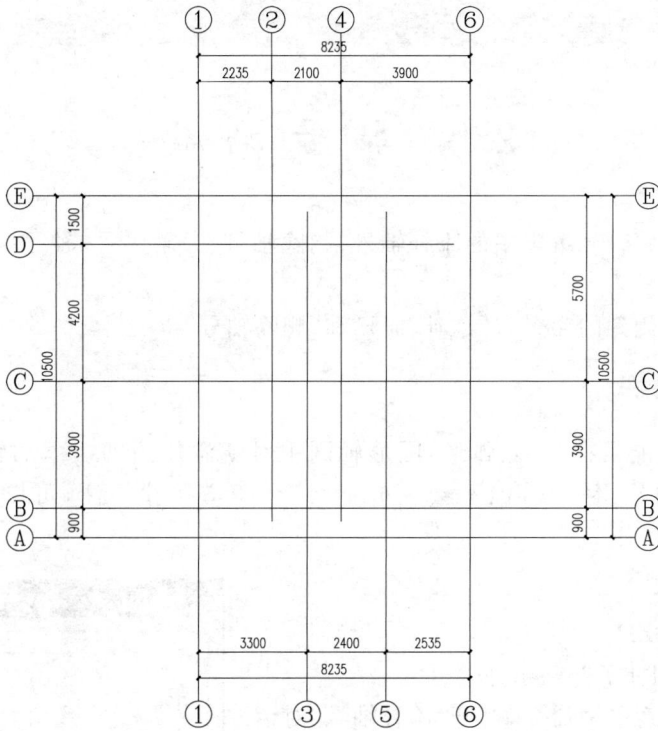

图 2-24 正交轴网

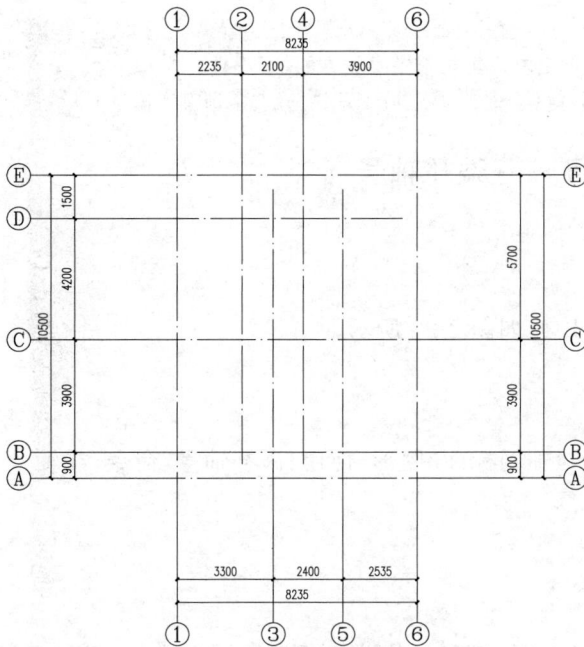

图 2-25 轴改线型

（2）保存图形。将图形以"轴改线型.dwg"为文件名进行保存。命令行显示如下：

```
命令：SAVEAS↙
```

2.5　轴　号　编　辑

本节主要讲解轴号编辑中的添补轴号、删除轴号、一轴多号、轴号隐现和主附转换等功能。

轴号编辑常用到的命令有"添补轴号"和"删除轴号"。

2.5.1　添补轴号

添补轴号功能是在矩形、弧形、圆形轴网中对新添加的轴线添加轴号，新添加的轴号与原有的轴号相关联，但不会生成轴线，会新增尺寸标注，可以选择是否重排轴号。

1．执行方式

命令行：TBZH。

菜单："轴网柱子"→"添补轴号"。

执行上述任意一种命令，打开"添补轴号"对话框，如图 2-26 所示。

2．操作步骤

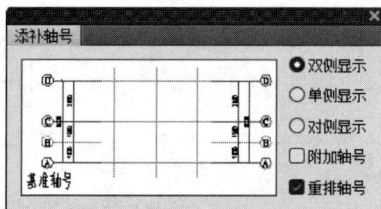

图 2-26　"添补轴号"对话框

```
命令:TBZH↙
请选择轴号对象<退出>:选择与新轴号相邻的轴号
请点取新轴号的位置或 [参考点(R)]<退出>:取新增轴号一侧,同时输入间距↙
```

2.5.2　上机练习——添补轴号

练习目标

添加双侧的轴号⑦，如图 2-27 所示。

设计思路

打开源文件中的"轴网标注"图形，使用"添补轴号"命令，在轴号⑥右下侧添加距离为 2000 的双侧轴号⑦。

操作步骤

（1）单击菜单中"轴网柱子"→"添补轴号"命令，打开"添补轴号"对话框，选择"双侧显示"单选按钮，取消选中"重排轴号"复选框，在轴号⑥右下侧添加轴号⑦，如图 2-27 所示。命令行显示如下：

2-12

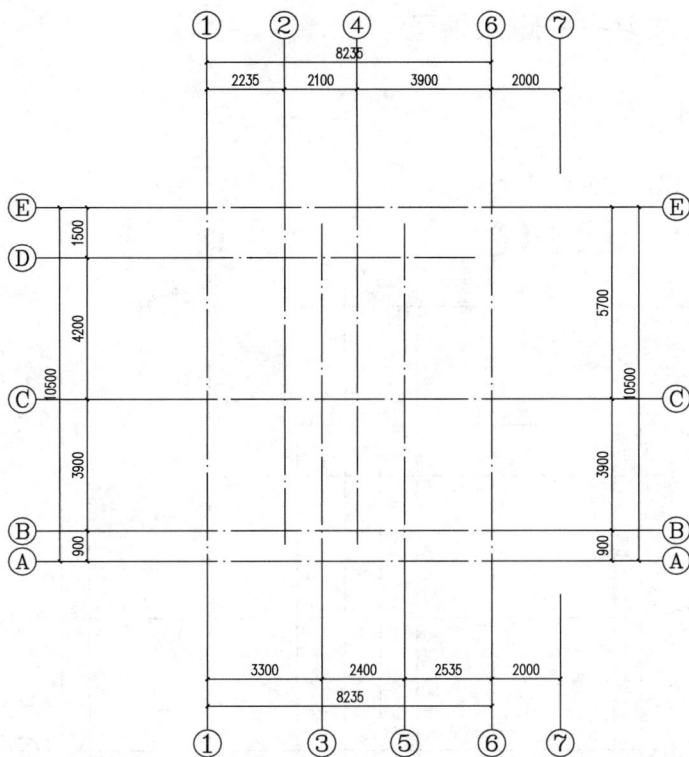

图 2-27 添补轴号

命令: TBZH↙
请选择轴号对象<退出>:选择轴号⑥
请点取新轴号的位置或 [参考点(R)]<退出>: <正交 开>向右移动鼠标,输入 2000↙

（2）保存图形。将图形以"添补轴号.dwg"为文件名进行保存。命令行显示如下：

命令: SAVEAS↙

2.5.3 删除轴号

删除轴号命令用于删除不需要的轴号,可框选多个轴号一次删除。

1. 执行方式

命令行：SCZH。

菜单："轴网柱子"→"删除轴号"。

执行上述任意一种命令,打开"删除轴号"对话框,如图 2-28 所示。

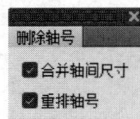

图 2-28 "删除轴号"对话框

2. 操作步骤

命令: SCZH↙
请框选轴号对象<退出>:选择需要删除的轴号
请框选轴号对象<退出>:↙

2.5.4 上机练习——删除轴号

练习目标

删除轴号如图 2-29 所示。

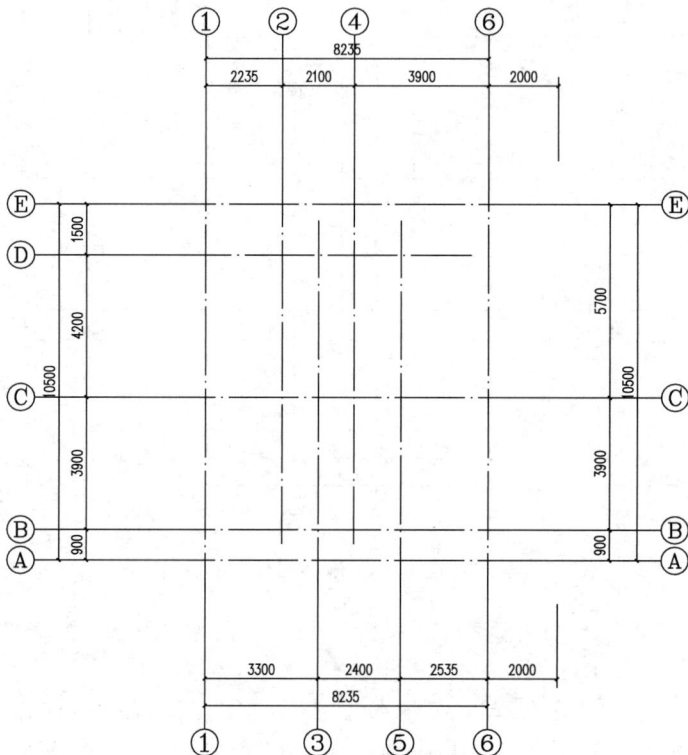

图 2-29 删除轴号

设计思路

打开源文件中的"添补轴号"图形,使用"删除轴号"命令,将上述上机练习中的轴号⑦删除。

操作步骤

(1) 单击菜单中"轴网柱子"→"删除轴号"命令,打开"删除轴号"对话框,取消选中"合并轴间尺寸"和"重排轴号"复选框,然后框选轴号⑦进行删除,结果如图 2-29 所示。命令行显示如下:

```
命令:SCZH↙
请框选轴号对象<退出>:框选轴号⑦
请框选轴号对象<退出>:↙
```

(2) 保存图形。将图形以"删除轴号.dwg"为文件名进行保存。命令行显示如下:

命令:SAVEAS ↙

2.5.5 一轴多号

一轴多号命令用于平面图中同一部分由多个分区公用的情况,多个轴号共用一根轴线可以节省图面和工作量。本命令将已有轴号作为源轴号进行多排复制。

1.执行方式

命令行:YZDH。

菜单:"轴网柱子"→"一轴多号"。

执行上述任意一种命令,打开"一轴多号"对话框,如图 2-30 所示。

图 2-30 "一轴多号"对话框

2.操作步骤

命令:YZDH ↙
请选择已有轴号<退出>:框选轴号
请选择已有轴号: ↙

2.5.6 上机练习——一轴多号

练习目标

设置一轴多号,如图 2-31 所示。

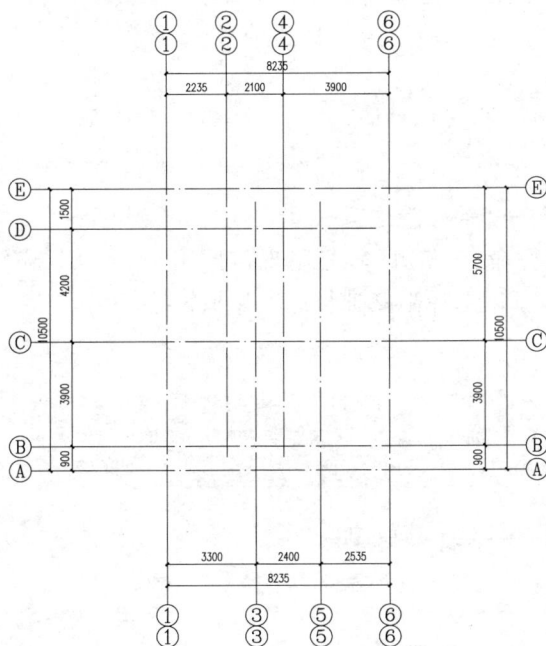

图 2-31 一轴多号图

设计思路

打开源文件中的"轴网标注"图形,使用"一轴多号"命令,添加多个轴号。

操作步骤

(1) 单击菜单中"轴网柱子"→"一轴多号"命令,打开"一轴多号"对话框,选择"双侧创建"单选按钮,复制排数设置为1,框选轴号①~⑥,结果如图 2-31 所示。命令行显示如下:

```
命令:YZDH↙
请选择已有轴号<退出>:框选轴号①~⑥
请选择已有轴号:↙
```

(2) 保存图形。将图形以"一轴多号.dwg"为文件名进行保存。命令行显示如下:

```
命令:SAVEAS↙
```

2.5.7　轴号隐现

轴号隐现命令用于在平面轴网中控制单个或多个轴号的隐藏与显示,其功能相当于轴号的对象编辑操作中的"变标注侧"和"单轴变标注侧",为了方便用户使用改为独立命令。

本命令也可通过快捷菜单启动,执行命令前先选中轴号系统,然后右击,在弹出的快捷菜单中选择"轴号隐现"命令,执行命令后选择的轴号将隐藏或显示。

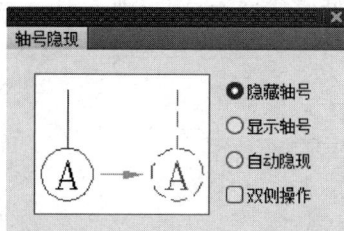

图 2-32　"轴号隐现"对话框

1. 执行方式

命令行:ZHYX。

菜单:"轴网柱子"→"轴号隐现"。

执行上述任意一种命令,打开"轴号隐现"对话框,如图 2-32 所示,可以选择隐藏轴号或者显示轴号。

2. 操作步骤

```
命令:ZHYX↙
请选择需要隐藏/显示的轴号<退出>:框选要隐藏/显示的轴号
请选择需要隐藏/显示的轴号<退出>:↙
```

2.5.8　上机练习——轴号隐现

练习目标

设置轴号隐现,如图 2-33 所示。

2-15

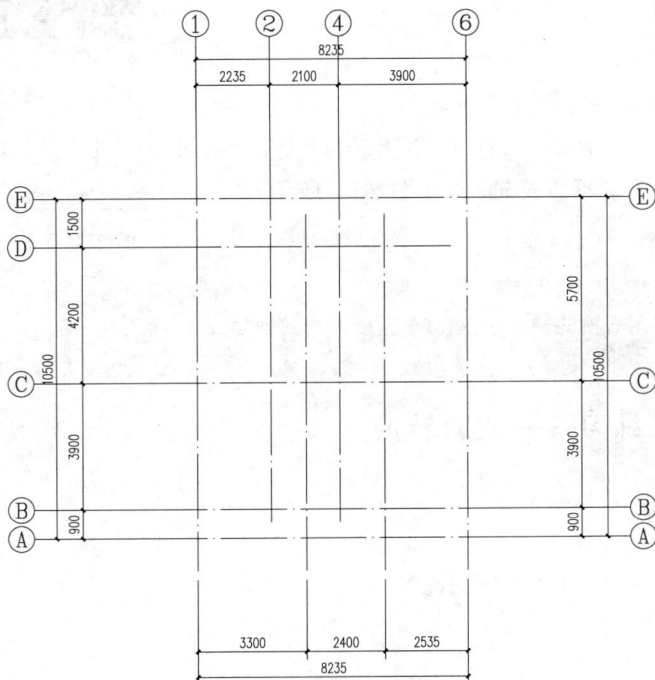

图 2-33　轴号隐现

设计思路

打开源文件中的"轴网标注"图形,使用"轴号隐现"命令,将下侧水平方向上的轴号隐藏。

操作步骤

(1) 单击菜单中"轴网柱子"→"轴号隐现"命令,打开"轴号隐现"对话框,选中"隐藏轴号"复选框,然后框选下侧的轴号,将下侧的轴号隐藏,结果如图 2-33 所示。命令行显示如下:

```
命令:ZHYX
请选择需要隐藏的轴号<退出>:(框选下侧轴号)
请选择需要隐藏的轴号<退出>:
```

(2) 保存图形。将图形以"轴号隐现.dwg"为文件名进行保存。命令行显示如下:

```
命令:SAVEAS
```

2.5.9　主附转换

主附转换命令用于在平面图中将主轴号转换为附加轴号,或者将附加轴号转换为主轴号,本命令的重排轴号选项用于对所有轴号按照其编排方向进行重新排列。

1. 执行方式

命令行：ZFZH。

菜单："轴网柱子"→"主附转换"。

执行上述任意一种命令，打开"主附转换"对话框，可以选择重排轴号或者不重排轴号，如图 2-34 所示。

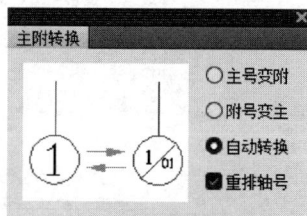

图 2-34 "主附转换"对话框

2. 操作步骤

```
命令:ZFZH↙
请选择需要主附转换的轴号<退出>:框选要转换的轴号
请选择需要主附转换的轴号<退出>:↙
```

2.5.10 上机练习——主附转换

练习目标

设置主附转换，如图 2-35 所示。

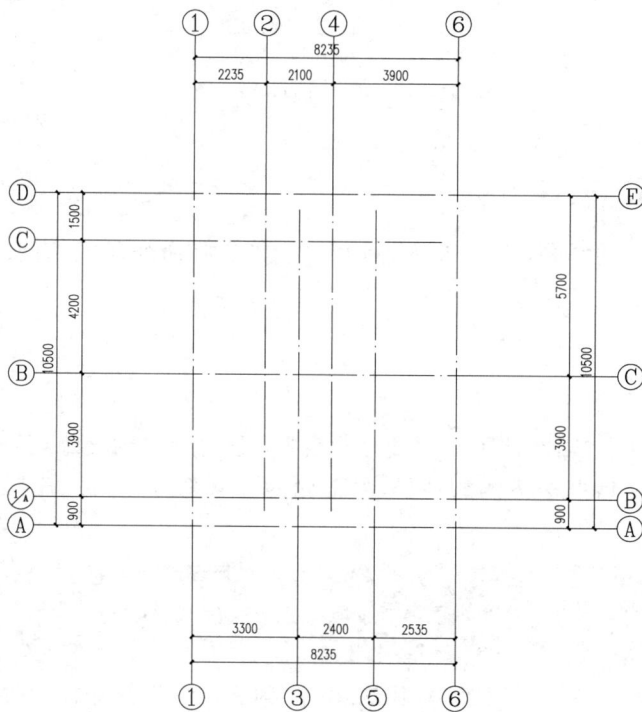

图 2-35 主附转换

设计思路

打开源文件中的"轴网标注"图形，利用"主附转换"命令，将左侧竖向方向上的轴号进行轴号主附转换。

操作步骤

（1）单击菜单中"轴网柱子"→"主附转换"命令，打开"主附转换"对话框，选中"重排轴号"复选框，选择左侧竖向方向上的轴号Ⓑ，将轴号Ⓑ转化为附加轴号，左侧竖向方向上的轴号重排，结果如图 2-35 所示。

```
命令：ZFZH↙
请选择需要主附转换的轴号<退出>:选择轴号Ⓑ
请选择需要主附转换的轴号<退出>:↙
```

（2）保存图形。将图形以"主附转换.dwg"为文件名进行保存。命令行显示如下：

```
命令：SAVEAS↙
```

第 3 章

墙体绘制与编辑

本章导读

　　墙体是建筑物中的核心部分,它不仅是支撑结构,还在插入柱子和门窗时自动进行修剪调整。此外,墙体本身也是划分建筑内部空间的重要依据。墙体可以利用天正建筑中的屏幕菜单"墙体"来绘制。通过对本章的学习,读者不仅可以掌握墙体的创建和编辑,还可以掌握墙体编辑工具和内外墙识别工具的使用方法。

学习要点

◆ 墙体的创建
◆ 墙体编辑工具
◆ 墙体编辑
◆ 墙体内外识别工具

3.1 墙体的创建

一个墙对象是柱间或墙角间具有相同特性的一段直墙或弧墙单元,墙与柱子围合而成的区域就是房间。墙对象中的"虚墙"为逻辑构件,用于围合建筑中挑空的楼板边界与功能划分(如同一空间内餐厅与客厅的划分)的边界,可以通过"查询面积"命令得到各自的房间面积数据。

墙体是建筑物中重要的组成部分,可使用"绘制墙体""单线变墙"和"等分加墙"等命令创建。

3.1.1 绘制墙体

连续绘制双线直墙和弧墙,绘制的墙体自动处理墙体交接处的接头形式。

1. 执行方式

命令行:HZQT。

菜单:"墙体"→"绘制墙体"。

执行上述任意一种命令,打开"墙体"对话框,如图 3-1 所示。

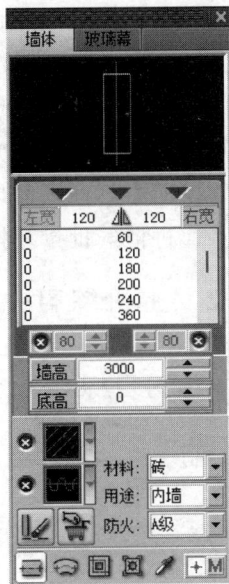

图 3-1 "墙体"对话框

2. 操作步骤

```
命令:HZQT↙
起点或 [参考点(R)]<退出>:点选墙体的起点
直墙下一点或 [弧墙(A)/矩形画墙(R)/闭合(C)/回退(U)]<另一段>:点击墙体的下一点
直墙下一点或 [弧墙(A)/矩形画墙(R)/闭合(C)/回退(U)]<另一段>:点击墙体的下一点
直墙下一点或 [弧墙(A)/矩形画墙(R)/闭合(C)/回退(U)]<另一段>:↙
起点或 [参考点(R)]<退出>:↙
```

3. 控件说明

墙宽参数:包括左宽、右宽、左保温和右保温四个参数,左宽和右宽即基线左侧的宽度和右侧的宽度,可以为正数、负数或零。保温参数显示 ◉ 表示绘制墙体时同时要加保温,显示 ✕ 则不加保温,默认值为 80。

墙高:表明墙体的高度,可以输入高度数据或通过单击右侧上下三角形按钮设置。

底高:表明墙体底部高度,可以输入高度数据或通过单击右侧上下三角形按钮设置。

材料:表明墙体的材质,单击下拉菜单选定。

用途:表明墙体的类型,单击下拉菜单选定。

防火:表明墙体的防火等级,单击下拉菜单选定。

墙体填充▨:表明墙体的填充图案。单击右侧三角形按钮,打开"墙体填充"对话

Note

3-1

框,可以选择填充图案和颜色。显示 ✓ 表示填充墙体,显示 ✗ 则表示不填充墙体。

　　保温图案 ▮：表明墙体保温层的图案。单击右侧三角形按钮,打开"保温材料"对话框,可以选择保温图案和颜色。显示 ✓ 表示填充保温层,显示 ✗ 则表示不填充保温层。

　　删除墙体 ⬐：删除已有墙体。

　　编辑墙体 ⬏：编辑已有墙体。

　　直墙 ⬚：绘制直线墙体。

　　弧墙 ☎：绘制带弧度墙体。

　　矩形绘制 ▣：利用矩形直接绘制墙体。

　　替换图中已插入的墙体 ▣：以当前参数的墙体替换图上的已有墙体,可以单个替换或者通过框选批量替换。

3.1.2　上机练习——绘制墙体

练习目标

绘制墙体,如图 3-2 所示。

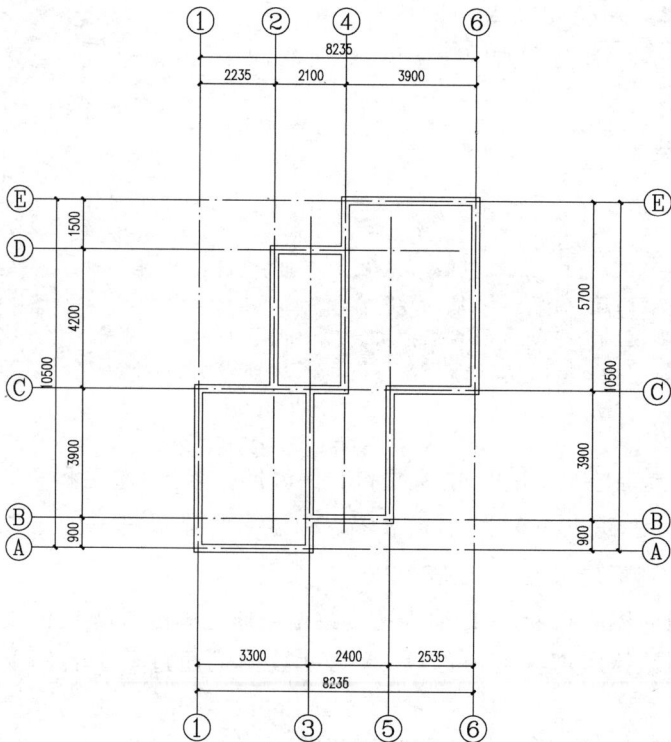

图 3-2　绘制墙体

设计思路

打开源文件中的"轴网标注"图形,利用"绘制墙体"命令,打开"墙体"对话框,绘制外墙和内墙。

操作步骤

(1)单击菜单中"墙体"→"绘制墙体"命令,打开"墙体"对话框,如图 3-3 所示。设置墙体宽度为 240,墙高为 3300,绘制外墙,结果如图 3-4 所示。

(2)继续绘制内墙,宽度为 240,墙高为 3300,"墙体"对话框如图 3-5 所示,最终结果如图 3-2 所示。

(3)保存图形。将图形以"绘制墙体.dwg"为文件名进行保存。命令行显示如下:

命令:SAVEAS↙

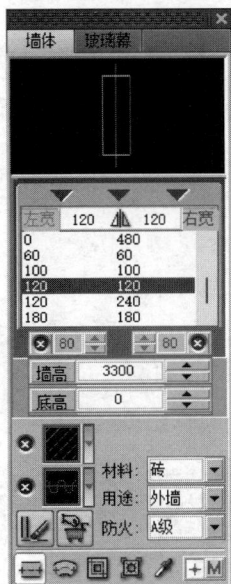

图 3-3 设置外墙属性

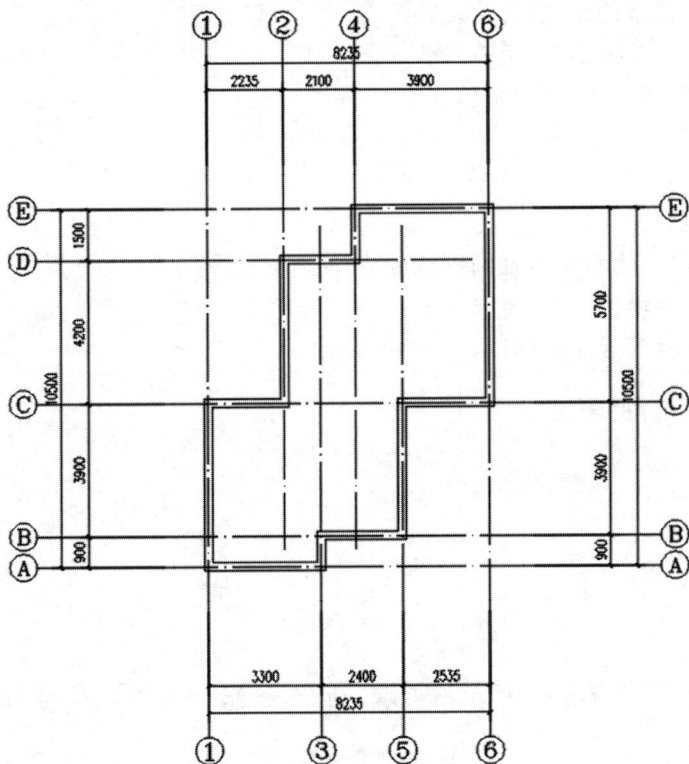

图 3-4 绘制外墙

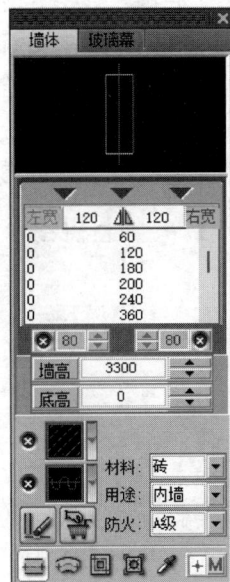

图 3-5 设置内墙属性

3.1.3 单线变墙

单线变墙命令可以以利用 AutoCAD 绘制的直线、多段线、圆或者圆弧为基准生成墙体。

1．执行方式

命令行：DXBQ。

菜单："墙体"→"单线变墙"。

执行上述任意一种命令，打开"单线变墙"对话框，如图 3-6 所示。

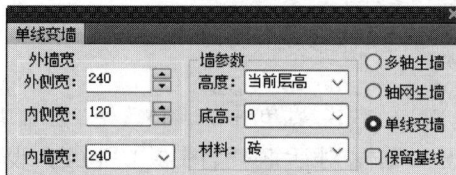

图 3-6 "单线变墙"对话框

2．操作步骤

```
命令：DXBQ↙
选择要变成墙体的直线、圆弧或多段线：选择轴线
选择要变成墙体的直线、圆弧或多段线：↙
处理重线…
处理交线…
识别外墙…
```

3．控件说明

外侧宽：为外墙外侧距定位线的距离，可直接输入。

内侧宽：为外墙内侧距定位线的距离，可直接输入。

内墙宽：为内墙宽度，定位线居中，可直接输入。

高度：单线变墙的高度。

底高：单线变墙的底部高度。

材料：单线变墙的墙体材料。

轴网生墙：选择此单选按钮，表示基于轴网创建墙体，此时只选取轴线对象。

单线变墙：由一条直线生成墙体。

保留基线：单线变墙中原有基线是否保留，一般不选中。

3.1.4 上机练习——单线变墙

练习目标

设置单线变墙，如图 3-7 所示。

设计思路

打开源文件中的"绘制墙体"图形，利用"单线变墙"命令，绘制 240（默认单位为 mm，下同）宽的内墙。

操作步骤

（1）单击菜单中"轴网柱子"→"添加轴线"命令，添加辅助轴线，如图 3-8 所示。

3-2

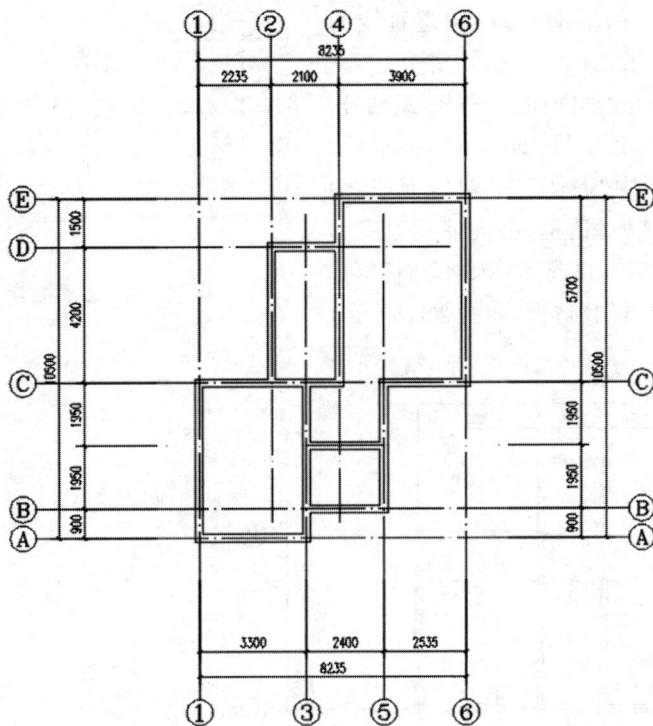

图 3-7 单线变墙

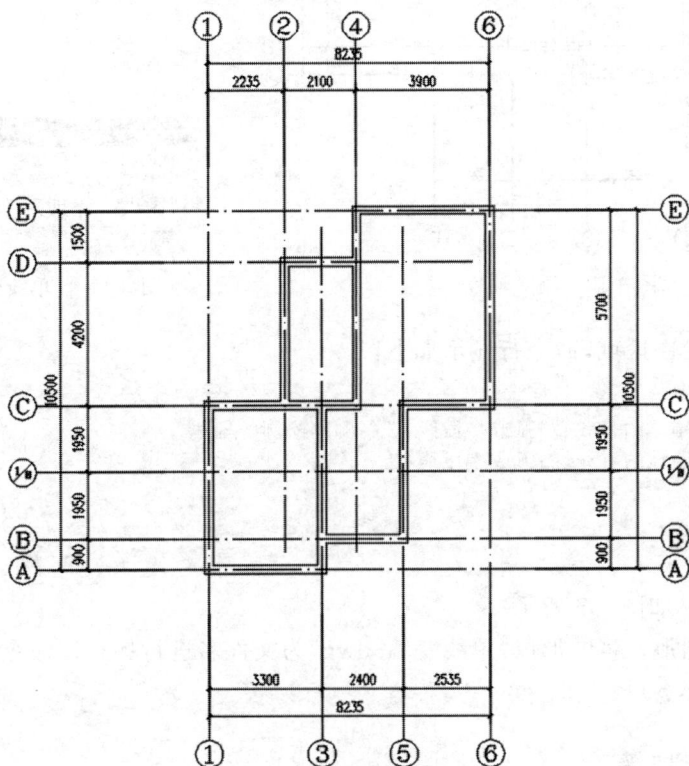

图 3-8 添加辅助轴线

（2）选中绘制的辅助轴线，调整直线的长度，如图3-9所示。

（3）单击菜单中"轴网柱子"→"删除轴号"命令，删除两侧的辅助轴号，如图3-10所示。

（4）单击菜单中"墙体"→"单线变墙"命令，打开"单线变墙"对话框，将内墙宽设置为240，墙高设置为3300，并选择"单线变墙"单选按钮，选中"保留基线"复选框，如图3-11所示。

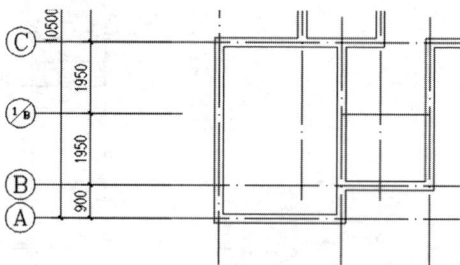

图3-9 调整直线长度

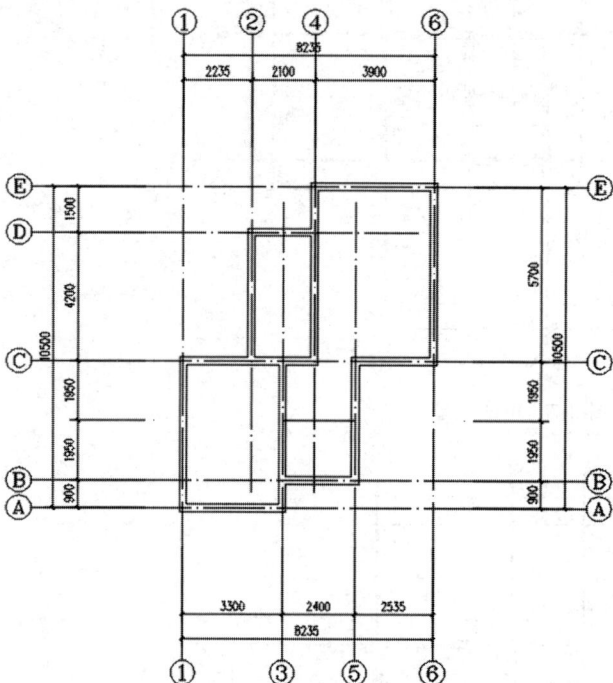

图3-10 删除轴号

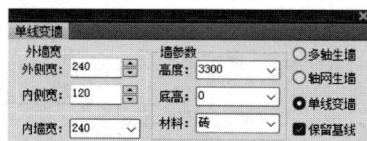

图3-11 "单线变墙"对话框

（5）单击绘图区域，命令行显示如下：

```
命令：DXBQ↙
选择要变成墙体的直线、圆弧或多段线：选择刚刚绘制的轴线
选择要变成墙体的直线、圆弧或多段线：↙
处理重线……
处理交线……
识别外墙……
```

生成的墙体如图3-7所示。

（6）保存图形。将图形以"单线变墙.dwg"为文件名进行保存。命令行显示如下：

```
命令：SAVEAS↙
```

3.1.5 等分加墙

等分加墙命令用于将已有的大房间按等分的原则划分出多个小房间。将一段墙在纵向等分,垂直方向加入新墙体,同时新墙体延伸到给定边界。本命令有三种相关墙体参与操作过程,分别为参照墙体、边界墙体和生成的新墙体。

1. 执行方式

命令行:DFJQ。

菜单:"墙体"→"等分加墙"。

执行上述任意一种命令,按命令行提示选择等分所参照的墙段后,打开"等分加墙"对话框,如图 3-12 所示。

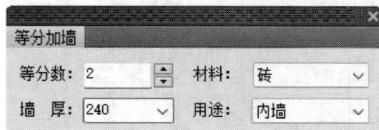

2. 操作步骤

在"等分加墙"对话框中选择相应的数据,返回绘图区,命令行显示如下:

图 3-12　"等分加墙"对话框

```
命令:DFJQ↙
选择等分所参照的墙段<退出>:选择要等分的墙体
选择作为另一边界的墙段<退出>:选择新加墙体要延伸到的墙体
```

3. 控件说明

等分数:为新加墙体段数加 1,可直接输入或利用上下三角形按钮设置。

材料:确定新加墙体的材料,从右侧下拉列表框中选择。

墙厚:确定新加墙体的厚度,可直接输入或从右侧下拉列表框中选择。

用途:确定新加墙体的类型,从右侧下拉列表框中选择。

3.1.6　上机练习——等分加墙

练习目标

绘制等分加墙,如图 3-13 所示。

设计思路

打开源文件中的"绘制墙体"图形,利用"等分加墙"命令,绘制 240 宽的内墙。

操作步骤

(1) 单击菜单中"墙体"→"等分加墙"命令,选择等分所参照的墙段(选择③轴线上的墙体),打开"等分加墙"对话框,设置等分数为 2,如图 3-14 所示。

(2) 返回绘图区域,绘制 240 的内墙。命令行显示如下:

```
选择等分所参照的墙段<退出>:选择③轴线上的墙体
选择作为另一边界的墙段<退出>:选⑤轴线上的墙体
```

结果如图 3-13 所示。

(3) 保存图形。将图形以"等分加墙.dwg"为文件名进行保存。命令行显示如下:

```
命令:SAVEAS↙
```

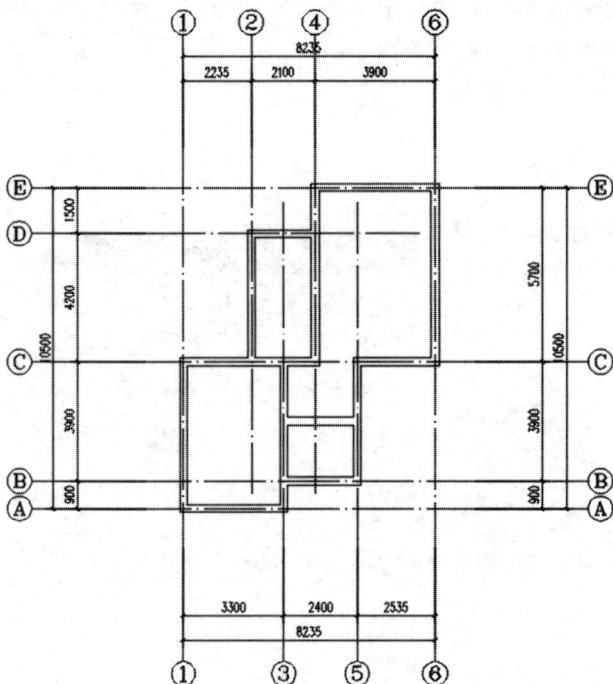

图 3-13 等分加墙

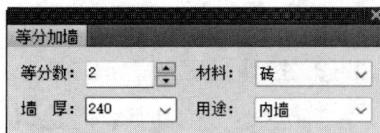

图 3-14 "等分加墙"对话框

3.1.7 墙体分段

本命令可预设分段的目标：给定墙体材料、保温层厚度、左右墙宽，以该参数对墙进行多次分段操作，不需要每次分段重复输入，既可分段为玻璃幕墙，又能将玻璃幕墙分段为其他墙。

1. 执行方式

命令行：QTFD。

菜单："墙体"→"墙体分段"。

执行上述任意一种命令，打开"墙体分段设置"对话框，如图 3-15 所示。

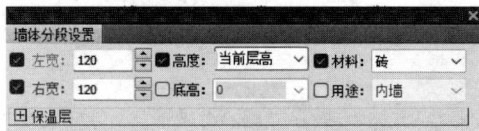

图 3-15 "墙体分段设置"对话框

2. 操作步骤

```
命令：QTFD↙
请选择一段墙 <退出>：选择要分段的墙
选择起点<返回>：点选分段墙的起点
选择终点<返回>：点选分段墙的终点
请选择一段墙 <退出>：↙
```

3.1.8 上机练习——墙体分段

练习目标

进行墙体分段,如图 3-16 所示。

设计思路

打开源文件中的"绘制墙体"图形,利用"墙体分段"命令,设置相关的参数,将图中的墙体一分为二。

图 3-16 墙体分段

操作步骤

(1) 单击菜单中"墙体"→"墙体分段"命令,打开"墙体分段设置"对话框,进行相关属性的设置,如图 3-17 所示。

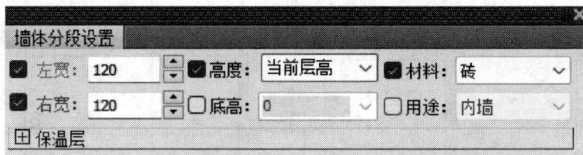

图 3-17 "墙体分段设置"对话框

(2) 选择墙体,以墙体的中点为分界点,将墙体一分为二,如图 3-16 所示。

(3) 保存图形。将图形以"墙体分段.dwg"为文件名进行保存。命令行显示如下:

```
命令:SAVEAS↙
```

3.1.9 净距偏移

本命令的功能类似于 AutoCAD 中的 Offset (偏移)命令,可以用于室内设计中,以测绘净距建立墙体平面图的场合。该命令自动处理墙端交接处。偏移距离如图 3-18 所示。

图 3-18 偏移距离

1.执行方式

命令行:JJPY。

菜单:"墙体"→"净距偏移"。

2.操作步骤

```
命令:JJPY↙
输入偏移距离<1830>:输入偏移距离↙
请点取墙体一侧<退出>:点击墙体的一侧
请点取墙体一侧<退出>:↙
```

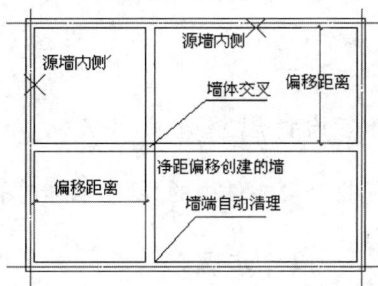

3.1.10 上机练习——净距偏移

练习目标

进行净距偏移,如图 3-19 所示。

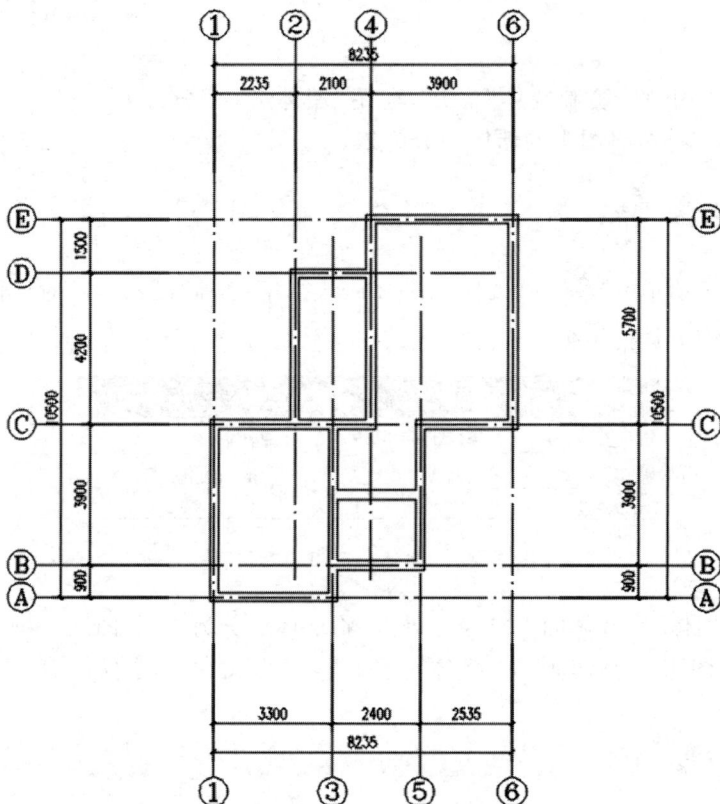

图 3-19 净距偏移

设计思路

打开源文件中的"绘制墙体"图形,利用"净距偏移"命令,绘制内墙。

操作步骤

(1) 单击菜单中"墙体"→"净距偏移"命令,偏移距离设置为 1710,绘制内墙,结果如图 3-19 所示,命令行显示如下:

```
命令:JJPY↙
输入偏移距离<1830>:1710↙
请点取墙体一侧<退出>:点击轴线⑧上的墙体的内侧
请点取墙体一侧<退出>:↙
```

(2) 保存图形。将图形以"净距偏移.dwg"为文件名进行保存。命令行显示如下：

```
命令：SAVEAS↙
```

3.2 墙体编辑工具

本节主要介绍如何利用墙体编辑工具进行墙体编辑和修改。

3.2.1 改墙厚

改墙厚命令用于批量修改多段墙体的厚度，墙线一律改为居中。

1．执行方式

命令行：GQH。

菜单：“墙体”→“墙体工具”→“改墙厚”。

2．操作步骤

```
命令：GQH↙
选择墙体：选择要修改的墙体↙
新的墙宽<240>：输入墙体的新厚度
```

3.2.2 上机练习——改墙厚

练习目标

改墙厚如图 3-20 所示。

设计思路

打开源文件中的“绘制墙体”图形，利用“改墙厚”命令，将内墙宽度设置为 120。

操作步骤

（1）单击菜单中“墙体”→“墙体工具”→“改墙厚”命令，将内墙宽度设置为 120。命令行显示如下：

```
选择墙体：选择内墙
新的墙宽<240>：120
```

绘制结果如图 3-20 所示。

（2）保存图形。将图形以“改墙厚.dwg”为文件名进行保存。命令行显示如下：

```
命令：SAVEAS↙
```

3.2.3 改外墙厚

改外墙厚命令用于整体修改外墙的厚度。

3-6

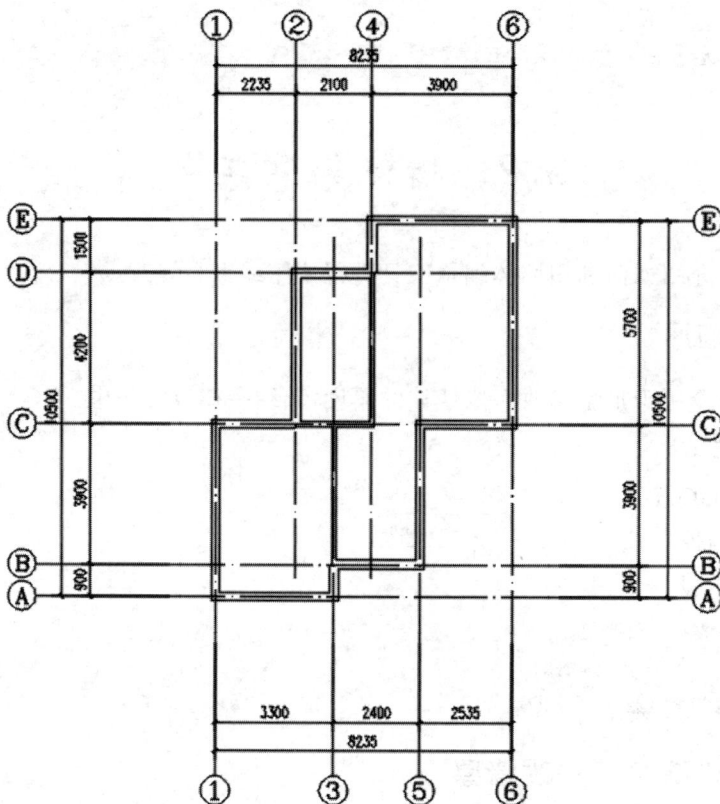

图 3-20 改墙厚

1. 执行方式

命令行：GWQH。

菜单："墙体"→"墙体工具"→"改外墙厚"。

2. 操作步骤

```
命令:GWQH↙
请选择外墙:框选外墙
请选择外墙:↙
内侧宽<120>:输入外墙基线到外墙内侧边线的距离
外侧宽<240>:输入外墙基线到外墙外侧边线的距离
```

3.2.4 上机练习——改外墙厚

练习目标

改外墙厚，如图 3-21 所示。

设计思路

打开源文件中的"改墙厚"图形,利用"改外墙厚"命令,将外墙的厚度设置为120。

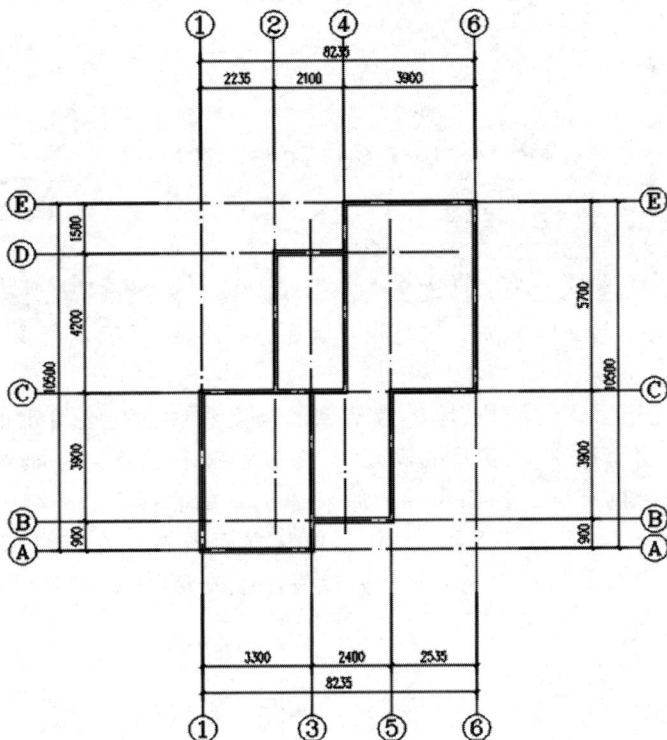

图 3-21 改外墙厚

操作步骤

(1) 单击菜单中"墙体"→"墙体工具"→"改外墙厚"命令,框选外墙,修改墙厚为120。命令行显示如下:

```
命令:GWQH↙
请选择外墙:框选外墙
请选择外墙:↙
内侧宽<120>:60
外侧宽<120>:60
```

绘制结果如图 3-21 所示。

(2) 保存图形。将图形以"改外墙厚.dwg"为文件名进行保存。命令行显示如下:

```
命令:SAVEAS↙
```

3.2.5 改高度

本命令可对选中的柱、墙体及其造型的高度和底标高成批进行修改,这是调整这些构件竖向位置的主要手段。修改底标高时,门窗底的标高可以和柱、墙联动修改。

1. 执行方式

命令行:GGD。

菜单:"墙体"→"墙体工具"→"改高度"。

2．操作步骤

命令:GGD↙
请选择墙体、柱子或墙体造型:选择需要修改高度的墙体或柱子
请选择墙体、柱子或墙体造型:↙
新的高度<3000>:输入选择对象的新高度↙
新的标高<0>:输入选择对象的新底面标高↙
是否维持窗墙底部间距不变?[是(Y)/否(N)]<N>:确定门窗底标高是否同时根据新标高进行改变

选项中 Y 表示门窗底标高变化时相对墙底标高不变,N 表示门窗底标高变化时相对墙底标高变化。

命令执行完毕后选中的柱、墙体及造型的高度和底标高按给定值修改。如果墙底标高不变,则窗墙底部间距无论输入 Y 或 N 都没有关系;但如果墙底标高改变了,就会影响窗台的高度。比如底标高原来是 0,新的底标高是－450,输入 Y 时各窗的窗台相对墙底标高而言高度维持不变,但从立面图看就是窗台随墙下降了 450;如输入 N,则窗台高度相对于底标高间距就发生了改变,而从立面图看窗台却没有下降,如图 3-22 所示。

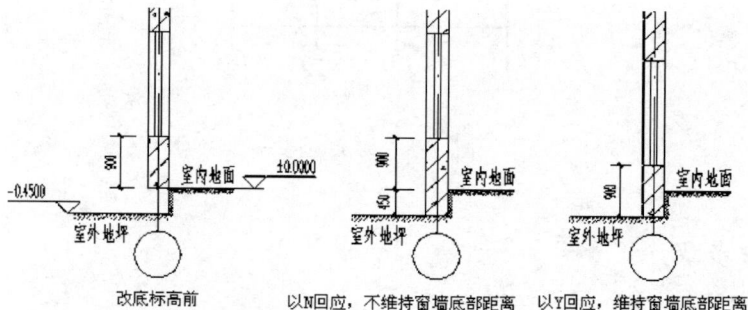

图 3-22　门窗底标高

3.2.6　上机练习——改高度

练习目标

改高度,如图 3-23 所示。

设计思路

打开源文件中的"原图"图形,利用"改高度"命令,维持墙体高度不变,标高移动 300,门窗底部间距随之发生改变。

操作步骤

(1) 打开源文件中的"原图"图形,如图 3-24 所示。

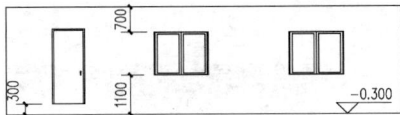

图 3-23 改高度

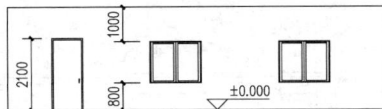

图 3-24 原图

（2）单击菜单中"墙体"→"墙体工具"→"改高度"命令，保持墙体高度为 3000，将墙体的标高向下移动 300，门窗底部间距随之发生改变。命令行显示如下：

```
请选择墙体、柱子或墙体造型：选墙体
请选择墙体、柱子或墙体造型：↙
新的高度<3000>:3000↙
新的标高<0>:−300↙
是否维持窗墙底部间距不变?[是(Y)/否(N)]<N>:N↙
```

命令执行完毕后如图 3-23 所示。

（3）保存图形。将图形以"改高度.dwg"为文件名进行保存。命令行显示如下：

```
命令:SAVEAS↙
```

3.2.7 改外墙高

改外墙高仅是改变外墙高度，与"改墙高"命令类似，执行前先做内外墙识别工作，自动忽略内墙。

1. 执行方式

命令行：GWQG。

菜单："墙体"→"墙体工具"→"改外墙高"。

2. 操作步骤

```
命令:GWQD↙
请选择外墙:选择外墙
请选择外墙:↙
新的高度<3000>:输入外墙的新高度
新的标高<0>:输入外墙的底面标高
是否保持墙上门窗到墙基的距离不变?[是(Y)/否(N)]<N>:确定门窗底标高是否同时根据新标高进行改变
```

选项中 Y 表示门窗底标高变化时相对墙底标高不变，N 表示门窗底标高变化时相对墙底标高变化，操作同"改墙高"。

3.2.8 平行生线

平行生线命令类似于 AutoCAD 的偏移命令，生成一条与墙线（分侧）平行的线，也可以用于柱子，生成与柱子周边平行的一圈粉刷线、勒脚线等。外墙勒脚如图 3-25 所示。

1. 执行方式

命令行：PXSX。

菜单："墙体"→"墙体工具"→"平行生线"。

执行上述任意一种命令，打开"平行生线"对话框，在对话框中设置偏移距离，如图 3-26 所示。

图 3-25　外墙勒脚

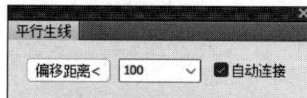

图 3-26　"平行生线"对话框

2. 操作步骤

```
命令:PXSX↙
请点取墙边、柱子或墙体造型:点选墙边或柱边
请点取墙边、柱子或墙体造型:↙
```

3.2.9　上机练习——平行生线

练习目标

进行平行生线,如图 3-27 所示。

设计思路

打开源文件中的"原图 1"图形,利用"平行生线"命令,偏移的距离设置为 100,在墙体下侧平行生线。

操作步骤

(1) 打开源文件中的"原图 1"图形,如图 3-28 所示。

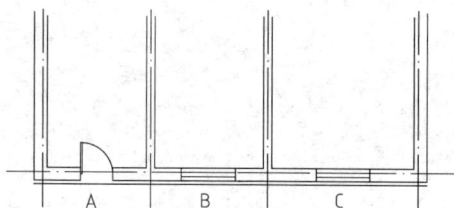

图 3-27　平行生线

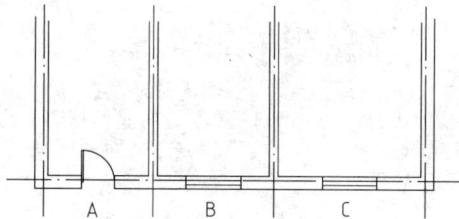

图 3-28　原图 1

(2) 单击菜单中"墙体"→"墙体工具"→"平行生线"命令,打开"平行生线"对话框,将偏移距离设置为 100,选择下侧的墙体。命令行显示如下:

```
请点取墙边、柱子或墙体造型:选择 A 处墙体
请点取墙边、柱子或墙体造型:选择 B 处墙体
请点取墙边、柱子或墙体造型:选择 C 处墙体
请点取墙边、柱子或墙体造型:↙
```

生成的图形如图 3-27 所示。

(3) 保存图形。将图形以"平行生线.dwg"为文件名进行保存。命令行显示如下:

```
命令：SAVEAS↙
```

3.2.10　墙端封口

墙端封口命令可以在墙端封口和开口两种形式之间转换，如图 3-29 所示。

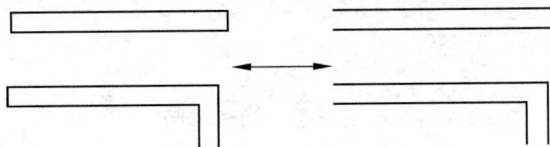

图 3-29　墙端封口和开口

1．执行方式

命令行：QDFK。

菜单："墙体"→"墙体工具"→"墙端封口"。

2．操作步骤

```
命令：QDFK↙
选择墙体：选择要改变墙端封口的墙体
选择墙体：↙
```

3.2.11　上机练习——墙端封口

练习目标

绘制墙端封口，如图 3-30 所示。

设计思路

打开源文件中的"原图 2"图形，利用"墙端封口"命令对墙体的端部进行封口操作。

操作步骤

（1）打开源文件中的"原图 2"图形，如图 3-31 所示。

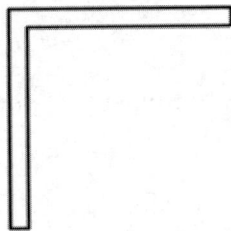

图 3-30　墙端封口　　　　　　　　图 3-31　原图 2

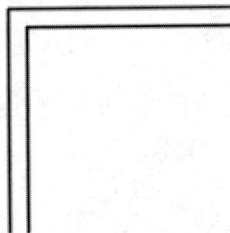

（2）单击菜单中"墙体"→"墙体工具"→"墙端封口"命令，对墙体的端部进行封口操作。命令行显示如下：

选择墙体：选择墙体
选择墙体：↙

墙端封口效果如图 3-30 所示。

（3）保存图形。将图形以"墙端封口.dwg"为文件名进行保存。命令行显示如下：

命令：SAVEAS ↙

Note

3.3 墙 体 编 辑

墙体编辑可以采用 TARCH 命令，也可以采用 AutoCAD 命令，还可以双击墙体进行参数编辑。

3.3.1 倒墙角

倒墙角命令的功能与 AutoCAD 的圆角（Fillet）命令相似，用于处理两段不平行墙体的端头交角，采用圆角方式进行连接。

1. 执行方式

命令行：DQJ。

菜单："墙体"→"倒墙角"。

2. 操作步骤

命令：DQJ ↙
选择第一段墙或 [设圆角半径(R)，当前 = 0]<退出>：R
请输入圆角半径<0>：输入圆角半径↙
选择第一段墙或 [设圆角半径(R)，当前 = 3000]<退出>：选中墙线
选择另一段墙<退出>：选中另一处墙线

3.3.2 上机练习——倒墙角

练习目标

设置倒墙角，如图 3-32 所示。

设计思路

打开源文件中的"改外墙厚"图形，如图 3-33 所示，利用"倒墙角"命令，将圆角半径设置为 500，编辑墙体。

操作步骤

（1）打开源文件中的"改外墙厚"图形，如图 3-33 所示。

3-11

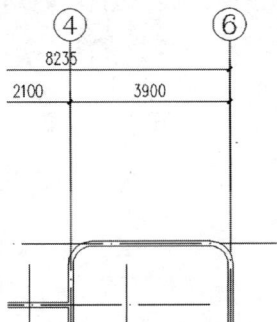

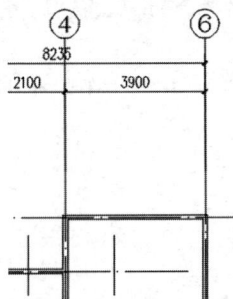

图 3-32　倒墙角　　　　　　　　图 3-33　"改外墙厚"图形

（2）单击菜单中"墙体"→"倒墙角"命令，设置圆角半径为 500，对图 3-33 中的墙体进行倒墙角操作。命令行显示如下：

```
选择第一段墙或 [设圆角半径(R),当前 = 0]<退出>: R
请输入圆角半径<0>:500↙
选择第一段墙或 [设圆角半径(R),当前 = 3000]<退出>:选中墙线
选择另一段墙<退出>:选中另一处墙线
```

完成此处倒墙角操作。

（3）同理，使用"倒墙角"命令对另外一侧的墙体进行编辑操作，结果如图 3-32 所示。

（4）保存图形。将图形以"倒墙角.dwg"为文件名进行保存。命令行显示如下：

```
命令: SAVEAS↙
```

3.3.3　倒斜角

倒斜角命令与 AutoCAD 的倒角（Chamfer）命令相似，专门用于处理两段不平行的墙体的端头交角，使两段墙以指定倒角长度连接，如图 3-34 所示。

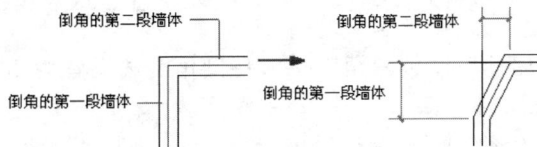

图 3-34　倒斜角示意图

1．执行方式

命令行：DXJ。

菜单："墙体"→"倒斜角"。

2．操作步骤

```
命令:DXJ↙
选择第一段直墙或 [设距离(D),当前距离 1 = 0,距离 2 = 0]<退出>: D
指定第一个倒角距离<0>:500↙
指定第二个倒角距离<0>:500↙
```

选择第一段直墙或 [设距离(D),当前距离 1 = 500,距离 2 = 500]<退出>:选择倒角的第一段墙体
选择另一段直墙<退出>:选择倒角的第二段墙体

3.3.4　上机练习——倒斜角

练习目标

设置倒斜角,如图 3-35 所示。

设计思路

打开源文件中的"改外墙厚"图形,利用"倒斜角"命令,将第一个倒角距离和第二个倒角距离设置为 500,编辑墙体。

操作步骤

(1) 打开源文件中的"改外墙厚"图形,如图 3-36 所示。

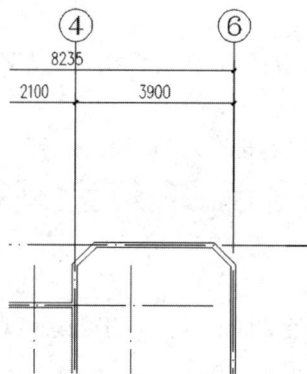

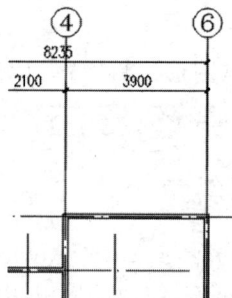

图 3-35　倒斜角　　　　　　　　　　图 3-36　"改外墙厚"图形

(2) 单击菜单中"墙体"→"倒斜角"命令,将倒角距离设置为 500,对墙体进行"倒斜角"操作。命令行显示如下:

命令:DXJ↙
选择第一段直墙或 [设距离(D),当前距离 1 = 0,距离 2 = 0]<退出>: D
指定第一个倒角距离<0>:500↙
指定第二个倒角距离<0>:500↙
选择第一段直墙或 [设距离(D),当前距离 1 = 500,距离 2 = 500]<退出>:选择倒角的第一段墙体
选择另一段直墙<退出>:选择倒角的第二段墙体

完成此处倒斜角操作。

(3) 同理,使用"倒斜角"命令对另外一侧的墙体进行编辑操作,结果如图 3-35 所示。

(4) 保存图形。将图形以"倒斜角.dwg"为文件名进行保存。命令行显示如下:

命令: SAVEAS↙　　(将绘制完成的图形以"倒斜角.dwg"为文件名保存在指定的路径中)

3.3.5　修墙角

　　修墙角命令用于属性相同的墙体相交处的清理，可以一次框选多个墙角进行批量修改。当用户使用 AutoCAD 的某些编辑命令，或者利用夹点拖动对墙体进行操作后，墙体相交处有时会出现未按要求打断的情况，采用本命令框选墙角可以轻松处理，如图 3-37 所示。

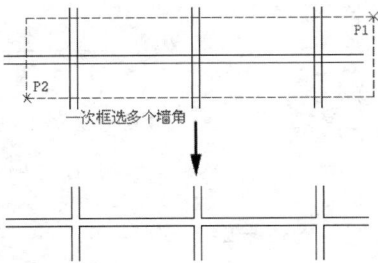

图 3-37　修墙角

1．执行方式

命令行：XQJ。

菜单："墙体"→"修墙角"。

2．操作步骤

```
命令:XQJ↙
请框选需要处理的墙角、柱子或墙体造型
请点取第一个角点或 [参考点(R)]<退出>:单击第一个角点
点取另一个角点<退出>:单击对角另一点
请点取第一个角点或 [参考点(R)]<退出>:↙
```

3.3.6　基线对齐

　　本命令用于纠正以下两种情况的墙线错误：①由于基线不对齐或不精确对齐而导致墙体显示或搜索房间出错；②由于存在短墙而造成墙体显示不正确情况下去除短墙并连接剩余墙体。

1．执行方式

命令行：JXDQ。

菜单："墙体"→"基线对齐"。

2．操作步骤

```
命令行:JXDQ↙
请点取墙基线的新端点或新连接点或 [参考点(R)]<退出>:点取作为对齐点的一个基线端点，
不应选取端点外的位置；
请选择墙体(注意:相连墙体的基线会自动联动!)<退出>:选择要对齐该基线端点的墙体对象；
请选择墙体(注意:相连墙体的基线会自动联动!)<退出>:继续选择后回车退出；
请点取墙基线的新端点或新连接点或 [参考点(R)]<退出>:点取其他基线交点作为对齐点
```

3.3.7　墙柱保温

　　利用墙柱保温命令可以在墙体上加入或删除保温墙线，遇到门自动断开，遇到窗自动增加窗厚度，如图 3-38 所示。

1．执行方式

命令行：QZBW。

菜单："墙体"→"墙柱保温"。

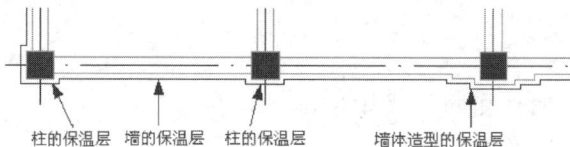

柱的保温层　墙的保温层　柱的保温层　　墙体造型的保温层

图 3-38　墙柱保温示意图

2．操作步骤

命令:QZBW↙
指定墙、柱、墙体造型保温一侧或 [内保温(I)/外保温(E)/消保温层(D)/保温层厚(当前=80)(T)]<退出>:单击墙体一侧
指定墙、柱、墙体造型保温一侧或 [内保温(I)/外保温(E)/消保温层(D)/保温层厚(当前=80)(T)]<退出>:↙

命令行的选项中，输入 I 提示选择外墙内侧，输入 E 提示选择外墙外侧，输入 D 提示消除现有保温层，输入 T 提示确定保温层厚度。

3.3.8　上机练习——墙柱保温

练习目标

设置墙柱保温，如图 3-39 所示。

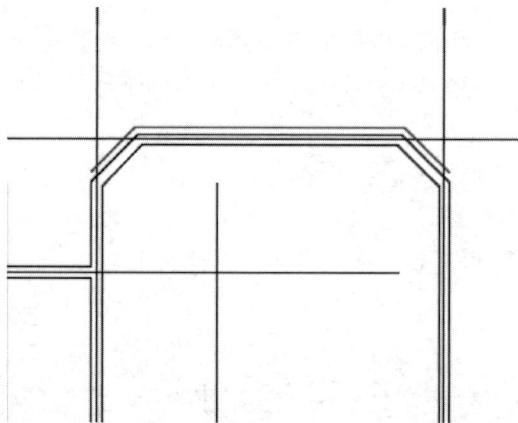

图 3-39　墙柱保温

设计思路

打开源文件中的"倒斜角"图形，利用"墙柱保温"命令，将保温层的厚度设置为 80，为墙体添加保温层。

操作步骤

(1) 单击菜单中"墙体"→"墙柱保温"命令，将保温层的厚度设置为 80，对图中的墙体添加保温层。命令行显示如下：

命令：QZBW↙

指定墙、柱、墙体造型保温一侧或 [内保温(I)/外保温(E)/消保温层(D)/保温层厚(当前=80)(T)]<退出>：单击图中的墙体的外侧

添加保温层的墙体如图 3-39 所示。

(2) 保存图形。将图形以"墙柱保温.dwg"为文件名进行保存。命令行显示如下：

命令：SAVEAS↙

3.3.9 边线对齐

本命令用来对齐墙边,并维持基线不变,将边线偏移到给定的位置。换句话说,就是维持基线位置和总宽不变,通过修改左右宽度达到边线与给定位置对齐的目的。通常用于设置墙体与某些特定位置的对齐,特别是和柱子的边线对齐。墙体与柱子的关系并非都是中线对中线,要把墙边与柱边对齐,无非通过两个途径：直接用基线对齐柱边绘制；或者先不考虑对齐,而是快速地沿轴线绘制墙体,待绘制完毕后用本命令处理。后者可以把同一延长线方向上的多个墙段一次取齐,推荐使用。

1. 执行方式

命令行：BXDQ。

菜单："墙体"→"边线对齐"。

2. 操作步骤

命令：BXDQ

请点取墙边应通过的点或 [参考点(R)]<退出>：点取墙边线通过的点

请点取一段墙<退出>：点取需要对齐的墙边线

3.3.10 上机练习——边线对齐

练习目标

设置边线对齐,如图 3-40 所示。

设计思路

打开源文件中的"绘制墙体"图形,利用"边线对齐"命令,对轴线①上的墙体进行编辑。

操作步骤

(1) 单击菜单中"墙体"→"边线对齐"命令,将轴线①上的墙体向左侧移动一个墙体宽度,如图 3-40 所示。命令行显示如下：

请点取墙边应通过的点或 [参考点(R)]<退出>：点取轴线①墙体的外边

请点取一段墙<退出>：点取轴线①墙体的内边

(2) 保存图形。将图形以"边线对齐.dwg"为文件名进行保存。命令行显示如下：

命令：SAVEAS↙

图 3-40 边线对齐

3-14

3.3.11 墙体造型

墙体造型命令可构造平面形状局部凸出的墙体,附加在墙体上形成一体,由多段线外框生成与墙体关联的造型。

1. 执行方式

命令行:QTZX。

菜单:"墙体"→"墙体造型"。

2. 操作步骤

选择 [外凸造型(T)/内凹造型(A)]<外凸造型>:回车默认采用外凸造型;
墙体造型轮廓起点或 [点取图中曲线(P)/点取参考点(R)]<退出>:绘制墙体造型的轮廓线第一点或单击已有的闭合多段线作轮廓线;
直段下一点或 [弧段(A)/回退(U)]<结束>:造型轮廓线的第二点;
直段下一点或 [弧段(A)/回退(U)]<结束>:造型轮廓线的第三点;
直段下一点或 [弧段(A)/回退(U)]<结束>:造型轮廓线的第四点;
直段下一点或 [弧段(A)/回退(U)]<结束>:右击或回车结束命令

3.4 墙体内外识别工具

本节主要讲解墙体内外识别工具,这是一个专门用于识别内外墙体的工具。在施工图中区分内外墙是为了更好地定义墙体类型。

3.4.1 识别内外

识别内外命令自动识别内、外墙,同时设置墙体的内外特征,在节能设计中要使用外墙的内外特征。

1. 执行方式

命令行:SBNW。

菜单:"墙体"→"识别内外"→"识别内外"。

2. 操作步骤

命令:SBNW↙
请选择一栋建筑物的所有墙体(或门窗):框选整个建筑物墙体
请选择一栋建筑物的所有墙体(或门窗):↙
点击绘图区任意位置或右键回车退出亮显

识别出的外墙用暗红色的粗线示意。

3.4.2 上机练习——识别内外

📖 **练习目标**

对墙体识别内外,如图 3-41 所示。

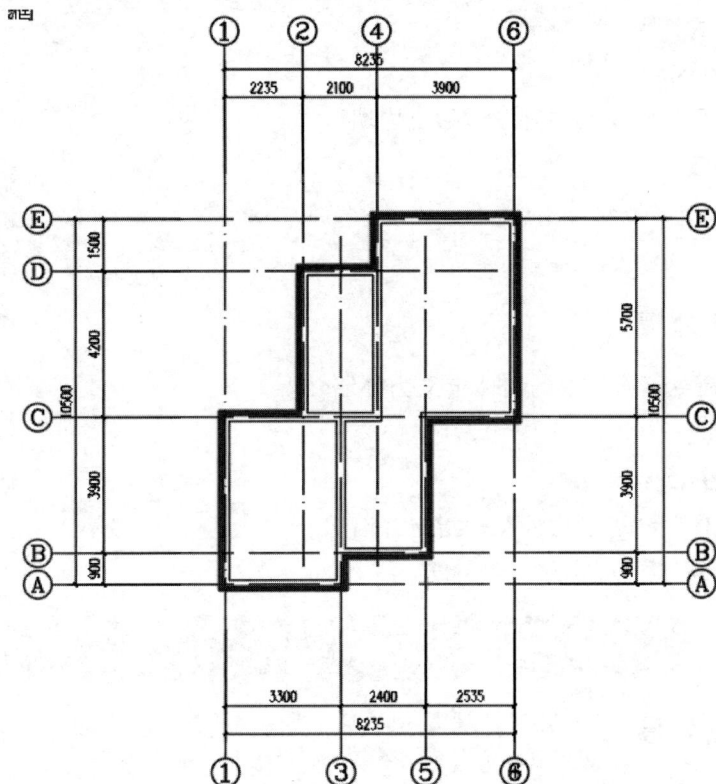

图 3-41　识别内外

设计思路

打开源文件中的"绘制墙体"图形,利用"识别内外"命令,对墙体进行内外识别。

操作步骤

(1)单击菜单中"墙体"→"识别内外"→"识别内外"命令,框选整个建筑物墙体,识别出的外墙用暗红色的粗线示意。命令行显示如下:

```
命令:SBNW↙
请选择一栋建筑物的所有墙体(或门窗):框选整个建筑物墙体
请选择一栋建筑物的所有墙体(或门窗):↙
点击绘图区任意位置或右键回车退出亮显
```

(2)保存图形。将图形以"识别内外.dwg"为文件名进行保存。命令行显示如下:

```
命令:SAVEAS↙
```

3.4.3　指定内墙

指定内墙命令可将选取的墙体定义为内墙。

1．执行方式

命令行：ZDNQ。

菜单："墙体"→"识别内外"→"指定内墙"。

2．操作步骤

选择墙体:指定对角点:框选墙体
选择墙体:↙

3.4.4　指定外墙

指定外墙命令可将选取的墙体定义为外墙。

1．执行方式

命令行：ZDWQ。

菜单："墙体"→"识别内外"→"指定外墙"。

2．操作步骤

请点取墙体外皮<退出>:逐段选择外墙皮
请点取墙体外皮<退出>:↙

3.4.5　加亮外墙

加亮外墙命令可将指定的外墙体外边线用暗红色实线加亮。

执行方式：

命令行：JLWQ。

菜单："墙体"→"识别内外"→"加亮外墙"。

执行命令后，外墙边就加亮。

3.4.6　上机练习——加亮外墙

练习目标

加亮外墙，如图 3-42 所示。

设计思路

打开源文件中的"绘制墙体"图形，利用"加亮外墙"命令，将外墙体亮显。

操作步骤

（1）单击菜单中"墙体"→"识别内外"→"加亮外墙"命令，识别出的外墙用高亮的暗红色显示。

（2）单击绘图区任意位置或右击或按回车键退出亮显。

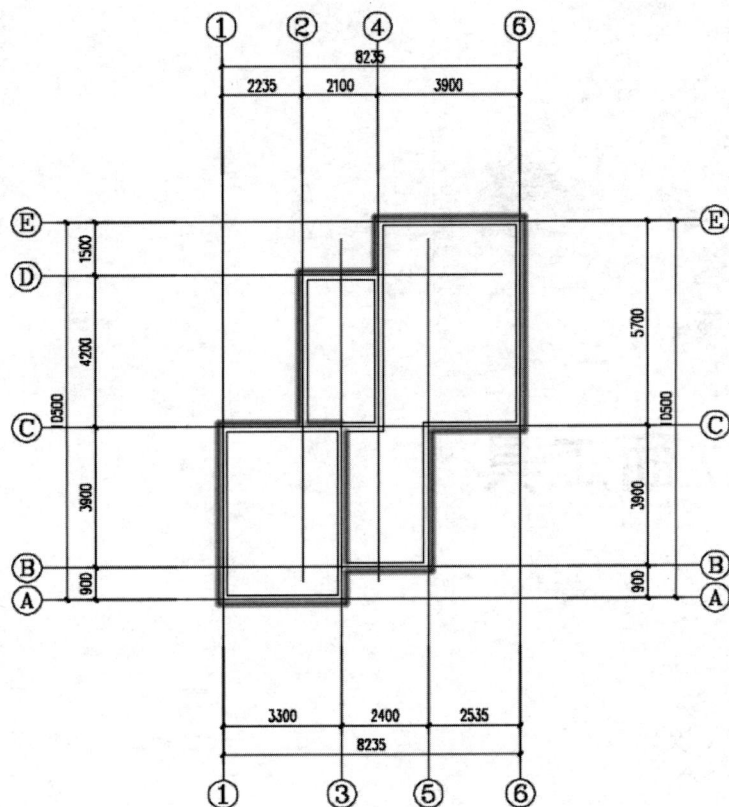

图 3-42　加亮外墙

第4章

墙体立面工具

◇本◇章◇导◇读◇

　　墙体立面工具不是在立面施工图上执行的命令,而是在绘制平面图时,为立面或三维建模做准备而编制的几个墙体立面设计命令。

学 习 要 点

◆ 墙面 UCS
◆ 异形立面
◆ 矩形立面

4.1 墙 面 UCS

为了构造异形洞口或构造异形墙立面,必须在墙体立面上定位和绘制图元,需要把 UCS 设置到墙面上。本命令临时定义一个基于所选墙面(分侧)的 UCS 用户坐标系,在指定视口转为立面显示。

1．执行方式

命令行：QMUCS。

菜单："墙体"→"墙体立面"→"墙面 UCS"。

2．操作步骤

命令:QMUCS↙
请点取墙体一侧<退出>:选择墙体一侧

生成的视图为基于新建坐标系的视图。

4.2 上机练习——墙面 UCS

练习目标

墙面 UCS 图如图 4-1 所示。

设计思路

打开源文件中的"墙面 UCS 原图"图形,如图 4-2 所示,利用"墙面 UCS"命令进行墙面 UCS 的设置。

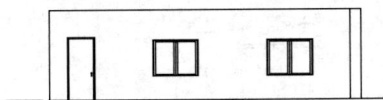

图 4-1 墙面 UCS 图

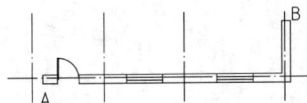

图 4-2 墙面 UCS 原图

操作步骤

(1) 单击菜单中"墙体"→"墙体立面"→"墙面 UCS",命令行显示如下:

请点取墙体一侧<退出>:选择 A 墙外侧

绘制结果如图 4-1 所示。

(2) 保存图形。将图形以"墙面 UCS.dwg"为文件名进行保存。命令行显示如下:

命令:SAVEAS↙

4.3 异形立面

本命令通过对矩形立面墙的适当剪裁构造不规则立面形状的特殊墙体,如创建双坡或单坡山墙与坡屋顶底面相交。选中墙体,随即根据边界线变为不规则立面形状或者更新为新的立面形状,命令结束后作为边界的多段线仍保留以备再用。图4-3所示为本命令构造山墙的两种情况。

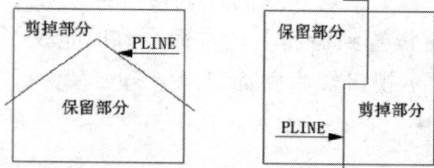

图 4-3 构造山墙

1．执行方式

命令行：YXLM。

菜单："墙体"→"墙体立面"→"异形立面"。

2．操作步骤

```
命令:YXLM↙
选择定制墙立面的形状的不闭合多段线<退出>:在立面视图中选择分割线
选择墙体:单击需要保留的墙体部分
选择墙体:↙
```

4-2

4.4 上机练习——异形立面

练习目标

设置异形立面,如图4-4所示。

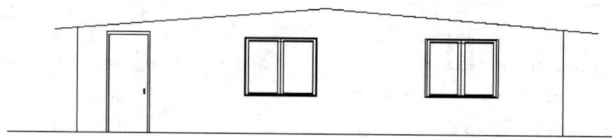

图 4-4 异形立面

设计思路

打开源文件中的"异形立面原图"图形,如图4-5所示,利用"异形立面"命令绘制异形立面。

操作步骤

（1）单击菜单中"墙体"→"墙体立面"→"异形立面"命令,将矩形立面设置为异形

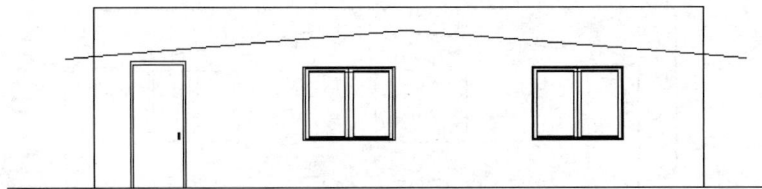

图 4-5　异形立面原图

立面。命令行显示如下：

```
命令：YXLM↙
选择定制墙立面的形状的不闭合多段线<退出>:选分割斜线
选择墙体:选下侧墙体
选择墙体：↙
```

结果如图 4-4 所示。

（2）保存图形。将图形以"异形立面.dwg"为文件名进行保存。命令行显示如下：

```
命令：SAVEAS↙
```

4.5　矩形立面

本命令是异形立面的逆命令，可将异形立面墙恢复为标准的矩形立面墙。

1．执行方式

命令行：JXLM。

菜单："墙体"→"墙体立面"→"矩形立面"。

2．操作步骤

```
命令：JXLM↙
选择墙体:选择要恢复的异形立面墙体
选择墙体:按回车键退出
```

4.6　上机练习——矩形立面

练习目标

设置矩形立面，如图 4-6 所示。

设计思路

打开源文件中的"矩形立面原图"图形，如图 4-7 所示，利用"矩形立面"命令绘制矩形立面。

4-3

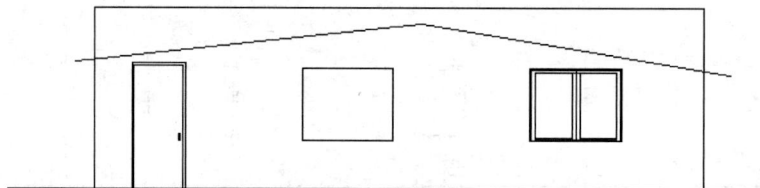

图 4-6　矩形立面

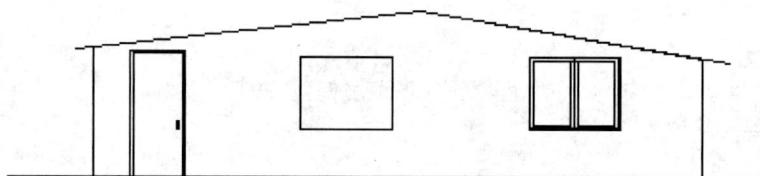

图 4-7　矩形立面原图

操作步骤

（1）单击菜单中"墙体"→"墙体立面"→"矩形立面"命令，选择要恢复的异形立面墙体，将异形立面恢复为矩形立面。命令行显示如下：

```
命令:JXLM↙
选择墙体:选择要恢复的异形立面墙体
选择墙体:↙
```

结果如图 4-6 所示。

（2）保存图形。将图形以"矩形立面.dwg"为文件名进行保存。命令行显示如下：

```
命令:SAVEAS↙
```

第 5 章

柱子绘制与编辑

本章导读

　　柱子在建筑设计中主要起到结构支撑作用,有时也用于装饰。对于标准柱用底标高、柱高和柱截面参数描述其在三维空间的位置和形状;构造柱用于砖混结构,只有截面形状而没有三维数据的描述,用于施工图。

　　通过本章的学习,读者可以掌握柱子的创建和编辑。

学习要点

◆ 柱子的创建

◆ 柱子编辑

5.1 柱子的创建

柱子是建筑物中用以支承栋梁的长条形构件,主要承受上部结构的压力,有时承受弯矩,它的作用为支承梁、桁架或者楼板等。

柱子的保温层与墙保温层均通过"墙柱保温"命令添加,柱保温层与相邻的墙保温层的边界自动融合,但两者具有不同的性质。柱保温层在独立柱中能自动环绕柱子一周添加,保温层厚度对每一个柱子可独立设置、独立开关,但在更广泛的应用场合中,柱保温层更多的是被墙(包括虚墙)断开,分别为外侧保温或者内侧保温、两侧保温,但保温层不能设置不同厚度;柱保温的范围可随柱子与墙的相对位置自动调整,如图 5-1 所示。

5.1.1 标准柱

标准柱命令用来在轴线的交点处或任意位置插入矩形、圆形、正三角形、正五边形、正六边形、正八边形、正十二边形断面柱。

柱子的每个夹点都可以拖动,从而改变柱子的尺寸或者位置,如矩形柱的边中夹点用于改变柱子的边长,对角夹点用于改变柱子的大小,中心夹点用于改变柱子的转角或移动柱子,圆柱的边夹点用于改变柱子的半径,中心夹点用于移动柱子,如图 5-2 所示。

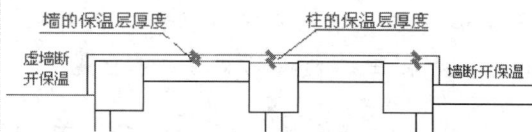

图 5-1 设置保温层

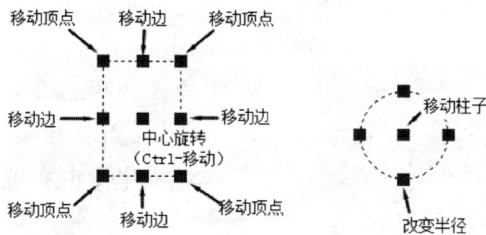

图 5-2 柱子的夹点

1. 执行方式

命令行:BZZ。

菜单:"轴网柱子"→"标准柱"。

执行上述任意一种命令,打开"标准柱"对话框,分别显示"标准柱"选项卡和"异形柱"选项卡,如图 5-3 所示。

2. 操作步骤

```
命令:BZZ↙
点取位置或 [转90度(A)/左右翻(S)/上下翻(D)/对齐(F)/改转角(R)/改基点(T)/参考点(G)]
<退出>:捕捉轴线交点
点取位置或 [转90度(A)/左右翻(S)/上下翻(D)/对齐(F)/改转角(R)/改基点(T)/参考点(G)]
<退出>:↙
```

矩形柱

柱预览图

柱偏心

柱尺寸

柱高

柱填充图案

柱填充开关

删除柱

圆形柱

多边形柱

异形柱

柱材料

柱转角

柱构件库

编辑柱

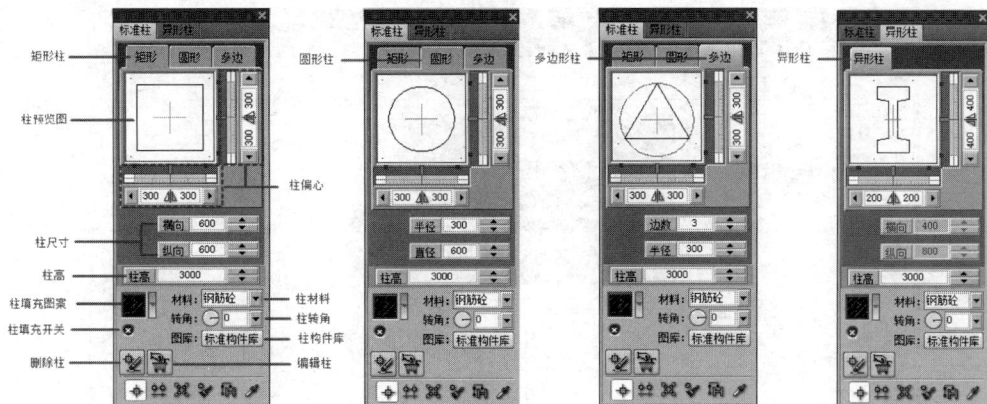

图 5-3　"标准柱"对话框

3. 控件说明

形状：设定柱子的截面，有矩形、圆形、正三角形、正五边形、正六边形、正八边形、正十二边形。

柱偏心：设置插入柱中心的位置，可以直接输入偏移尺寸，也可以拖动红色指针改变偏移尺寸数，或者单击左右两侧的小三角按钮改变偏移尺寸数。

柱尺寸：可通过直接输入数据和单击右侧小三角按钮获得，柱子的形状不同，参数有所不同。

柱高：用于设置柱子的高度。

柱填充开关及柱填充图案：当开关开启时，即显示 ，柱填充图案可用，单击右侧三角按钮，打开"柱子填充"对话框，选择柱填充图案，如图 5-4 所示。当开关关闭时，即显示 ，柱填充图案不可用。

材料：可在下拉列表框中选择柱子的材料，包括砖、石材、钢筋混凝土和金属等。

转角：柱子在平面内的旋转角度。转角在矩形轴网中以 X 轴为基准线，旋转角度在弧形轴网中以环向弧线为基准线，自动设置逆时针为正，顺时针为负。

图 5-4　"柱子填充"对话框

图库：为天正提供的标准构件库，可以对柱子进行编辑工作，如图 5-5 所示。

点选插入柱子 ：捕捉轴线交点插入柱子，没有轴线交点时即为在所选点位置插入柱子。

沿着一根轴线布置柱子 ：沿着一根轴线布置柱子，位置在所选轴线与其他轴线相交点处。

指定矩形区域内的轴线交点插入柱子 ：在选定的矩形区域内的轴线交点处插入柱子。

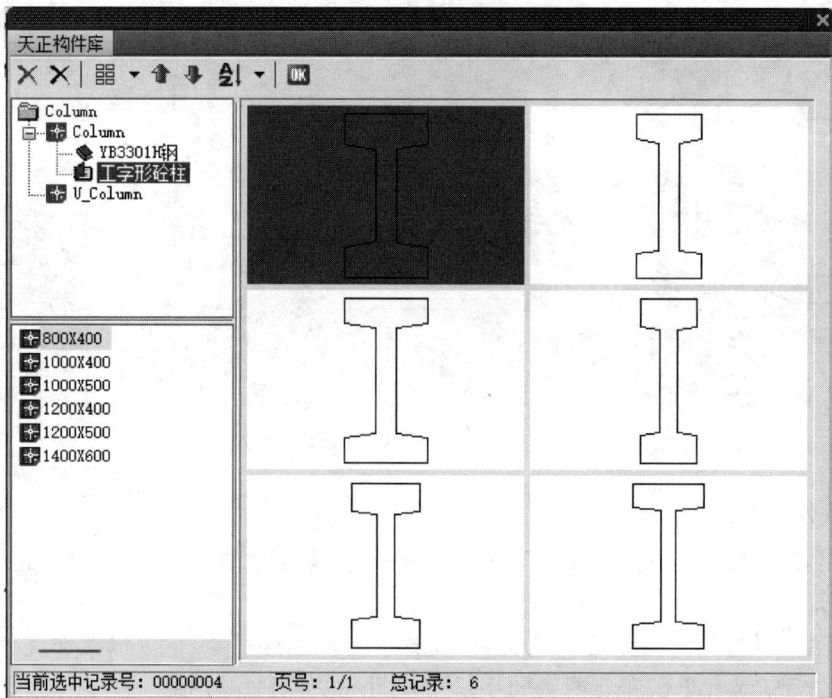

图 5-5 天正构件库

替换图中已插入的柱子 ：以当前设定的柱子参数替换图中已有的柱子。可以单个替换，也可以窗选成批替换。

选择 PLINE 线创建异形柱 ：按照图上绘制的闭合 PLINE 线创建异形柱。

在图中拾取柱子形状或已有柱子 ：以已有的闭合 PLINE 线或者已有柱子作为当前标准柱，插入该柱。

5.1.2 上机练习——标准柱

练习目标

绘制标准柱，如图 5-6 所示。

设计思路

打开源文件中的"绘制墙体"图形，如图 5-7 所示，利用"标准柱"命令，设置相关的参数，绘制标准柱。

操作步骤

（1）单击菜单中"轴网柱子"→"标准柱"命令，绘制 240×240 的钢筋混凝土矩形柱，转角设置为 0°，柱高设置为 3300，柱子的填充图案设置为 SOLID，如图 5-8 所示。插入方式选择"点选插入"，点取轴线的交点布置，结果如图 5-6 所示。命令行显示如下：

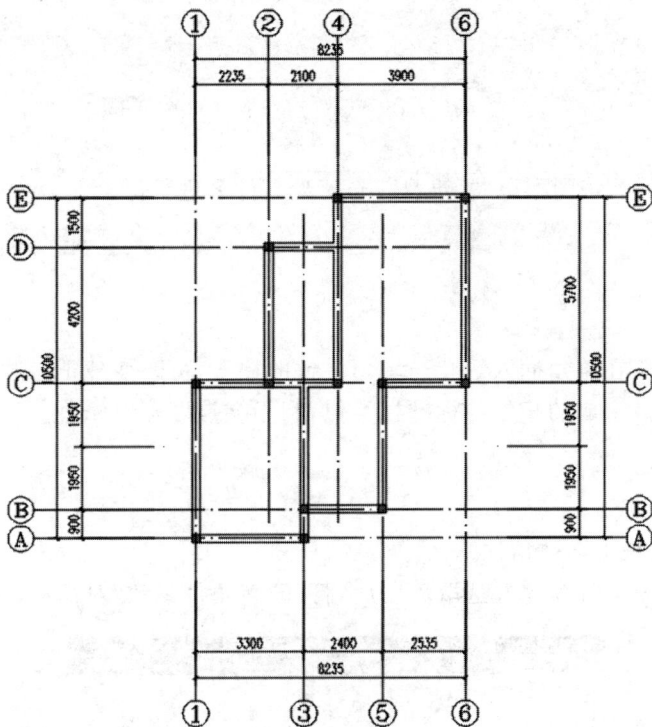

图 5-6　标准柱

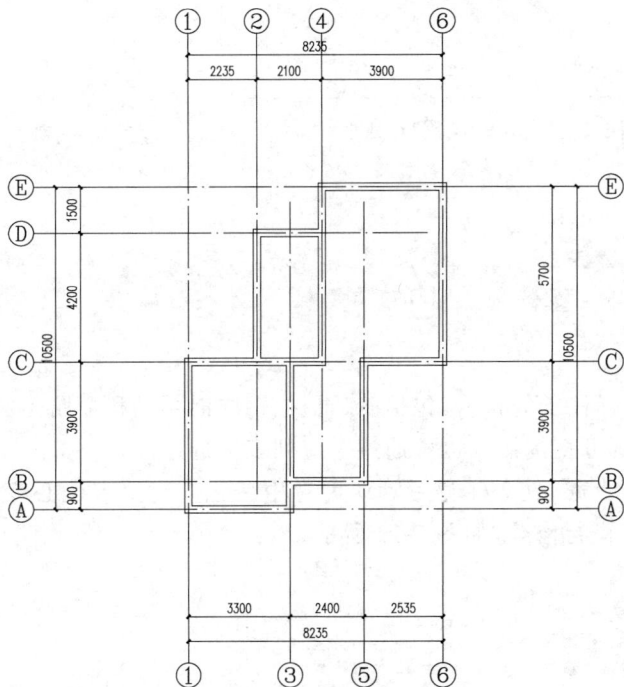

图 5-7　"绘制墙体"图形

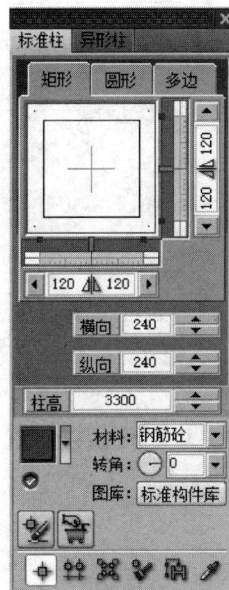

图 5-8　"标准柱"选项卡

Note

命令:BZZ↙
点取位置或 [转 90 度(A)/左右翻(S)/上下翻(D)/对齐(F)/改转角(R)/改基点(T)/参考点(G)]
<退出>:捕捉轴线交点
点取位置或 [转 90 度(A)/左右翻(S)/上下翻(D)/对齐(F)/改转角(R)/改基点(T)/参考点(G)]
<退出>:↙

（2）保存图形。将图形以"标准柱.dwg"为文件名进行保存。命令行显示如下：

命令：SAVEAS↙

5.1.3 角柱

角柱命令用于在墙角插入形状与墙角一致的柱子，可改变柱子各肢的长度和宽度，高度为当前层高。生成的角柱与标准柱类似，利用夹点即可以修改。

1. 执行方式

命令行：JZ。

菜单："轴网柱子"→"角柱"。

执行上述任意一种命令并选取墙角后，打开"转角柱参数"对话框，如图 5-9 所示。

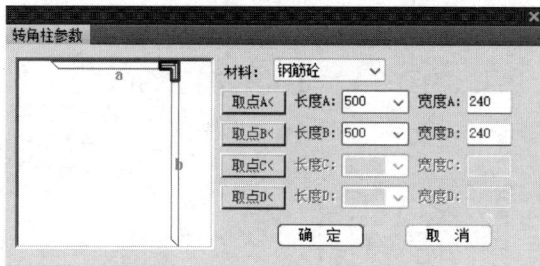

图 5-9 "转角柱参数"对话框

2. 操作步骤

命令:JZ↙
请选取墙角或 [参考点(R)]<退出>:点选需要加角柱的墙角

3. 控件说明

材料：可在下拉列表框中选择柱子的材料，包括砖、石材、钢筋混凝土和金属。

长度：设置角柱各分肢长度，可直接输入也可通过下拉列表框选择。

宽度：各分肢宽度默认等于墙宽，改变柱宽后默认为对中变化。当要求偏心变化时在完成角柱插入后以夹点方式进行修改，如图 5-10 所示。

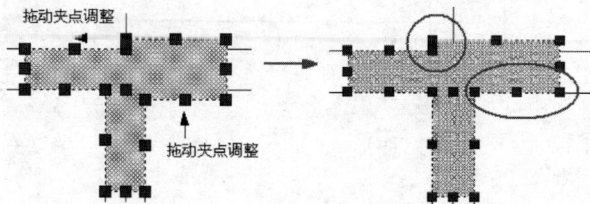

图 5-10 拖动夹点调整

取点 X＜：其中 X 为 A、B、C、D 各分肢，按钮的颜色对应墙上的分肢，确定柱分肢在墙上的长度。

5.1.4　上机练习——角柱

练习目标

绘制角柱，如图 5-11 所示。

设计思路

打开源文件中的"标准柱"图形，利用"角柱"命令设置相关参数，绘制角柱。

操作步骤

(1) 单击菜单中"轴网柱子"→"角柱"命令，选择墙角，命令行显示如下：

请选取墙角或 [参考点(R)]＜退出＞:选墙角

(2) 选择墙角后打开"转角柱参数"对话框，进行相关设置，如图 5-12 所示。

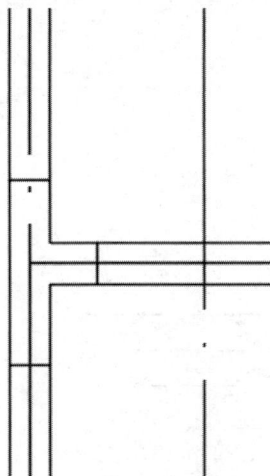

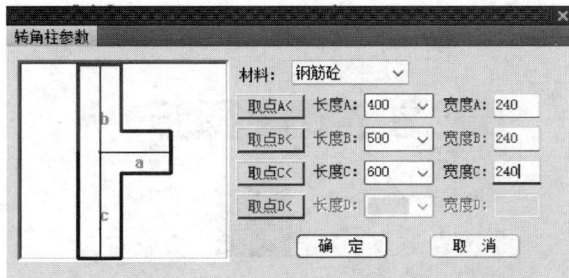

图 5-11　角柱　　　　图 5-12　"转角柱参数"对话框

设置完成后，单击"确定"按钮，完成角柱的绘制。

(3) 保存图形。将图形以"角柱.dwg"为文件名进行保存。命令行显示如下：

命令：SAVEAS↙

5.1.5　构造柱

构造柱命令用于在墙角交点处或墙体内插入构造柱，以所选择的墙角形状为基准，输入构造柱的具体尺寸，设置对齐方向，默认为钢筋混凝土材质，仅生成二维对象。目前本命令还不支持在弧墙交点处插入构造柱。默认构造柱材料为钢筋混凝土。

1．执行方式

命令行：GZZ。

菜单："轴网柱子"→"构造柱"。

2．操作步骤

请选取墙角或 [参考点(R)]<退出>：点选需要加构造柱的墙角

执行上述任意一种命令并选取墙角后，打开"构造柱参数"对话框，如图 5-13 所示。

3．控件说明

A-C 尺寸：沿着 A-C 方向的构造柱尺寸，可直接输入尺寸，也可以通过下拉列表框选择。

B-D 尺寸：沿着 B-D 方向的构造柱尺寸，可直接输入尺寸，也可以通过下拉列表框选择。

A/C 与 B/D：对齐边的四个互锁按钮，设置柱子靠近哪边的墙线。

M：对中按钮，默认为灰色。

5.1.6　上机练习——构造柱

练习目标

绘制构造柱，如图 5-14 所示。

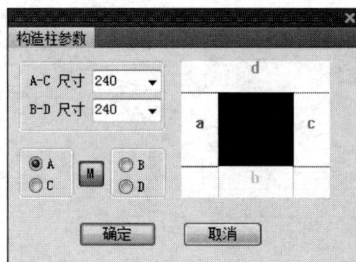

图 5-13　"构造柱参数"对话框

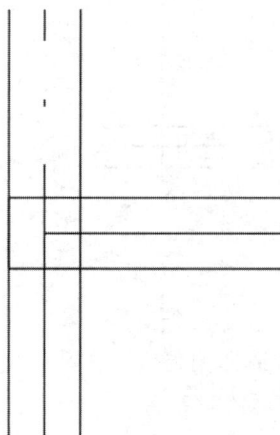

图 5-14　构造柱

设计思路

打开源文件中的"标准柱"图形，利用"构造柱"命令，设置相关参数，绘制构造柱。

操作步骤

（1）单击菜单中"轴网柱子"→"构造柱"命令，命令行显示如下：

请选取墙角或 [参考点(R)]<退出>:选择墙角

（2）选取墙角后打开"构造柱参数"对话框,将"A-C 尺寸"和"B-D 尺寸"均设置为 240,设置为对中模式,如图 5-15 所示。单击"确定"按钮。

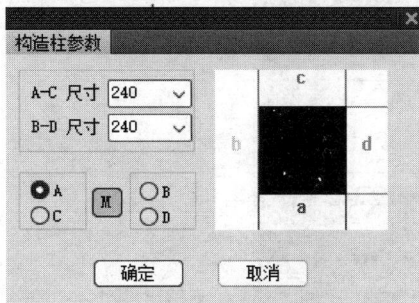

（3）保存图形。将图形以"构造柱.dwg"为文件名进行保存。命令行显示如下:

命令:SAVEAS↙

图 5-15　构造柱参数

5.2　柱 子 编 辑

插入图中的柱子有时需要成批修改,可利用柱子替换功能或者特性编辑功能。当需要个别修改时应充分利用夹点编辑和对象编辑功能。夹点编辑在柱子的创建一节中已有详细描述。

5.2.1　修改参数

修改参数可以分为柱子对象参数编辑和特性编辑。柱子对象参数编辑方法为双击要替换的柱子,显示与"标准柱"相似的对话框,修改参数后即可更改所选中的柱子。柱子特性编辑是运用 AutoCAD 的对象特性表,通过修改对象的专业特性即可修改柱子的参数(具体参照相应 AutoCAD 命令)。

如果要一次修改多个柱子,除可以利用特性编辑功能外,还可以使用天正提供的"编辑柱子"按钮。

"编辑柱子"按钮用于筛选图中所选范围内当前类型的柱对象(如在"多边形"页面,则只能选中所选范围内所有的"多边形"柱,而不能选中矩形柱或圆形柱),并将柱数据提取到柱对话框内显示,以便统一修改。

单击按钮后,命令行提示:

请选择需要修改的柱子:

系统支持点选和框选。选择柱对象后,被选中的对象信息会显示在对话框中,如图 5-16 所示,可以直接在对话框中进行批量修改。

5.2.2　上机练习——柱子编辑 1

练习目标

进行柱子编辑,如图 5-17 所示。

81

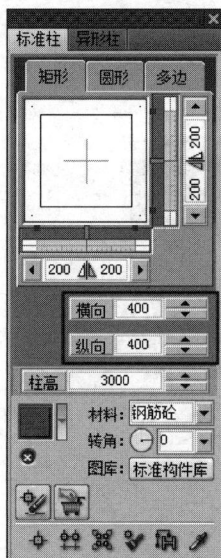

图 5-16　修改选中的对象信息

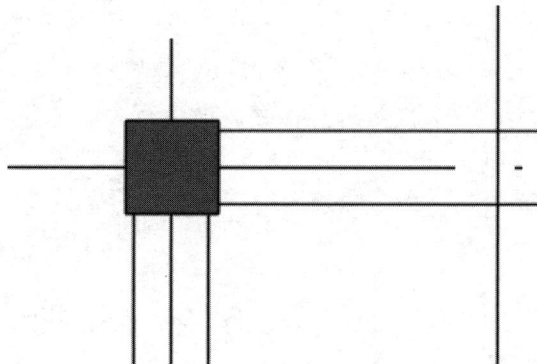

图 5-17　柱子编辑

设计思路

打开源文件中的"标准柱"图形，如图 5-18 所示，在轴网上双击要替换的柱子，替换标准柱。

操作步骤

（1）双击要替换的柱子，打开如图 5-19 所示的柱编辑对话框，在"横向"中选择300，在"纵向"中选择 300。

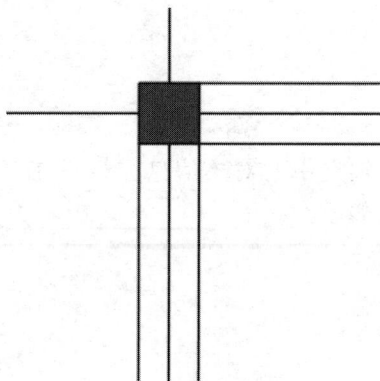

图 5-18　标准柱

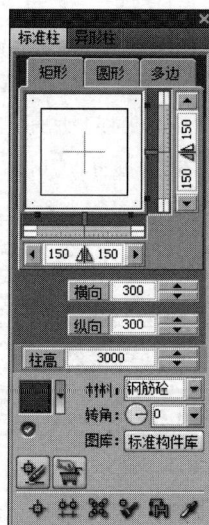

图 5-19　柱编辑对话框

（2）按 Enter 键或 Esc 键关闭对话框,结果如图 5-20 所示。

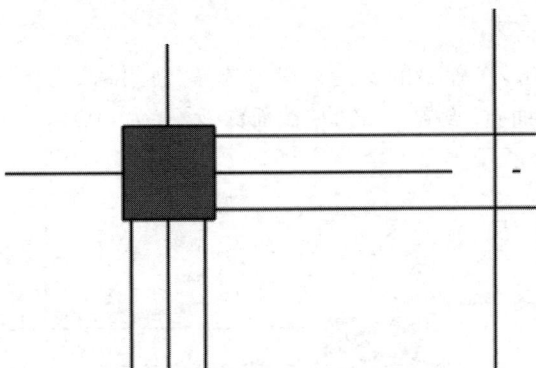

图 5-20　编辑后的柱图

（3）保存图形。将图形以"柱子编辑 1.dwg"为文件名进行保存。命令行显示如下:

命令: SAVEAS↙

5.2.3　上机练习——柱子编辑 2

练习目标

进行柱子编辑,如图 5-21 所示。

设计思路

打开源文件中的"标准柱"图形,如图 5-22 所示,在"特性"对话框中设置相应的参数,替换标准柱。

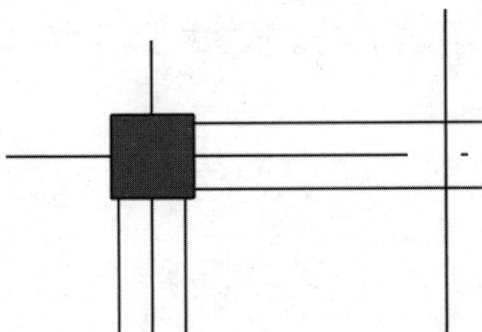

图 5-21　柱子编辑

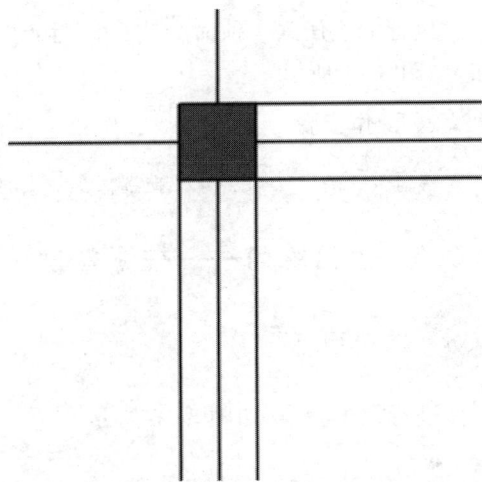

图 5-22　标准柱

操作步骤

（1）选中柱子右击,在弹出的快捷菜单中选择"通用编辑"→"对象特性"命令,打开"特性"对话框,将"截面宽"设置为300,"截面深"设置为300。单击"确定"按钮,得到编辑后的柱图如图5-23所示。

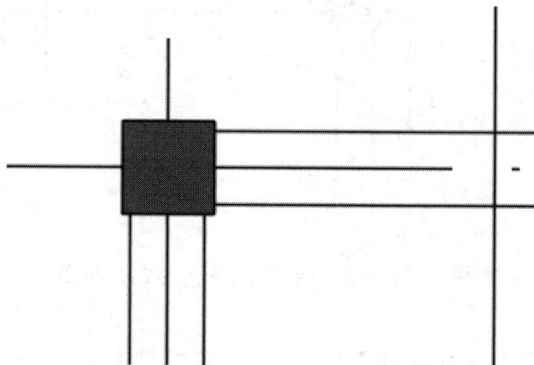

图5-23 编辑后的柱图

（2）保存图形。将图形以"柱子编辑2.dwg"为文件名进行保存。命令行显示如下：

```
命令：SAVEAS↙
```

5.2.4 柱子替换

1. 执行方式

命令行：BZZ。

菜单："轴网柱子"→"标准柱"。

执行上述任意一种命令,打开"标准柱"对话框,单击"替换图中已插入的柱子"按钮,如图5-24所示。

2. 操作步骤

```
选择被替换的柱子:点选或框选需要替换的柱子
```

5.2.5 上机练习——柱子替换

练习目标

进行柱子替换,如图5-25所示。

设计思路

打开源文件中的"标准柱"图形,利用"标准柱"对话框替换标准柱。

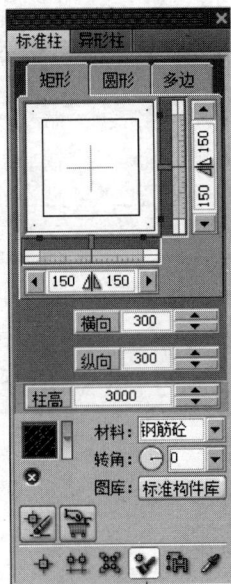

"替换图中已插入的柱子"按钮

图 5-24　"标准柱"对话框

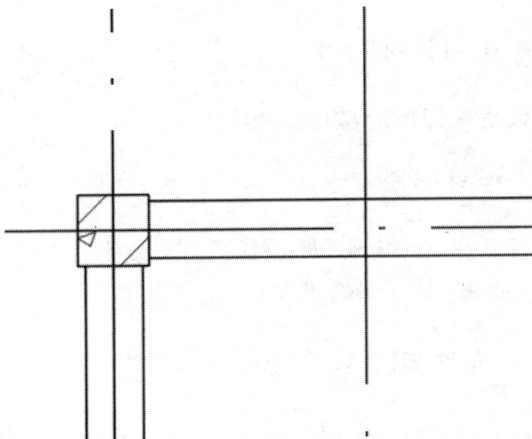

图 5-25　柱子替换

操作步骤

（1）单击菜单中"轴网柱子"→"标准柱"命令，打开"标准柱"对话框，在"柱尺寸"区域，在"横向"中选择 300，在"纵向"中选择 300，在"材料"中选择"钢筋混凝土"，在"柱高"中采用默认数值 3300，在"转角"中选择默认数值 0，在插入方式中选择"替换图中已插入的柱子"。

（2）在绘图区域单击，选择需要替换的柱子，结果如图 5-25 所示。命令行显示如下：

选择被替换的柱子:选择柱子

（3）保存图形。将图形以"柱子替换.dwg"为文件名进行保存。命令行显示如下：

命令：SAVEAS↙

5.2.6　柱齐墙边

柱齐墙边命令用于移动柱子，使柱边与墙边线对齐。

1．执行方式

命令行：ZQQB。

菜单："轴网柱子"→"柱齐墙边"。

2．操作步骤

命令:ZQQB↙
请点取墙边<退出>:选择与柱子对齐的墙边位置

选择对齐方式相同的多个柱子<退出>:选择柱子,可多选
选择对齐方式相同的多个柱子<退出>:↙
请点取柱边<退出>:选择柱子的对齐边
请点取墙边<退出>:重新选择与柱子对齐的墙边,或回车退出

5.2.7 上机练习——柱齐墙边

练习目标

设置柱齐墙边,如图 5-26 所示。

设计思路

打开源文件中的"柱子替换"图形,利用"柱齐墙边"命令对柱子进行调整。

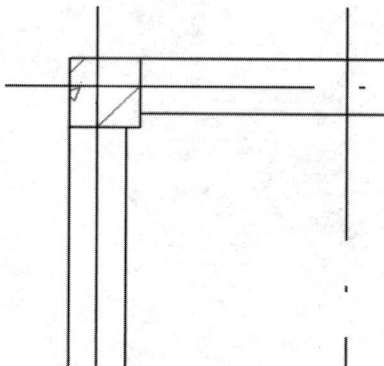

图 5-26 柱齐墙边

操作步骤

(1)单击菜单中"轴网柱子"→"柱齐墙边"命令,选择上一个实例绘制的柱子,进行柱齐墙边操作。命令行显示如下:

命令:ZQQB↙
请点取墙边<退出>:选择左侧的墙边
选择对齐方式相同的多个柱子<退出>:选择柱子
选择对齐方式相同的多个柱子<退出>:↙
请点取柱边<退出>:选择柱子的左边
请点取墙边<退出>:↙

采用相同的方法,对柱子的上边进行柱齐墙边操作,结果如图 5-26 所示。

(2)保存图形。将图形以"柱齐墙边.dwg"为文件名进行保存。命令行显示如下:

命令:SAVEAS↙

第6章

门窗绘制与编辑

本 章 导 读

　　软件中的门窗是一种附属于墙体并需要在墙上开启洞口,带有编号的 AutoCAD 自定义对象,它包括通透的和不通透的墙洞。门窗和墙体建立了智能联动联系,门窗插入墙体后,墙体的外观几何尺寸不变,但墙体对象的粉刷面积、开洞面积会立即更新以备查询。门窗和其他自定义对象一样,可以用 AutoCAD 的命令和夹点编辑修改,并可通过电子表格检查和统计整个工程的门窗编号。

学 习 要 点

◆ 门窗的创建
◆ 门窗编辑
◆ 门窗表的创建
◆ 门窗工具

6.1　门窗的创建

门窗是天正建筑软件中的核心对象之一,类型和形式非常丰富,然而大部分门窗都使用矩形的标准洞口,并且在一段墙或多段相邻墙内连续插入,规律十分明显。创建这类门窗,就是要在墙上确定门窗的位置。

普通门、普通窗、弧窗、凸窗和洞口等的定位方式基本相同,支持智能门窗插入功能,方便快速插入门窗。系统提供批量过滤删除门窗的功能。

6.1.1　门窗

本节以普通门和普通窗为例,对门窗的创建方法作深入介绍。

1. 执行方式

命令行:MC。

菜单:"门窗"→"门窗"。

执行上述任意一种命令,打开如图 6-1 所示的"门"对话框。

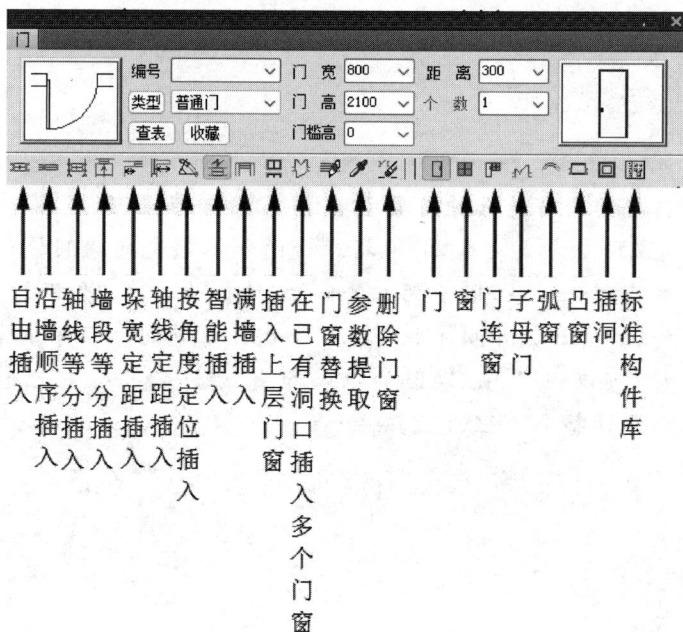

图 6-1　"门"对话框

2. 控件说明

自由插入:可在墙段的任意位置插入,速度快但不易准确定位,通常用于方案设计阶段。以墙中线为分界向内外移动光标,可控制内外开启方向,按住 Shift 键控制左右开启方向,单击墙体后,门窗的位置和开启方向就完全确定了。

Note

沿墙顺序插入：按距离选择位置较近的墙边端点或以基线端为起点，根据给定距离插入选定的门窗。此后顺着前进方向连续插入，插入过程中可以改变门窗类型和参数。在沿弧墙顺序插入时，门窗按照墙基线弧长进行定位。

轴线等分插入：将一个或多个门窗等分插入两根轴线间的墙段等分线中间，如果墙段内没有轴线，则该侧按墙段基线等分插入。

墙段等分插入：与轴线等分插入相似。本命令在一个墙段上按墙体较短的一侧边线插入若干个门窗，按墙段等分，使各门窗之间墙垛的长度相等。

垛宽定距插入：以最近的墙边线顶点作为基准点，指定垛宽距离插入门窗。

轴线定距插入：以最近的轴线交点作为基准点，指定距离插入门窗。

按角度定位插入：在弧墙上按指定的角度插入门窗。

智能插入：根据鼠标位置居中或定距插入门窗。

满墙插入：充满整个墙段插入门窗。

插入上层门窗：在同一个墙体已有的门窗上方再加一个宽度相同、高度不同的窗。

在已有洞口插入多个门窗：在同一个墙体已有的门窗洞口内再插入其他样式的门窗，常用于防火门、密闭门和户门、车库门中。

门窗替换：用于批量修改门窗，包括门窗类型之间的转换。以对话框内的当前参数作为目标参数，替换图中已经插入的门窗。

参数提取：用于查询图中已有门窗对象并将其尺寸参数提取到门窗对话框中，方便在原有门窗尺寸基础上加以修改。

以插入门为例，在"编号"下拉列表框中为所设置门选择编号，在"门高"中设置门高度，在"门宽"中设置门宽度，在"门槛高"中设置门的下缘到所在墙底标高的距离，在"二维视图"中单击进入天正图库管理系统选择合适的二维形式，如图 6-2 所

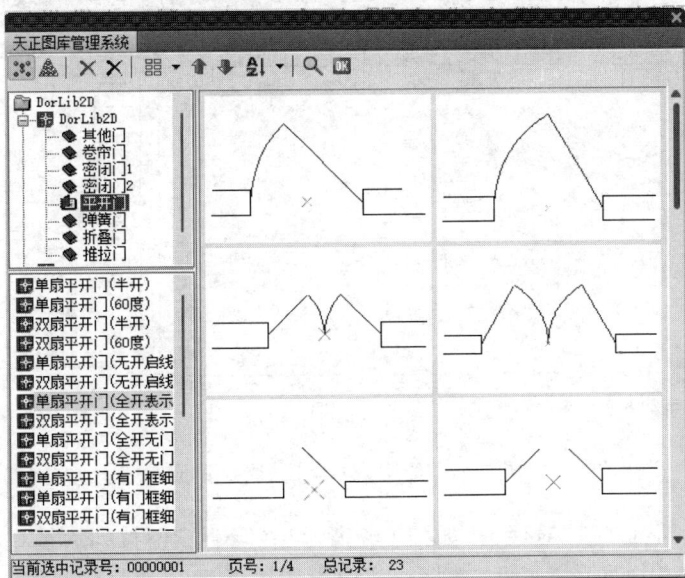

图 6-2 "天正图库管理系统"对话框中门的二维形式

示。在"三维视图"中单击进入天正图库管理系统选择合适的三维形式，如图 6-3 所示。单击"查表"按钮察看门窗编号验证表，如图 6-4 所示。在下侧工具栏图标左侧选择插入门的方式。

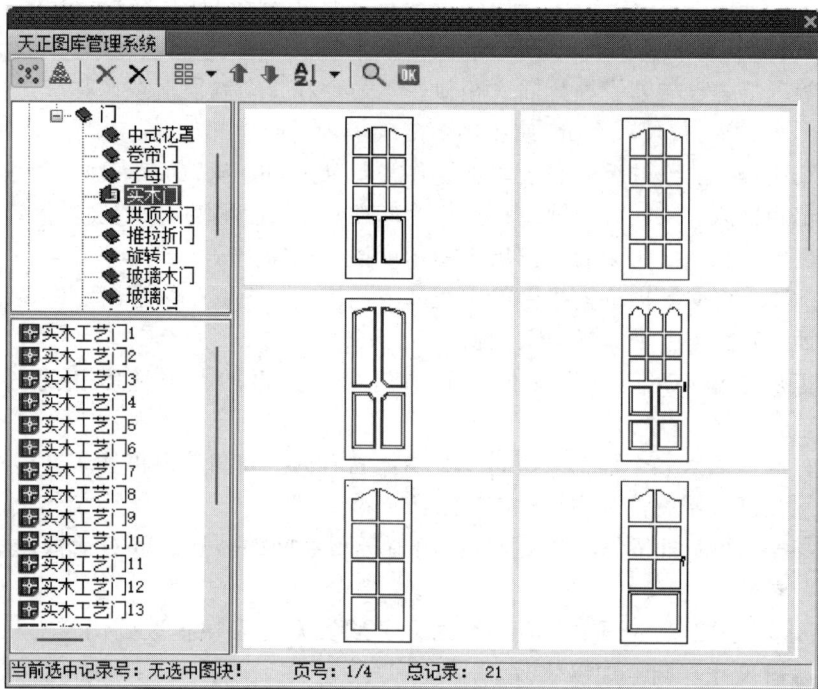

图 6-3 "天正图库管理系统"对话框中门的三维形式

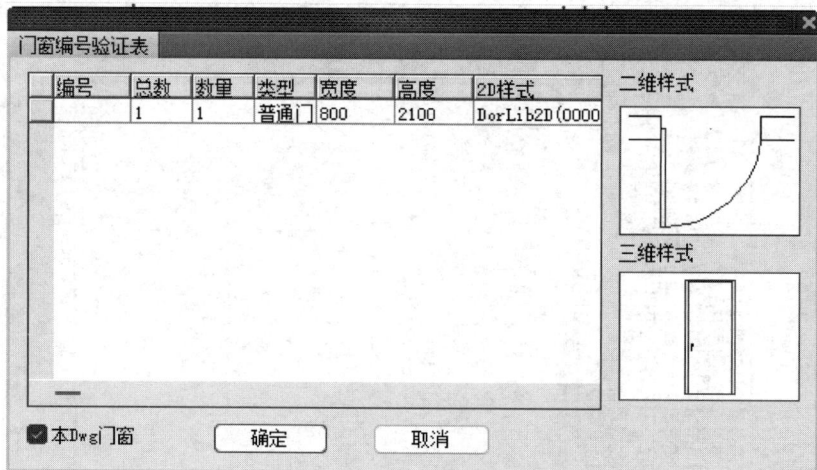

图 6-4 "门窗编号验证表"对话框

如插入窗则显示"窗"对话框，如图 6-5 所示，在"编号"下拉列表框中为所设置窗选择编号，在"窗高"中设置窗高度，在"窗宽"中设置窗宽度，在"窗台高"中设置窗的下缘到所在墙底标高的距离。若选中"高窗"复选框，则所插入窗为高窗，用虚线表示。在

"二维视图"中单击进入天正图库管理系统选择合适的二维形式,在"三维视图"中单击进入天正图库管理系统选择合适的三维形式。单击"查表"按钮察看门窗编号验证表,在下侧工具栏图标左侧选择插入窗的方式。

"窗"按钮

图 6-5 "窗"对话框

在图 6-5 所示"窗"对话框中单击"窗"按钮,打开"门连窗"对话框,如图 6-6 所示。在"编号"下拉列表框中为所设置门连窗选择编号,在"门高"中设置门高度,在"总宽"中设置门连窗宽度,在"窗高"中设置窗高度,在"门宽"中设置门宽度,在"门槛高"中设置门的下缘到所在墙底标高的距离,在"二维视图"中单击进入天正图库管理系统选择合适的二维形式,在"三维视图"中单击进入天正图库管理系统选择合适的三维形式,单击"查表"按钮察看门窗编号验证表,在下侧工具栏图标左侧选择插入门连窗的方式。

门连窗

图 6-6 "门连窗"对话框

在图 6-6 所示"门连窗"对话框中单击"插子母门"按钮,打开"子母门"对话框,如图 6-7 所示。在"编号"下拉列表框中为所设置子母门选择编号,在"总门宽"中设置子母门总宽度,在"门高"中设置门高度,在"门槛高"中设置门的下缘到所在墙底标高的距离,在"二维视图"中单击进入天正图库管理系统选择合适的二维形式,在"三维视图"中单击进入天正图库管理系统选择合适的三维形式,单击"查表"按钮察看门窗编号验证表,在下侧工具栏图标左侧选择插入子母门的方式。

在图 6-7 所示"子母门"对话框中单击"插凸窗"按钮,打开"凸窗"对话框,如图 6-8 所示。在"编号"下拉列表框中为所设置凸窗选择编号,在"型式"下拉列表框中为所设置凸窗选择型式,在"宽度"中设置凸窗宽度,在"高度"中设置凸窗高度,在"窗台高"中设置凸窗的下缘到所在墙底标高的距离,在"出挑长 A"中设置凸窗凸出长度,在"梯形宽 B"中设置梯形凸窗凸出宽度,选中"左侧挡板"复选框则所插凸窗为左侧有挡板,选中"右侧挡板"复选框则所插凸窗为右侧有挡板,单击"查表"按钮察看门窗编号验证表,

插子母门

图 6-7 "子母门"对话框

插凸窗

图 6-8 "凸窗"对话框

在下侧工具栏图标左侧选择插入凸窗的方式。

在图 6-8 所示"凸窗"对话框中单击"插洞"按钮,打开"洞口"对话框,如图 6-9 所示。在"编号"下拉列表框中为所设置矩形洞选择编号,在"洞宽"中设置矩形洞宽度,在"洞高"中设置矩形洞高度,在"底高"中设置矩形洞的下缘到所在墙底标高的距离,在"型式"中设置洞口型式,单击"查表"按钮察看门窗编号验证表,在下侧工具栏图标左侧中选择插入矩形洞的方式。

在图 6-9 所示"洞口"对话框中单击"标准构件库"按钮,则打开"天正构件库"对话框,如图 6-10 所示。

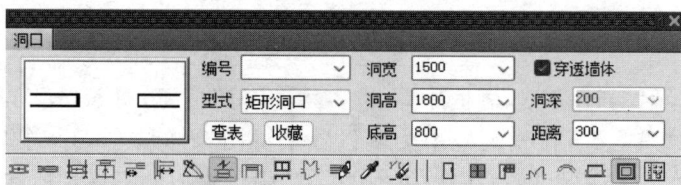

插洞

图 6-9 "洞口"对话框

6.1.2 上机练习——插入门

练习目标

插入门如图 6-11 所示。

6-1

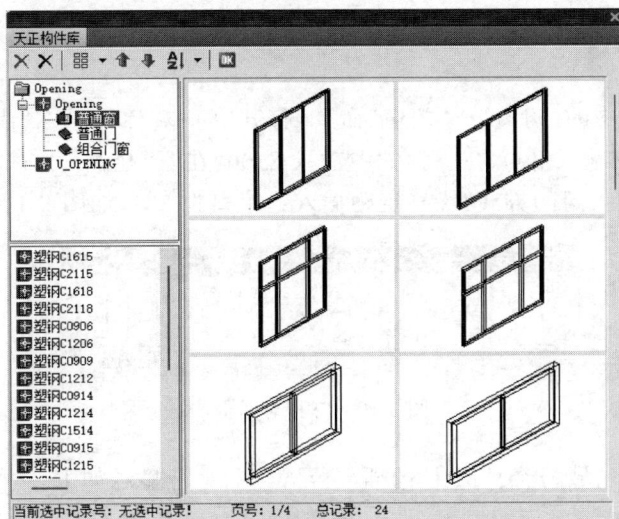

图 6-10 "天正构件库"对话框

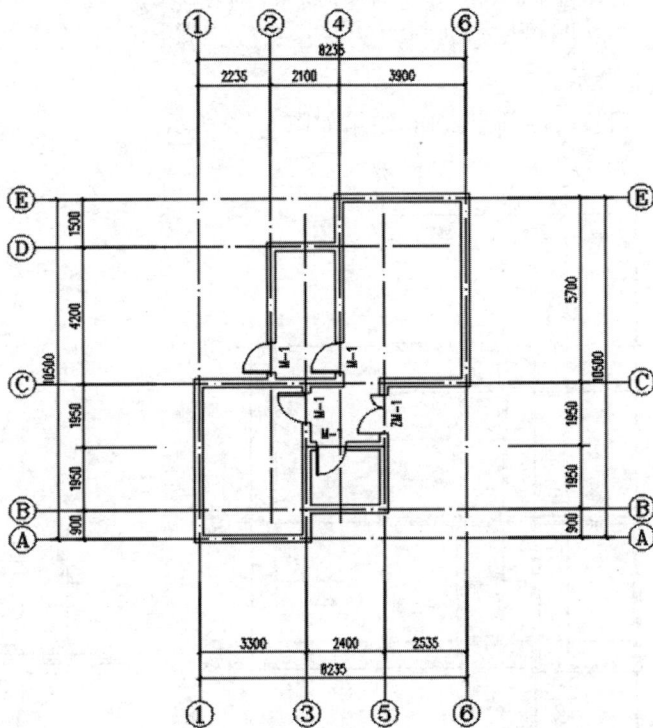

图 6-11 插入门

设计思路

打开源文件中的"单线变墙"图形，利用"门"对话框，绘制 800 的普通门和 1200 的子母门。

操作步骤

(1) 单击菜单中的"门窗"→"门窗"命令,打开"门"对话框。在"编号"中输入编号"M-1",在"门宽"中输入800,在"门高"中输入2100,在"门槛高"中输入0,在下侧工具栏图标左侧选择插入门的方式"垛宽定距插入",距离为200,如图6-12所示。

图6-12 "门"对话框

(2) 单击绘图区域,指定"M-1"的插入位置。命令行显示如下:

```
点取门窗大致的位置和开向(Shift-左右开)<退出>:选择插入点
点取门窗大致的位置和开向(Shift-左右开)<退出>:选择插入点
点取门窗大致的位置和开向(Shift-左右开)<退出>:选择插入点
点取门窗大致的位置和开向(Shift-左右开)<退出>:选择插入点
点取门窗大致的位置和开向(Shift-左右开)<退出>: ↙
```

结果如图6-13所示。

(3) 利用夹点调整门的开启方向,结果如图6-14所示。

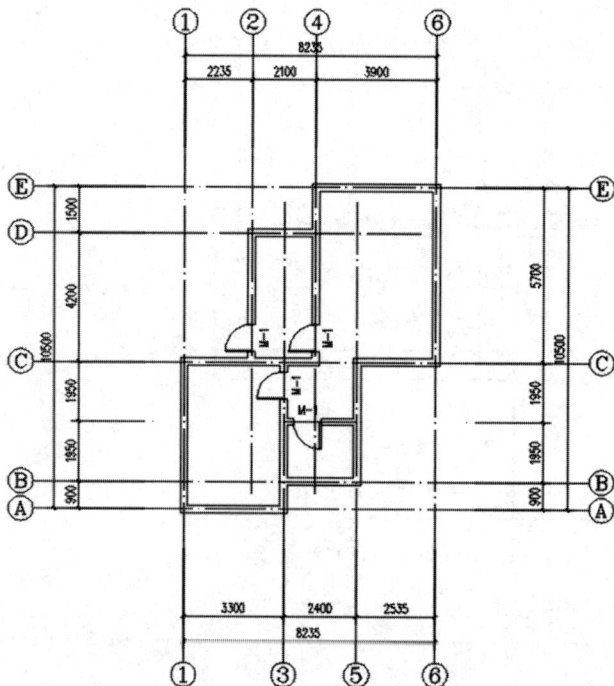

图6-13 插入普通门

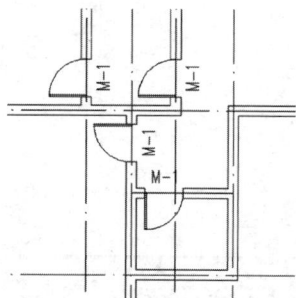

图6-14 调整开启方向

(4) 单击菜单中的"门窗"→"门窗"命令,打开"门"对话框。单击"子母门"按钮,打开"子母门"对话框。在"编号"中输入编号"ZM-1",在"总门宽"中输入1200,在"大门宽"中输入 800,在"门高"中输入 2100,在"门槛高"中输入 0,在下侧工具栏图标左侧选择插入门的方式"轴线定距插入",距离为 375,如图 6-15 所示。

图 6-15　"子母门"对话框

（5）单击绘图区域,指定"ZM-1"的插入位置。命令行显示如下:

点取门窗大致的位置和开向(Shift-左右开)<退出>:选择插入点
点取门窗大致的位置和开向(Shift-左右开)<退出>:✓

结果如图 6-11 所示。

（6）保存图形。将图形以"插入门.dwg"为文件名进行保存。命令行显示如下:

命令: SAVEAS✓

6.1.3　上机练习——插入窗

练习目标

插入窗,如图 6-16 所示。

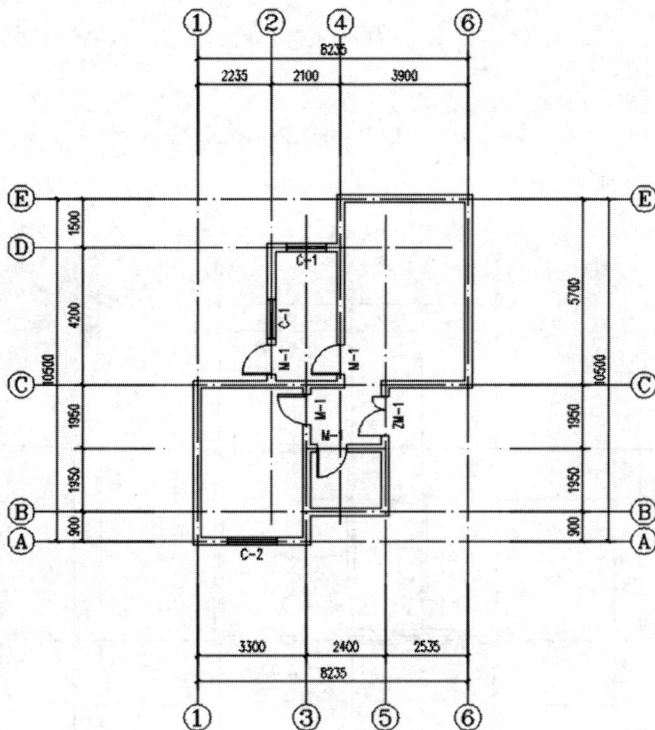

图 6-16　插入窗

设计思路

打开源文件中的"插入门"图形,利用"窗"对话框,绘制 1200 和 1500 的普通窗。

操作步骤

(1) 单击菜单中的"门窗"→"门窗"命令,打开"窗"对话框,在"编号"中输入编号"C-1",在"窗宽"中输入 1200,在"窗高"中输入 1500,在"窗台高"中输入 600,在下侧工具栏图标左侧选择插入门的方式"轴线等分插入",如图 6-17 所示。

图 6-17 "窗"对话框

(2) 单击绘图区域,指定"C-1"的插入位置。命令行显示如下:

```
点取门窗大致的位置和开向(Shift-左右开)或[多墙插入(Q)]<退出>:单击②轴线和④轴线之间的位于①轴线上的墙体
指定参考轴线[S]/门窗或门窗组个数(1~0)<1>:S
第一根轴线:选择②轴线
第二根轴线:选择④轴线
门窗或门窗组个数(1~1)<1>:✓
点取门窗大致的位置和开向(Shift-左右开)或[多墙插入(Q)]<退出>:单击ⓒ轴线和ⓓ轴线之间的位于②轴线上的墙体
指定参考轴线[S]/门窗或门窗组个数(1~3)<1>:✓
点取门窗大致的位置和开向(Shift-左右开)或[多墙插入(Q)]<退出>:✓
```

结果如图 6-18 所示。

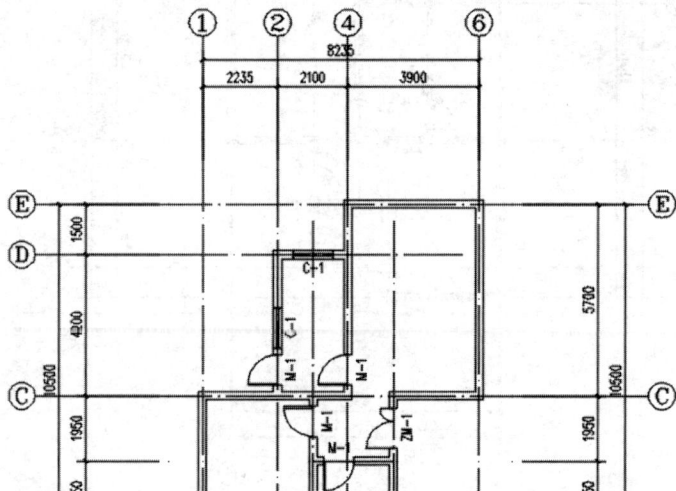

图 6-18 插入 1200 的窗

（3）单击菜单中的"门窗"→"门窗"命令，打开"窗"对话框，在"编号"中输入编号"C-2"，在"窗宽"中输入 1500，在"窗高"中输入 1500，在"窗台高"中输入 600，在下侧工具栏图标左侧选择插入门的方式"轴线等分插入"，如图 6-19 所示。

图 6-19 "窗"对话框

（4）在绘图区域单击，指定"C-2"的插入位置。命令行显示如下：

点取门窗大致的位置和开向(Shift-左右开)或[多墙插入(Q)]<退出>:单击①轴线和③轴线之间的位于Ⓐ轴线上的墙体
指定参考轴线[S]/门窗或门窗组个数(1～2)<1>:↙
点取门窗大致的位置和开向(Shift-左右开)或[多墙插入(Q)]<退出>:↙

结果如图 6-16 所示。

（5）保存图形。将图形以"插入窗.dwg"为文件名进行保存。命令行显示如下：

命令:SAVEAS↙

6.1.4 组合门窗

组合门窗命令不会直接插入一个组合门窗，而是把使用"门窗"命令插入的多个门窗组合为一个整体的"组合门窗"，组合后的门窗按一个门窗编号进行统计，在三维显示时子门窗之间不再有多余的面片；还可以使用构件入库命令将创建好的常用组合门窗放入构件库，使用时从构件库中直接选取。

组合门窗命令不会自动对各子门窗的高度进行对齐，修改组合门窗时临时分解为子门窗，修改后重新进行组合。本命令用于绘制复杂的门连窗与子母门，简单的情况可直接绘制，不必使用组合门窗命令。

1. 执行方式

命令行：ZHMC。
菜单："门窗"→"组合门窗"。

2. 操作步骤

命令:ZHMC↙
选择需要组合的门窗和编号文字:用鼠标单选需要组合的门窗
选择需要组合的门窗和编号文字:用鼠标单选需要组合的门窗
选择需要组合的门窗和编号文字:↙
输入编号:命名组合门窗

6.1.5 上机练习——组合门窗

练习目标

创建组合门窗，如图 6-20 所示。

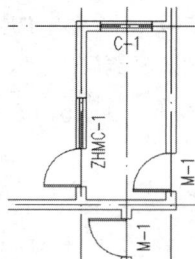

设计思路

打开源文件中的"插入窗"图形,利用"组合门窗"命令将"C-1"和"M-1"组合为"ZHMC-1",如图 6-20 所示。

操作步骤

(1) 单击菜单中"门窗"→"组合门窗"命令,将"C-1"和"M-1"组合为"ZHMC-1",命令行显示如下:

图 6-20   组合门窗墙体图

```
命令:ZHMC
选择需要组合的门窗和编号文字:选 C-1
选择需要组合的门窗和编号文字:选 M-1
选择需要组合的门窗和编号文字:↵
输入编号:ZHMC-1
```

结果如图 6-20 所示。

(2) 保存图形。将图形以"组合门窗.dwg"为文件名进行保存。命令行显示如下:

```
命令:SAVEAS↵
```

6.1.6   带形窗

带形窗是沿墙连续的带形窗对象,按一个门窗编号进行统计。带形窗转角可以被柱子、墙体造型遮挡,也可以跨过多道隔墙。

1. 执行方式

命令行:DXC。

菜单:"门窗"→"带形窗"。

执行上述任意一种命令,打开"带形窗"对话框,如图 6-21 所示。在"编号"中为所设置带形窗选择

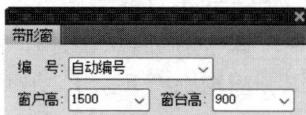

图 6-21   "带形窗"对话框

编号,在"窗户高"中设置带形窗高度,在"窗台高"中设置带形窗台高度。

2. 操作步骤

```
命令:DXC↵
起始点或 [参考点(R)]<退出>:单击选择带形窗的起点
终止点或 [参考点(R)]<退出>:单击选择带形窗的终点
选择带形窗经过的墙:选择带形窗所在的墙段
选择带形窗经过的墙:选择带形窗所在的墙段(此时必须逐段选取,不能漏选和错选)
选择带形窗经过的墙:选择带形窗所在的墙段
选择带形窗经过的墙:↵
```

6.1.7   上机练习——带形窗

练习目标

绘制带形窗,如图 6-22 所示。

设计思路

打开源文件中的"组合门窗"图形,利用"带形窗"命令插入带形窗。

操作步骤

(1) 单击菜单中"门窗"→"带形窗"命令,打开"带形窗"对话框,如图 6-23 所示。在"编号"中输入"DC-1",在"窗户高"中输入 1500,在"窗台高"中输入 900,如图 6-23 所示。

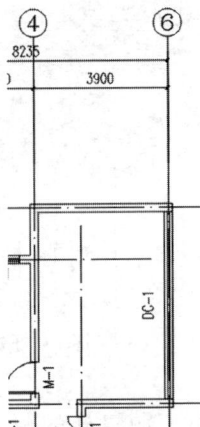

图 6-22 带形窗

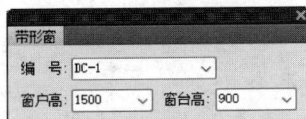

图 6-23 "带形窗"对话框

(2) 选择轴线⑥上的墙体,指定插入带形窗的两点,插入带形窗,命令行显示如下:

```
命令:DXC
起始点或 [参考点(R)]<退出>:
终止点或 [参考点(R)]<退出>:
选择带形窗经过的墙:选择墙体
选择带形窗经过的墙:
```

结果如图 6-22 所示。

(3) 保存图形。将图形以"带形窗.dwg"为文件名进行保存。命令行显示如下:

```
命令:SAVEAS
```

6.1.8 转角窗

转角窗命令可以在墙角两侧插入等窗台高和窗高的相连窗子,并作为一个门窗整体进行编号。转角窗包括普通角窗和角凸窗两种形式。窗的起点和终点在相邻的墙段上,经过一个墙角。

1. 执行方式

命令行:ZJC。

菜单:"门窗"→"转角窗"。

执行上述任意一种命令,打开"绘制角窗"对话框 1,如图 6-24 所示,这是普通角窗的形式。选中"凸窗"复选框,然后单击红色箭头,显示对话框 2,如图 6-25 所示,在相应的文本框内输入数据。

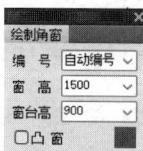

图 6-24 "绘制角窗"对话框 1　　　　图 6-25 "绘制角窗"对话框 2

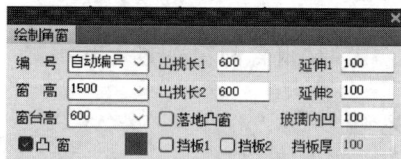

2．操作步骤

```
命令:ZJC↙
请选取墙角<退出>:选择转角窗的墙内角
转角距离1<1000>:亮显墙体上窗的长度
转角距离2<1000>:另一段亮显墙体上窗的长度
请选取墙角<退出>:↙
```

3．控件说明

出挑长 1：凸窗窗台凸出于一侧墙面外的距离，在外墙加保温时从结构面起算，单侧无出挑时可输入 0。

出挑长 2：凸窗窗台凸出于另一侧墙面外的距离，在外墙加保温时从结构面起算，单侧无出挑时可输入 0。

延伸 1/延伸 2：窗台板与檐口板分别在两侧延伸出窗洞口外的距离，常作为空调搁板及花台等。

玻璃内凹：凸窗玻璃从外侧起算的厚度。

凸窗：选中后，单击箭头按钮可展开"绘制角窗"对话框。

落地凸窗：选中后，墙内侧不画窗台线。

挡板 1/挡板 2：选中后凸窗的侧窗改为实心的挡板，挡板的保温厚度默认按 30 绘制，是否加保温层在"天正选项"→"基本设定"→"图形设置"下定义。

挡板厚：挡板厚度默认为 100，选中挡板后可在这里修改。

（1）默认不选中"凸窗"复选框，就是普通角窗，窗随墙布置。

（2）选中"凸窗"复选框，不选中"落地凸窗"复选框，就是普通的角凸窗。

（3）选中"凸窗"复选框，再选中"落地凸窗"复选框，就是落地的角凸窗。

6.1.9 上机练习——转角窗

练习目标

绘制转角窗，如图 6-26 所示。

设计思路

打开源文件中的"带形窗"图形，利用"转角窗"命令设置相关的参数，插入转角窗。

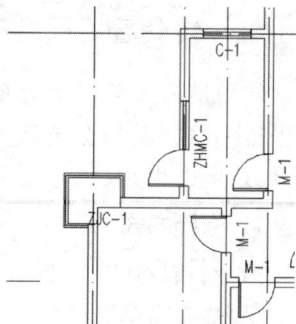

图 6-26 转角窗

操作步骤

（1）单击菜单中"门窗"→"转角窗"命令，打开"绘制角窗"对话框，选中"凸窗"复选框，单击红色箭头按钮，显示对话框如图6-25所示。

（2）在该对话框中，设置"窗高"为1500，设置"窗台高"为600，不选中"落地凸窗"，设置"窗编号"为"ZJC-1"，设置"延伸1"为100，设置"延伸2"为100，设置"玻璃内凹"为100。

（3）返回绘图区域，命令行显示如下：

```
请选取墙角<退出>:选择墙内角
转角距离1<1000>:1000(亮显)↙
转角距离2<1000>:1000(亮显)↙
请选取墙角<退出>:↙
```

生成的转角窗"ZJC-1"如图6-26所示。

（4）保存图形。将图形以"转角窗.dwg"为文件名进行保存。命令行显示如下：

```
命令:SAVEAS↙
```

6.1.10　异形洞

该命令在直墙面上按给定的闭合PLINE轮廓线生成任意形状的洞口，平面图例与矩形洞相同。建议先将屏幕设为两个或更多视口，分别显示平面和正立面，然后用"墙面UCS"命令把墙面转为立面UCS，在立面用闭合多段线画出洞口轮廓线，最后使用本命令创建异形洞。应注意：本命令不适用于弧墙。

1．执行方式

命令行：YXD。

菜单："门窗"→"异形洞"。

执行上述任意一种命令，打开如图6-27所示的对话框，单击图形切换表示洞口的图例，并输入洞深参数或者选中"穿透墙体"复选框，单击"确定"按钮，完成异形洞的绘制。

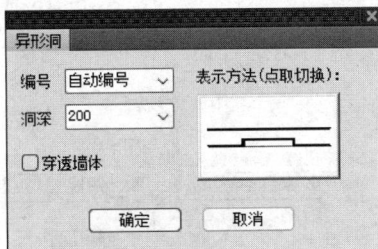

图6-27　"异形洞"对话框

2．操作步骤

```
命令:YXD
请点取墙体一侧:点取平面视图中开洞墙段,当洞口不穿透墙体时,点取开口一侧;
选择墙面上洞口轮廓线的封闭多段线:光标移至对应立面视口中,点取洞口轮廓线
```

6.2　门窗编辑

最简单的门窗编辑方法是选取门窗，激活门窗夹点，拖动夹点进行夹点编辑不必使用任何命令，批量翻转门窗可使用专门的门窗翻转命令实现。

6.2.1　门窗的夹点编辑

普通门、普通窗都有若干个预设好的夹点,拖动夹点时门窗对象会按预设的行为作出动作。熟练操纵夹点进行编辑是用户应该掌握的高效编辑手段。夹点编辑的缺点是一次只能对一个对象进行操作,而不能一次更新多个对象,为此系统提供了各种门窗编辑命令。

门窗对象的编辑夹点功能如图 6-28 所示。需要指出的是,部分夹点用 Ctrl 键来切换功能。

6.2.2　对象编辑与特性编辑

双击门窗对象即可使用"对象编辑"命令对门窗进行参数修改,选中门窗对象右击,在弹出的快捷菜单中可以选择"对象编辑"或者"通用编辑"→"对象特性"命令。虽然两者都可以用于修改门窗属性,但是相对而言"对象编辑"启动了创建门窗的对话框,参数比较直观,而且可以替换门窗的外观样式。

门窗对象编辑对话框与插入对话框类似。

6.2.3　门窗归整

门窗归整命令用于调整做方案时粗略插入墙上的门窗位置,使其按照指定的规则调整,获得正确的门窗位置,以便生成准确的施工图。

1. 执行方式

命令行:MCGZ。

菜单:"门窗"→"门窗归整"。

执行上述任意一种命令,打开"门窗归整"对话框,如图 6-29 所示。

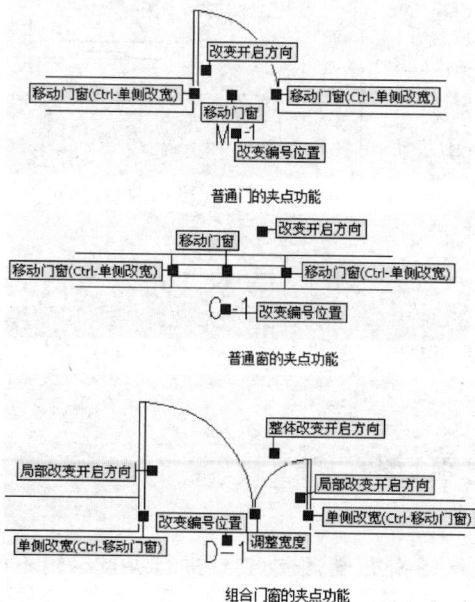

图 6-28　编辑夹点功能

图 6-29　"门窗归整"对话框

2．操作步骤

命令:MCGZ↙
请选择需归整的门窗<退出>:支持点选和框选操作
请选择需归整的门窗或[回退(U)]<退出>:按回车键退出命令

"门窗归整"对话框中的三个复选框(三种情况)实际上可以进行组合,遇到符合要求的门窗按该项的要求执行,选中"垛宽≤"复选框时,命令行提示如下:

请选择需归整的门窗<退出>:支持点选和框选操作
请选择需归整的门窗或[回退(U)]<退出>:按回车键退出命令

选择需归整的门窗后,选中的门窗马上按对话框中的设置进行位置的调整,实例如图 6-30 所示。

选中"门窗居中"复选框,将"中距"设置为 1200。命令行提示如下:

请选择需归整的门窗或[指定参考轴线(S)]<退出>:框选两个要居中规整的窗
请选择需归整的门窗或[指定参考轴线(S)/回退(U)]<退出>:回车结束选择

系统按门窗所在墙端相邻墙体的位置自动搜索轴线,对搜出轴线间的门窗按中距进行居中操作,如图 6-31 所示。

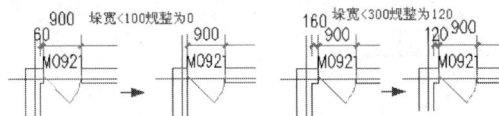

图 6-30 垛宽规整

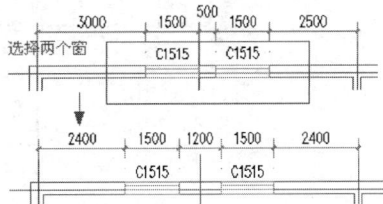

图 6-31 门窗居中

6.2.4 上机练习——门窗归整

练习目标

进行门窗归整,如图 6-32 所示。

设计思路

打开源文件中的"转角窗"图形,利用"门窗归整"命令,将"M-1"的墙垛宽设置为120,使"ZHMC-1"居中。

操作步骤

(1) 单击菜单中"门窗"→"门窗归整"命令,打开如图 6-33 所示的对话框,进行设置。命令行显示如下:

命令:MCGZ↙
请选择需归整的门窗<退出>:选择 M-1

请选择需归整的门窗或[回退(U)]<退出>:选择 M-1
请选择需归整的门窗或[回退(U)]<退出>: ZHMC-1
请选择需归整的门窗或[回退(U)]<退出>:↙

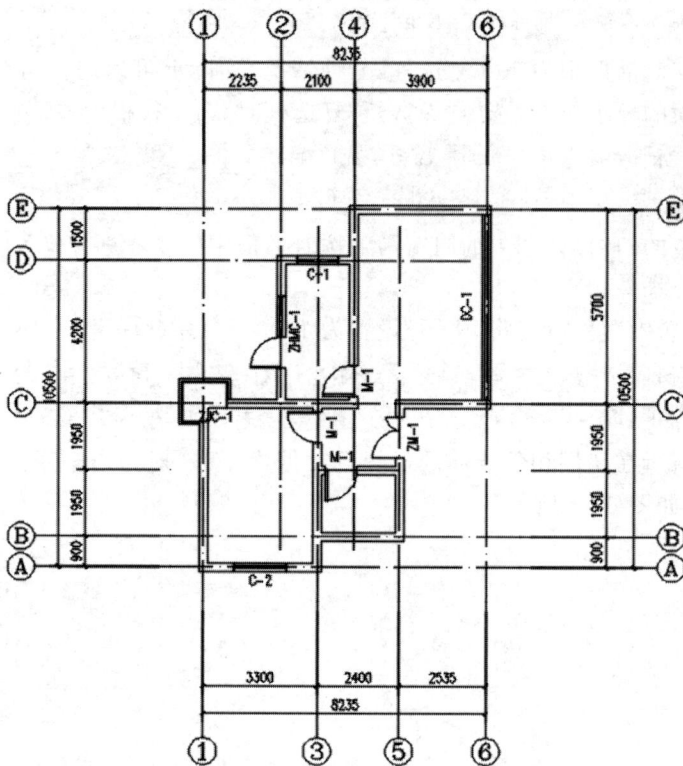

图 6-32　门窗归整

图 6-33　"门窗归整"对话框

绘制结果如图 6-32 所示。

（2）保存图形。将图形以"门窗归整.dwg"为文件名进行保存。命令行显示如下：

命令：SAVEAS↙

6.2.5　门窗填墙

该命令将选中的门窗删除，同时在该门窗所在的位置补上指定材料的墙体，适用的门窗包括除带形窗、转角窗和老虎窗以外的其他门窗类别。

1．执行方式

命令行：MCTQ。

菜单："门窗"→"门窗填墙"。

2．操作步骤

```
命令:MCTQ✓
请选择需删除的门窗<退出>：选择各个要填充为墙体的门窗；
请选择需删除的门窗：回车退出选择；
请选择需填补的墙体材料:[填充墙(0)/加气块(1)/空心砖(2)/砖墙(3)/耐火砖(4)/无(5)]<2>:
选择墙体材料
```

6.2.6 上机练习——门窗填墙

练习目标

设置门窗填墙，如图 6-34 所示。

设计思路

打开源文件中的"门窗归整"图形，利用"门窗填墙"命令将"C-2"处设置为洞口。

操作步骤

(1) 单击菜单中"门窗"→"门窗填墙"命令，删除"C-2"并设置为洞口。命令行显示如下：

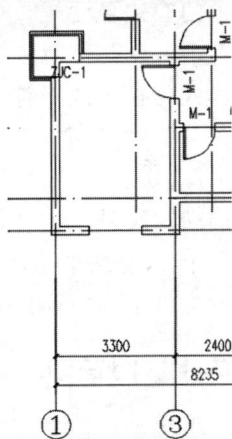

图 6-34 门窗填墙

```
命令:MCTQ✓
请选择需删除的门窗<退出>:选择 C-2
请选择需删除的门窗:✓
请选择需填补的墙体材料:[填充墙(0)/加气块(1)/空心砖(2)/砖墙(3)/耐火砖(4)/无(5)]
<0>:5
```

绘制结果如图 6-34 所示。

(2) 保存图形。将图形以"门窗填墙.dwg"为文件名进行保存。命令行显示如下：

```
命令：SAVEAS✓
```

6.2.7 内外翻转

该命令选择需要内外翻转的门窗，统一以墙中线为轴线进行翻转。适用于一次编辑多个门窗的情况，方向总是与原来相反。

1．执行方式

命令行：NWFZ。

菜单："门窗"→"内外翻转"。

2．操作步骤

命令：NWFZ ↙
选择待翻转的门窗：选择需要翻转的门窗
选择待翻转的门窗：↙

左右翻转和内外翻转相似，这里不再介绍。

6.3　门窗表的创建

门窗表包含统计单个楼层平面图中门窗参数的门窗表和统计整个建筑工程中所有门窗参数的门窗总表。使用门窗表命令统计指定图中使用的门窗参数，检查后生成传统样式门窗表或者符合国标《建筑工程设计文件编制深度规定》样式的标准门窗表。天正建筑提供了用户定制门窗表的手段，各设计单位可以根据需要定制本单位的门窗表格入库，定制本单位的门窗表格样式。门窗总表命令用于统计某工程中多个平面图使用的门窗编号，生成门窗总表，可由用户在当前图上设定各楼层平面所属门窗，适用于在一个 dwg 图形文件上存放多楼层平面图的情况，也可设定分别保存在多个不同 dwg 图形文件上的不同楼层平面。

6.3.1　门窗表

生成的门窗表如图 6-35 所示。门窗表命令用于统计本图中的门窗参数。

门窗表

类型	设计编号	洞口尺寸(mm)	数量	图集名称	页次	适用型号	备注
门	M0921	900X2100	1				
门联窗	MC2123	2100X2300	1				
窗	C1512	1500X1200	1				
凸窗	TC2415	2400X1500	1				
弧窗	HC1518	1500X1800	1				

图 6-35　门窗表

1．执行方式

命令行：MCB。

菜单："门窗"→"门窗表"。

2．操作步骤

命令：MCB ↙
请选择门窗或[设置(S)]<退出>：框选门窗
请选择门窗：↙
请点取门窗表位置(左上角点)<退出>：点选门窗表插入位置

6.3.2　上机练习——门窗表

练习目标

绘制门窗表，如图 6-36 所示。

门窗表

类型	设计编号	洞口尺寸(mm)	数量	图集名称	页次	适用型号	备注
普通门	M-1	800X2100	3				
子母门	ZM-1	1200X2100	1				
普通窗	C-1	1200X1500	1				
转角窗	ZJC-1	(1000+1000)X1500	1				
带型窗	DC-1	5460X1500	1				
组合门窗	ZHMC-1	2000X2100	1				

图 6-36　门窗表

设计思路

打开源文件中的"门窗填墙"图形,利用"门窗表"命令绘制门窗表。

操作步骤

(1) 单击菜单中"门窗"→"门窗表"命令,命令行显示如下:

```
命令:MCB↙
请选择门窗或[设置(S)]<退出>:框选门窗
请选择门窗:↙
请点取门窗表位置(左上角点)<退出>:点选门窗表插入位置
```

结果如图 6-36 所示。

(2) 保存图形。将图形以"门窗表.dwg"为文件名进行保存。命令行显示如下:

```
命令:SAVEAS↙
```

6.3.3　门窗总表

门窗总表用于生成整座建筑的门窗表。统计当前工程中多个平面图使用的门窗编号,生成门窗总表。

1. 执行方式

命令行:MCZB。

菜单:"门窗"→"门窗总表"。

单击菜单命令后,如果当前工程没有建立或没有打开,则会提示需要新建工程,如图 6-37 所示。在后续章节会详细讲述新建或打开一个工程项目的方法。

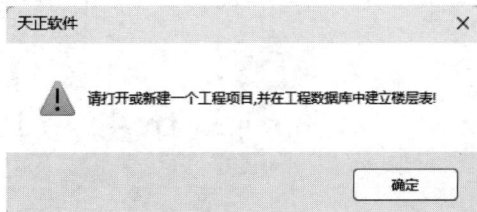

图 6-37　提示框

2. 操作步骤

```
统计标准层平面图 1 的门窗表…
统计标准层平面图 2 的门窗表…
请点取门窗表位置(左上角点)或[设置(S)]<退出>:提示拖动给出门窗总表在当前图面的排列位置
```

需要更改门窗总表样式时,输入 S,打开"选择门窗表样式"对话框,如图 6-38 所示。单击"选择表头"按钮，打开"天正构件库"对话框，从中可以选择不同的门窗表的表头，如图 6-39 所示。

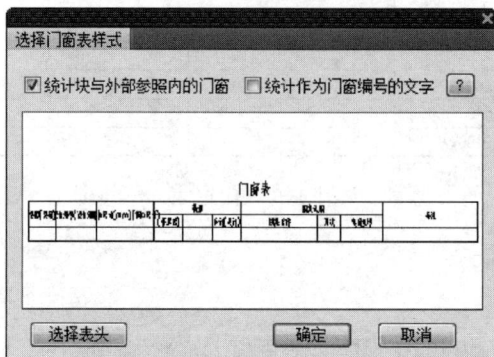

图 6-38 "选择门窗表样式"对话框

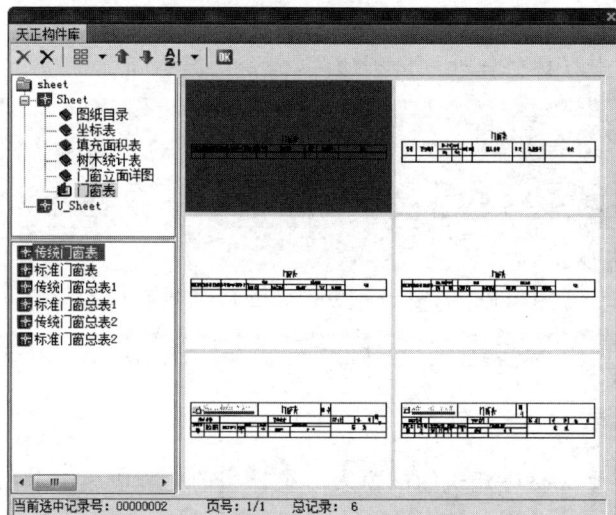

图 6-39 "天正构件库"对话框

6.4 门窗工具

门窗绘制完成后一般会添加门窗套、门窗线或者加装饰套等。

6.4.1 编号复位

编号复位命令的功能是把用夹点编辑改变过位置的门窗编号恢复到默认位置。

1. 执行方式

命令行：BHFW。

菜单："门窗"→"门窗工具"→"编号复位"。

2．操作步骤

```
命令:BHFW ↙
选择名称待复位的窗:选择要选的门窗
选择名称待复位的窗:按回车键退出
```

6.4.2　门口线

利用门口线命令在平面图中添加门的门口线,表示门槛或门两侧地面标高不同。门口线是门的对象属性,因此门口线会自动随门复制和移动。门口线与开门方向互相独立,改变开门方向不会导致门口线翻转。

1．执行方式

命令行:MKX。

菜单:"门窗"→"门窗工具"→"门口线"。

执行上述任意一种命令,打开"门口线"对话框(如果没有出现对话框,则单击命令行中的"高级模式"选项),如图6-40所示。

2．操作步骤

```
命令:MKX ↙
请选择要加减门口线的门窗或[高级模式(Q)]<退出>:选择要加门口线的门
请选择要加减门口线的门窗或[高级模式(Q)]<退出>:↙
请点取门口线所在的一侧<退出>:选择生成门口线的一侧
```

选择"消门口线"单选按钮,如图6-41所示,即可清除本侧或双侧的门口线,可框选多个门一起消除。

图6-40　"门口线"对话框

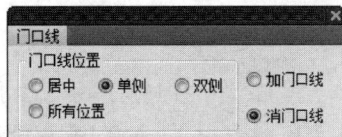

图6-41　选择"消门口线"

6.4.3　上机练习——门口线

练习目标

绘制门口线,如图6-42所示。

设计思路

打开源文件中的"门窗填墙"图形,利用"门口线"命令对"M-1"添加门口线。

操作步骤

(1) 单击菜单中"门窗"→"门窗工具"→"门口线"命令,打开"门口线"对话框,如

6-9

图 6-43 所示,对"M-1"添加门口线。命令行显示如下:

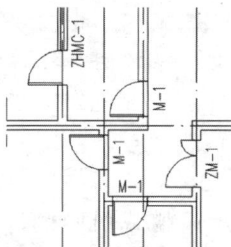

图 6-42 门口线

图 6-43 "门口线"对话框

请选取需要消门口线的门或[简化模式(Q)]<退出>:选 M-1
请选取需要加门口线的门<退出>:↙
请点取门口线所在的一侧<退出>:选择外侧

绘制结果如图 6-42 所示。

(2)保存图形。将图形以"门口线.dwg"为文件名进行保存。命令行显示如下:

命令:SAVEAS↙

6.4.4 加装饰套

该命令用于添加装饰门窗套线,选择门窗后在装饰套对话框中选择各种装饰风格和参数的装饰套。装饰套细致地描述了门窗附属的三维特征,包括各种门套线与筒子板、檐口板和窗台板的组合,主要用于室内设计的三维建模,以及通过立面、剖面模块生成立剖面施工图中的相应部分;如果不需要装饰套,可直接将其删除(Erase)。

执行方式:

命令行:JZST。

菜单:"门窗"→"门窗工具"→"加装饰套"。

单击菜单命令后,打开"门窗套设计"对话框,"门窗套"选项卡如图 6-44 所示,"窗台/檐板"选项卡如图 6-45 所示。在相应的文本框内输入数据,单击"确定"按钮完成操作。

图 6-44 "门窗套"选项卡

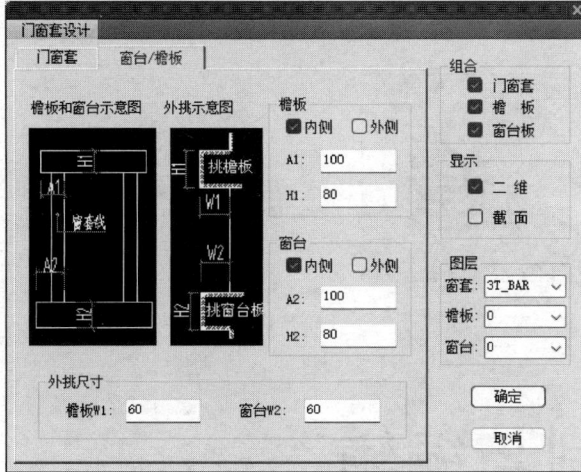

图 6-45 "窗台/檐板"选项卡

第 7 章

楼梯绘制与编辑

本章介绍的楼梯包括普通楼梯、自动扶梯和电梯。

普通楼梯包括双跑和多跑楼梯,还包括其他多种形式的楼梯,只有很特殊的楼梯才需要通过楼梯组件(梯段、休息平台、扶手等)拼合而成。扶手与栏杆都是楼梯的附属构件,在天正建筑中栏杆专用于三维建模,画平面图时仅需绘制扶手。

学 习 要 点

◆ 普通楼梯的创建
◆ 扶手
◆ 电梯和自动扶梯

7.1　普通楼梯的创建

普通楼梯的创建包括常见的双跑和多跑楼梯，以及其他形式的楼梯的绘制，只有一些特殊的楼梯需要通过楼梯组件（梯段、休息平台、扶手等）拼合而成。

7.1.1　直线梯段

直线梯段命令是在对话框中输入梯段参数来绘制直线梯段的，可以单独使用或用于组合复杂楼梯。

1．执行方式

命令行：ZXTD。

菜单："楼梯其他"→"直线梯段"。

执行上述任意一种命令，打开"直线梯段"对话框，如图7-1所示。

图7-1　"直线梯段"对话框

2．操作步骤

```
命令:ZXTD↙
点取位置或 [转90度(A)/左右翻(S)/上下翻(D)/对齐(F)/改转角(R)/改基点(T)]<退出>:选取
梯段插入位置
点取位置或 [转90度(A)/左右翻(S)/上下翻(D)/对齐(F)/改转角(R)/改基点(T)]<退出>:↙
```

3．控件说明

起始高度：相对于本楼层地面起算的楼梯起始高度，梯段高以此算起。

梯段高度：直段楼梯的高度，等于踏步高度的总和。

梯段宽＜：梯段宽度数值，单击该选项，可以在图中点选两点确定梯段宽。

梯段长度：直段梯段的长度，等于平面投影的梯段长度。

踏步高度：输入踏步高度数值。

踏步宽度：输入踏步宽度数值。

踏步数目：输入需要的踏步数值，也可通过右侧上下三角形按钮进行数值的调整。

作为坡道：选择此选项则踏步作为防滑条间距，楼梯段按坡道生成。同时，设有"加防滑条"和"落地"两个复选框。

楼梯夹点的功能说明如下。

改梯段宽：梯段被选中后亮显，单击并拖动两侧中央的夹点，即可改变梯段的宽度。

移动梯段：在显示的夹点中，居于梯段四个角点的夹点用于移动梯段，单击四个中任意一个夹点，即表示以该夹点为基点移动梯段。

改剖切位置：在带有剖切线的梯段上，在剖切线的两端还有两个夹点用于改剖切位置，可拖移这两个夹点改变剖切线的角度和位置。

直线楼梯的形式如图 7-2 所示。

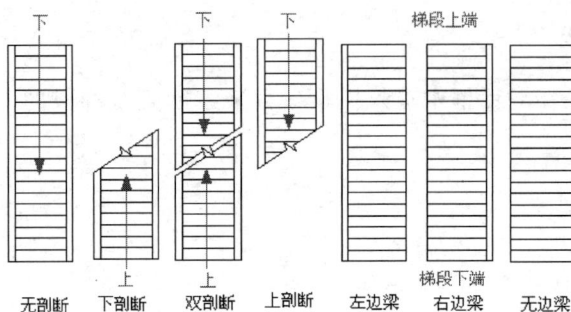

图 7-2 直线楼梯

7.1.2 上机练习——直线梯段

练习目标

绘制直线梯段，如图 7-3 所示。

设计思路

打开源文件中的"插入窗"图形，利用"直线梯段"命令绘制直线梯段。

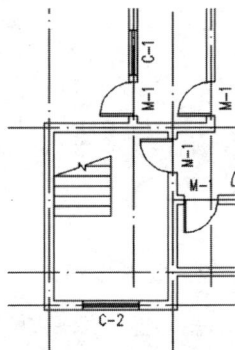

图 7-3 直线梯段

操作步骤

（1）选择菜单中的"楼梯其他"→"直线梯段"命令，打开"直线梯段"对话框，如图 7-4 所示。将"梯段高度"设置为 3300，"梯段宽"设置为 1530，"梯段长度"设置为 2700，"踏步高度"设置为 300，"踏步宽度"设置为 270，"踏步数目"设置为 11，选择"下剖断"单选按钮，绘制直线梯段。

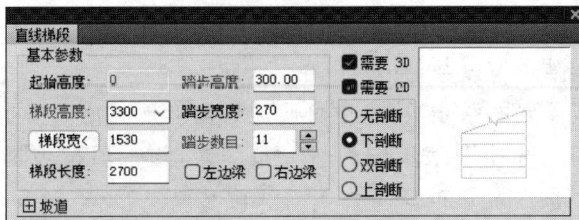

图 7-4 "直线梯段"对话框

命令行显示如下：

命令：ZXTD↙
点取位置或 [转90度(A)/左右翻(S)/上下翻(D)/对齐(F)/改转角(R)/改基点(T)]<退出>:在左侧墙体的内边线上单击
点取位置或 [转90度(A)/左右翻(S)/上下翻(D)/对齐(F)/改转角(R)/改基点(T)]<退出>:↙

绘制结果如图7-3所示。

（2）保存图形。将图形以"直线梯段.dwg"为文件名进行保存。命令行显示如下：

命令：SAVEAS↙

7.1.3 圆弧梯段

利用圆弧梯段命令，可在对话框中输入梯段参数，绘制单独的弧形楼梯或者组合复杂楼梯。

1．执行方式

命令行：YHTD。

菜单："楼梯其他"→"圆弧梯段"。

执行上述任意一种命令，打开"圆弧梯段"对话框，如图7-5所示。

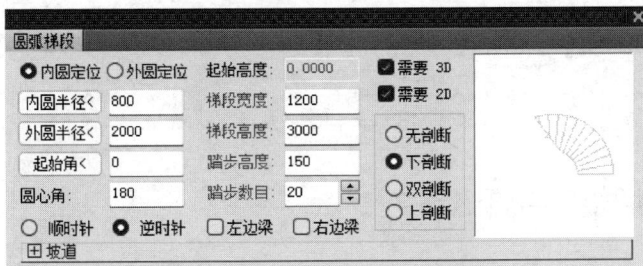

图7-5 "圆弧梯段"对话框

2．操作步骤

命令：YHTD↙
点取位置或 [转90度(A)/左右翻(S)/上下翻(D)/对齐(F)/改转角(R)/改基点(T)]<退出>:单击梯段的插入位置
点取位置或 [转90度(A)/左右翻(S)/上下翻(D)/对齐(F)/改转角(R)/改基点(T)]<退出>:↙

3．控件说明

内圆半径＜：圆弧梯段的内圆半径。

外圆半径＜：圆弧梯段的外圆半径。

起始角＜：定位圆弧梯段的起始角度位置。

圆心角：圆弧梯段的角度。

起始高度：相对于本楼层地面起算的楼梯起始高度，梯段高以此算起。

梯段高度：圆弧梯段的高度，等于踏步高度的总和。

梯段宽度：圆弧梯段的宽度。

踏步高度：输入踏步高度数值。

踏步数目：输入需要的踏步数值，也可通过右侧上下三角形按钮进行数值的调整。

作为坡道：选择此选项则将踏步作为防滑条间距，楼梯段按坡道生成。

楼梯夹点的功能说明（参考图7-6）：

改内径：梯段被选中后亮显，同时显示七个夹点，如果该圆弧梯段带有剖断，在剖断的两端还会显示两个夹点。在梯段内圆中心的夹点用于改内径。单击该夹点，即可拖移该梯段的内圆改变其半径。

改外径：在梯段外圆中心的夹点用于改外径。单击该夹点，即可拖移该梯段的外圆改变其半径。

移动梯段：拖动五个夹点中任意一个，即可以用该夹点作为基点移动梯段。

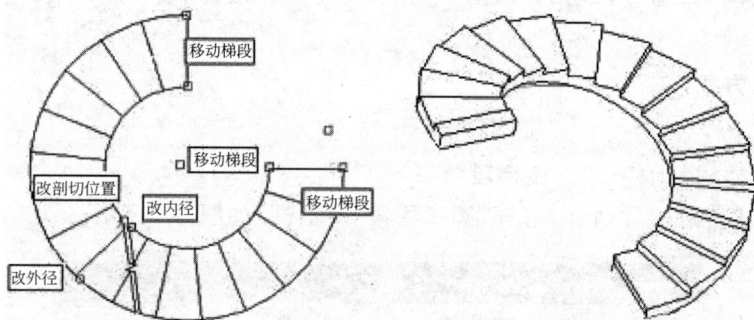

图7-6 楼梯夹点

7.1.4 上机练习——圆弧梯段

练习目标

绘制圆弧梯段，如图7-7所示。

设计思路

打开源文件中的"插入窗"图形，利用"圆弧梯段"命令绘制圆弧梯段。

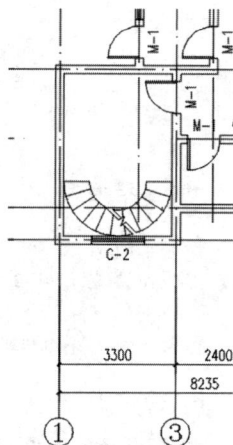

图7-7 圆弧梯段

操作步骤

（1）选择菜单中的"楼梯其他"→"圆弧梯段"命令，打开"圆弧梯段"对话框。将"内圆半径＜"设置为800，"外圆半径＜"设置为1530，"圆心角"设置为180°，"梯段宽度"设置为730，"梯段高度"设置为3300，"踏步高度"设置为300，"踏步数目"设置为11，以"顺时针"方向绘制双剖断的弧形楼梯，如图7-8所示。

命令行显示如下：

命令:YHTD↙
点取位置或[转90度(A)/左右翻(S)/上下翻(D)/对齐(F)/改转角(R)/改基点(T)]<退出>:单击
梯段的插入位置
点取位置或[转90度(A)/左右翻(S)/上下翻(D)/对齐(F)/改转角(R)/改基点(T)]<退出>:↙

绘制结果如图7-7所示。

（2）保存图形。将图形以"圆弧梯段.dwg"为文件名进行保存。命令行显示如下：

命令:SAVEAS↙

7.1.5 任意梯段

利用任意梯段命令,可以以图中直线或圆弧作为梯段边线,输入踏步参数来绘制楼梯。

1. 执行方式

命令行：RYTD。

菜单："楼梯其他"→"任意梯段"。

执行上述任意一种命令,打开"任意梯段"对话框,如图7-9所示。

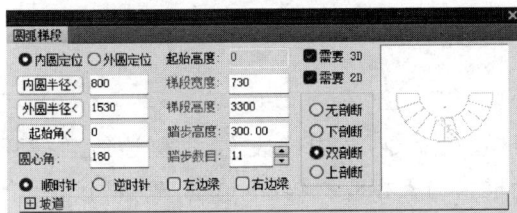

图7-8 "圆弧梯段"对话框　　　　图7-9 "任意梯段"对话框

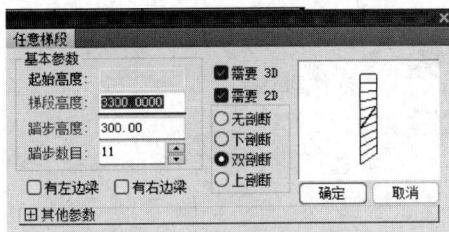

2. 操作步骤

命令:RYTD↙
请点取梯段左侧边线(LINE/ARC):选一侧边线
请点取梯段右侧边线(LINE/ARC):选另一侧边线

3. 楼梯夹点说明

楼梯夹点如图7-10所示。

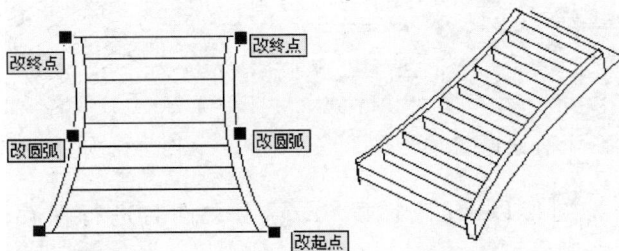

图7-10 楼梯夹点

改起点：控制所选侧梯段的起点。如两侧同时改变起点则可改变梯段的长度。

改终点：控制所选侧梯段的终点。如两侧同时改变终点则可改变梯段的长度。

改圆弧/平移边线：中间的夹点为"平移边线"或者"改圆弧"夹点，按边线类型确定，控制梯段的宽度或者圆弧的半径。

7.1.6 上机练习——任意梯段

练习目标

绘制任意梯段，如图 7-11 所示。

设计思路

打开"边线"图形，如图 7-12 所示，利用"任意梯段"命令绘制梯段。

图 7-11 任意梯段   图 7-12 边线图形

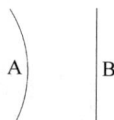

操作步骤

（1）选择菜单中的"楼梯其他"→"任意梯段"命令，选中梯段左、右侧边线后打开"任意梯段"对话框，如图 7-13 所示。在对话框中输入相应的数值，单击"确定"按钮，绘制结果如图 7-11 所示。命令行显示如下：

```
请点取梯段左侧边线(LINE/ARC):选 A
请点取梯段右侧边线(LINE/ARC):选 B
```

任意梯段的三维显示如图 7-14 所示。

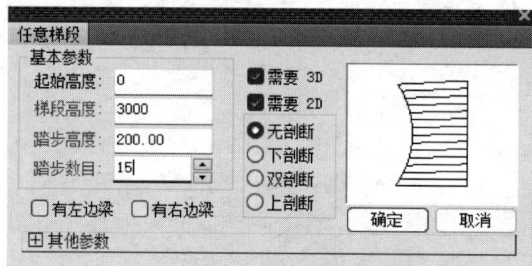

图 7-13 "任意梯段"对话框   图 7-14 任意梯段的三维显示

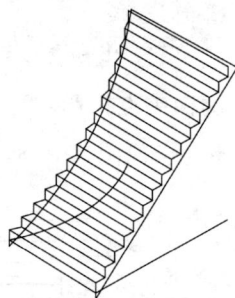

（2）保存图形。将图形以"任意梯段.dwg"为文件名进行保存。命令行显示如下：

```
命令：SAVEAS
```

7.1.7　双跑楼梯

双跑楼梯是最常见的楼梯形式,是由两跑直线梯段、一个休息平台、一个或两个扶手和一组或两组栏杆构成的自定义对象,具有二维视图和三维视图。

1. 执行方式

命令行:SPLT。

菜单:"楼梯其他"→"双跑楼梯"。

执行上述任意一种命令,打开"双跑楼梯"对话框,如图 7-15 所示。

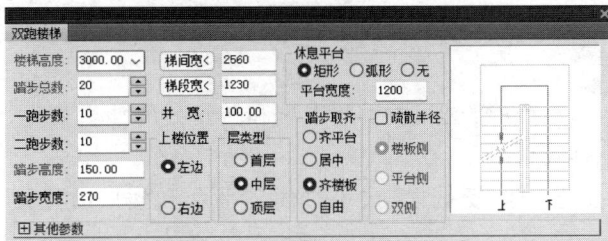

图 7-15　"双跑楼梯"对话框

2. 操作步骤

```
命令:SPLT↙
点取位置或 [转90度(A)/左右翻(S)/上下翻(D)/对齐(F)/改转角(R)/改基点(T)]<退出>:点选
插入位置
点取位置或 [转90度(A)/左右翻(S)/上下翻(D)/对齐(F)/改转角(R)/改基点(T)]<退出>:↙
```

3. 控件说明

梯间宽<:双跑楼梯的总宽,单击此按钮可从平面图中直接量取楼梯间净宽作为双跑楼梯总宽。

梯段宽<:双跑楼梯每一梯段的宽度,单击此按钮可从平面图中直接量取。

楼梯高度:双跑楼梯的总高。默认自动取当前层高的值,当相邻楼层高度不等时应按实际情况调整。

井宽:设置井宽参数。井宽=梯间宽-(2×梯段宽),最小井宽可以为0,这三个数值互相关联。

疏散半径:可选择是否绘制有效的疏散半径,并可选单侧或双侧进行绘制。

踏步总数:默认踏步总数为20,是双跑楼梯的关键参数。

一跑步数:以踏步总数推算一跑与二跑步数,总数为奇数时先增二跑步数。

二跑步数:二跑步数默认与一跑步数相同,两者都允许用户修改。

踏步高度:踏步的高度。用户可先输入大致的初始值,由楼梯高度与踏步数推算出最接近初值的设计值,推算出的踏步高有均分的舍入误差。

踏步宽度:踏步沿梯段方向的宽度,是用户优先确定的楼梯参数。但在选中"作为坡道"复选框后,仅用于推算出防滑条宽度。

休息平台:有"矩形""弧形""无"三种选项。

平台宽度：按建筑设计规范，休息平台的宽度应大于梯段宽度，在选弧形休息平台时应修改宽度值，最小值不能为零。

踏步取齐：除了两跑步数不等时可直接在"齐平台""居中""齐楼板"中选择两梯段相对位置外，也可以通过拖动夹点任意调整两梯段之间的位置，此时踏步取齐为"自由"。

层类型：在平面图中按楼层分为三种类型。①首层只给出一跑的下剖断；②中层的一跑是双剖断；③顶层的一跑无剖断。

扶手高度/宽度：默认值高为900，宽为60。

扶手距边：在1∶100图上一般取0，在1∶50详图上应标以实际值。

转角扶手伸出：设置在休息平台扶手转角处的伸出长度，默认值为60，值为0或者负值时扶手不伸出。

层间扶手伸出：设置在楼层间扶手起末端和转角处的伸出长度，默认值为60，值为0或者负值时扶手不伸出。

扶手连接：默认选中此复选框，扶手过休息平台和楼层时连接，否则扶手在该处断开。

有外侧扶手：在外侧添加扶手，但不会生成外侧栏杆。

有外侧栏杆：在有外侧扶手时才会设置外侧栏杆，绘制外侧扶手可选择是否同时绘制外侧栏杆，且当边界为墙时通常无须绘制栏杆。

有内侧栏杆：默认创建内侧扶手，选中此复选框自动生成默认的矩形截面竖栏杆。

标注上楼方向：默认选中此复选框，在楼梯对象中，按当前坐标系方向创建标注上楼、下楼方向的箭头和"上""下"文字。

剖切步数(高度)：作为楼梯时按步数设置剖切线中心所在位置，作为坡道时按相对标高设置剖切线中心所在位置。

作为坡道：选中此复选框，楼梯段按坡道生成，对话框中会显示出"单坡长度"文本框，用于输入长度。

单坡长度：选中"作为坡道"复选框后，显示此文本框，在这里输入其中一个坡道梯段的长度，但精确值依然受"踏步数×踏步宽度"的制约。

注意：①选中"作为坡道"复选框前楼梯的两跑步数应相等，否则坡长不能准确定义；②坡道的防滑条的间距用步数来设置，要在选中"作为坡道"复选框前设好。

7.1.8 上机练习——双跑楼梯

练习目标

绘制双跑楼梯，如图7-16所示。

设计思路

打开源文件中的"插入窗"图形，利用"双跑楼梯"命令绘制双跑楼梯。

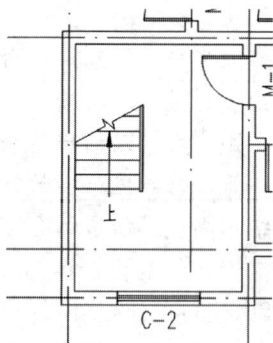

图7-16 双跑楼梯

操作步骤

（1）单击菜单中"楼梯其他"→"双跑楼梯"命令，打开"双跑楼梯"对话框，输入相应的数值，如图 7-17 所示。

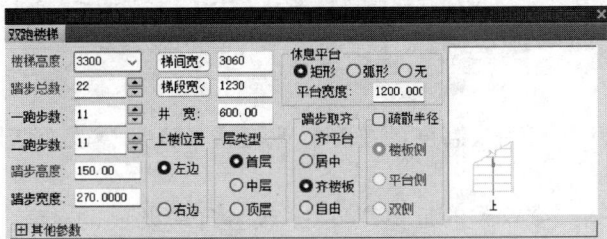

图 7-17　"双跑楼梯"对话框

命令行显示如下：

点取位置或 [转 90 度(A)/左右翻(S)/上下翻(D)/对齐(F)/改转角(R)/改基点(T)]<退出>:点选
房间左上内角点
点取位置或 [转 90 度(A)/左右翻(S)/上下翻(D)/对齐(F)/改转角(R)/改基点(T)]<退出>:↙

绘制结果如图 7-16 所示。

（2）保存图形。将图形以"双跑楼梯.dwg"为文件名进行保存。命令行显示如下：

命令：SAVEAS↙

7.1.9　多跑楼梯

多跑楼梯命令用于在几个关键点建立多跑(转角、直跑等)楼梯。

1. 执行方式

命令行：DPLT。

菜单："楼梯其他"→"多跑楼梯"。

执行上述任意一种命令，打开"多跑楼梯"对话框，如图 7-18 所示。

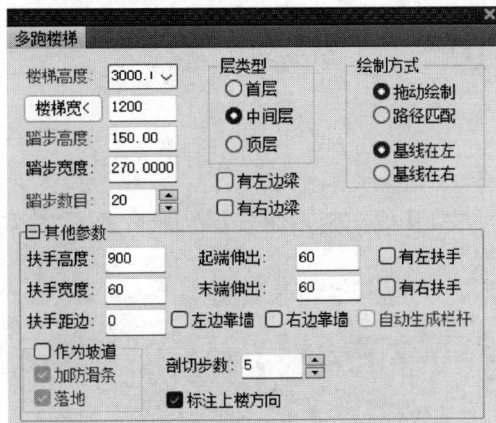

图 7-18　"多跑楼梯"对话框

2.操作步骤

命令：DPLT ↙
起点<退出>：单击楼梯起点位置
输入下一点或［路径切换到右侧(Q)］<退出>：单击下一点
输入下一点或［路径切换到右侧(Q)/撤销上一点(U)］<退出>：单击下一点
输入下一点或［绘制梯段(T)/路径切换到右侧(Q)/撤销上一点(U)］<切换到绘制梯段>：按回车键退出

3.控件说明

楼梯高度：等于所有踏步高度的总和。改变楼梯高度会改变踏步数量，同时可能微调踏步高度。

踏步高度：输入一个大致的近似高度，系统将自动设置正确值。改变踏步高度反向改变踏步数目。

踏步数目：改变踏步数将反向改变踏步高度。

7.1.10 上机练习——多跑楼梯

练习目标

绘制多跑楼梯，如图 7-19 所示。

设计思路

打开源文件中的"楼梯间"图形，如图 7-20 所示，利用"多跑楼梯"命令，设置相关参数，绘制多跑楼梯。

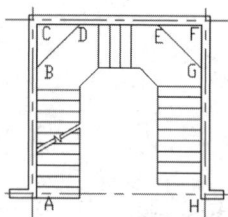

图 7-19　多跑楼梯

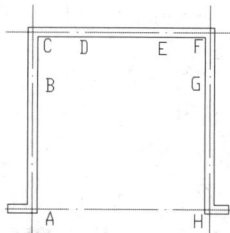

图 7-20　楼梯间

操作步骤

(1) 单击菜单中的"楼梯其他"→"多跑楼梯"命令，打开"多跑楼梯"对话框，输入相应的数值，如图 7-21 所示。

命令行显示如下：

命令：DPLT ↙
起点<退出>：选 A
输入下一点或［路径切换到右侧(Q)］<退出>：选 B
输入下一点或［路径切换到右侧(Q)/撤销上一点(U)］<退出>：选 D

7-5

输入下一点或 [绘制梯段(T)/路径切换到右侧(Q)/撤销上一点(U)]<切换到绘制梯段>:T
输入下一点或 [绘制平台(T)/路径切换到右侧(Q)/撤销上一点(U)]<退出>:选 E
输入下一点或 [路径切换到右侧(Q)/撤销上一点(U)]<退出>:选 G
输入下一点或 [绘制梯段(T)/路径切换到右侧(Q)/撤销上一点(U)]<切换到绘制梯段>:T
输入下一点或 [绘制平台(T)/路径切换到右侧(Q)/撤销上一点(U)]<退出>:选 H
起点<退出>:↙

绘制结果如图 7-19 所示。多跑楼梯的三维显示如图 7-22 所示。

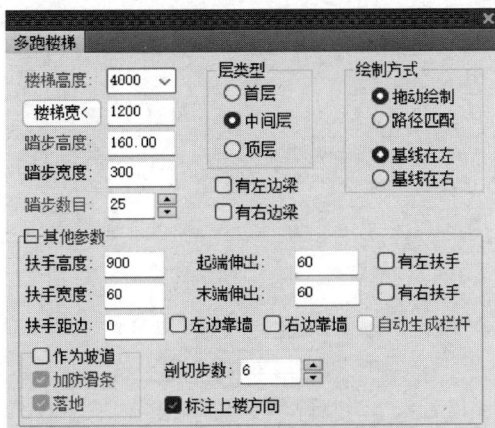

图 7-21 "多跑楼梯"对话框

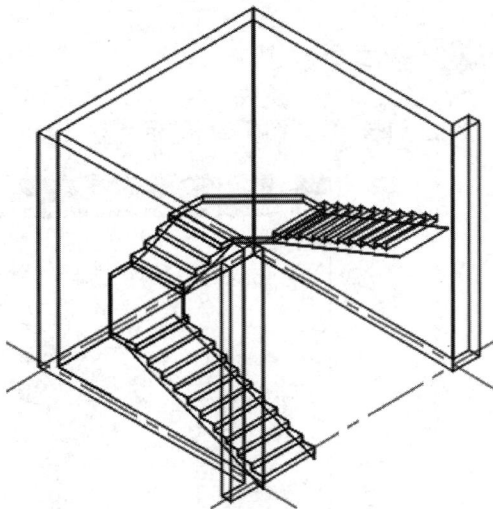

图 7-22 多跑楼梯的三维显示

（2）保存图形。将图形以"多跑楼梯.dwg"为文件名进行保存。命令行显示如下：

命令：SAVEAS↙

7.2 扶　手

扶手作为与梯段配合的构件，与梯段和台阶产生关联。放置在梯段上的扶手可以遮挡梯段，也可以被梯段的剖切线剖断，利用连接扶手命令可以把不同分段的扶手连接起来。

7.2.1 添加扶手

添加扶手命令沿楼梯或 PLINE 路径生成扶手。

1. 执行方式

命令行：TJFS。
菜单："楼梯其他"→"添加扶手"。

2. 操作步骤

命令:TJFS↙
请选择梯段或作为路径的曲线(线/弧/圆/多段线):选取梯段线

扶手宽度<60>:输入扶手宽度✓
扶手顶面高度<900>:输入扶手顶面高度✓
扶手距边<0>:输入扶手距离梯段边距离✓

双击创建的扶手,可以打开"扶手"对话框,如图7-23所示。

在对话框中输入相应的数值,然后单击"确定"按钮,完成操作。

7.2.2 上机练习——添加扶手

练习目标

添加扶手,如图7-24所示。

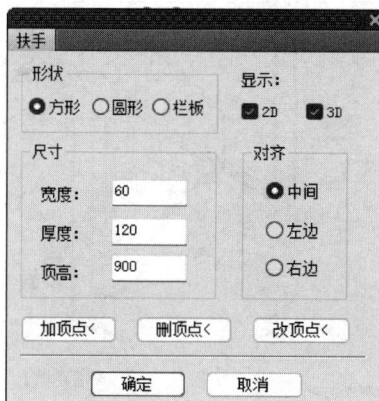

图 7-23 "扶手"对话框

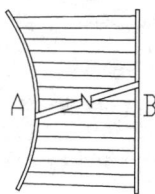

图 7-24 添加扶手

设计思路

打开源文件中的"添加扶手原图"图形,利用"添加扶手"命令,设置相关参数,添加扶手。

操作步骤

(1) 单击菜单中的"楼梯其他"→"添加扶手"命令,设置扶手的宽度为60,高度为900,绘制扶手。命令行显示如下:

命令:TJFS✓
请选择梯段或作为路径的曲线(线/弧/圆/多段线):选 A
扶手宽度<60>:60✓
扶手顶面高度<900>:900✓
扶手距边<0>:0✓

(2) 单击菜单中的"楼梯其他"→"添加扶手"命令,命令行显示如下:

命令:TJFS✓
请选择梯段或作为路径的曲线(线/弧/圆/多段线):选 B
扶手宽度<60>:60✓

扶手顶面高度<900>:900 ✓
扶手距边<0>:0 ✓

绘制结果如图 7-24 所示。添加扶手的三维显示如图 7-25 所示。

（3）保存图形。将图形以"添加扶手.dwg"为文件名进行保存。命令行显示如下：

命令：SAVEAS ✓

7.2.3 连接扶手

连接扶手命令把两段扶手连成一段。

1. 执行方式

命令行：LJFS。

菜单："楼梯其他"→"连接扶手"。

2. 操作步骤

命令：LJFS ✓
选择待连接的扶手(注意与顶点顺序一致)：选择第一段扶手
选择待连接的扶手(注意与顶点顺序一致)：选择另一段扶手
选择待连接的扶手(注意与顶点顺序一致)： ✓

按 Enter 键，将两段扶手连接起来。

7.2.4 上机练习——连接扶手

练习目标

绘制连接扶手，如图 7-26 所示。

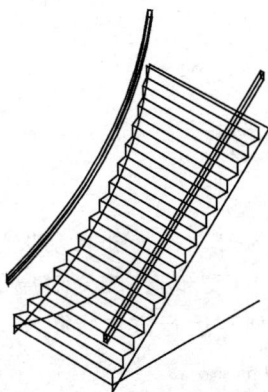

图 7-25 添加扶手的三维显示

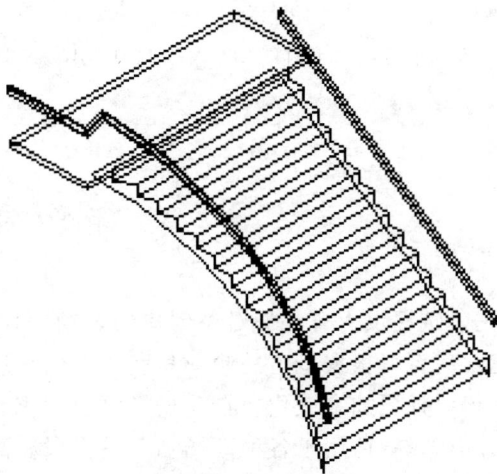

图 7-26 连接扶手

设计思路

打开源文件中的"连接扶手原图"图形，如图 7-27 所示，利用"连接扶手"命令添加

7-7

连接扶手。

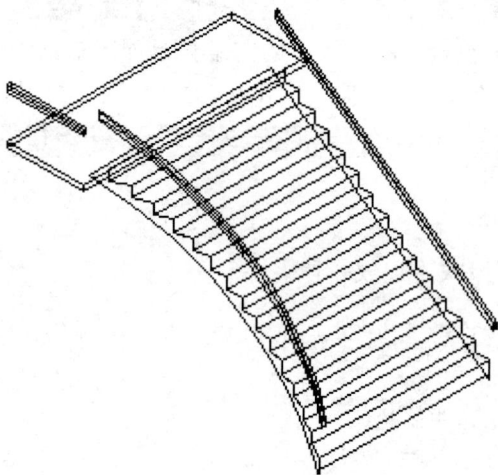

图 7-27　"连接扶手"原图

操作步骤

（1）单击菜单中的"楼梯其他"→"连接扶手"命令，选择需要连接的扶手，对扶手进行连接。命令行显示如下：

```
命令:LJFS↙
选择待连接的扶手(注意与顶点顺序一致):选择第一段扶手
选择待连接的扶手(注意与顶点顺序一致):选择另一段扶手
选择待连接的扶手(注意与顶点顺序一致):↙
```

绘制结果如图 7-26 所示。

（2）保存图形。将图形以"连接扶手.dwg"为文件名进行保存。命令行显示如下：

```
命令: SAVEAS↙
```

7.3　电梯和自动扶梯

天正建筑提供由自定义对象创建的自动扶梯对象，分为自动扶梯和自动坡道两个基本类型，后者可根据步道的倾斜角度为零，自动设为水平自动步道，改变对应的交互设置，使得设计更加人性化。自动扶梯对象根据扶梯的排列和运行方向提供了多种组合供设计时选择，适用于各种商场和车站、机场等复杂的场景。

7.3.1　电梯

本命令创建的电梯图形包括轿厢、平衡块和电梯门，其中轿厢和平衡块是二维线对象，电梯门是天正门窗对象；绘制条件是每一个电梯周围已经由天正墙体创建了封闭房间作为电梯井，如要求电梯井贯通多个电梯，应临时加虚墙分隔。电梯间一般为矩形,梯井道宽为开门侧墙长。

1. 执行方式

命令行: DT。

菜单: "楼梯其他"→"电梯"。

执行上述任意一种命令,打开"电梯参数"对话框,如图 7-28 所示。

对不需要按类别选取预设设计参数的电梯,可以按井道决定适当的轿厢与平衡块尺寸。选中对话框中的"按井道决定轿厢尺寸"复选框,在对话框中将不用的

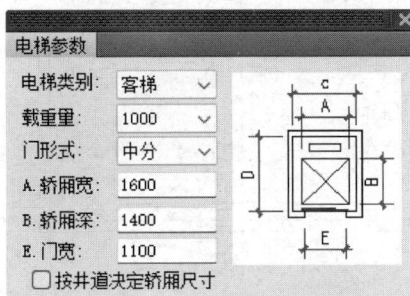

图 7-28 "电梯参数"对话框

参数虚显,保留门形式和门宽两个参数由用户设置,同时把门宽设为常用的 1100,门宽和门形式会使用用户修改的值。取消选中此复选框,门宽等参数恢复由电梯类别决定。

2. 操作步骤

命令:DT↙
请给出电梯间的一个角点或 [参考点(R)]<退出>:点选电梯间一个角点
再给出上一角点的对角点:点选电梯间相对的角点
请点取开电梯门的墙线<退出>:选取开门的墙线,可多选
请点取平衡块的所在的一侧<退出>:选取平衡块所在位置
请点取其他开电梯门的墙线<无>:↙
请给出电梯间的一个角点或 [参考点(R)]<退出>:↙

3. 控件说明

电梯类别:分为客梯、住宅梯、医梯、货梯 4 种类型,每种电梯有不同的设计参数。

载重量:在右侧的下拉列表框中选择载重量。

门形式:分为中分和旁开。

A.轿厢宽:输入轿厢的宽度。

B.轿厢深:输入轿厢的进深。

E.门宽:输入电梯的门宽。

7.3.2 上机练习——电梯

练习目标

绘制电梯,如图 7-29 所示。

设计思路

打开源文件中的"电梯原图"图形,如图 7-30 所示,利用"电梯"命令,设置相关的参数,绘制电梯。

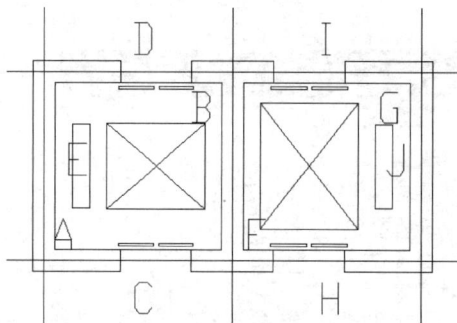

图 7-29　电梯

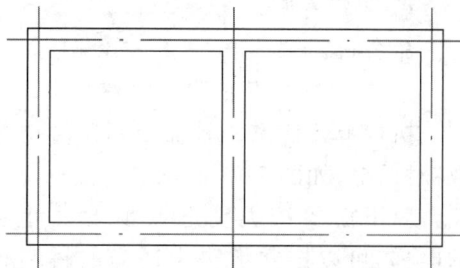

图 7-30　电梯原图

操作步骤

（1）选择菜单中的"楼梯其他"→"电梯"命令，打开"电梯参数"对话框，按图 7-31 所示设置。在绘图区域单击，命令行显示如下：

```
命令:DT↙
请给出电梯间的一个角点或 [参考点(R)]<退出>:选 A
再给出上一角点的对角点:选 B
请点取开电梯门的墙线<退出>:选 C
请点取平衡块的所在的一侧<退出>:选 E
请点取其他开电梯门的墙线<无>:选 D
请给出电梯间的一个角点或 [参考点(R)]<退出>:↙
```

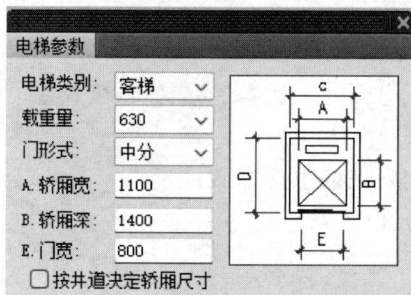

图 7-31　"电梯参数"对话框

（2）选择菜单中的"楼梯其他"→"电梯"命令，打开"电梯参数"对话框，按图 7-31 中所示设置。在绘图区域单击，命令行显示如下：

```
命令:DT↙
请给出电梯间的一个角点或 [参考点(R)]<退出>:选 F
再给出上一角点的对角点:选 G
请点取开电梯门的墙线<退出>:选 H
请点取平衡块的所在的一侧<退出>:选 J
请点取其他开电梯门的墙线<无>:选 I
请给出电梯间的一个角点或 [参考点(R)]<退出>:↙
```

绘制电梯结果如图 7-29 所示。

(3) 保存图形。将图形以"电梯.dwg"为文件名进行保存。命令行显示如下：

命令：SAVEAS ↙

7.3.3　自动扶梯

使用自动扶梯命令，可以在对话框中输入自动扶梯的类型和梯段参数，绘制单台或双台自动扶梯。在顶层还设有洞口选项，拖动夹点可以进行楼板开洞情况下扶梯局部隐藏的绘制。

1．执行方式

命令行：ZDFT。

菜单："楼梯其他"→"自动扶梯"。

执行上述任意一种命令，打开"自动扶梯"对话框，如图 7-32 所示。在对话框中输入相应的数值，单击"确定"按钮。

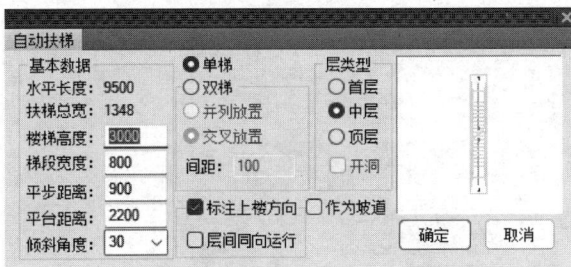

图 7-32　"自动扶梯"对话框

2．操作步骤

点取位置或 [转 90 度(A)/左右翻(S)/上下翻(D)/对齐(F)/改转角(R)/改基点(T)]<退出>：点选插入点

3．控件说明

楼梯高度：相对于本楼层自动扶梯第一工作点起，到第二工作点止的设计高度。

梯段宽度：指自动扶梯不算两侧裙板的活动踏步净长度。

平步距离：从自动扶梯工作点开始到踏步端线的距离。当为水平步道时，平步距离为 0。

平台距离：从自动扶梯工作点开始到扶梯平台安装端线的距离。当为水平步道时，由用户重新设置平台距离。

倾斜角度：自动扶梯的倾斜角，商品自动扶梯为 30°、35°，坡道为 10°、12°，当倾斜角为 0°时作为步道，修改相应的交互界面和参数。

单梯与双梯：可以一次创建成对的自动扶梯或者单台的自动扶梯。

并列与交叉放置：双梯两个梯段的倾斜方向，可选方向一致或者方向相反。

间距：双梯之间相邻裙板之间的净距。

作为坡道：选中此复选框，扶梯按坡道的默认角度 10°或 12°取值，长度重新计算。

标注上楼方向：默认选中此复选框，标注自动扶梯上下楼方向，默认中层时剖切到的上行和下行梯段运行方向箭头表示相对运行（上楼/下楼）。

层间同向运行：选中此复选框后，中层时剖切到的上行和下行梯段运行方向箭头表示同向运行（都是上楼）。

层类型：包括三个单选按钮，表示当前扶梯处于首层（底层）、中层或顶层。

开洞：用于绘制顶层板开洞的扶梯，隐藏自动扶梯洞口以外的部分。选中此复选框后遮挡扶梯下端，提供一个夹点，可以拖动它改变洞口长度。

第8章

绘制其他设施

本章导读

本章主要介绍基于墙体创建阳台、台阶、坡道和散水等设施。

学习要点

◆ 阳台
◆ 台阶
◆ 坡道
◆ 散水

8.1 阳 台

阳台命令可以直接绘制阳台或把预先绘制好的 PLINE 线转成阳台。

1. 执行方式

命令行：YT。

菜单："楼梯其他"→"阳台"。

执行上述任意一种命令，打开"绘制阳台"对话框，如图 8-1 所示。

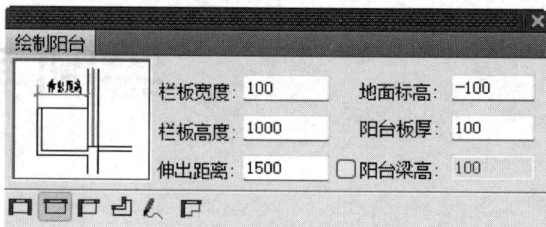

图 8-1 "绘制阳台"对话框

对话框最下面按钮从左到右分别为凹阳台、矩形三面阳台、阴角阳台、沿墙偏移绘制、任意绘制、选择已有路径生成，共 6 种阳台绘制方式。选中"阳台梁高"复选框，输入阳台梁高度可创建梁式阳台。

2. 操作步骤

单击"任意绘制"按钮，沿着阳台边界进行绘制。命令行显示如下：

```
命令:YT↙
起点<退出>:单击阳台的起点
直段下一点或 [弧段(A)/回退(U)]<结束>:点阳台的角点
直段下一点或 [弧段(A)/回退(U)]<结束>:点阳台的下一角点
直段下一点或 [弧段(A)/回退(U)]<结束>:↙
请选择邻接的墙(或门窗)和柱:选取与阳台相连的墙体或门窗
请选择邻接的墙(或门窗)和柱:↙
请点取接墙的边:选取接墙的边
请点取接墙的边:↙
起点<退出>:↙
```

单击"选择已有路径生成"按钮，绘制自定义的特殊形式阳台。命令行显示如下：

```
命令:YT↙
选择一曲线(LINE/ARC/PLINE) <退出>:选择已有的曲线
请选择邻接的墙(或门窗)和柱:选取与阳台相连的墙体或门窗
请选择邻接的墙(或门窗)和柱:↙
请点取接墙的边:选取接墙的边
请点取接墙的边:↙
选择一曲线(LINE/ARC/PLINE) <退出>:↙
```

8.2 上机练习——阳台

练习目标

绘制阳台,如图 8-2 所示。

设计思路

打开源文件中的"双跑楼梯"图形,利用"阳台"命令,设置相关的参数,绘制阳台。

操作步骤

(1) 单击菜单中"楼梯其他"→"阳台"命令,打开"绘制阳台"对话框,单击"矩形三面阳台"按钮,绘制阳台。命令行显示如下:

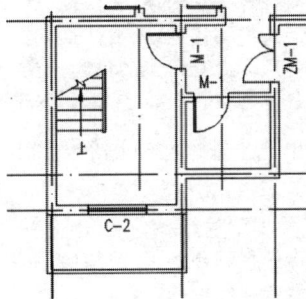

图 8-2 阳台

```
命令:YT↙
阳台起点<退出>:选择最下侧墙体的左端点
阳台终点或[翻转到另一侧(F)]<取消>:选择最下侧墙体的右端点
阳台起点<退出>:↙
```

绘制结果如图 8-2 所示。

(2) 保存图形。将图形以"阳台.dwg"为文件名进行保存。命令行显示如下:

```
命令: SAVEAS↙
```

8.3 台 阶

台阶命令直接绘制矩形单面台阶、矩形三面台阶、矩形阴角台阶、沿墙偏移等预定样式的台阶,或把预先绘制好的 PLINE 线转成台阶,直接绘制平台创建台阶。

1. 执行方式

命令行:TJ。

菜单:"楼梯其他"→"台阶"。

执行上述任意一种命令,打开"台阶"对话框,如图 8-3 所示。

对话框最下面按钮从左到右分别为矩形

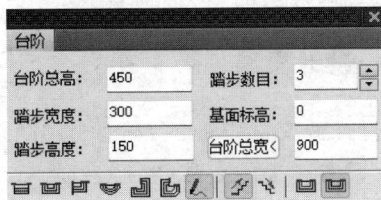

图 8-3 "台阶"对话框

单面台阶、矩形三面台阶、矩形阴角台阶、圆弧台阶、沿墙偏移绘制、选择已有路径绘制、任意绘制,共 7 种台阶绘制方式。

2. 操作步骤

单击"任意绘制"按钮，绘制平台轮廓线，生成台阶。命令行显示如下：

```
命令:TJ↙
台阶平台轮廓线的起点<退出>:单击台阶平台的起点
直段下一点或 [弧段(A)/回退(U)]<结束>:点台阶平台的角点
直段下一点或 [弧段(A)/回退(U)]<结束>:点台阶平台的下一角点……
直段下一点或 [弧段(A)/回退(U)]<结束>:↙
请选择邻接的墙(或门窗)和柱:选取与台阶平台相连的墙体或门窗
请选择邻接的墙(或门窗)和柱:↙
请点取没有踏步的边:自定义暗红色亮显显示该边,可选其他没有踏步的边↙
台阶平台轮廓线的起点<退出>:↙
```

单击"选择已有路径绘制"按钮，绘制自定义的特殊形式台阶。命令行显示如下：

```
命令:TJ↙
请选择平台轮廓<退出>:选择已有的 PLINE 线
请选择邻接的墙(或门窗)和柱:选取与台阶平台相连的墙体或门窗
请选择邻接的墙(或门窗)和柱:选取与台阶平台相连的墙体或门窗
请选择邻接的墙(或门窗)和柱:↙
请点取没有踏步的边:自定义暗红色亮显显示该边,可选其他没有踏步的边↙
请选择平台轮廓<退出>:↙
```

台阶预定义的样式如图 8-4 所示。

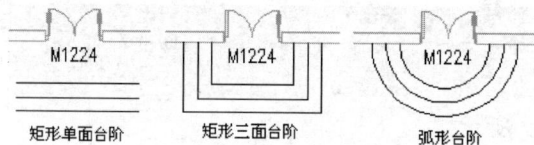

图 8-4 台阶

8.4 上机练习——台阶

练习目标

绘制台阶，如图 8-5 所示。

设计思路

打开源文件中的"台阶原图"图形，利用"台阶"命令，设置相关的参数，绘制台阶。

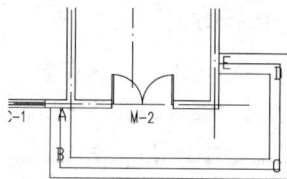

图 8-5 台阶

操作步骤

(1) 单击菜单中的"楼梯其他"→"台阶"命令，打开"台阶"对话框，如图 8-3 所示。

在对话框中输入相应的数值,单击"任意绘制"按钮。命令行显示如下:

```
命令:TJ↙
台阶平台轮廓线的起点<退出>:选A
直段下一点或 [弧段(A)/回退(U)]<结束>:选B
直段下一点或 [弧段(A)/回退(U)]<结束>:选C
直段下一点或 [弧段(A)/回退(U)]<结束>:选D
直段下一点或 [弧段(A)/回退(U)]<结束>:选E
直段下一点或 [弧段(A)/回退(U)]<结束>:↙
请选择邻接的墙(或门窗)和柱:选墙体
请选择邻接的墙(或门窗)和柱:选墙体
请选择邻接的墙(或门窗)和柱:↙
请点取没有踏步的边:自定义暗红色亮显显示该边↙
台阶平台轮廓线的起点<退出>:↙
```

绘制结果如图8-5所示。

(2) 保存图形。将图形以"台阶.dwg"为文件名进行保存。命令行显示如下:

```
命令:SAVEAS↙
```

8.5 坡 道

本命令根据参数构造单跑的入口坡道,多跑、曲边与圆弧坡道由各楼梯命令中"作为坡道"选项创建。坡道也可以遮挡之前绘制的散水。

1. 执行方式

命令行:PD。

菜单:"楼梯其他"→"坡道"。

执行上述任意一种命令,打开"坡道"对话框,如图8-6所示。

对话框中各控件的参数含义如图8-7所示。

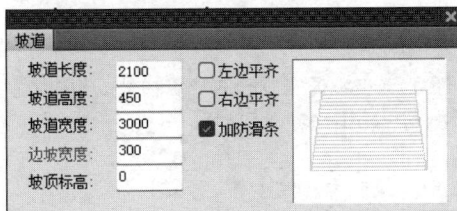

图8-6 "坡道"对话框

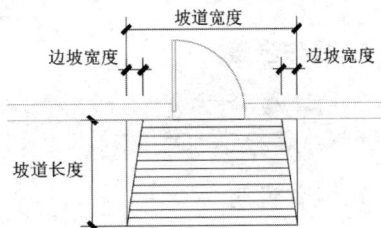

图8-7 坡道参数

坡道的形式如图8-8所示,插入点在坡道上边中点处。

2. 操作步骤

```
点取位置或 [转90度(A)/左右翻(S)/上下翻(D)/对齐(F)/改转角(R)/改基点(T)]<退出>:单击
坡道的插入位置
点取位置或 [转90度(A)/左右翻(S)/上下翻(D)/对齐(F)/改转角(R)/改基点(T)]<退出>:↙
```

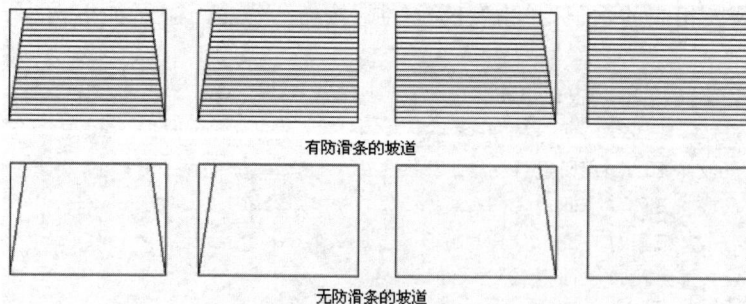

有防滑条的坡道

无防滑条的坡道

图 8-8　坡道形式

8.6　散　　水

散水命令可通过自动搜索外墙线,绘制散水。散水对象每一条边宽度可以不同,开始按统一的全局宽度创建,之后可以通过夹点或对象编辑的方式对各段宽度进行单独修改,而且还能将其再调整为统一的全局宽度。

1. 执行方式

命令行：SS。

菜单："楼梯其他"→"散水"。

执行上述任意一种命令,打开"散水"对话框,如图 8-9 所示。

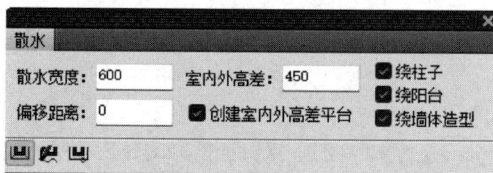

图 8-9　"散水"对话框

2. 操作步骤

请选择构成一完整建筑物的所有墙体(或门窗、阳台)<退出>:框选所有的建筑物生成相应的散水
请选择构成一完整建筑物的所有墙体(或门窗、阳台)<退出>:↙

3. 控件说明

室内外高差：输入本工程中的室内外高差,默认为 450。

偏移距离：输入本工程外墙勒脚对外墙皮的偏移值。

散水宽度：输入新的散水宽度,默认为 600。

创建室内外高差平台：选中此复选框,在各房间中按零标高创建室内地面。

散水绕柱子/阳台/墙体造型：选中此复选框,散水绕过柱子、阳台、墙体造型创建,否则穿过这些构件创建,应按设计实际要求选择。

搜索自动生成 📤：搜索墙体自动生成散水对象。

任意绘制 ![icon] ：逐点给出散水的基点，动态地绘制散水对象。注意散水在路径的右侧生成。

选择已有路径生成 ![icon] ：选择已有的多段线或圆作为散水的路径生成散水对象，多段线不要求闭合。

8.7　上机练习——散水

![icon] **练习目标**

绘制散水，如图 8-10 所示。

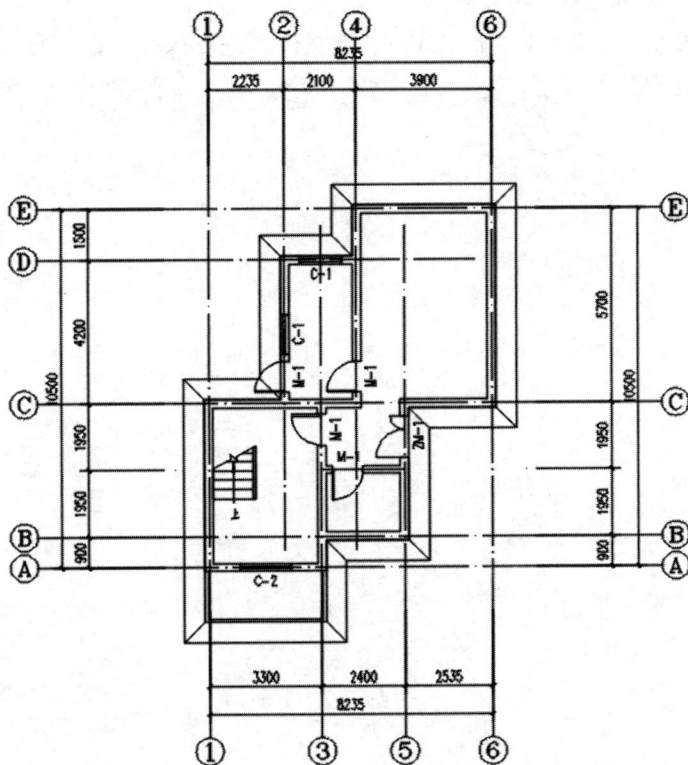

图 8-10　散水

![icon] **设计思路**

打开源文件中的"散水原图"图形，利用"散水"命令绘制散水。

![icon] **操作步骤**

（1）单击菜单中的"楼梯其他"→"散水"命令，打开"散水"对话框。在对话框中输

8-3

入相应的数值,如图 8-11 所示,生成散水。

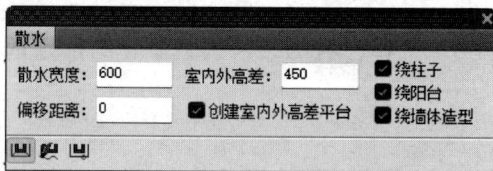

图 8-11 "散水"对话框

命令行显示如下:

命令: SS↙
请选择构成一完整建筑物的所有墙体(或门窗、阳台)<退出>:框选建筑物
请选择构成一完整建筑物的所有墙体(或门窗、阳台)<退出>:↙

结果如图 8-10 所示。

(2)保存图形。将图形以"散水.dwg"为文件名进行保存。命令行显示如下。

命令: SAVEAS↙

第 9 章

房间创建与布置

◆ 本 章 导 读

    本章介绍搜索房间、房间编辑、查询面积、面积计算等有关房间面积的操作方法,房间加踢脚线、奇数分格、偶数分格等有关房间布置的操作方法,卫生间或浴室内洁具、隔断、隔板的布置的操作方法。

学 习 要 点

◆ 房间面积的创建
◆ 房间的布置
◆ 房间洁具的布置

9.1 房间面积的创建

房间面积统计所使用的命令,需遵循房产测量规范和建筑设计规范的统计规则。根据这些规范中的不同计算方法,可以生成多种面积指标统计表格,这些表格分别用于房产部门的面积统计工作以及设计审查与报批过程。此外,为创建用于渲染的室内三维模型,房间对象提供了一个三维地面的特性,使用该特性就可以获得三维楼板,一般建筑施工图不需要使用这个特性。面积指标统计使用"搜索房间""房间编辑""查询面积""房间轮廓"和"楼板洞口"等命令进行。

9.1.1 搜索房间

搜索房间是新生成或更新已有的房间信息对象,同时生成房间地面,标注位置位于房间的中心。

1. 执行方式

命令行:SSFJ。

菜单:"房间"→"搜索房间"。

执行上述任意一种命令,打开"搜索房间"对话框,如图9-1所示。

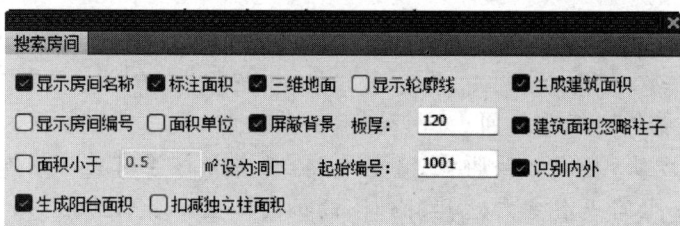

图 9-1 "搜索房间"对话框

2. 操作步骤

```
命令:SSFJ↙
请选择构成一完整建筑物的所有墙体(或门窗) <退出>:选取平面图中的墙体
请选择构成一完整建筑物的所有墙体(或门窗):↙
请点取建筑面积的标注位置<退出>:在建筑物外标注建筑面积
```

要想更改房间名称,直接双击房间名称即可更改。

3. 控件说明

显示房间名称:标示房间名称。

标注面积:房间使用面积的标注形式,控制是否显示面积数值。

面积单位:是否标示面积单位,默认以 m^2 为单位。

三维地面:选中此复选框,可以在标示的同时沿着房间对象边界生成三维地面。

屏蔽背景:选中此复选框,可以屏蔽房间标注下面的图案。

板厚:生成三维地面时,给出地面的厚度。

显示房间编号：房间的标识类型。在建筑平面图中，通常标识房间名称；而在其他专业图纸中，则更注重标识房间编号。当然，也可以同时标识房间名称和编号。

生成建筑面积：在搜索生成房间信息的同时，计算建筑面积。建筑面积如图 9-2 所示。

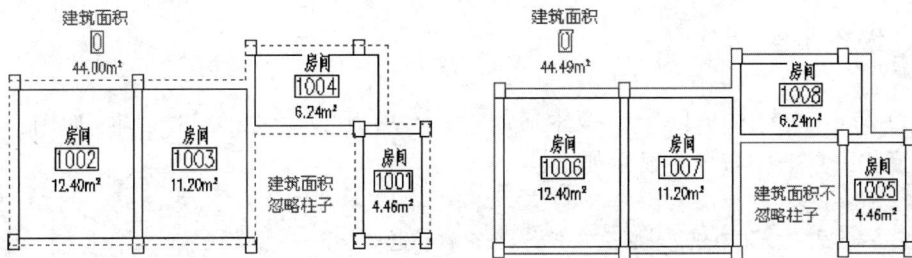

图 9-2　建筑面积

建筑面积忽略柱子：建筑面积计算中忽略凸出墙面的柱子与墙垛。

识别内外：选中此复选框，同时执行识别内外墙功能，用于建筑节能。

9.1.2　上机练习——搜索房间

练习目标

搜索房间，如图 9-3 所示。

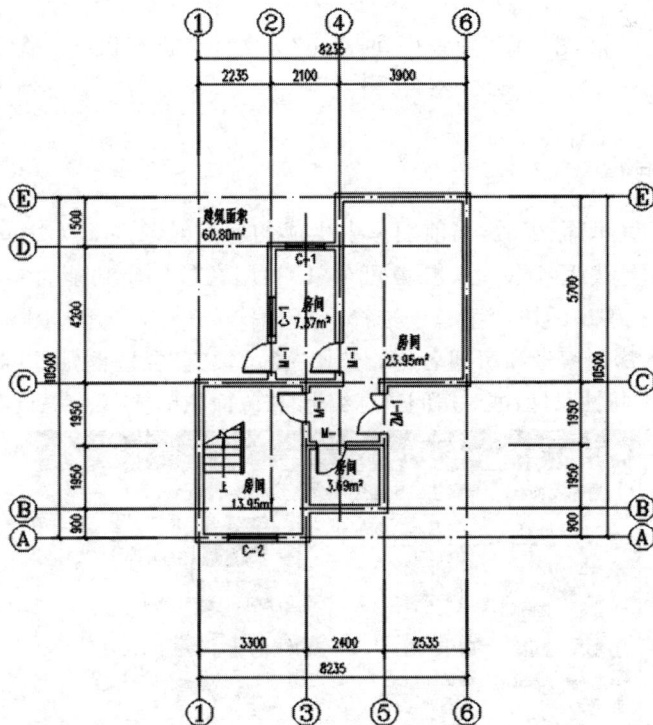

图 9-3　搜索房间

设计思路

打开源文件中的"双跑楼梯"图形,利用"搜索房间"命令,设置相关的参数,进行房间的搜索。

操作步骤

(1)单击菜单中"房间"→"搜索房间"命令,打开"搜索房间"对话框,如图 9-4 所示,设置相关参数。命令行显示如下:

```
命令:SSFJ↙
请选择构成一个完整建筑物的所有墙体(或门窗)<退出>:框选建筑物
请选择构成一个完整建筑物的所有墙体(或门窗):↙
请点取建筑面积的标注位置<退出>:选择标注建筑面积的地方
```

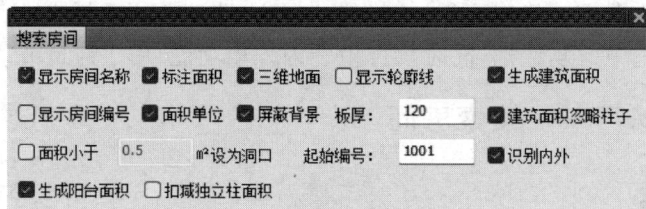

图 9-4 "搜索房间"对话框

绘制结果如图 9-3 所示。

(2)保存图形。将图形以"搜索房间.dwg"为文件名进行保存。命令行显示如下:

```
命令:SAVEAS↙
```

9.1.3 房间编辑

在使用"搜索房间"命令后,当前图形中生成的房间对象显示为房间面积的文字对象,但需要重新设置默认名称。双击房间对象,利用在位编辑功能直接命名,也可以选中房间对象右击,在弹出的快捷菜单中选择"对象编辑"命令,打开如图 9-5 所示的"编辑房间"对话框,输入房间编号和房间名称。选中"显示填充"复选框,可以对房间进行图案填充。也可以利用"特性"对话框对房间进行编辑,修改面积单位、文字高度和文字样式等。

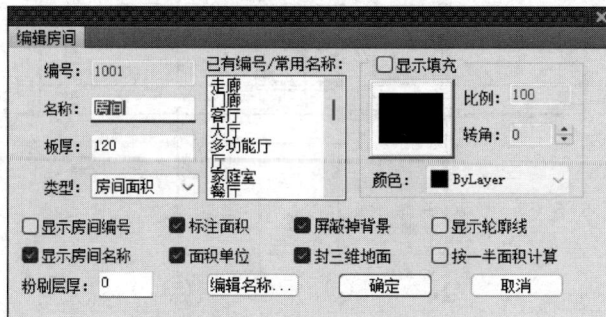

图 9-5 "编辑房间"对话框

控件说明：

编号：对应每个房间的自动数字编号，用于标识房间。

名称：用户为房间指定的名称，可从右侧的常用房间列表框中选取。房间名称与面积统计的厅室数量有关，类型为洞口时默认名称是"洞口"，其他类型为"房间"。

粉刷层厚：房间墙体的粉刷层厚度，用于扣除实际粉刷厚度，精确统计房间面积。

板厚：生成三维地面时，地面的厚度。

类型：可以在下拉列表框中修改当前房间对象的类型为"房间面积""建筑轮廓面积""洞口面积""公摊面积""套内面积"或"阳台面积"。

封三维地面：选中此复选框，表示沿着房间对象边界生成三维地面。

标注面积：选中此复选框，可标注面积数据。

面积单位：选中此复选框，可标注面积单位 m^2。

显示轮廓线：选中此复选框，显示面积范围的轮廓线，否则选择面积对象后才能显示。

按一半面积计算：选中此复选框，该房间按一半面积计算，用于净高小于 2.1m、大于 1.2m 的房间。

屏蔽掉背景：选中此复选框，利用 Wipeout 的功能屏蔽房间标注下面的填充图案。

显示房间编号/名称：选择面积对象，显示房间编号或者房间名称。

编辑名称…：光标在"名称"文本框中时，该按钮可用。单击该按钮进入"编辑房间名称"对话框，可修改或者增加名称。

显示填充：选中此复选框，可以当前图案对房间对象进行填充，图案比例、颜色和图案可选。单击图像框进入图案管理界面，选择其他图案，或者在颜色下拉列表框中修改颜色。

9.1.4 上机练习——房间编辑

练习目标

进行房间编辑，如图 9-6 所示。

设计思路

打开源文件中的"搜索房间"图形，利用"编辑房间"对话框修改房间名称。

操作步骤

（1）双击房间对象，利用在位编辑功能直接命名，也可以选中房间对象右击，在弹出的快捷菜单中选择"对象编辑"命令，打开如图 9-7 所示的"编辑房间"对话框。直接在"名称"中命名，或者在"已有编号/常用名称"列表框中选择名称。其他设置见图 9-7。

绘制结果如图 9-6 所示。

9-2

Note

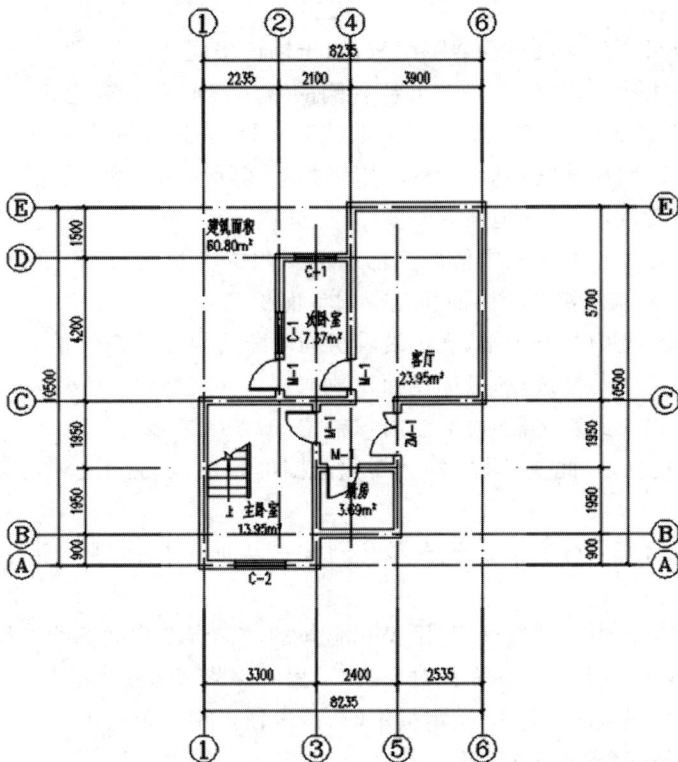

图 9-6　房间编辑

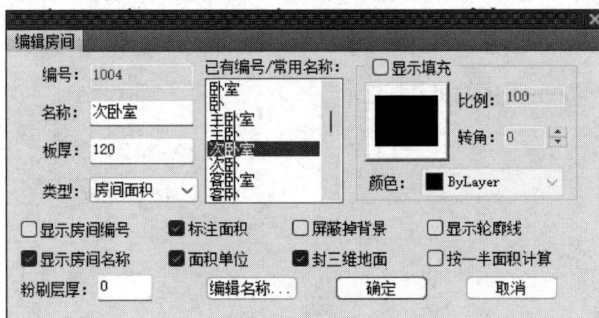

图 9-7　"编辑房间"对话框

（2）保存图形。将图形以"房间编辑.dwg"为文件名进行保存。命令行显示如下：

命令：SAVEAS↙

9.1.5　查询面积

查询面积命令可以查询由墙体组成的房间面积、阳台面积和闭合多段线面积。

1.执行方式

命令行：CXMJ。

菜单："房间"→"查询面积"。

执行上述任意一种命令,打开"查询面积"对话框,如图9-8所示。

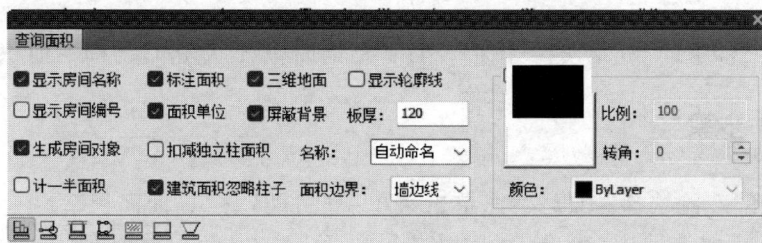

图9-8 "查询面积"对话框

2.操作步骤

命令:CXMJ ↙
请点取面积标注位置<退出>:单击面积标注的位置
请点取面积标注位置<退出>:↙

9.1.6 上机练习——查询面积

练习目标

查询面积,如图9-9所示。

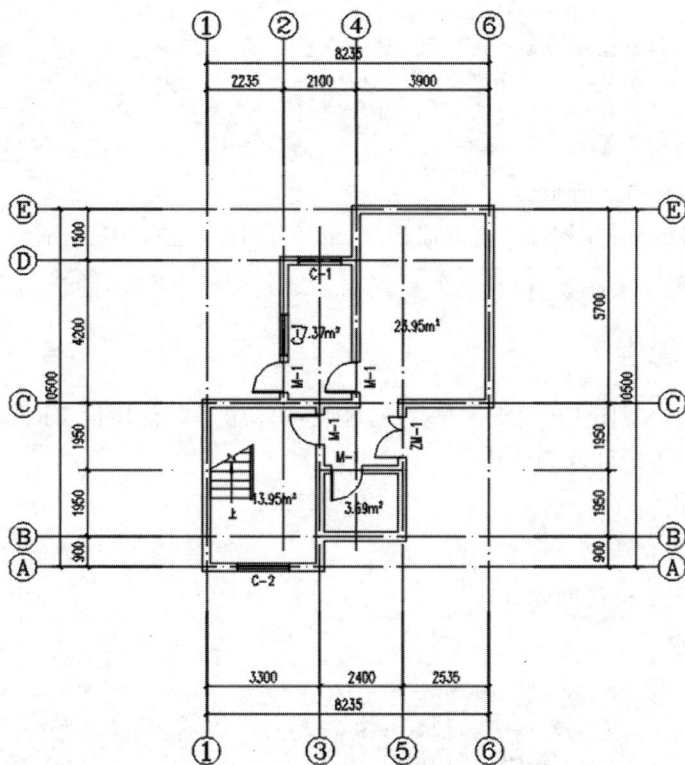

图9-9 查询面积

设计思路

打开源文件中的"双跑楼梯"图形,利用"查询面积"命令进行房间的面积查询。

操作步骤

(1) 打开"双跑楼梯"图形文件,单击菜单中"房间"→"查询面积"命令,打开"查询面积"对话框。取消选中"生成房间对象"复选框,选中"面积单位"复选框,如图 9-10 所示。

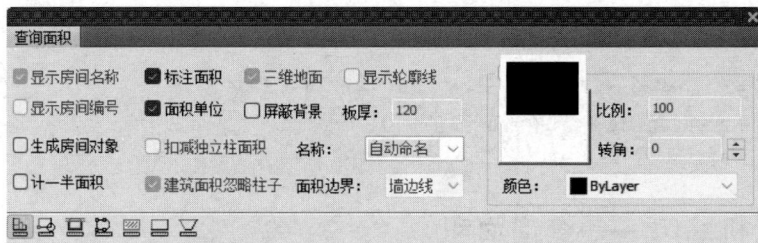

图 9-10 "查询面积"对话框

命令行显示如下:

```
命令:CXMJ↙
请点取面积标注位置<退出>:单击面积标注的位置
请点取面积标注位置<退出>:单击面积标注的位置
请点取面积标注位置<退出>:单击面积标注的位置
请点取面积标注位置<退出>:单击面积标注的位置
请点取面积标注位置<退出>:↙
```

绘制结果如图 9-9 所示。

(2) 保存图形。将图形以"查询面积.dwg"为文件名进行保存。命令行显示如下:

```
命令: SAVEAS↙
```

9.1.7 房间轮廓

房间轮廓线以封闭 PLINE 线表示,轮廓线可以用于其他用途,如把它转为地面或作为生成踢脚线等装饰线脚的边界。

1. 执行方式

命令行: FJLK。

菜单:"房间"→"房间轮廓"。

2. 操作步骤

```
命令:FJLK↙
请指定房间内一点或[设置偏移距离(S),当前偏移距离:0]<退出>:在指定房间内单击
是否生成封闭的多段线?[是(Y)/否(N)]<Y>:↙
请指定房间内一点或[设置偏移距离(S),当前偏移距离:0]<退出>:↙
```

9.1.8 上机练习——房间轮廓

练习目标

绘制房间轮廓，如图 9-11 所示。

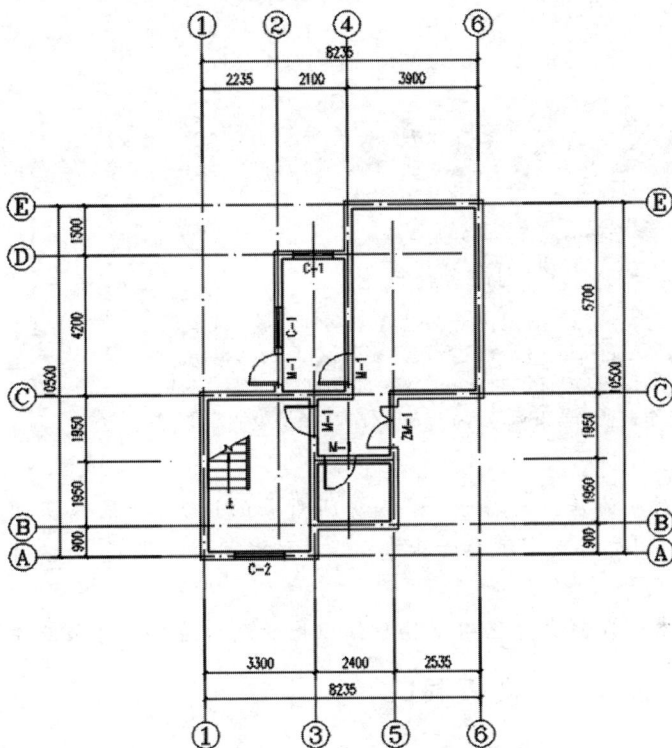

图 9-11 房间轮廓

设计思路

打开源文件中的"双跑楼梯"图形，利用"房间轮廓"命令，绘制由多段线组成的房间轮廓线。

操作步骤

(1) 单击菜单中"房间"→"房间轮廓"命令，绘制房间的轮廓线。命令行显示如下：

```
命令:FJLK↙
请指定房间内一点或[设置偏移距离(S),当前偏移距离:0]<退出>:在房间内单击
是否生成封闭的多段线?[是(Y)/否(N)]<Y>:↙
请指定房间内一点或[设置偏移距离(S),当前偏移距离:0]<退出>:↙
```

(2) 保存图形。将图形以"房间轮廓.dwg"为文件名进行保存。命令行显示如下：

```
命令：SAVEAS↙
```

9.1.9 楼板洞口

此命令用于给房间对象或防火分区对象添加洞口或删除已有洞口。

1．执行方式

命令行：LBDK。

菜单："房间"→"楼板洞口"。

2．操作步骤

命令：LBDK↙
请选择房间\防火分区对象<退出>：左键点取房间或防火分区对象；
请选择洞口边界线(闭合多段线或圆)或[删除洞口(Q)]<退出>：左键选择房间或者防火分区轮廓内的闭合多段线或圆；
请选择洞口边界线(闭合多段线或圆)：↙

如果在第二步输入"Q"，则命令行提示：

请选择房间\防火分区对象<退出>：左键点取房间或防火分区对象；
请选择洞口边界线(闭合多段线或圆)或[删除洞口(Q)]<退出>：Q
请点取洞口内一点或[添加洞口(Q)]：左键点取洞口内部任一点
请点取洞口内一点或[添加洞口(Q)]：↙程序直接将该洞口删除

☎ **注意：**

（1）当选择对象为房间对象时，根据房间对象的设置，如果该房间对象设置的是"显示轮廓线"，则洞口线也会被显示出来；如果该房间对象设置的是"不显示轮廓线"，则洞口线不会被显示出来。

（2）只有在房间或防火分区对象轮廓线以内的洞口边界线才能正常开洞。

9.1.10 上机练习——楼板洞口

练习目标

绘制楼板洞口，如图 9-12 所示。

设计思路

打开源文件中的"原图"图形，如图 9-13 所示，利用"楼板洞口"命令绘制楼板洞口。

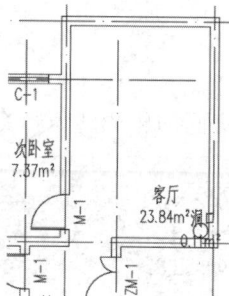

图 9-12 楼板洞口 　　　　　图 9-13 原图

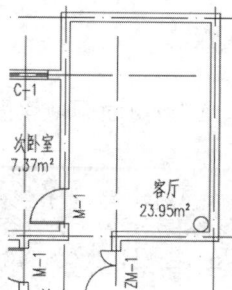

操作步骤

（1）单击菜单中"房间"→"楼板洞口"命令，绘制客厅的楼板洞口，如图 9-12 所示。命令行显示如下：

```
命令:LBDK↙
请选择房间\防火分区对象<退出>:选择客厅
请选择洞口边界线(闭合多段线或圆)或[删除洞口(Q)]<退出>:选择圆
请选择洞口边界线(闭合多段线或圆):按键盘上的回车键
```

（2）保存图形。将图形以"楼板洞口.dwg"为文件名进行保存。命令行显示如下：

```
命令:SAVEAS↙
```

9.1.11　面积计算

本命令用于统计利用"查询面积"或"套内面积"等命令获得的房间使用面积、阳台面积、建筑面积等，适用于不能直接测量所需面积的情况，取面积对象或者标注数字均可。增加对多段线、填充和防火分区对象的支持。面积计算功能支持更多的运算符和括号，默认采用命令行模式，可以利用快捷键切换到对话框模式。

1．执行方式

命令行：MJJS。

菜单："房间"→"面积计算"。

执行上述任意一种命令，打开"面积计算"对话框，如图 9-14 所示。

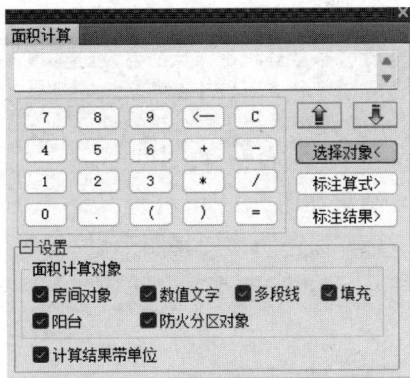

图 9-14　"面积计算"对话框

2．操作步骤

```
命令:MJJS↙
请选择参与面积计算的对象<退出>:选择对象
请选择参与面积计算的对象:选择对象
请选择参与面积计算的对象:↙
点取面积标注位置<退出>:点击面积放置位置
点取面积标注位置<退出>:↙
```

3．控件说明

房间对象：选中该复选框，统计通过"搜索房间""查询面积""套内面积"和"公摊面积"命令生成的房间对象的面积。

数值文字：选中该复选框，利用文字中的数值进行面积统计。

多段线：选中该复选框，统计闭合和不闭合多段线的面积。

填充：选中该复选框，统计填充对象的面积。

防火分区对象：选中该复选框，统计防火分区对象的面积。

9.1.12 上机练习——面积计算

练习目标

进行面积计算,如图 9-15 所示。

设计思路

打开源文件中的"查询面积"图形,利用"面积计算"命令计算图形的总面积。

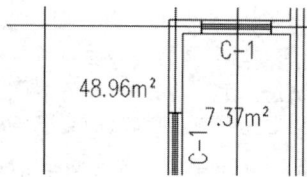

图 9-15 面积计算

操作步骤

(1) 单击菜单中"房间"→"面积计算"命令,打开"面积计算"对话框,如图 9-14 所示。命令行显示如下:

```
命令:MJJS↙
请选择参与面积计算的对象<退出>:框选所有图形
请选择参与面积计算的对象<退出>:↙
点取面积标注位置<退出>:单击面积放置位置
点取面积标注位置<退出>:↙
```

结果如图 9-15 所示。

(2) 保存图形。将图形以"面积计算.dwg"为文件名进行保存。命令行显示如下:

```
命令:SAVEAS↙
```

9.2 房间的布置

本节主要讲解房间布置中的加踢脚线、房间分格。

9.2.1 加踢脚线

加踢脚线命令用于生成房间的踢脚线。本命令自动搜索房间轮廓,按用户选择的踢脚截面生成二维和三维一体的踢脚线,门和洞口处自动断开,可用于室内装饰设计建模,也可以作为室外的勒脚使用。踢脚线支持 AutoCAD 的 Break(打断)命令,因此取消了"断踢脚线"命令。

1. 执行方式

命令行:JTJX。

菜单:"房间"→"加踢脚线"。

执行上述任意一种命令,打开"踢脚线生成"对话框,如图 9-16 所示。

2. 控件说明

点取图中曲线:选择此单选按钮后,单击右侧 〈 按钮进入图形中选择截面形状。

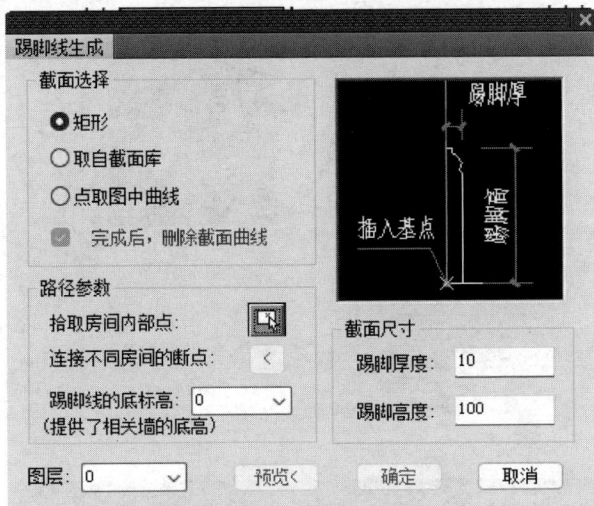

图 9-16　"踢脚线生成"对话框

取自截面库：选择此单选按钮后，单击右侧"…"按钮进入踢脚线库，在库中选择需要的截面形式。

拾取房间内部点：单击右侧按钮，在绘图区房间中单击选取内部点。

连接不同房间的断点：单击右侧按钮执行命令。房间门洞无门套时，应该连接踢脚线断点。

踢脚线的底标高：输入踢脚线底标高数值。当房间有高差时在指定标高处生成踢脚线。

踢脚厚度：踢脚截面的厚度。

踢脚高度：踢脚截面的高度。

9.2.2　上机练习——加踢脚线

练习目标

加踢脚线，如图 9-17 所示。

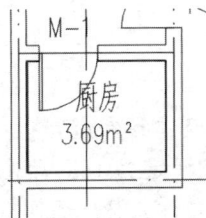

图 9-17　加踢脚线

设计思路

打开源文件中的"房间编辑"图形，利用"加踢脚线"命令为厨房添加踢脚线。

操作步骤

（1）单击菜单中的"房间"→"加踢脚线"命令，打开"踢脚线生成"对话框，如图 9-18 所示。

（2）选择"取自截面库"单选按钮，单击右侧按钮，打开如图 9-19 所示的对话框。选择"内角线"，在右侧所需的内角线图案中双击返回"踢脚线生成"对话框，单击"拾取房间内部点"右侧按钮，选取厨房内部点，按 Enter 键返回"踢脚线生成"对话框。对其

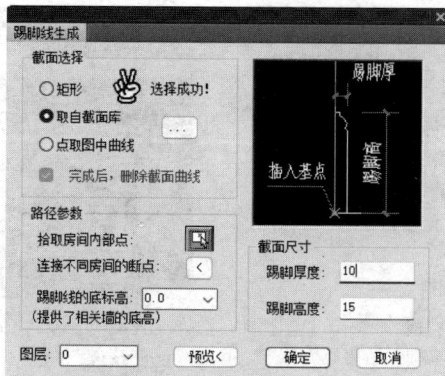

图 9-18 "踢脚线生成"对话框

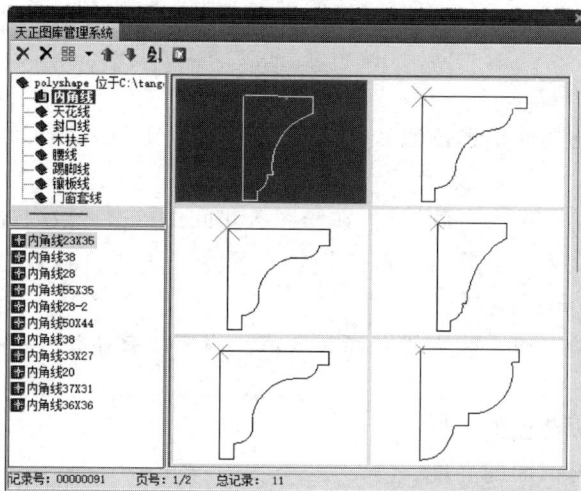

图 9-19 "踢脚线库"对话框

他控件参数进行设定,"踢脚线的底标高"设定为 0.0,"踢脚厚度"设定为 10,"踢脚高度"设定为 15。单击"确定"按钮,绘制结果如图 9-17 所示。

（3）保存图形。将图形以"加踢脚线.dwg"为文件名进行保存。命令行显示如下：

命令：SAVEAS↙

9.2.3 房间分格

房间分格命令用于绘制装饰地板线、屋顶线和顶装饰板,有奇数分格、偶数分格和任意分格三种模式。分格使用 AutoCAD 对象直线（line）绘制。

1. 执行方式

命令行：FJFG。

菜单："房间"→"房间分格"。

执行上述任意一种命令,打开"房间分格"对话框,如图 9-20 所示。

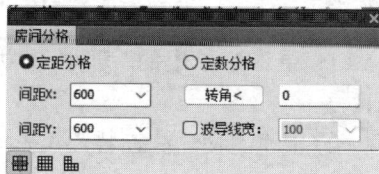

图 9-20 "房间分格"对话框

2．操作步骤

命令：FJFG↙
请点取要分格四边形的第一角点<退出>：点取四边形的第一个角点
第二角点<退出>：点取四边形的第二个角点
第三角点<退出>：点取四边形的第三个角点
请点取要分格四边形的第一角点<退出>：↙

9.2.4 上机练习——房间分格

练习目标

进行房间分格，如图9-21所示。

设计思路

打开源文件中的"房间编辑"图形，单击"房间分格"→"奇数分格"命令，设置相关的参数，为次卧室墙体添加房间分格。

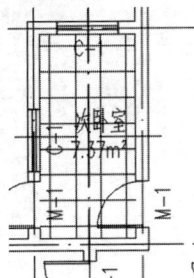

图 9-21 房间分格

操作步骤

（1）单击菜单中的"房间"→"房间分格"命令，将间距设置为500，采用奇数分格模式，为次卧室添加房间的分格线。命令行显示如下：

命令：FJFG↙
请点取要分格四边形的第一角点<退出>：选择次卧室房间的第一个角点
第二角点<退出>：选择次卧室房间的第二个角点
第三角点<退出>：选择次卧室房间的第三个角点
请点取要分格四边形的第一角点<退出>：↙

中间生成对称轴，绘制结果如图9-21所示。

（2）保存图形。将图形以"房间分格.dwg"为文件名进行保存。命令行显示如下：

命令：SAVEAS↙

9.3 房间洁具的布置

本节主要讲解房间洁具的布置、隔断布置、隔板布置等装饰装修建模。

9.3.1 布置洁具

布置洁具命令可以在卫生间或浴室中选取相应的洁具类型，布置卫生洁具等设施。

1．执行方式

命令行：BZJJ。

菜单："房间"→"布置洁具"。

执行上述任意一种命令,打开"天正洁具"对话框,如图 9-22 所示。

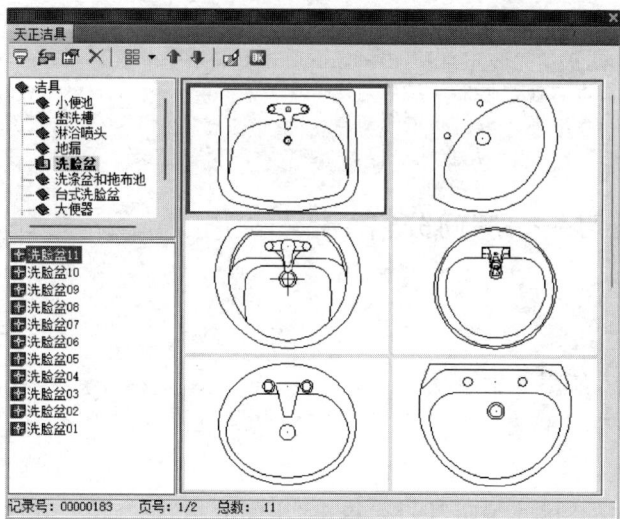

图 9-22 "天正洁具"对话框

2．列表框说明

洁具分类菜单:显示卫生洁具库的类别树状目录。其中当前类别以粗体字显示。

洁具名称列表:显示卫生洁具库当前类别下的图块名称。

洁具图块预览:显示当前库内所有卫生洁具图块的预览图像。被选中的图块显示红框,同时名称列表中亮显该项洁具名称。

在对话框的控件列表框中选择不同类型的洁具后,系统自动给出与该类型相适应的布置方法。在右侧预览框中双击所需布置的卫生洁具,根据弹出的对话框和命令行在图中布置。

9.3.2 上机练习——布置洁具

练习目标

布置洁具,如图 9-23 所示。

设计思路

打开源文件中的"双跑楼梯"图形,利用"布置洁具"命令为其添加洁具。

操作步骤

(1) 单击菜单中的"房间"→"布置洁具"命令,打开"天正洁具"对话框,如图 9-22 所示。

(2) 选择"洗涤盆和拖布池",在右侧双击所需的拖布池,打开"布置拖布池"对话框,如图 9-24 所示。

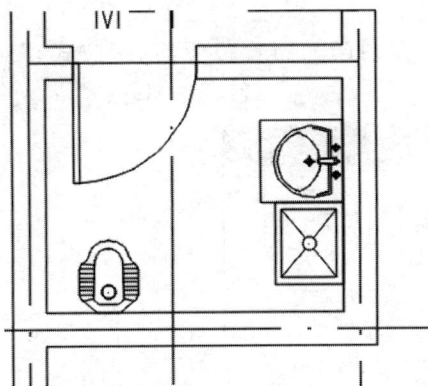

图 9-23　布置洁具

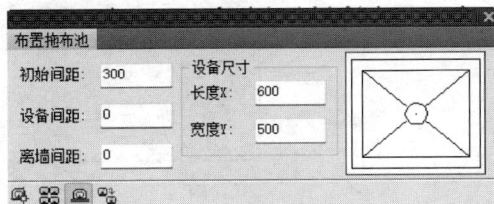

图 9-24　"布置拖布池"对话框

在对话框中设置洗涤盆的参数。

（3）单击绘图区域，命令行显示如下：

```
请选择沿墙边线 <退出>:选墙线
插入第一个洁具[插入基点(B)] <退出>:在要插入的地方单击
下一个 <结束>:↙
请选择沿墙边线 <退出>:↙
```

绘制结果如图 9-25 所示。

（4）选择"台式洗脸盆"，在右侧双击所需的台上式洗脸盆 1，打开"布置台上式洗脸盆 1"对话框，如图 9-26 所示。

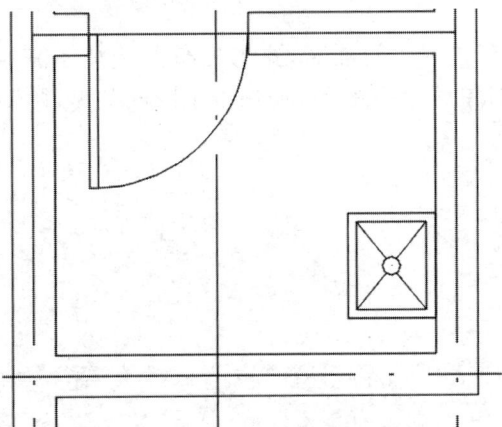

图 9-25　布置洁具图

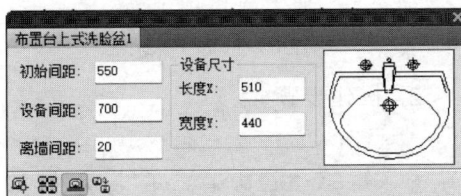

图 9-26　"布置台上式洗脸盆 1"对话框

在对话框中设置台上式洗脸盆的参数。

（5）单击绘图区域，命令行显示如下：

```
请选择沿墙边线 <退出>:选墙线
插入第一个洁具[插入基点(B)] <退出>:在要插入的地方单击
下一个<结束>:↙
台面宽度<600>:600 ↙
台面长度<2300>:600 ↙
请选择沿墙边线 <退出>:↙
```

绘制结果如图 9-23 右侧所示。

（6）选择"大便器"，在右侧双击所需的蹲便器，打开"布置蹲便器（感应式）"对话框，如图 9-27 所示。

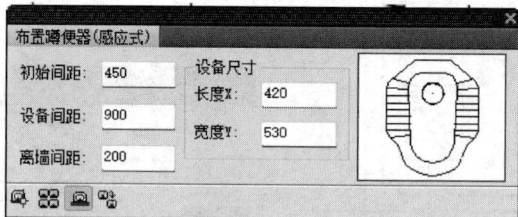

图 9-27 "布置蹲便器（感应式）"对话框

（7）单击绘图区域，命令行显示如下：

```
请选择沿墙边线 <退出>:选墙线
插入第一个洁具[插入基点(B)] <退出>:在要插入的地方单击
下一个<结束>:↙
请选择沿墙边线 <退出>:↙
```

绘制结果如图 9-23 所示。

（8）保存图形。将图形以"布置洁具.dwg"为文件名进行保存。命令行显示如下：

```
命令:SAVEAS ↙
```

9.3.3 布置隔断

本命令通过两点选取已经插入的洁具，布置卫生间隔断，要求先布置洁具才能执行。隔板与门采用墙对象和门窗对象，支持对象编辑；由于墙使用卫生隔断类型，隔断内的面积不参与房间划分与面积计算。

1. 执行方式

命令行：BZGD。

菜单："房间"→"布置隔断"。

2. 操作步骤

```
命令:BZGD ↙
输入一直线来选洁具!
起点:点取靠近端墙的洁具外侧
终点:点取要布置隔断的一排洁具的另一端
隔板长度<1200>:输入隔板的长度↙
隔断门宽<600>:输入隔断门的宽度↙
```

9.3.4 上机练习——布置隔断

练习目标

布置隔断，如图 9-28 所示。

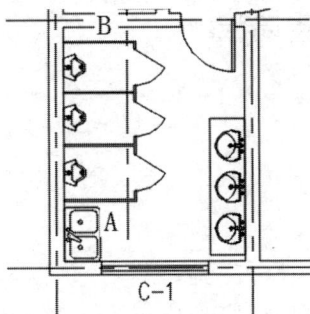

图 9-28　布置隔断

设计思路

打开源文件中的"房间图"图形,利用"布置隔断"命令,设置相关的参数,为图形布置隔断。

操作步骤

(1) 单击菜单中的"房间"→"布置隔断"命令,命令行显示如下:

```
命令:BZGD↙
输入一直线来选洁具!
起点:点取靠近端墙的洁具外侧 A 点
终点:第二点选择要布置隔断的一排洁具的另一端 B 点
隔板长度<1200>:1200↙
隔断门宽<600>:600↙
```

命令执行完毕,绘制结果如图 9-28 所示。

(2) 保存图形。将图形以"布置隔断.dwg"为文件名进行保存。命令行显示如下:

```
命令:SAVEAS↙
```

9.3.5　布置隔板

布置隔板命令通过两点线选取已经插入的洁具,布置卫生间隔板,用于小便器之间。

1. 执行方式

命令行:BZGB。

菜单:"房间"→"布置隔板"。

2. 操作步骤

```
命令:BZGB↙
输入一直线来选洁具!
起点:点取靠近端墙的洁具外侧
终点:点取要布置隔板的一排洁具的另一端
隔板长度<400>:输入隔板的长度↙
```

9.3.6 上机练习——布置隔板

练习目标

布置隔板,如图9-29所示。

设计思路

打开源文件中的"房间图"图形,如图9-30所示,利用"布置隔板"命令,设置相关的参数,为图形布置隔板。

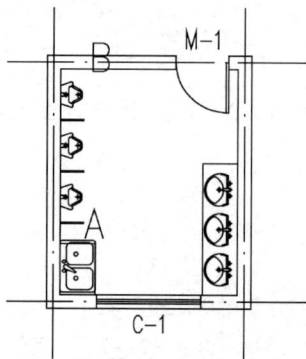

图9-29 布置隔板

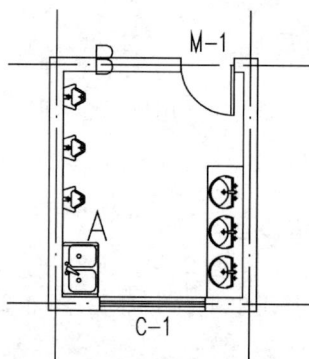

图9-30 房间图

操作步骤

（1）单击菜单中的"房间"→"布置隔板"命令,为"房间图"添加隔板。命令行显示如下:

```
命令:BZGB↙
输入一直线来选洁具!
起点:点取靠近端墙的洁具外侧A点
终点:第二点选择要布置隔板的一排洁具的另一端B点
隔板长度<400>:↙
```

命令执行完毕,绘制结果如图9-29所示。

（2）保存图形。将图形以"布置隔板.dwg"为文件名进行保存。命令行显示如下:

```
命令:SAVEAS↙
```

第 10 章

绘制屋顶

本 章 导 读

天正软件提供多种屋顶造型功能:人字坡顶是指由封闭的多段线生成指定坡度角的双坡或者单坡屋顶对象;任意坡顶是指由封闭的多段线生成指定坡度的屋顶,采用对象编辑方式可分别修改各坡度;攒尖屋顶是指生成对称的正多边锥形攒尖屋顶。天正屋顶均为自定义对象,支持对象编辑、特性编辑和夹点编辑等编辑方式,可用于天正节能和天正日照模型。

本章介绍搜屋顶线、人字坡顶、任意坡顶、攒尖屋顶、加老虎窗、加雨水管等有关屋顶面图形的绘制方法。

学 习 要 点

- ◆ 搜屋顶线
- ◆ 人字坡顶
- ◆ 任意坡顶
- ◆ 攒尖屋顶
- ◆ 加老虎窗
- ◆ 加雨水管

10.1　搜屋顶线

搜屋顶线命令是搜索整体墙线,按照外墙的外边生成屋顶平面的轮廓线。

1. 执行方式

命令行:SWDX。

菜单:"屋顶"→"搜屋顶线"。

2. 操作步骤

命令:SWDX↙
请选择构成一个完整建筑物的所有墙体(或门窗):框选建筑物
请选择构成一个完整建筑物的所有墙体(或门窗):↙
偏移外皮距离<600>:输入屋顶的出檐长度↙

10.2　上机练习——搜屋顶线

练习目标

搜屋顶线,如图 10-1 所示。

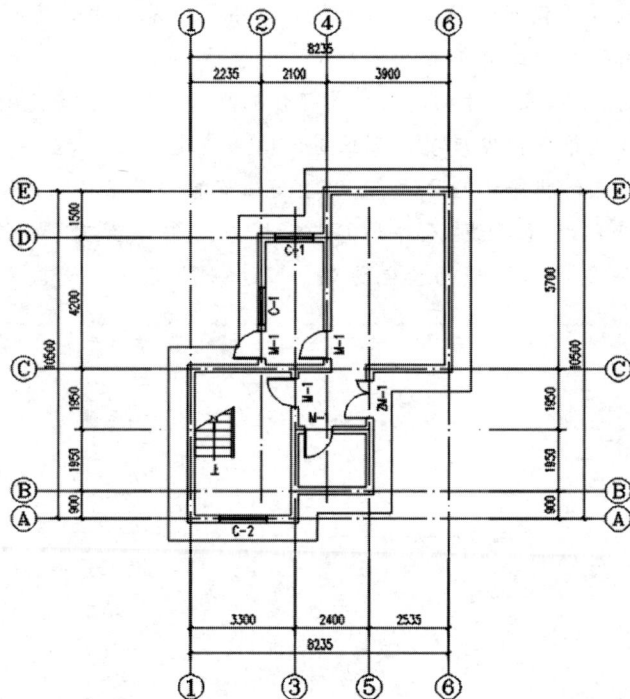

图 10-1　搜屋顶线

Note

设计思路

打开源文件中的"双跑楼梯"图形,利用"搜屋顶线"命令搜索房间的屋顶线。

操作步骤

(1) 单击菜单中的"屋顶"→"搜屋顶线"命令,框选整个建筑物,绘制屋顶线。命令行显示如下:

```
命令:SWDX↙
请选择构成一个完整建筑物的所有墙体(或门窗):框选建筑物
请选择构成一个完整建筑物的所有墙体(或门窗):↙
偏移外皮距离<600>:↙
```

绘制结果如图 10-1 所示。

(2) 保存图形。将图形以"搜屋顶线.dwg"为文件名进行保存。命令行显示如下:

```
命令:SAVEAS↙
```

10.3 人字坡顶

人字坡顶命令可由封闭的多段线生成指定坡度角的单坡或双坡屋面对象。两侧坡面的坡顶可具有不同的坡角,可指定屋脊位置与标高,屋脊线可随意指定和调整,因此两侧坡面可具有不同的底标高。除了使用角度设置坡顶的坡角外,还可以通过限定坡顶高度的方式自动求算坡角,此时创建的屋面具有相同的底标高。

1. 执行方式

命令行:RZPD。

菜单:"屋顶"→"人字坡顶"。

2. 操作步骤

```
命令:RZPD↙
请选择一封闭的多段线<退出>:选择封闭多段线
请输入屋脊线的起点<退出>:输入屋脊线起点
请输入屋脊线的终点<退出>:输入屋脊线终点
```

输入屋脊线起点和终点后,打开"人字坡顶"对话框,如图 10-2 所示。

3. 控件说明

左坡角/右坡角:在各文本框中分别输入坡角,无论脊线是否居中,默认左右坡角相等。

限定高度:选中此复选框,用高度而非坡角定义屋顶,脊线不居中时左右坡角不等。

高度:选中"限定高度"复选框后,在此输入坡屋顶高度。

屋脊标高:以 $Z=0$ 起算的屋脊高度。

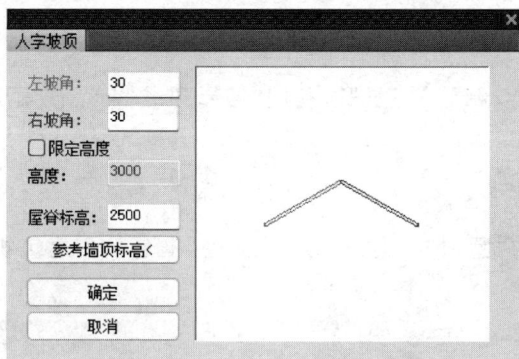

图 10-2　"人字坡顶"对话框

参考墙顶标高＜：选取相关墙对象，可以沿高度方向移动坡顶，使屋顶与墙顶关联。

图像框：在其中显示屋顶三维预览图，拖动光标可旋转屋顶，支持滚轮缩放、中键平移。

10.4　上机练习——人字坡顶

练习目标

绘制人字坡顶，如图 10-3 所示。

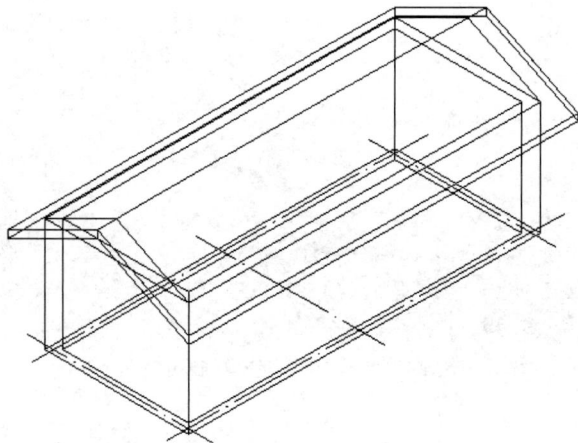

图 10-3　人字坡顶

设计思路

打开源文件中的墙体图，如图 10-4 所示，利用"搜屋顶线"和"人字坡顶"命令绘制人字坡顶。

操作步骤

（1）单击菜单中的"屋顶"→"搜屋顶线"命令，绘制封闭的多段线，结果如图 10-5 所示。

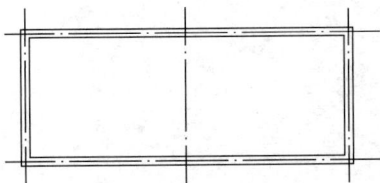

图 10-4　墙体图

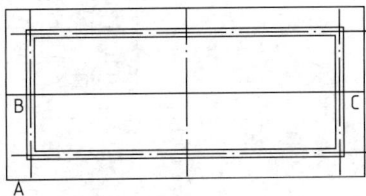

图 10-5　人字坡顶立体视图

（2）单击菜单中的"屋顶"→"人字坡顶"命令，命令行显示如下：

```
命令:RZPD↙
请选择一封闭的多段线<退出>:选择图 10 − 5 中的 A
请输入屋脊线的起点<退出>:选择 B
请输入屋脊线的终点<退出>:选择 C
```

输入屋脊线起点和终点后，打开"人字坡顶"对话框，如图 10-2 所示。单击"参考墙顶标高＜"按钮，在绘图区选择图形中的任意墙体后，返回"人字坡顶"对话框，单击"确定"按钮。

绘制图形的三维视图如图 10-3 所示。

（3）保存图形。将图形以"人字坡顶.dwg"为文件名进行保存。命令行显示如下：

```
命令: SAVEAS↙
```

10.5　任意坡顶

任意坡顶命令由封闭的多段线生成指定坡度的坡形屋面，采用对象编辑方式可分别修改各坡度。

1．执行方式

命令行：RYPD。

菜单："屋顶"→"任意坡顶"。

2．操作步骤

```
命令:RYPD↙
选择一封闭的多段线<退出>:点选封闭的多段线
请输入坡度角 <30>:输入屋顶坡度角↙
出檐长<600>:输入出檐长度↙
```

执行命令后，生成等坡度的四坡屋顶，可通过对象编辑对各个坡面的坡度进行修改，如图 10-6 所示。

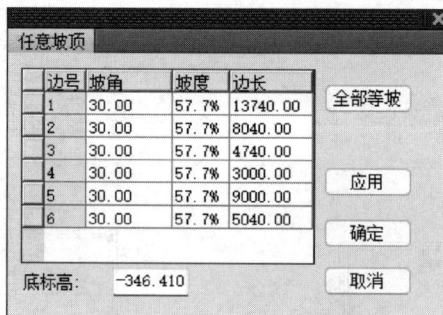

图 10-6 "任意坡顶"对话框

随即生成等坡度的四坡屋顶,可通过夹点和对话框方式进行修改,如图 10-7 所示。有顶点夹点和边夹点两种夹点,拖动夹点可以改变屋顶平面形状,但不能改变坡度。

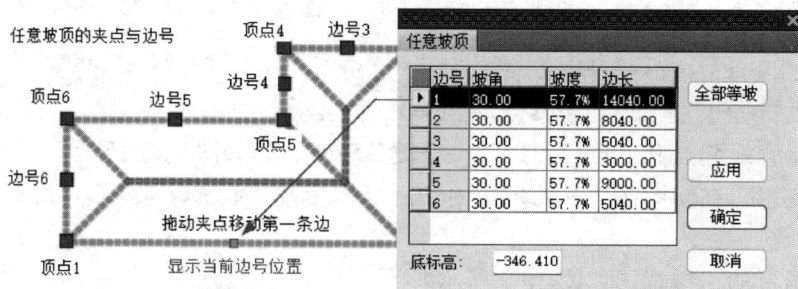

图 10-7 夹点和边号

10.6 上机练习——任意坡顶

练习目标

绘制任意坡顶,如图 10-8 所示。

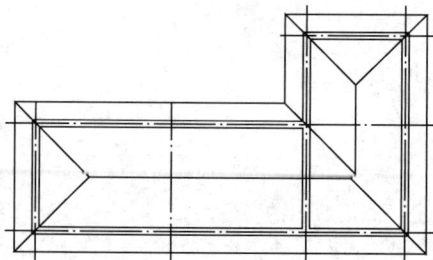

图 10-8 任意坡顶

设计思路

打开源文件中的"墙体图 1",如图 10-9 所示,利用"任意坡顶"命令绘制任意坡顶。

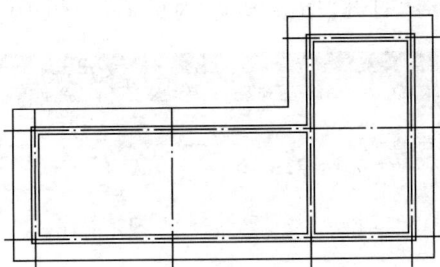

图 10-9　墙体图 1

操作步骤

(1) 单击菜单中的"屋顶"→"任意坡顶"命令,绘制坡顶。命令行显示如下:

```
命令:RYPD↙
选择一封闭的多段线<退出>:点选封闭的多段线
请输入坡度角 <30>:30↙
出檐长<600>:600↙
```

绘制结果如图 10-8 所示。

(2) 保存图形。将图形以"任意坡顶.dwg"为文件名进行保存。命令行显示如下:

```
命令:SAVEAS↙
```

10.7　攒尖屋顶

本命令提供构造攒尖屋顶的三维模型,但不能生成由曲面构成的中国古建亭子顶。攒尖屋顶模型对布尔运算的支持仅限于作为第二运算对象,它本身不能被其他闭合对象剪裁。攒尖屋顶提供新的夹点,拖动夹点可以调整出檐长,特性栏中提供了可编辑的檐板厚度参数,如图 10-10 所示。

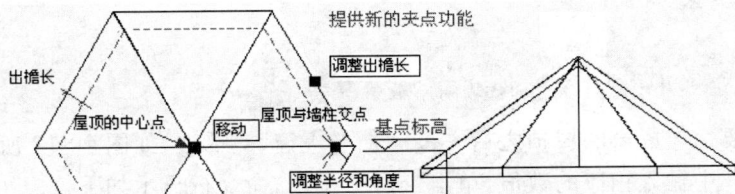

图 10-10　夹点编辑

1．执行方式

命令行：CJWD。

菜单："屋顶"→"攒尖屋顶"。

执行上述任意一种命令，打开"攒尖屋顶"对话框，如图 10-11 所示。

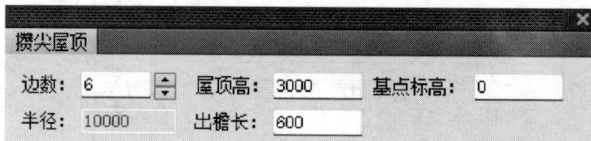

攒尖屋顶		
边数： 6	屋顶高： 3000	基点标高： 0
半径： 10000	出檐长： 600	

图 10-11 "攒尖屋顶"对话框

2．操作步骤

命令：CJWD↙
请输入屋顶中心位置<退出>：单击屋顶中心
获得第二个点：点击第二个点

3．控件说明

屋顶高：攒尖屋顶净高度。

边数：屋顶正多边形的边数。

出檐长：从屋顶中心开始偏移到边界的长度，默认值为 600，可以为 0。

基点标高：与墙柱连接的屋顶上皮处的屋面标高，默认该标高为楼层标高 0。

半径：坡顶多边形外接圆的半径。

10.8 加老虎窗

本命令在三维屋顶生成多种老虎窗形式。老虎窗对象提供墙上开窗功能，并提供图层设置功能，设置窗宽、窗高等多种参数，可通过对象编辑修改。本命令支持米单位的绘制，便于日照软件的配合应用。

1．执行方式

命令行：JLHC。

菜单："屋顶"→"加老虎窗"。

2．操作步骤

命令：JLHC↙
请选择屋顶<退出>：选择需要加老虎窗的坡屋顶

选择需要加老虎窗的屋顶之后，打开"加老虎窗"对话框，如图 10-12 所示。

在对话框中输入相应的数值，单击"确定"按钮，命令行显示如下：

请点取插入点或［修改参数(S)］<退出>：在坡屋面上单击插入点
请点取插入点或［修改参数(S)］<退出>：↙

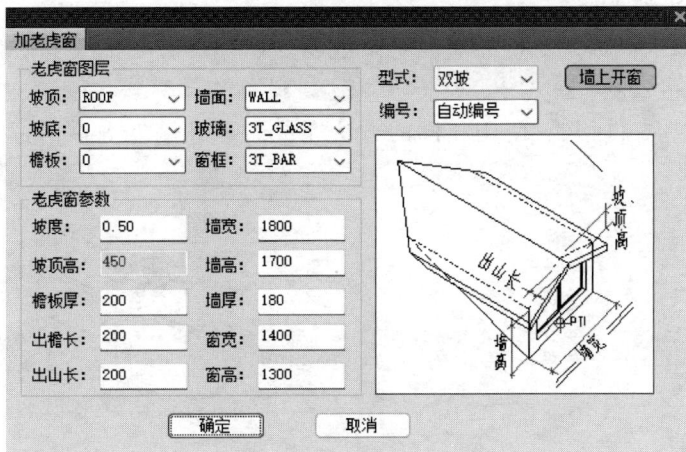

图 10-12 "加老虎窗"对话框

3. 控件说明

型式：有双坡、三角坡、平顶窗、梯形坡和三坡五种类型。

编号：老虎窗编号，由用户设置。

窗高/窗宽：老虎窗开启的小窗高度与宽度。

墙宽/墙高：老虎窗正面墙体的宽度与侧面墙体的高度。

坡顶高/坡度：老虎窗自身坡顶高度与坡面的倾斜度。

墙上开窗：本按钮是默认打开的属性，如果关闭，老虎窗自身的墙上不开窗。

10.9 上机练习——加老虎窗

练习目标

学习加老虎窗的方法。

设计思路

打开"坡屋顶图"，如图 10-13 所示，利用"加老虎窗"命令绘制老虎窗。

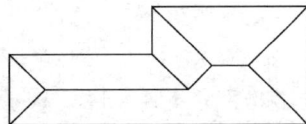

图 10-13 坡屋顶图

操作步骤

（1）单击菜单中的"屋顶"→"加老虎窗"命令，命令行显示如下：

```
命令：JLHC↙
请选择屋顶<退出>：选择坡屋顶
```

系统打开"加老虎窗"对话框，如图 10-12 所示，在相应框中输入数值，单击"确定"

按钮,命令行显示如下:

> 请点取插入点或 [修改参数(S)]<退出>:在坡屋面上单击插入点
> 请点取插入点或 [修改参数(S)]<退出>:↙

完成此处老虎窗插入。使用相同的方法完成另外一侧老虎窗的插入,如图 10-14
和图 10-15 所示。

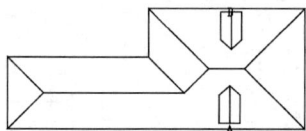

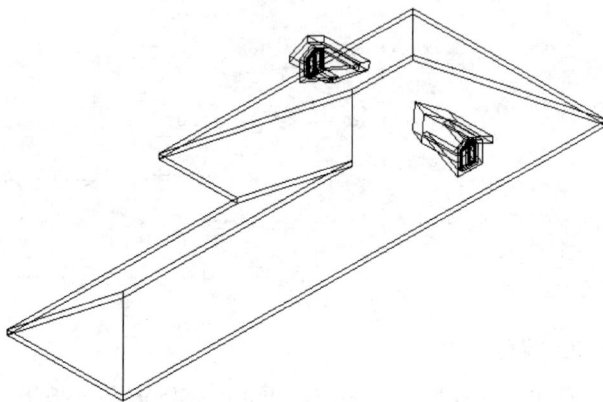

图 10-14　加老虎窗　　　　　　　　　　图 10-15　加老虎窗立体视图

(2) 保存图形。将图形以"加老虎窗.dwg"为文件名进行保存。命令行显示如下:

> 命令:SAVEAS↙

10.10　加雨水管

加雨水管命令可以在屋顶平面图中绘制雨水管。

1. 执行方式

命令行:JYSG。

菜单:"屋顶"→"加雨水管"。

2. 操作步骤

> 命令:JYSG↙
> 请给出雨水管入水洞口的起始点[参考点(R)/管径(D)/洞口宽(W)]<退出>:点选雨水管的起始点
> 出水口结束点[管径(D)/洞口宽(W)]<退出>:点选雨水管的结束点
> 请给出雨水管入水洞口的起始点[参考点(R)/管径(D)/洞口宽(W)]<退出>:↙

第 11 章

文字与表格

本 章 导 读

文字注释是图形中很重要的一部分内容。进行各种设计时,通常不仅要绘出图形,还要在图形中标注一些文字,如注释说明等,对图形对象加以解释。图表在图形中也有大量的应用,如明细表、参数表和标题栏等。

本章介绍有关文字的样式、单行文字和多行文字等添加方式,以及文字的格式编辑工具、表格的创建及编辑方式。

学 习 要 点

◆ 文字工具
◆ 表格工具
◆ 表格单元编辑

11.1 文字工具

文字是建筑绘图中的重要组成部分,所有的设计说明、符号标注和尺寸标注等都需要用文字表达。本节主要讲解文字输入和编辑的方式。

11.1.1 文字样式

文字样式命令可以创建或修改文字样式并设置图形中的当前文字样式。

1. 执行方式

命令行:WZYS。

菜单:"文字表格"→"文字样式"。

执行上述任意一种命令,打开"文字样式"对话框,如图 11-1 所示。

2. 控件说明

样式名:在下拉列表框中选择。

新建:新建文字样式,单击该按钮后首先命名新文字样式,然后选择相应的字体和参数。

重命名:给文字样式重新命名。

在下侧中文参数和西文参数中选择合适的字体类型,同时可以通过预览功能显示。

具体文字样式应根据相关规定选用。

图 11-1 "文字样式"对话框

11.1.2 单行文字

单行文字命令可以创建符合建筑制图标注规范的单行文字。

1. 执行方式

命令行:DHWZ。

菜单:"文字表格"→"单行文字"。

执行上述任意一种命令,打开"单行文字"对话框,如图 11-2 所示。

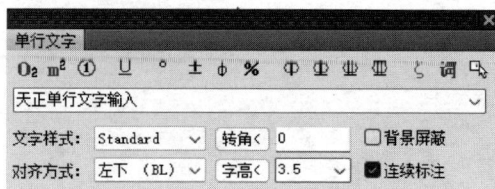

图 11-2 "单行文字"对话框一

2．控件说明

文字输入区：输入需要的文字内容。

文字样式：在右侧下拉列表框中选择文字样式。

对齐方式：在右侧下拉列表框中选择文字对齐方式。

转角＜：输入文字的转角。

字高＜：输入文字的高度。

背景屏蔽：选中此复选框，文字屏蔽背景。

连续标注：选中此复选框，单行文字可以连续标注。

其他特殊符号见相应的操作提示。

11.1.3　上机练习——单行文字

练习目标

创建单行文字，如图 11-3 所示。

①～②轴间建筑面积100m²，用的钢筋为⊕。

图 11-3　单行文字

设计思路

打开需要标注的图形，打开"单行文字"对话框，输入相关文字并进行相应设置，标注单行文字。

操作步骤

（1）单击菜单中的"文字表格"→"单行文字"命令，打开对话框，如图 11-2 所示。

（2）先将"文字输入区"清空，然后输入"1～2 轴间建筑面积 $100m^2$，用的钢筋为"，然后选中 1，点选圆圈文字；选中 2，点选圆圈文字；选中 m 后面的 2，点选上标；最后选取适合的钢筋标号。此时"单行文字"对话框如图 11-4 所示。

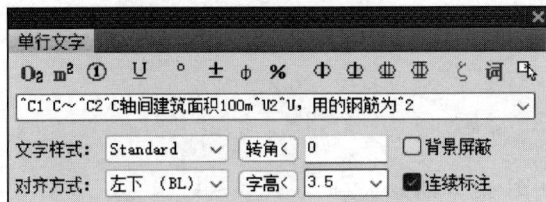

图 11-4　"单行文字"对话框二

在绘图区中单击，命令行显示如下：

```
请点取插入位置<退出>:单击文字放置位置
请点取插入位置<退出>:↵
```

绘制结果如图 11-3 所示。

（3）保存图形。将图形以"单行文字.dwg"为文件名进行保存。命令行显示如下：

```
命令：SAVEAS↵
```

11.1.4 多行文字

多行文字命令可以创建符合建筑制图标注规范的整段文字。

1. 执行方式

菜单:"文字表格"→"多行文字"。

执行上述命令,打开"多行文字"对话框,如图 11-5 所示。

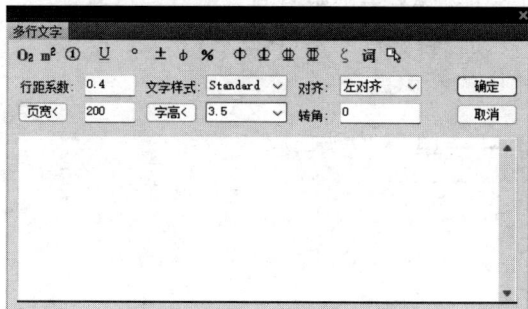

图 11-5 "多行文字"对话框

2. 控件说明

行距系数:表示行间的净距,单位是文字高度。

文字样式:在右侧下拉列表框中选择文字样式。

对齐:在右侧下拉列表框中选择文字对齐方式。

页宽<:输入文字的限制宽度。

字高<:输入文字的高度。

转角:输入文字的旋转角度。

文字输入区:在其中输入多行文字。

其他特殊符号见相应的操作提示。

11.1.5 上机练习——多行文字

练习目标

创建多行文字,如图 11-6 所示。

1构件下料前须放1:1大样校对尺寸,无误后下料加工,出厂前应进行预装检查。
2构件下料当采用自动切割时可局部修磨,当采用手工切割时应刨平。
3钢结构构件如需接长,要求坡口等强焊接,焊透全截面,并用引弧板施焊。

图 11-6 多行文字

设计思路

打开"多行文字"对话框,输入相关文字并进行相应设置,标注多行文字。

操作步骤

（1）单击菜单中的"文字表格"→"多行文字"命令，打开"多行文字"对话框。

（2）先将"文字输入区"中清空，然后输入所需文字，此时对话框如图 11-7 所示。单击"确定"按钮，命令行显示如下：

左上角或 [参考点(R)]<退出>:点击文字左上角

绘制结果如图 11-6 所示。

（3）保存图形。将图形以"多行文字.dwg"为文件名进行保存。命令行显示如下：

命令: SAVEAS ↙

11.1.6 曲线文字

曲线文字命令可以直接按弧线方向书写中英文字符串，或者在已有的多段线上布置中英文字符串，可将图中的文字改排成曲线。

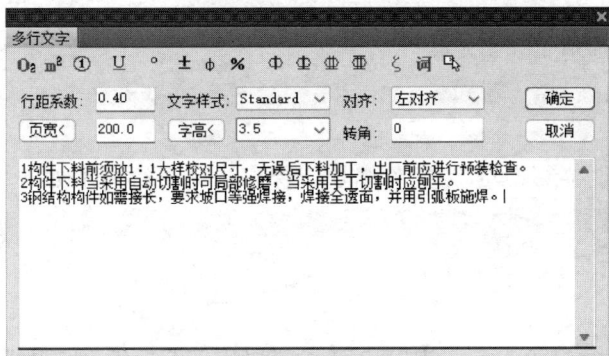

图 11-7 "多行文字"对话框

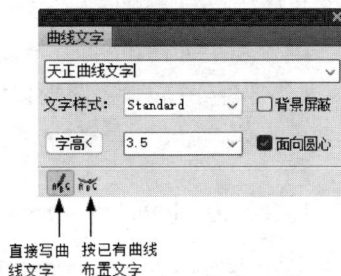

图 11-8 "曲线文字"对话框

执行方式：

命令行：QXWZ。

菜单："文字表格"→"曲线文字"。

执行上述任意一种命令，打开"曲线文字"对话框，如图 11-8 所示。

单击"直接写曲线文字"按钮，直接写出按弧形布置的文字，命令行显示如下：

请输入弧线文字圆心位置<退出>:选圆心点
请输入弧线文字中心位置<退出>:选中心点
请输入弧线文字圆心位置<退出>:↙

单击"按已有曲线布置文字"按钮，沿已有的多段线布置文字和字符，命令行显示如下：

请选取文字的基线 <退出>:选择多段线
请点取文字的布置方向<退出>:选择文字方向
请选取文字的基线 <退出>:↙

系统将文字等距地写在多段线上。

11.1.7 上机练习——曲线文字

练习目标

标注曲线文字,如图11-9所示。

设计思路

打开源文件中的"原图"图形,利用"曲线文字"命令,输入相关文字并进行相应设置,标注曲线文字。

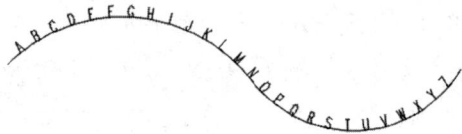

图 11-9 曲线文字

操作步骤

(1) 单击菜单中的"文字表格"→"曲线文字"命令,命令行显示如下:

```
命令:QXWZ↙
请选取文字的基线 <退出>:选择曲线
请点取文字的布置方向<退出>:在曲线上部单击鼠标
请选取文字的基线 <退出>:↙
```

绘制结果如图11-9所示。

(2) 保存图形。将图形以"曲线文字.dwg"为文件名进行保存。命令行显示如下:

```
命令:SAVEAS↙
```

11.1.8 专业词库

利用专业词库命令可以输入或维护专业词库中的内容。由用户扩充的专业词库提供一些常用的建筑专业词汇,可随时插入图中。词库还可在各种符号标注命令中调用,其中做法标注命令可调用北方地区常用的"88J1-1 工程做法"图集中的主要内容。

1. 执行方式

命令行:ZYCK。

菜单:"文字表格"→"专业词库"。

执行上述任意一种命令,打开"专业词库"对话框,如图11-10所示。在对话框内选择需要的文字内容。

2. 操作步骤

```
请指定文字的插入点<退出>:将文字内容插入适当位置
请指定文字的插入点<退出>:↙
```

3. 控件说明

词汇分类:在词库中按不同专业分类。

词汇列表:按专业词汇列表。

导入文件:从文本文件中按行读取文字,将其作为词汇导入当前目录中。

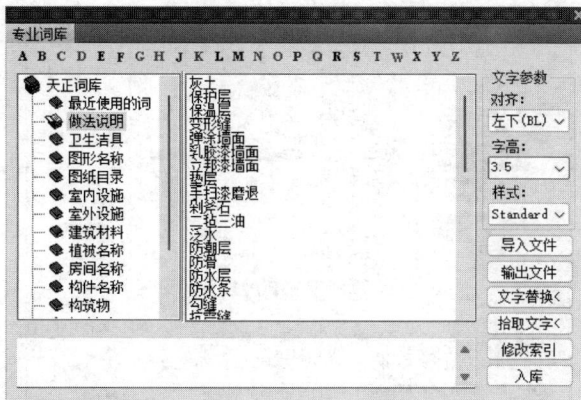

图 11-10　"专业词库"对话框

输出文件：把当前类别中所有的词汇输出到一个文本文件中。

文字替换＜：选择好目标文字，单击此按钮，输入要替换成的目标文字。

修改索引：在文字编辑区修改打算插入的文字（按 Enter 键可增加行数），单击此按钮，更新词汇列表中的词汇索引。

拾取文字＜：把图上的文字拾取到编辑框中进行修改或替换。

入库：把编辑框内的文字添加到当前词汇列表中。

11.1.9　上机练习——专业词库

练习目标

添加专业词库，内容如图 11-11 所示。

饰面（由设计人定）
满刮2厚面层耐水腻子找平，面板接缝处贴嵌缝带，刮腻子抹平
满刷防潮涂料两道，横纵向各刷一道（仅普通石膏板有此道工序）
板材用自攻螺丝与龙骨固定，中距≤200，螺钉距板边长边≥10，短边≥15
C型轻钢覆面横撑龙骨CB50x20(或CB60X27)，间距1200，用挂插件与次龙骨联结
C型轻钢覆面次龙骨CB50x20(或CB60X27)用吸顶吊件联结，间距≤800，次龙骨与次龙骨间距400
龙骨吸顶吊件中距横向400，纵向≤800，用膨张螺栓与钢筋混凝土板固定

图 11-11　专业词库内容

设计思路

打开"专业词库"对话框，添加专业词库。

操作步骤

（1）单击菜单中的"文字表格"→"专业词库"命令，打开对话框如图 11-12 所示。在左上角树状目录中选择"工程做法"→"室内装修工程"→"顶棚吊顶"选项，在右侧选择"纸面石膏板吊顶1"，在编辑框内显示要输入的文字，如图 11-12 所示。

单击绘图区域，命令行显示如下：

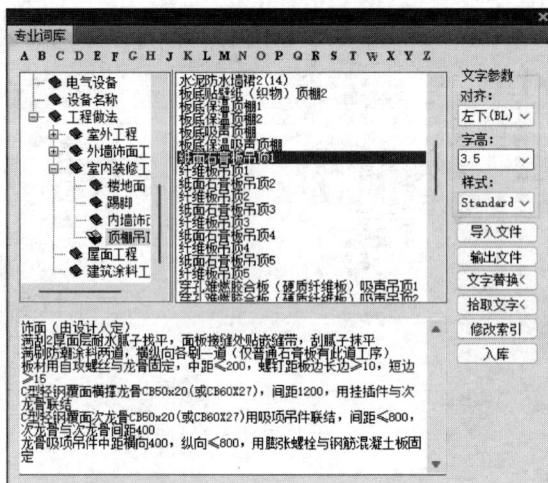

图 11-12 "专业词库"对话框

请指定文字的插入点<退出>:将文字内容插入需要位置。
请指定文字的插入点<退出>:↙

绘制结果如图 11-11 所示。

（2）保存图形。将图形以"专业词库.dwg"为文件名进行保存。命令行显示如下：

命令：SAVEAS↙

11.1.10 转角自纠

转角自纠命令把不符合建筑制图标准的文字予以纠正。

1. 执行方式

命令行：ZJZJ。

菜单："文字表格"→"转角自纠"。

2. 操作步骤

请选择天正文字:选择需要调整的文字即可
请选择天正文字:↙

11.1.11 上机练习——转角自纠

练习目标

进行转角自纠，如图 11-13 所示。

设计思路

打开源文件中的"原文字"图形，如图 11-14 所示，利用"转角自纠"命令进行转角自纠。

11-5

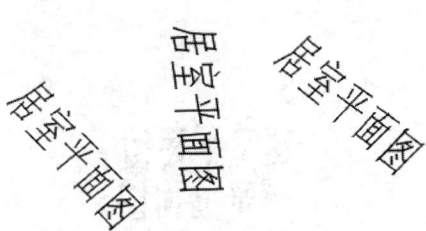

图11-13　转角自纠　　　　　　　　图11-14　原文字

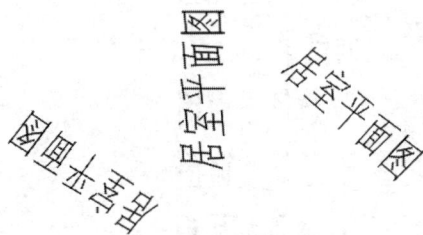

操作步骤

（1）单击菜单中的"文字表格"→"转角自纠"命令，命令行显示如下：

```
请选择天正文字:选字体
请选择天正文字:选字体
请选择天正文字:选字体
请选择天正文字: ↙
```

绘制结果如图11-13所示。

（2）保存图形。将图形以"转角自纠.dwg"为文件名进行保存。命令行显示如下：

```
命令: SAVEAS ↙
```

11.1.12　文字合并

文字合并命令把单行文字的段落合成天正多行文字或者单行文字。

1. 执行方式

命令行：WZHB。

菜单："文字表格"→"文字合并"。

2. 操作步骤

```
命令:WZHB ↙
请选择要合并的文字段落<退出>:框选天正单行文字的段落
请选择要合并的文字段落<退出>: ↙
[合并为单行文字(D)/合并为多行文字(M)] <D>: 按回车键或者输入 M
移动到目标位置<替换原文字>:选取文字移动到的位置
```

执行命令后，系统生成符合要求的天正单行或者多行文字。

11.1.13　上机练习——文字合并

练习目标

进行文字合并，如图11-15所示。

设计思路

打开源文件中的"原文字1"图形，如图11-16所示，利用"文字合并"命令进行文字合并。

11-6

1.目录
2.建筑平面图
3.建筑立面图
4.建筑剖面图
5.建筑详图

1.目录
2.建筑平面图
3.建筑立面图
4.建筑剖面图
5.建筑详图

图 11-15　文字合并 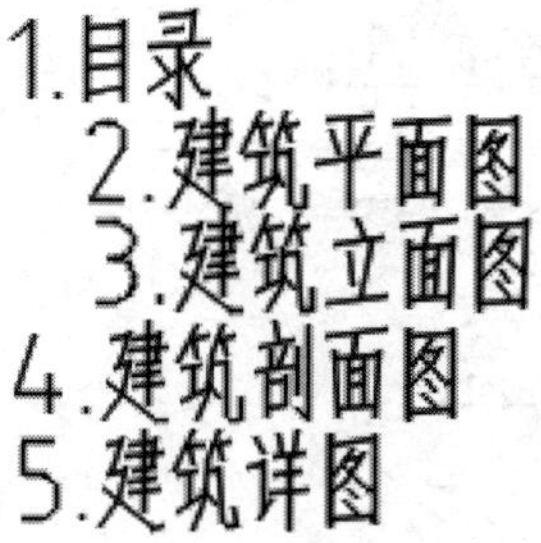　　　　　图 11-16　"原文字 1"图形

操作步骤

(1) 单击菜单中的"文字表格"→"文字合并"命令,命令行显示如下:

```
命令:WZHB✓
请选择要合并的文字段落<退出>:框选天正单行文字的段落
请选择要合并的文字段落<退出>:✓
[合并为单行文字(D)/合并为多行文字(M)]<D>:M
移动到目标位置<替换原文字>:选取文字移动到的位置
```

合并结果如图 11-15 所示。

(2) 保存图形。将图形以"文字合并.dwg"为文件名进行保存。命令行显示如下:

```
命令:SAVEAS✓
```

11.1.14　统一字高

统一字高命令把所选择的文字字高统一为给定的字高。

1. 执行方式

命令行:TYZG。

菜单:"文字表格"→"统一字高"。

2. 操作步骤

```
命令:TYZG✓
请选择要修改的文字(ACAD文字,天正文字)<退出>指定对角点:框选需要统一字高的文字
请选择要修改的文字(ACAD文字,天正文字)<退出>✓
字高()<3.5mm>输入统一后的文字字高✓
```

11.1.15　上机练习——统一字高

练习目标

设置统一字高,如图 11-17 所示。

设计思路

打开源文件中的"原文字 2"图形,如图 11-18 所示,利用"统一字高"命令进行字高的统一。

图 11-17　统一字高　　　　　　　图 11-18　"原文字 2"图形

操作步骤

(1) 单击菜单中的"文字表格"→"统一字高"命令,命令行显示如下:

```
命令:TYZG↙
请选择要修改的文字(ACAD 文字,天正文字)<退出>指定对角点:框选需要统一字高的文字
请选择要修改的文字(ACAD 文字,天正文字)<退出>↙
字高()<3.5mm>↙
```

绘制结果如图 11-17 所示。
(2) 保存图形。将图形以"统一字高.dwg"为文件名进行保存。命令行显示如下:

```
命令: SAVEAS↙
```

11.2　表　格　工　具

表格是建筑绘图中的重要组成部分,它可以层次清楚地表达大量的数据内容。表格可以独立绘制,也可以在门窗表和图纸目录中应用。

11.2.1　新建表格

新建表格命令可以绘制表格并输入文字。

1. 执行方式

命令行:XJBG。
菜单:"文字表格"→"新建表格"。
执行上述任意一种命令,打开"新建表格"对话框,如图 11-19 所示。在其中输入需要的表格数据,单击"确定"按钮。

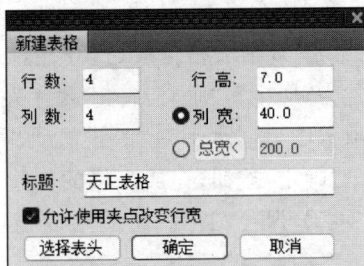

图 11-19　"新建表格"对话框

2．操作步骤

命令：XJBG↙
左上角点或 [参考点(R)]<退出>：选取表格左上角在图样中的位置

单击表格位置后，选中表格，双击需要输入的单元格，即可对编辑栏进行文字输入。

11.2.2　上机练习——新建表格

练习目标

新建表格，如图 11-20 所示。

新建表格			

图 11-20　新建表格

设计思路

利用"新建表格"命令，设置相关的参数，新建表格。

操作步骤

（1）单击菜单中的"文字表格"→"新建表格"命令，打开对话框如图 11-21 所示。将"行数"设置为 5，"行高"设置为 7.0，"列数"设置为 4，"列宽"设置为 40.0，选中"允许使用夹点改变行宽"复选框。单击"确定"按钮，返回绘图区域，指定角点，绘制表格。命令行显示如下：

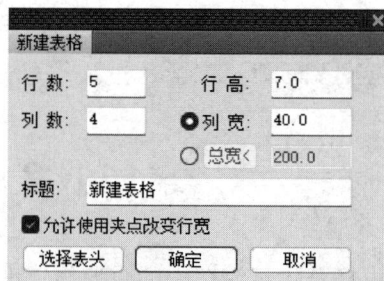

图 11-21　"新建表格"对话框

左上角点或 [参考点(R)]<退出>：选取表格左上角在图纸中的位置

（2）双击表格框线，打开"表格设定"对话框。在"文字参数"选项卡中，将"水平对齐"设置为"居中"，"垂直对齐"设置为"居中"，其他保持不变，如图 11-22(a)所示。在"标题"选项卡中，将"水平对齐"设置为"居中"，"垂直对齐"设置为"居中"，如图 11-22(b)所示。单击"确定"按钮，完成表格的创建，结果如图 11-20 所示。

（3）保存图形。将图形以"新建表格.dwg"为文件名进行保存。命令行显示如下：

命令：SAVEAS↙

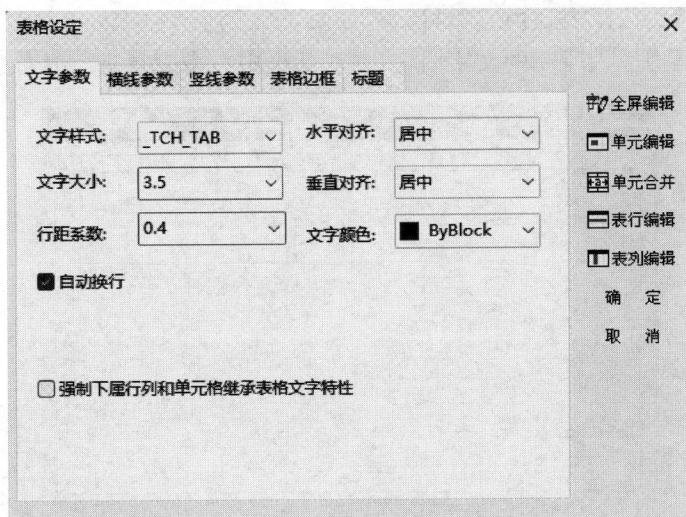

(a)

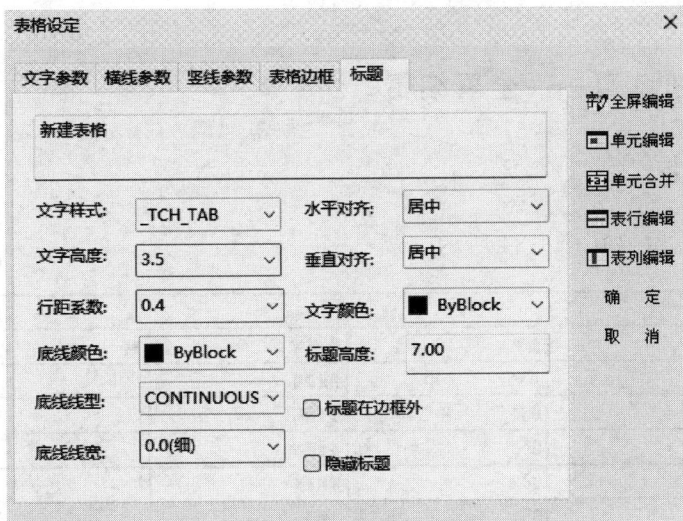

(b)

图 11-22 "表格设定"对话框

(a) 对话框 1；(b) 对话框 2

11.2.3 全屏编辑

全屏编辑命令可以对表格内容进行全屏编辑。

1．执行方式

命令行：QPBJ。

菜单："文字表格"→"表格编辑"→"全屏编辑"。

2．操作步骤

命令：QPBJ↙

选择表格：点选需要进行编辑的表格

选择表格后,打开"表格内容"对话框,如图 11-23 所示。

在此对话框内填入所需的文字内容,在对话框中右击表行进行表行操作。

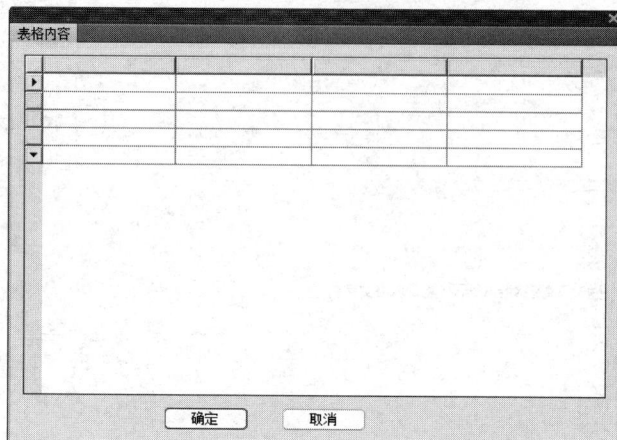

图 11-23 "表格内容"对话框

11.2.4 上机练习——全屏编辑

练习目标

进行全屏编辑,如图 11-24 所示。

天正表格			
序号	图号	图纸名称	页数
01	建施01	设计说明	1
02	02	某平面图	1
03	03	某立面图	1
04	04	某剖面图	1
05	05	某详图	1

图 11-24 全屏编辑

设计思路

打开源文件中的"新建表格"图形,利用"全屏编辑"命令,显示表格需要编辑的对话框,在里面输入内容。

操作步骤

(1) 单击菜单中的"文字表格"→"表格编辑"→"全屏编辑"命令,点选图中的表格,命令行显示如下:

```
命令:QPBJ↙
选择表格:点选表格
```

系统打开"表格内容"对话框,如图 11-23 所示。在里面输入内容,然后单击"确定"按钮,生成的表格如图 11-24 所示。

(2) 保存图形。将图形以"全屏编辑.dwg"为文件名进行保存。命令行显示如下:

```
命令: SAVEAS↙
```

11.2.5　拆分表格

拆分表格命令可以把表格分解为多个子表格,有行拆分和列拆分两种。

1．执行方式

命令行:CFBG。

菜单:"文字表格"→"表格编辑"→"拆分表格"。

执行上述任意一种命令,打开"拆分表格"对话框,如图 11-25 所示。在对话框中选择"行拆分"单选按钮,在中间框内选中"自动拆分"复选框,"指定行数"中输入 20,在右侧选中"带标题"复选框,单击"拆分"按钮。

2．操作步骤

```
命令:CFBG↙
选择表格:单击需要拆分的表格
```

完成操作后,拆分后的新表格自动布置在原表格右边,原表格被拆分缩小。

3．控件说明

行拆分:对表格的行进行拆分。

列拆分:对表格的列进行拆分。

自动拆分:按指定行数自动拆分。

指定行数:对新表格不算表头的行数,可通过上下三角形按钮选择。

带标题:设置拆分后的表格是否带有原有标题。

表头行数:定义表头的行数,可通过上下三角形按钮选择。

11.2.6　上机练习——拆分表格

练习目标

拆分表格,如图 11-26 所示。

设计思路

打开源文件中的"全屏编辑"图形,利用"拆分表格"命令进行表格的拆分。

操作步骤

(1) 单击菜单中的"文字表格"→"表格编辑"→"拆分表格"命令,打开"拆分表格"对话框,如图 11-25 所示。

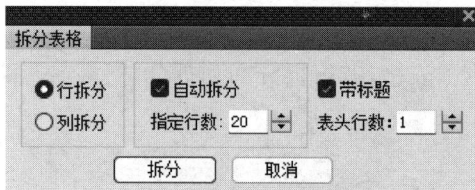

图 11-25 "拆分表格"对话框

图 11-26 拆分表格

（2）在对话框中选择"列拆分"单选按钮，在中间框内选中"自动拆分"复选框，在"指定列数"中输入2，在右侧选中"带标题"复选框，单击"拆分"按钮，结果如图11-26所示。命令行显示如下：

```
命令:CFBG ✓
选择表格:单击需要拆分的表格
```

（3）保存图形。将图形以"拆分表格.dwg"为文件名进行保存。命令行显示如下：

```
命令: SAVEAS ✓
```

11.2.7 合并表格

合并表格命令可以把多个表格合并为一个表格，默认按行合并，也可以改为按列合并。

1．执行方式

命令行：HBBG。

菜单："文字表格"→"表格编辑"→"合并表格"。

2．操作步骤

```
命令:HBBG ✓
选择第一个表格或 [列合并(C)]<退出>:选择位于表格首页的表格
选择下一个表格<退出>:选择连接的表格
选择下一个表格<退出>:✓
```

完成表格行数合并，标题采用第一个表格的标题。

☏ 注意：如果被合并的表格有不同列数，最终表格的列数为最多的列数。各个表格合并后多余的表头由用户自行删除，如图11-27所示。

11.2.8 上机练习——合并表格

🎓 练习目标

合并表格，如图11-28所示。

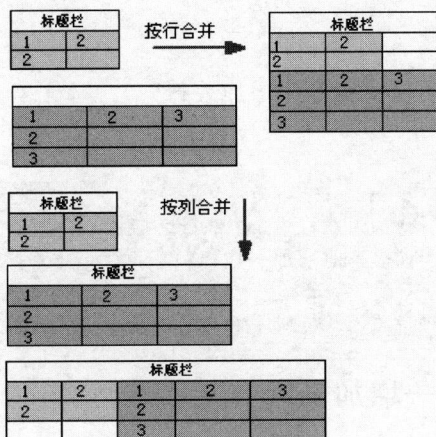

图 11-27 合并表格（一）

图 11-28 合并表格（二）

设计思路

打开源文件中的"拆分表格"图形,利用"合并表格"命令进行表格的合并。

操作步骤

(1) 单击菜单中的"文字表格"→"表格编辑"→"合并表格"命令,将两个表格进行合并。命令行显示如下:

```
选择第一个表格或［列合并(C)］<退出>:输入 C,转换为列合并
选择第一个表格或［行合并(C)］<退出>:选择上面的表格
选择下一个表格<退出>:选择下面的表格
选择下一个表格<退出>:↙
```

完成表格列数合并,标题采用第一个表格的标题,结果如图 11-28 所示。
(2) 保存图形。将图形以"合并表格.dwg"为文件名进行保存。命令行显示如下:

```
命令: SAVEAS↙
```

11.2.9 增加表行

增加表行命令可以在指定表格行之前或之后增加一行。

1．执行方式

命令行：ZJBH。

菜单："文字表格"→"表格编辑"→"增加表行"。

2．操作步骤

```
命令:ZJBH↙
请点取一表行以(在本行之前)插入新行或[在本行之后插入(A)/复制当前行(S)]<退出>:在需
要增加的表行上单击则在当前表行前增加一空行,也可输入A在表行后插入一空行,输入S复
制当前行
请点取一表行以(在本行之前)插入新行或[在本行之后插入(A)/复制当前行(S)]<退出>:↙
```

11.2.10　上机练习——增加表行

练习目标

增加表行,如图11-29所示。

天正表格			
序号	图号	图纸名称	页数
01	建施01	设计说明	1
02	02	某平面图	1
03	03	某立面图	1
04	04	某剖面图	1
05	05	某详图	1

图 11-29　增加表行

设计思路

打开源文件中的"合并表格"图形,利用"增加表行"命令进行表格行数的增加。

操作步骤

（1）打开原文件中的"合并表格"图形,选择菜单中的"文字表格"→"表格编辑"→"增加表行"命令,命令行显示如下：

```
请点取一表行以(在本行之前)插入新行或[在本行之后插入(A)/复制当前行(S)]<退出>:A
请点取一表行以(在本行之后)插入新行或[在本行之前插入(A)/复制当前行(S)]<退出>:点选
序号5处
请点取一表行以(在本行之后)插入新行或[在本行之前插入(A)/复制当前行(S)]<退出>:↙
```

绘制结果如图11-29所示。

（2）保存图形。将图形以"增加表行.dwg"为文件名进行保存。命令行显示如下：

```
命令:SAVEAS↙
```

11.2.11　删除表行

删除表行命令可以以"行"为单位一次删除当前指定的行。

1. 执行方式

命令行：SCBH。

菜单："文字表格"→"表格编辑"→"删除表行"。

2. 操作步骤

命令:SCBH↙
请点取要删除的表行<退出>:选择需要删除的表行
请点取要删除的表行<退出>↙

11.2.12 上机练习——删除表行

练习目标

删除表行，如图 11-30 所示。

天正表格			
序号	图号	图纸名称	页数
01	建施01	设计说明	1
02	02	某平面图	1
03	03	某立面图	1
04	04	某剖面图	1
05	05	某详图	1

图 11-30　删除表行

设计思路

打开源文件中的"增加表行"图形，利用"删除表行"命令进行表格行数的删除。

操作步骤

(1) 单击菜单中的"文字表格"→"表格编辑"→"删除表行"命令，选择最后一行，进行删除操作。命令行显示如下：

命令:SCBH↙
请点取要删除的表行<退出>点取最后一行
请点取要删除的表行<退出>↙

结果如图 11-30 所示。

(2) 保存图形。将图形以"删除表行.dwg"为文件名进行保存。命令行显示如下：

命令:SAVEAS↙

11.2.13 转出 Word

转出 Word 命令可以把天正表格输出到 Word 新表单中，或者更新到当前表单的选中区域。

1. 执行方式

菜单："文字表格"→"转出 Word"。

2. 操作步骤

请选择表格<退出>：选择一个表格对象
请选择表格<退出>：↙

此时系统自动启动 Word,并创建一个新的 Word 文档,把所选定的表格内容输入该文档中。

11.2.14 上机练习——转出 Word

练习目标

将表格转出 Word,如图 11-31 所示。

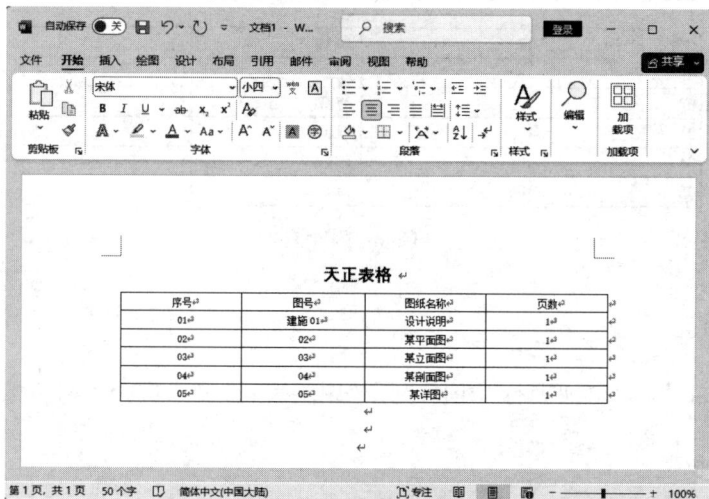

图 11-31 转出 Word

设计思路

打开源文件中的"合并表格"图形,利用"转出 Word"命令将表格转到一个 Word 文档。

操作步骤

(1)单击菜单中"文字表格"→"转出 Word"命令,选择打开的表格,将其转到一个 Word 文档,结果如图 11-31 所示。命令行显示如下：

请选择表格<退出>：选择表格
请选择表格<退出>：↙

(2)保存图形。将图形以"转出 Word"为文件名进行保存。命令行显示如下：

命令：SAVEAS↙

11.2.15　转出 Excel

转出 Excel 命令可以把天正表格输出到 Excel 新表单中，或者更新到当前表单的选中区域。

1．执行方式

菜单："文字表格"→"转出 Excel"。

2．操作步骤

请选择表格<退出>：选中一个表格对象

此时系统自动打开一个 Excel，并将表格内容输入到 Excel 表格中。

11.3　表格单元编辑

表格绘制完成之后，有时候需要对绘制的表格进行修改，利用表格编辑和单元编辑中的相关命令即可实现。

11.3.1　表列编辑

表列编辑命令可以编辑表格的一列或多列。

1．执行方式

命令行：BLBJ。
菜单："文字表格"→"表格编辑"→"表列编辑"。

2．操作步骤

命令：BLBJ↙
请点取一列表列以编辑属性或 [多列属性(M)/插入列(A)/加末列(T)/删除列(E)/复制列(C)/交换列(X)]<退出>：光标放在灰色的表格处单击

在相应的表格处单击，打开"列设定"对话框，如图 11-32 所示。

在对话框中选择需要的列设定参数，单击"确定"按钮，此时光标移动到的表列显示为灰色，依次类推，直到按 Enter 键完成操作。

11.3.2　上机练习——表列编辑

练习目标

进行表列编辑，如图 11-33 所示。

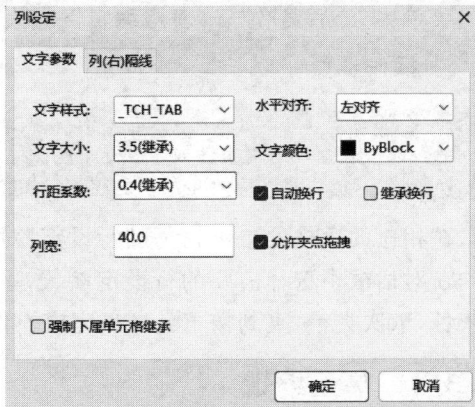

图 11-32　"列设定"对话框

189

新建表格			
序号	图号	图纸名称	页数
01	建施01	设计说明	1
02	02	某平面图	1
03	03	某立面图	1
04	04	某剖面图	1
05	05	某详图	1

图 11-33 表列编辑

设计思路

打开源文件中的"合并表格"图形,利用"表列编辑"命令将文字进行居中编辑。

操作步骤

(1)单击菜单中的"文字表格"→"表格编辑"→"表列编辑"命令,命令行显示如下:

命令:BLBJ↙
请点取一表列以编辑属性或 [多列属性(M)/插入列(A)/加末列(T)/删除列(E)/复制列(C)/交换列(X)]<退出>:在第一列中单击

系统打开如图 11-32 所示对话框,在"水平对齐"中选择"居中",单击"确定"按钮。绘制结果如图 11-33 所示。

(2)保存图形。将图形以"表列编辑.dwg"为文件名进行保存。命令行显示如下:

命令:SAVEAS↙

11.3.3 表行编辑

表行编辑命令可以编辑表格的一行或多行。

1. 执行方式

命令行:BHBJ。
菜单:"文字表格"→"表格编辑"→"表行编辑"。

2. 操作步骤

命令:BHBJ↙
请点取一表行以编辑属性或 [多行属性(M)/增加行(A)/末尾加行(T)/删除行(E)/复制行(C)/交换行(X)]<退出>:光标放在灰色的表格处单击

在相应的表格处单击,打开"行设定"对话框,如图 11-34 所示。

在对话框中选择需要的行设定参数,单击"确定"按钮,此时光标移动到的表行显示为灰色,依次类推,直到按 Enter 键完成操作。

11.3.4 单元编辑

单元编辑命令可以编辑表格单元格,双击要编辑的单元即可修改属性或文字。

1. 执行方式

命令行：DYBJ。

菜单："文字表格"→"单元编辑"→"单元编辑"。

2. 操作步骤

命令:DYBJ↙
请点取一单元格进行编辑或 [多格属性(M)/单元分解(X)]<退出>:选择需要编辑的单元格

执行命令后,系统打开"单元格编辑"对话框,如图 11-35 所示。

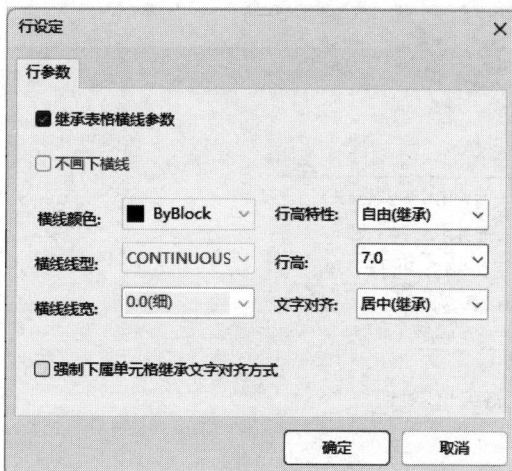

图 11-34 "行设定"对话框　　　　　　图 11-35 "单元格编辑"对话框

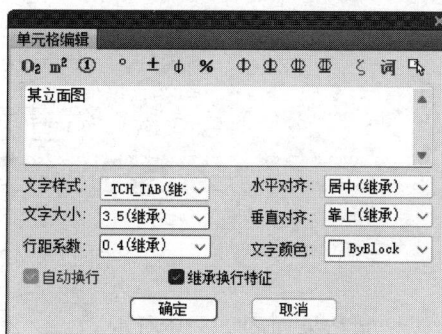

在对话框中选择需要的参数,单击"确定"按钮,此时光标移动到的单元格显示为灰色,依次类推,直到按 Enter 键完成操作。

11.3.5 上机练习——单元编辑

练习目标

进行单元编辑,如图 11-36 所示。

新建表格			
序号	图号	图纸名称	数量
01	建施01	设计说明	1
02	02	某平面图	1
03	03	某立面图	1
04	04	某剖面图	1
05	05	某详图	1

图 11-36 单元编辑

设计思路

打开源文件中的"表列编辑"图形,利用"单元编辑"命令,将"页数"更改为"数量"。

11-16

操作步骤

（1）单击菜单中的"文字表格"→"单元编辑"→"单元编辑"命令，选中"页数"单元格，打开"单元格编辑"对话框，如图 11-37 所示，将"页数"更改为"数量"。命令行显示如下：

```
命令:DYBJ↙
请点取一单元格进行编辑或[多格属性(M)/单元分解(X)]<退出>:选择"页数"单元格
```

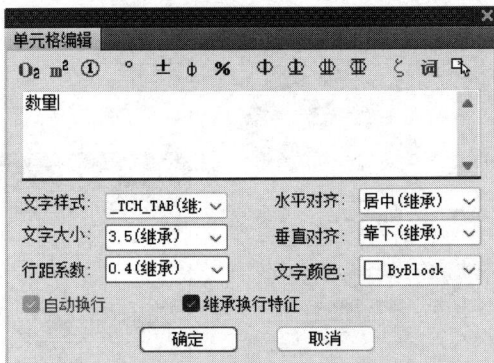

图 11-37 "单元格编辑"对话框

绘制结果如图 11-36 所示。

（2）保存图形。将图形以"单元编辑.dwg"为文件名进行保存。命令行显示如下：

```
命令:SAVEAS↙
```

11.3.6 单元递增

单元递增命令可以复制单元文字内容，并将单元内容的某一项递增或递减，执行命令的同时按住 Shift 键直接复制，按住 Ctrl 键递减。

1．执行方式

命令行：DYDZ。

菜单："文字表格"→"单元编辑"→"单元递增"。

2．操作步骤

```
命令:DYDZ↙
点取第一个单元格<退出>:选取第一个需要递增项
点取最后一个单元格<退出>:选取最后的递增项
```

11.3.7 上机练习——单元递增

练习目标

进行单元递增，如图 11-38 所示。

新建表格			
序号	图号	图纸名称	数量
序号	建施01	设计说明	1
序号	02	某平面图	1
序号	03	某立面图	1
序号	04	某剖面图	1
序号	05	某详图	1

图 11-38　单元递增

设计思路

打开源文件中的"单元编辑"图形,利用"单元递增"命令,将"序号"文字进行单元递增。

操作步骤

(1) 单击菜单中的"文字表格"→"单元编辑"→"单元递增"命令,将"序号"文字进行单元递增,绘制结果如图 11-38 所示。

命令行显示如下:

```
命令:DYDZ↙
点取第一个单元格<退出>:选取最上面的单元格
点取最后一个单元格<退出>:选取最下面的单元格
```

(2) 保存图形。将图形以"单元递增.dwg"为文件名进行保存。命令行显示如下:

```
命令:SAVEAS↙
```

11.3.8　单元复制

单元复制命令可以复制表格中某一单元内容或者图块、文字对象至目标表格单元。

1. 执行方式

命令行:DYFZ。

菜单:"文字表格"→"单元编辑"→"单元复制"。

2. 操作步骤

```
命令:DYFZ↙
点取拷贝源单元格或 [选取文字(A)]<退出>:选取要复制的单元格
点取粘贴至单元格(按 Ctrl 键重新选择复制源)[选取文字(A)]<退出>:选取粘贴到的单元格
点取粘贴至单元格(按 Ctrl 键重新选择复制源)或[选取文字(A)]<退出>:↙
```

11.3.9　单元合并

单元合并命令可以合并表格的单元格。

1．执行方式

命令行：DYHB。

菜单："文字表格"→"单元编辑"→"单元合并"。

2．操作步骤

```
命令:DYHB ↙
点取第一个角点:框选要合并的单元格,选取第一个角点
点取另一个角点:选取另一点完成操作。
```

11-18

11.3.10　上机练习——单元合并

练习目标

进行单元合并，如图 11-39 所示。

新建表格			
编号	内容		

图 11-39　单元合并

设计思路

打开源文件中的"原有表格"图形，如图 11-40 所示，利用"单元合并"命令进行表格单元合并。

新建表格			
编号	内容		

图 11-40　"原有表格"图形

操作步骤

（1）单击菜单中的"文字表格"→"单元编辑"→"单元合并"命令，将表格进行合并，合并后的文字居中。结果如图 11-39 所示。

命令行显示如下：

```
点取第一个角点:点选"编号"单元格
点取另一个角点:点下面的第 4 个单元格
```

（2）保存图形。将图形以"单元合并.dwg"为文件名进行保存。命令行显示如下：

```
命令：SAVEAS↙
```

11.3.11　撤销合并

撤销合并命令可以撤销已经合并的单元格。

1．执行方式

命令行：CXHB。

菜单："文字表格"→"单元编辑"→"撤销合并"。

2．操作步骤

```
命令：CXHB↙
点取已经合并的单元格<退出>：点取需要撤销合并的单元格，同时恢复原有单元的组成结构
```

11.3.12　上机练习——撤销合并

练习目标

撤销合并，如图 11-41 所示。

新建表格			
编号	内容		
编号			
编号			
编号			

图 11-41　撤销合并

设计思路

打开源文件中的"单元合并"图形，利用"撤销合并"命令进行表格单元的撤销。

操作步骤

（1）单击菜单中的"文字表格"→"单元编辑"→"撤销合并"命令，撤销需要合并的单元格，结果如图 11-41 所示。

命令行显示如下：

```
命令：CXHB↙
点取已经合并的单元格<退出>：点取需要撤销合并的单元格
```

（2）保存图形。将图形以"撤销合并.dwg"为文件名进行保存。命令行显示如下：

```
命令：SAVEAS↙
```

11-19

第12章

尺寸标注

尺寸标注是绘图设计过程中相当重要的一个环节。因为图形的主要作用是表达物体的形状,而物体各部分的真实大小和各部分之间的确切位置只能通过尺寸标注来表达,因此,若没有正确的尺寸标注,绘制出的图纸对于加工制造就没什么意义。

本章将介绍与实体相关的门窗、墙厚以及内门的标注。标注方法包括两点标注、快速标注和逐点标注。此外,还将介绍有关弧度的标注,如半径、直径、角度和弧长的标注。同时,本章还将详细阐述各种尺寸编辑命令。

学 习 要 点

◆ 尺寸标注的创建
◆ 尺寸标注的编辑

12.1　尺寸标注的创建

尺寸标注是建筑绘图中的重要组成部分,利用尺寸标注可以对图上的门窗、墙体等进行直线、角度、弧长标注等。

12.1.1　门窗标注

门窗标注命令可以标注门窗的定位尺寸。

1. 执行方式

命令行:MCBZ。

菜单:"尺寸标注"→"门窗标注"。

2. 操作步骤

> 命令:MCBZ↙
> 请用线选第一、二道尺寸线及墙体!
> 起点<退出>:在第一道尺寸线外面不远处取一个点 P1
> 终点<退出>:在外墙内侧取一个点 P2,系统自动定位置绘制该段墙体的门窗标注
> 选择其他墙体:添加被内墙断开的其他要标注墙体,按回车键结束命令

12.1.2　上机练习——门窗标注

练习目标

进行门窗标注,如图 12-1 所示。

设计思路

打开源文件中的"双跑楼梯"图形,利用"门窗标注"命令标注门窗尺寸。

操作步骤

(1) 单击菜单中的"尺寸标注"→"门窗标注"命令,标注 C-2 的尺寸,如图 12-2 所示。命令行显示如下:

> 命令:MCBZ↙
> 请用线选第一、二道尺寸线及墙体!
> 起点<退出>:选择 C-2 处的墙体
> 终点<退出>:选择 C-2 处的墙体
> 选择其他墙体:↙

(2) 单击菜单中的"尺寸标注"→"门窗标注"命令,标注 M-1 的尺寸,如图 12-3 所示。命令行显示如下:

12-1

命令:MCBZ↙
请用线选第一、二道尺寸线及墙体!
起点<退出>:选择 M-1 处的墙体
终点<退出>:选择 M-1 处的墙体
选择其他墙体:↙

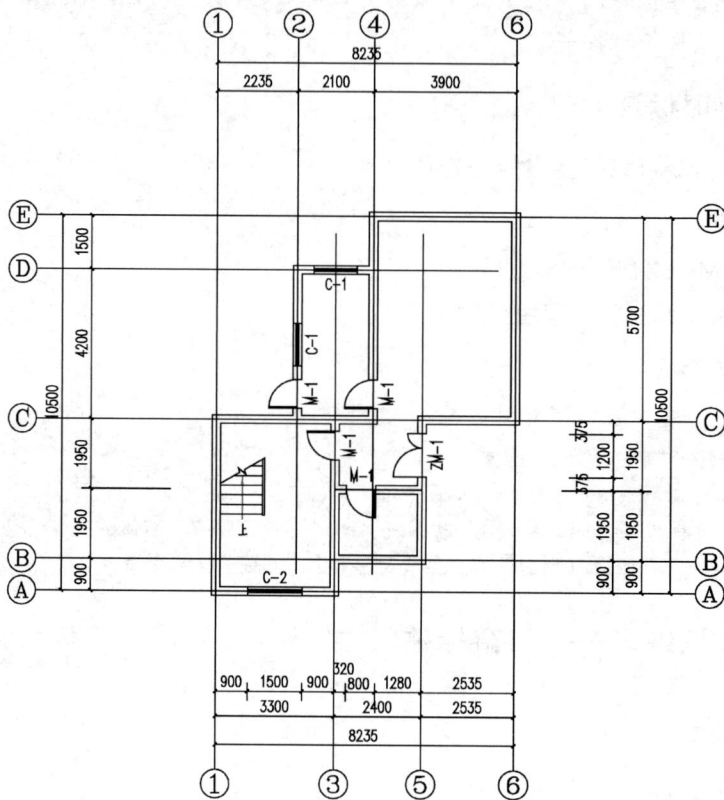

图 12-1　门窗标注

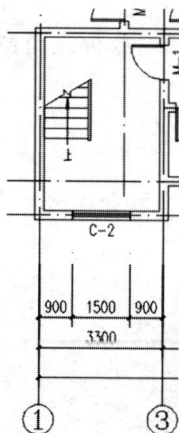

图 12-2　C-2 标注

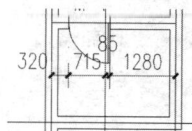

图 12-3　M-1 标注

（3）单击菜单中的"尺寸标注"→"尺寸编辑"→"合并区间"命令（此命令在后文详细讲解），框选中间的尺寸进行合并，结果如图 12-4 所示。

（4）调整标注尺寸的位置，结果如图 12-5 所示。

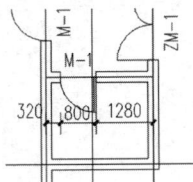

图 12-4 合并尺寸

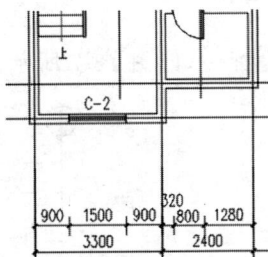

图 12-5 调整尺寸

（5）采用相同的方法标注其余的尺寸，结果如图 12-1 所示。

（6）保存图形。将图形以"门窗标注.dwg"为文件名进行保存。命令行显示如下：

```
命令: SAVEAS
```

12.1.3 墙厚标注

墙厚标注命令可以对两点连线穿越的墙体进行墙厚标注，在墙体内有轴线存在时标注以轴线划分的左右墙宽，墙体内没有轴线存在时标注墙体的总宽。

1. 执行方式

命令行：QHBZ。

菜单："尺寸标注"→"墙厚标注"。

2. 操作步骤

```
命令: QHBZ
直线第一点<退出>:单击直线选取的起始点
直线第二点<退出>:单击直线选取的终了点
```

标注墙厚的实例如图 12-6 所示。

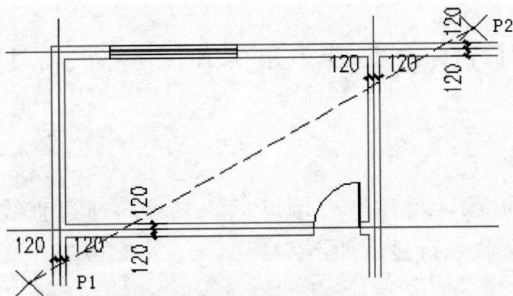

图 12-6 标注墙厚的实例

12.1.4　上机练习——墙厚标注

练习目标

进行墙厚标注,如图 12-7 所示。

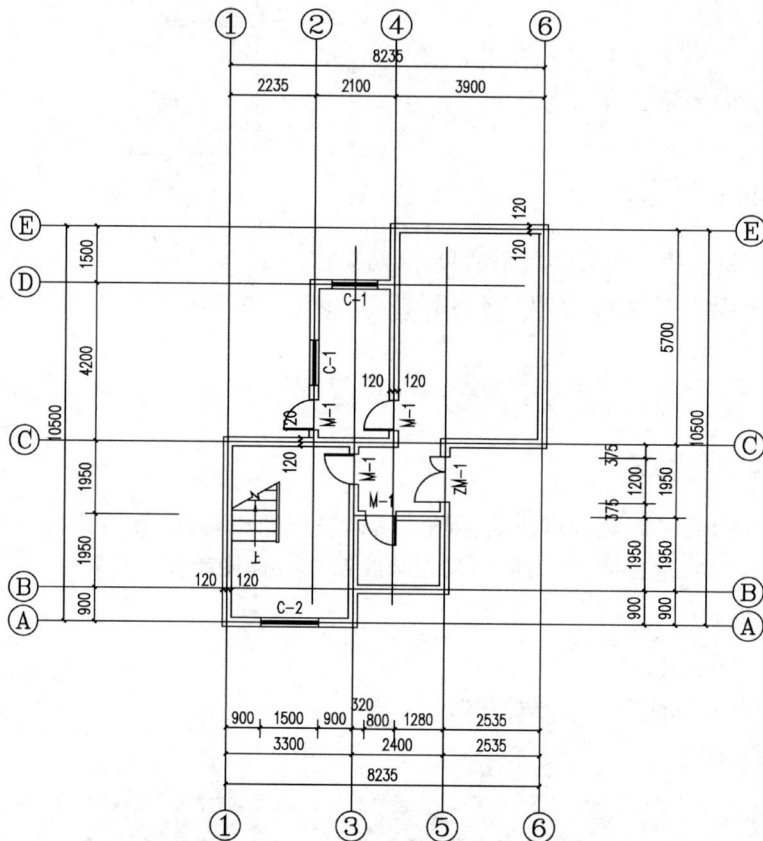

图 12-7　墙厚标注

设计思路

打开源文件中的"门窗标注"图形,利用"墙厚标注"命令标注墙厚尺寸。

操作步骤

(1)单击菜单中的"尺寸标注"→"墙厚标注"命令,通过直线选取经过墙体的墙厚尺寸,如图 12-8 所示。命令行显示如下:

命令:QHBZ✓
直线第一点<退出>:选择起点
直线第二点<退出>:选择终点

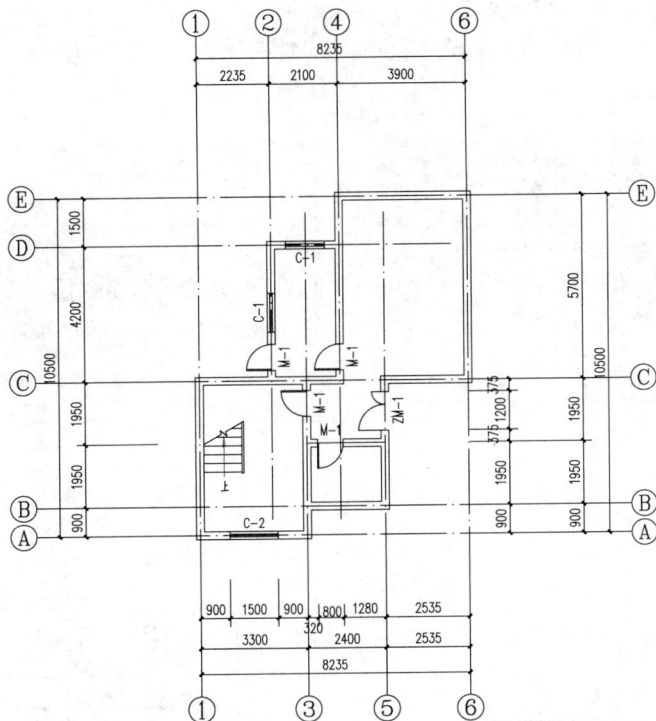

图 12-8　指定两点

（2）保存图形。将图形以"墙厚标注. dwg"为文件名进行保存。命令行显示如下：

命令：SAVEAS ↙

12.1.5　内门标注

内门标注命令可以标注内墙门窗尺寸,以及展示门窗与最近的轴线或墙边的关系。

1. 执行方式

命令行：NMBZ。

菜单："尺寸标注"→"内门标注"。

2. 操作步骤

命令：NMBZ ↙
请用线选门窗,并且第二点作为尺寸线位置!
起点<退出>:选标注门的一侧点为起点
终点<退出>:选标注门的另一侧点为定位终点

12.1.6　两点标注

两点标注命令可以对两点连线穿越的墙体轴线等对象,以及相关的其他对象进行定位标注。

1. 执行方式

命令行：LDBZ。

菜单："尺寸标注"→"两点标注"。

执行上述任意一种命令，打开"两点标注"对话框，如图12-9所示。

2. 操作步骤

命令：LDBZ↙
请选择起点<退出>：选取标注尺寸线一端
请选择终点<退出>：选取标注尺寸线另一端
请点取标注位置：这里可以选择墙体外适当一点
请点取其他需增加或删除尺寸的直线、墙、柱子、门窗：选取其他需要标注或者要删除的直线、墙、柱子、门窗或者按回车键

12.1.7 上机练习——两点标注

练习目标

进行两点标注，如图12-10所示。

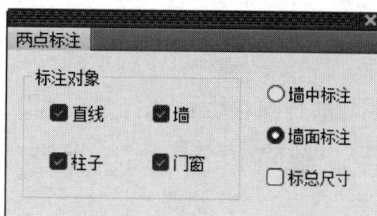

图12-9 "两点标注"对话框

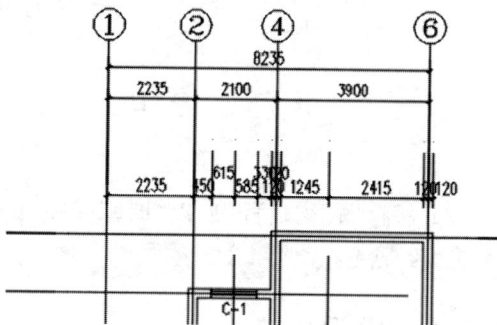

图12-10 两点标注

设计思路

打开源文件中的"双跑楼梯"图形，利用"两点标注"命令标注两点尺寸。

操作步骤

(1) 单击菜单中的"尺寸标注"→"两点标注"命令，选择两点标注尺寸，结果如图12-10所示。命令行显示如下：

命令：LDBZ↙
请选择起点<退出>：选取轴线①左侧适当一点
请选择终点<退出>：选取轴线⑥右侧适当一点
请点取标注位置：这里可以选择墙体上侧适当一点
请点取其他需增加或删除尺寸的直线、墙、柱子、门窗：↙

(2) 保存图形。将图形以"两点标注.dwg"为文件名进行保存。命令行显示如下：

命令：SAVEAS↙

12.1.8 平行标注

平行标注命令用于平面平行轴线及其他平行对象之间的间距尺寸标注。

1．执行方式

命令行：PXBZ。

菜单："尺寸标注"→"平行标注"。

2．操作步骤

命令：PXBZ ↙

请选择起点或[设置图层过滤(S)]<退出>：在需要标注的轴线一侧点取起点或者输入 S 来设置图层过滤

选择终点<退出>：在标注对象的另一侧点取终点，程序自动生成标注

请点取尺寸线位置<退出>：单击尺寸线位置

请输入其他标注点或 [参考点(R)]<退出>：按回车键或空格键结束命令

平行标注实例如图 12-11 所示。

12.1.9 快速标注

快速标注命令可以快速识别图形外轮廓或者基线点，沿着对象的长宽方向标注对象的几何特征尺寸。

1．执行方式

命令行：KSBZ。

菜单："尺寸标注"→"快速标注"。

2．操作步骤

命令：KSBZ ↙

请选择需要尺寸标注的墙[带柱子(Y)]<退出>：选取要标注的对象

请选择需要尺寸标注的墙[带柱子(Y)]<退出>：↙

12.1.10 上机练习——快速标注

练习目标

进行快速标注，如图 12-12 所示。

设计思路

打开源文件中的"双跑楼梯"图形，利用"快速标注"命令标注上侧尺寸。

操作步骤

（1）单击菜单中的"尺寸标注"→"快速标注"命令，选择上侧的墙体，标注上侧的细部尺寸和总尺寸。命令行显示如下：

12-4

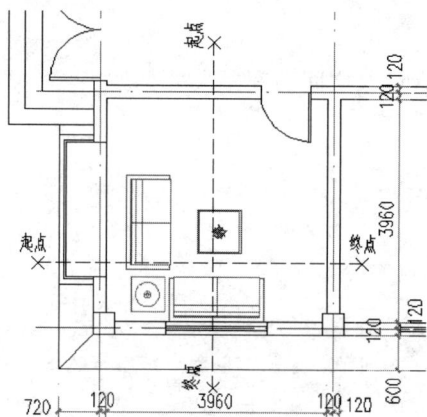

图 12-11 平行标注实例

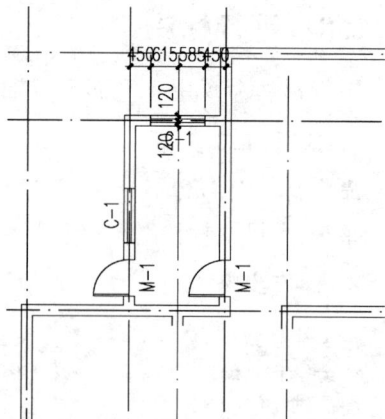

图 12-12 快速标注

```
命令:KSBZ✓
请选择需要尺寸标注的墙[带柱子(Y)]<退出>:选择上侧的墙体
请选择需要尺寸标注的墙[带柱子(Y)]<退出>:✓
```

绘制结果如图 12-12 所示。

（2）保存图形。将图形以"快速标注.dwg"为文件名进行保存。命令行显示如下：

```
命令:SAVEAS✓
```

12.1.11 自由标注

自由标注命令可以快速完成图形的标注。框选需要标注的图形，就可以完成框选图形内的所有标注。

1. 执行方式

命令行：ZYBZ。

菜单："尺寸标注"→"自由标注"。

2. 操作步骤

```
命令:ZYBZ✓
选择要标注的几何图形:框选要标注的图形
选择要标注的几何图形:✓
请指定尺寸线位置(当前标注方式:连续加整体)或[整体(T)/连续(C)/连续加整体(A)]<退出>:
点取尺寸线位置
```

12.1.12 楼梯标注

可以为天正图形中的楼梯图形直接添加标注。

1. 执行方式

命令行：LTBZ。

菜单："尺寸标注"→"楼梯标注"。

2. 操作步骤

> 命令：LTBZ↙
> 请点取待标注的楼梯(注：双跑、双分平行、交叉、剪刀楼梯,点取其不同位置可标注不同尺寸)
> 或[设置精度(S)]<退出>:选择要标注的楼梯
> 请点取尺寸线位置<退出>:在适当位置单击
> 请输入其他标注点或 [参考点(R)]<退出>:↙

12.1.13　上机练习——楼梯标注

练习目标

进行楼梯标注,如图 12-13 所示。

设计思路

打开源文件中的"楼梯"图形,如图 12-14 所示,利用"楼梯标注"命令标注楼梯尺寸。

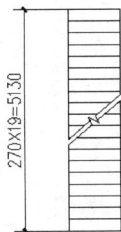

图 12-13　楼梯标注　　　　图 12-14　"楼梯"图形

操作步骤

(1) 单击菜单中的"尺寸标注"→"楼梯标注"命令,标注楼梯的尺寸。命令行显示如下:

> 命令：LTBZ↙
> 请点取待标注的楼梯(注：双跑、双分平行、交叉、剪刀楼梯点取其不同位置可标注不同尺寸)或
> [设置精度(S)]<退出>:点选 A 点
> 请点取尺寸线位置<退出>:选择楼梯左侧
> 请输入其他标注点或 [参考点(R)]<退出>:↙

绘制结果如图 12-13 所示。

(2) 保存图形。将图形以"楼梯标注.dwg"为文件名进行保存。命令行显示如下:

> 命令：SAVEAS↙

12.1.14　逐点标注

使用逐点标注命令,可以单击各标注点,沿一个给定的直线方向标注连续尺寸。

1. 执行方式

命令行：ZDBZ。

菜单："尺寸标注"→"逐点标注"。

2. 操作步骤

```
命令:ZDBZ ↙
起点或 [参考点(R)]<退出>:选取第一个标注的起点
第二点<退出>:选取第一个标注的终点
请点取尺寸线位置或 [更正尺寸线方向(D)]<退出>:单击尺寸线位置
请输入其他标注点或 [撤销上一标注点(U)]<结束>:选择下一个标注点
请输入其他标注点或 [撤销上一标注点(U)]<结束>:继续选点,按回车键结束
```

12.1.15 上机练习——逐点标注

练习目标

进行逐点标注,如图 12-15 所示。

设计思路

打开源文件中的"双跑楼梯"图形,利用"逐点标注"命令,标注①、③轴下侧的细部尺寸。

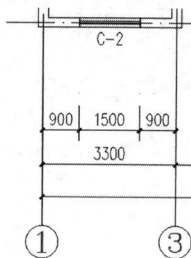

图 12-15 逐点标注

操作步骤

(1)单击菜单中的"尺寸标注"→"逐点标注"命令,标注①、③轴下侧的细部尺寸。命令行显示如下：

```
命令:ZDBZ ↙
起点或 [参考点(R)]<退出>:选择第一个标注的起点
第二点<退出>:选择第一个标注的终点
请点取尺寸线位置或 [更正尺寸线方向(D)]<退出>:单击尺寸线位置
请输入其他标注点或 [撤销上一标注点(U)]<结束>:选择下一个标注点,直至按回车键结束
```

标注结果如图 12-15 所示。

(2)保存图形。将图形以"逐点标注.dwg"为文件名进行保存。命令行显示如下：

```
命令:SAVEAS ↙
```

12.1.16 半径标注

半径标注命令可以对弧墙或弧线进行半径标注。

1. 执行方式

命令行：BJBZ。

菜单："尺寸标注"→"半径标注"。

2. 操作步骤

命令: BJBZ↙
请选择待标注的圆弧<退出>:选取需要进行半径标注的弧线或弧墙

12.1.17 上机练习——半径标注

练习目标

进行半径标注,如图 12-16 所示。

设计思路

打开源文件中的"半径标注原图"图形,如图 12-17 所示,利用"半径标注"命令进行标注。

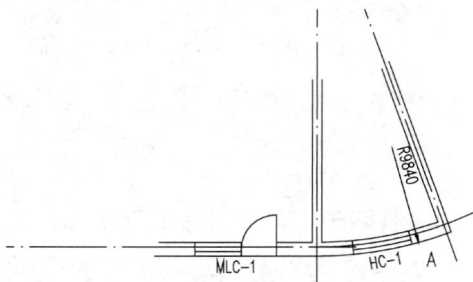

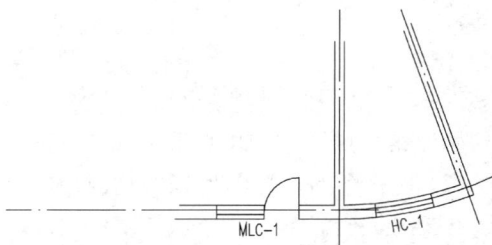

图 12-16 半径标注   图 12-17 "半径标注原图"图形

操作步骤

(1) 单击菜单中的"尺寸标注"→"半径标注"命令,选择圆弧进行标注。命令行显示如下:

请选择待标注的圆弧<退出>:选 A

标注结果如图 12-16 所示。

(2) 保存图形。将图形以"半径标注.dwg"为文件名进行保存。命令行显示如下:

命令: SAVEAS↙

12.1.18 直径标注

直径标注命令可以对圆进行直径标注。

1. 执行方式

命令行: ZJBZ。
菜单:"尺寸标注"→"直径标注"。

2. 操作步骤

命令: ZJBZ↙
请选择待标注的圆弧<退出>:选取需要进行直径标注的弧线或弧墙

12.1.19　上机练习——直径标注

练习目标

进行直径标注,如图 12-18 所示。

设计思路

打开源文件中的"墙体图 1"图形,如图 12-19 所示,利用"直径标注"命令进行标注。

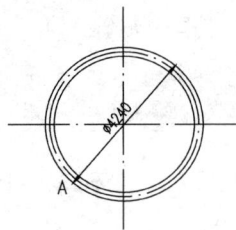

图 12-18　直径标注

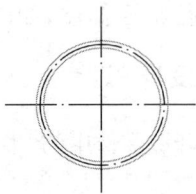

操作步骤

(1) 单击菜单中的"尺寸标注"→"直径标注"命令,命令行显示如下:

图 12-19　"墙体图 1"图形

```
命令:ZJBZ↙
请选择待标注的圆弧<退出>:选择圆弧
```

标注结果如图 12-18 所示。

(2) 保存图形。将图形以"直径标注.dwg"为文件名进行保存。命令行显示如下:

```
命令: SAVEAS↙
```

12.1.20　角度标注

角度标注命令可以基于两条线创建角度标注,标注角度为逆时针方向。

1. 执行方式

命令行:JDBZ。

菜单:"尺寸标注"→"角度标注"。

2. 操作步骤

```
命令:JDBZ↙
请选择第一条直线<退出>:选取第一条直线
请选择第二条直线<退出>:选取第二条直线
请确定尺寸线位置<退出>:单击尺寸线位置
```

12.1.21　上机练习——角度标注

练习目标

进行角度标注,如图 12-20 所示。

设计思路

打开源文件中的"角度标注原图"图形,如图 12-21 所示,利用"角度标注"命令进行标注。

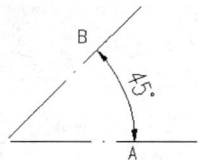

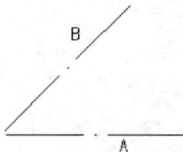

图 12-20　角度标注　　　　　图 12-21　"角度标注原图"图形

操作步骤

(1) 单击菜单中的"尺寸标注"→"角度标注"命令,命令行显示如下:

```
命令:JDBZ↙
请选择第一条直线<退出>:选 A
请选择第二条直线<退出>:选 B
请确定尺寸线位置<退出>:单击尺寸线位置
```

标注结果如图 12-20 所示。

(2) 保存图形。将图形以"角度标注.dwg"为文件名进行保存。命令行显示如下:

```
命令:SAVEAS↙
```

12.1.22　弧弦标注

弧弦标注命令可以按国家规定方式标注弧长。

1. 执行方式

命令行:HXBZ。

菜单:"尺寸标注"→"弧弦标注"。

2. 操作步骤

```
命令:HXBZ↙
请选择要标注的弧段:选择需要标注的弧线或弧墙
请移动光标位置确定要标注的尺寸类型<退出>:
请指定标注点:确定标注线的位置
请输入其他标注点<退出>:连续选择其他标注点
请输入其他标注点<结束>:↙
```

12.1.23　上机练习——弧弦标注

练习目标

进行弧弦标注,如图 12-22 所示。

设计思路

打开源文件中的"弧弦标注原图"图形,如图 12-23 所示,利用"弧弦标注"命令标注弧弦。

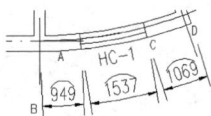

图 12-22　弧弦标注

图 12-23　"弧弦标注原图"图形

操作步骤

（1）单击菜单中的"尺寸标注"→"弧弦标注"命令，命令行显示如下：

```
命令:HXBZ↙
请选择要标注的弧段：选 A
请移动光标位置确定要标注的尺寸类型<退出>：选 B
请指定标注点：选 B
请输入其他标注点<结束>：选 C
请输入其他标注点<结束>：选 D
请输入其他标注点<结束>：↙
```

标注结果如图 12-22 所示。

（2）保存图形。将图形以"弧弦标注.dwg"为文件名进行保存。命令行显示如下：

```
命令：SAVEAS↙
```

12.2　尺寸标注的编辑

12.2.1　文字复位

文字复位命令将尺寸标注中被拖动夹点移动过的文字还原至原来的初始位置，可解决夹点拖动不当时与其他夹点合并的问题。本命令能用于符号标注中的"标高符号""箭头引注""剖面剖切"和"断面剖切"四个对象中的文字，特别是在剖面剖切和断面剖切对象改变比例时，可以用本命令将文字还原至正确位置。

1. 执行方式

命令行：WZFW。

菜单："尺寸标注"→"尺寸编辑"→"文字复位"。

2. 操作步骤

```
命令:WZFW↙
请选择需复位文字的对象：点选需要复位的标注
请选择需复位文字的对象：↙
```

12.2.2　上机练习——文字复位

练习目标

进行文字复位，如图 12-24 所示。

设计思路

打开源文件中的"文字复位原图"图形,如图 12-25 所示,利用"文字复位"命令进行文字复位。

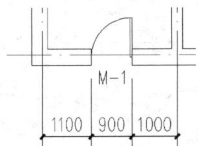

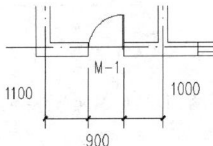

图 12-24　文字复位　　　　图 12-25　"文字复位原图"图形

操作步骤

(1) 单击菜单中的"尺寸标注"→"尺寸编辑"→"文字复位"命令,选择尺寸,调整尺寸位置。命令行显示如下:

```
命令:WZFW↙
请选择需复位文字的对象:选择文字标注
请选择需复位文字的对象:↙
```

绘制结果如图 12-24 所示。

(2) 保存图形。将图形以"文字复位.dwg"为文件名进行保存。命令行显示如下:

```
命令: SAVEAS↙
```

12.2.3　文字复值

文字复值命令可以把尺寸文字恢复为默认的测量值。

1. 执行方式

命令行:WZFZ。

菜单:"尺寸标注"→"尺寸编辑"→"文字复值"。

2. 操作步骤

```
命令:WZFZ↙
请选择天正尺寸标注:点选需要复值的标注
请选择天正尺寸标注:↙
```

12.2.4　上机练习——文字复值

练习目标

进行文字复值,如图 12-26 所示。

设计思路

打开源文件中的"文字复值原图"图形,如图 12-27 所示,利用"文字复值"命令进行文字复值。

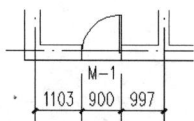

图 12-26　文字复值

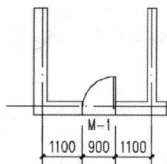

图 12-27　"文字复值原图"图形

操作步骤

（1）单击菜单中的"尺寸标注"→"尺寸编辑"→"文字复值"命令，命令行显示如下：

```
命令:WZFZ↙
请选择天正尺寸标注:选择文字标注
请选择天正尺寸标注:↙
```

绘制结果如图 12-26 所示。

（2）保存图形。将图形以"文字复值.dwg"为文件名进行保存。命令行显示如下：

```
命令:SAVEAS↙
```

12.2.5　裁剪延伸

裁剪延伸命令可以根据指定的新位置，对尺寸标注进行裁剪或延伸。

1．执行方式

命令行：CJYS。

菜单："尺寸标注"→"尺寸编辑"→"裁剪延伸"。

2．操作步骤

```
命令:CJYS↙
要裁剪或延伸的尺寸线<退出>:选择相应的尺寸线
请给出裁剪延伸的基准点:点选需要延伸或剪切到的位置
```

12.2.6　上机练习——裁剪延伸

练习目标

进行裁剪延伸，如图 12-28 所示。

设计思路

打开源文件中的"裁剪延伸原图"图形，如图 12-29 所示，利用"裁剪延伸"命令进行裁剪延伸。

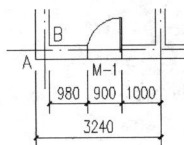
图 12-28　裁剪延伸

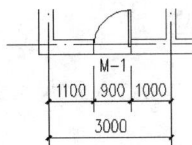
图 12-29　"裁剪延伸原图"图形

![icon] **操作步骤**

（1）单击菜单中的"尺寸标注"→"尺寸编辑"→"裁剪延伸"命令，延伸尺寸。命令行显示如下：

```
命令:CJYS↙
要裁剪或延伸的尺寸线<退出>:选轴线标注
请给出裁剪延伸的基准点:选 A
```

完成轴线尺寸的延伸，下面进行尺寸线的剪切。

```
命令:CJYS↙
要裁剪或延伸的尺寸线<退出>:选上侧墙体标注
请给出裁剪延伸的基准点：选 B
```

绘制结果如图 12-28 所示。

（2）保存图形。将图形以"裁剪延伸.dwg"为文件名进行保存。命令行显示如下：

```
命令：SAVEAS↙
```

12.2.7　取消尺寸

取消尺寸命令可以删除天正标注对象中指定的尺寸线区间，如果尺寸线共有奇数段，"取消尺寸"删除中间段会把原来的标注对象分成两个相同类型的标注对象。天正标注对象是由多个区间的尺寸线组成的，用 Erase（删除）命令无法删除其中某一个区间，必须使用取消尺寸命令完成。

1．执行方式

命令行：QXCC。

菜单："尺寸标注"→"尺寸编辑"→"取消尺寸"。

2．操作步骤

```
命令:QXCC↙
选择待删除尺寸的区间线或尺寸文字[整体删除(A)]<退出>:点选要删除的尺寸线区
选择待删除尺寸的区间线或尺寸文字[整体删除(A)]<退出>:↙
```

12.2.8　上机练习——取消尺寸

![icon] **练习目标**

取消尺寸，如图 12-30 所示。

12-14

设计思路

打开源文件中的"取消尺寸原图"图形,如图 12-31 所示,利用"取消尺寸"命令进行尺寸取消。

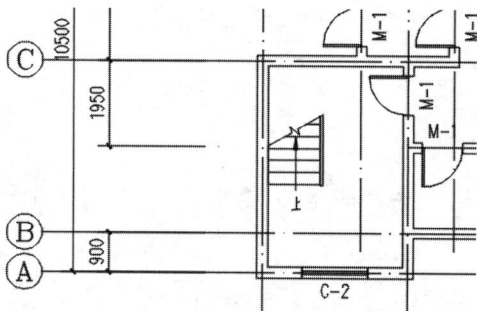

图 12-30　取消尺寸

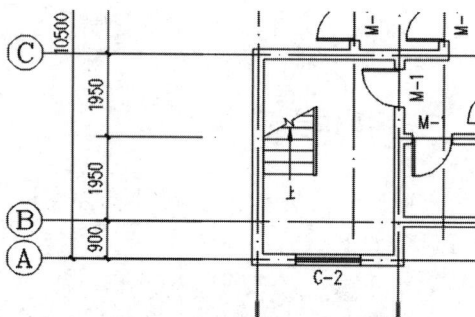

图 12-31　"取消尺寸原图"图形

操作步骤

(1)单击菜单中的"尺寸标注"→"尺寸编辑"→"取消尺寸"命令,命令行显示如下:

```
命令:QXCC ↙
选择待删除尺寸的区间线或尺寸文字[整体删除(A)]<退出>:选择尺寸
选择待删除尺寸的区间线或尺寸文字[整体删除(A)]<退出>:↙
```

绘制结果如图 12-30 所示。

(2)保存图形。将图形以"取消尺寸.dwg"为文件名进行保存。命令行显示如下:

```
命令:SAVEAS ↙
```

12.2.9　连接尺寸

连接尺寸命令可以把平行的多个尺寸标注连接成一个连续的尺寸标注对象。

1.执行方式

命令行:LJCC。

菜单:"尺寸标注"→"尺寸编辑"→"连接尺寸"。

2.操作步骤

```
命令:LJCC ↙
选择主尺寸标注<退出>:选择标注
选择需要连接尺寸标注<退出>:选择标注
选择需要连接尺寸标注<退出>:↙
```

12.2.10　上机练习——连接尺寸

练习目标

连接尺寸,如图 12-32 所示。

12-15

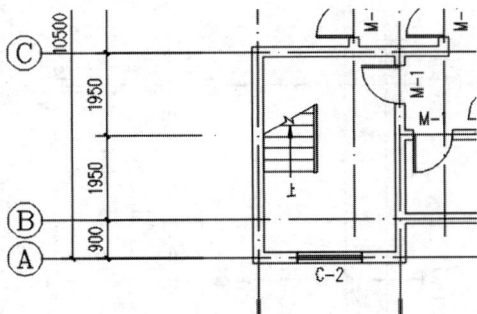

图 12-32　连接尺寸

设计思路

打开源文件中的"取消尺寸"图形,利用"连接尺寸"命令,进行尺寸连接。

操作步骤

(1) 单击菜单中的"尺寸标注"→"尺寸编辑"→"连接尺寸"命令,将尺寸连接。命令行显示如下:

命令:LJCC↙
选择主尺寸标注<退出>:选择标注
选择需要连接的尺寸标注<退出>:选择标注
选择需要连接的尺寸标注<退出>:↙

连接尺寸结果如图 12-32 所示。

(2) 保存图形。将图形以"连接尺寸.dwg"为文件名进行保存。命令行显示如下:

命令:SAVEAS↙(将绘制完成的图形以"连接尺寸.dwg"为文件名保存在指定的路径中)

12.2.11　尺寸打断

尺寸打断命令可以把一组尺寸标注打断为两组独立的尺寸标注。

1．执行方式

命令行:CCDD。
菜单:"尺寸标注"→"尺寸编辑"→"尺寸打断"。

2．操作步骤

命令:CCDD↙
请在要打断的一侧点取尺寸线<退出>:在要打断的标注处点一下

12.2.12　上机练习——尺寸打断

练习目标

进行尺寸打断,如图 12-33 所示。

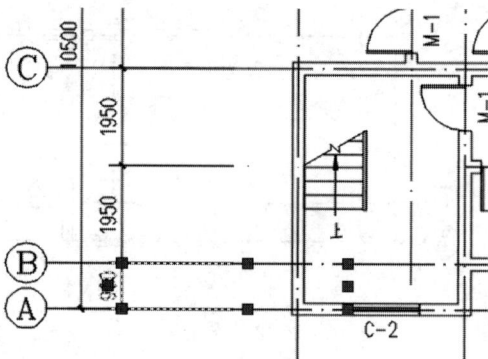

图 12-33　尺寸打断

设计思路

打开源文件中的"双跑楼梯"图形,利用"尺寸打断"命令进行尺寸打断。

操作步骤

(1) 单击菜单中的"尺寸标注"→"尺寸编辑"→"尺寸打断"命令,选择左下侧的尺寸,命令行显示如下:

命令:CCDD↙
请在要打断的一侧点取尺寸线<退出>: 在标注 900 处单击

以上操作将一组尺寸标注打断为两组独立的尺寸标注,绘制结果如图 12-33 所示,其中 900 为一组,1950 和剩下的尺寸为一组。

(2) 保存图形。将图形以"尺寸打断.dwg"为文件名进行保存。命令行显示如下:

命令:SAVEAS↙(将绘制完成的图形以"尺寸打断.dwg"文件名保存在指定的路径中)

12.2.13　拆分区间

拆分区间命令可以把一个区间分成多个区间。

1. 执行方式

命令行:CFQJ。

菜单:"尺寸标注"→"尺寸编辑"→"拆分区间"。

2. 操作步骤

命令:CFQJ↙
选择待拆分的尺寸区间<退出>:选择尺寸
点取待增补的标注点的位置<退出>:点取标注位置
点取待增补的标注点的位置或[撤销(U)]<退出>:↙

12.2.14 上机练习——拆分区间

练习目标

拆分区间,如图 12-34 所示。

设计思路

打开源文件中的"双跑楼梯"图形,利用"拆分区间"命令将尺寸 3300 拆分成 900、1500 和 900。

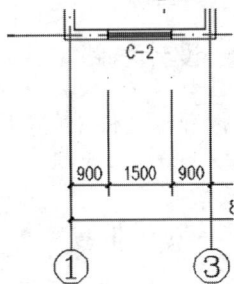

图 12-34 拆分区间

操作步骤

(1) 单击菜单中的"尺寸标注"→"尺寸编辑"→"拆分区间"命令,将尺寸 3300 拆分成 900、1500 和 900。命令行显示如下:

```
命令: CFQJ↙
选择待拆分的尺寸区间<退出>:选择尺寸 3300
点取待增补的标注点的位置<退出>:自左向右点取标注位置
点取待增补的标注点的位置或[撤销(U)]<退出>:↙
```

拆分结果如图 12-34 所示。

(2) 保存图形。将图形以"拆分区间.dwg"为文件名进行保存。命令行显示如下:

```
命令: SAVEAS↙
```

12.2.15 合并区间

合并区间命令可以把天正标注对象中的相邻区间合并为一个区间。

1. 执行方式

命令行:HBQJ。

菜单:"尺寸标注"→"尺寸编辑"→"合并区间"。

2. 操作步骤

```
命令:HBQJ↙
请框选合并区间中的尺寸界线箭头<退出>:框选两个要合并的区间的中间尺寸线
请框选合并区间中的尺寸界线箭头或 [撤销(U)]<退出>:选取其他的要合并的区间
```

12.2.16 上机练习——合并区间

练习目标

合并区间,如图 12-35 所示。

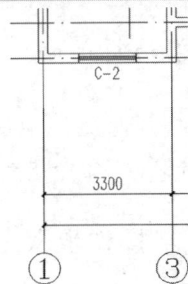

图 12-35 合并区间

![设计思路] **设计思路**

打开源文件中的"拆分区间"图形,利用"合并区间"命令,将细部尺寸合并成一个总尺寸。

![操作步骤] **操作步骤**

(1) 单击菜单中的"尺寸标注"→"尺寸编辑"→"合并区间"命令,将细部尺寸 900、1500 和 900 合并成一个总尺寸 3300。命令行显示如下:

```
命令:HBQJ↙
请框选合并区间中的尺寸界线箭头<退出>:框选尺寸 900、1500 和 900
请框选合并区间中的尺寸界线箭头或 [撤销(U)]<退出>:↙
```

合并区间结果如图 12-35 所示。

(2) 保存图形。将图形以"合并区间.dwg"为文件名进行保存。命令行显示如下:

```
命令:SAVEAS↙
```

12.2.17　等分区间

等分区间命令可以把天正标注对象的某一个区间按指定等分数等分为多个区间。

1.执行方式

命令行:DFQJ。

菜单:"尺寸标注"→"尺寸编辑"→"等分区间"。

2.操作步骤

```
命令:DFQJ↙
请选择需要等分的尺寸区间或[设置(S)]<退出>:选择需要等分的区间
输入等分数<退出>:输入等分数量↙
请选择需要等分的尺寸区间或[设置(S)]<退出>:↙
```

12.2.18　上机练习——等分区间

![练习目标] **练习目标**

等分区间,如图 12-36 所示。

![设计思路] **设计思路**

打开源文件中的"双跑楼梯"图形,利用"等分区间"命令进行区间的等分。

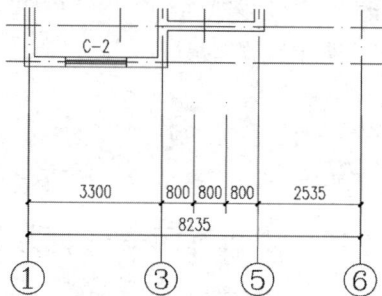

图 12-36　等分区间

![操作步骤] **操作步骤**

(1) 单击菜单中的"尺寸标注"→"尺寸编辑"→"等分区间"命令,命令行显示如下:

```
请选择需要等分的尺寸区间或[设置(S)]<退出>:选择尺寸
输入等分数<退出>:3↙
请选择需要等分的尺寸区间或[设置(S)]<退出>:↙
```

以上将一个区间分成三等份,等分结果如图12-36所示。

(2)保存图形。将图形以"等分区间.dwg"为文件名进行保存。命令行显示如下:

```
命令:SAVEAS↙
```

12.2.19 等式标注

等式标注命令对指定的尺寸标注区间尺寸,自动按等分数列出等分公式作为标注文字。

1.执行方式

命令行:DSBZ。

菜单:"尺寸标注"→"尺寸编辑"→"等式标注"。

2.操作步骤

```
命令:DSBZ↙
请选择需要等分的尺寸区间或[设置精度(S)]<退出>:选择需要等分的尺寸标注
输入等分数<退出>:输入等分数量↙
请选择需要等分的尺寸区间或[设置精度(S)]<退出>:↙
```

12.2.20 上机练习——等式标注

练习目标

进行等式标注,如图12-37所示。

设计思路

打开源文件中的"双跑楼梯"图形,利用"等式标注"命令,选择尺寸2400,将一个尺寸分成三等份,进行等式标注。

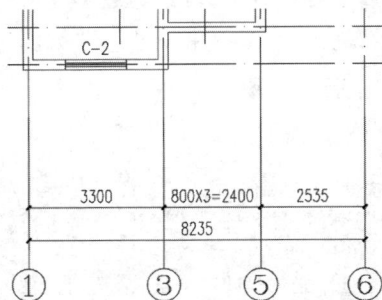

图12-37 等式标注

操作步骤

(1)单击菜单中的"尺寸标注"→"尺寸编辑"→"等式标注"命令,选择尺寸2400,将一个尺寸分成三等份。命令行显示如下:

```
命令:DSBZ↙
请选择需要等分的尺寸区间或[设置精度(S)]<退出>:选择尺寸2400
输入等分数<退出>:3↙
请选择需要等分的尺寸区间或[设置精度(S)]<退出>:↙
```

标注结果如图12-37所示。

（2）保存图形。将图形以"等式标注.dwg"为文件名进行保存。命令行显示如下：

```
命令：SAVEAS↙
```

12.2.21 尺寸等距

本命令用于对选中尺寸标注在垂直于尺寸线方向进行尺寸间距的等距调整。

1．执行方式

命令行：CCDJ。

菜单："尺寸标注"→"尺寸编辑"→"尺寸等距"。

2．操作步骤

```
命令：CCDJ↙
请选择参考标注<退出>:选择标注
请选择其他标注:继续选择标注
请选择其他标注：↙
请输入尺寸线间距<800>:输入尺寸线间距↙
```

12.2.22 对齐标注

对齐标注命令可以把多个天正标注对象按参考标注对象对齐排列。

1．执行方式

命令行：DQBZ。

菜单："尺寸标注"→"尺寸编辑"→"对齐标注"。

2．操作步骤

（1）自由对齐

```
命令：DQBZ↙
请选择需对齐的尺寸标注或[参考对齐(Q)]<退出>:左键选取需对齐的尺寸标注,支持多选,输入Q可切换为参考对齐
请选择需对齐的尺寸标注:选取其他要对齐排列的标注
请选择需对齐的尺寸标注:按回车键确定选择
请点取尺寸界线起点<不变>:左键点取尺寸界线起点
请点取尺寸线位置<不变>:左键点取尺寸线位置
```

（2）参考对齐

```
命令：DQBZ↙
请选择参考标注或[自由对齐(Q)]<退出>:左键选取参考标注,输入Q可切换为自由对齐
请选择其他标注<退出>:左键选取其他需对齐的标注,支持多选
请选择其他标注<退出>:选取其他要对齐排列的标注
请选择其他标注<退出>:按回车键确定选择,完成命令,其他标注与参考标注自动对齐
```

执行"对齐标注"命令把三个标注对象对齐，如图12-38所示。

12.2.23 增补尺寸

增补尺寸命令可以对已有的尺寸标注增加标注点。

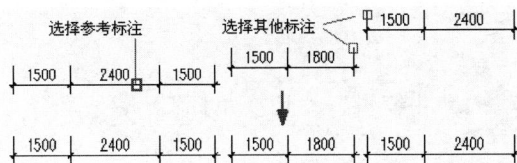

图 12-38 对齐标注

1.执行方式

命令行：ZBCC。

菜单："尺寸标注"→"尺寸编辑"→"增补尺寸"。

2.操作步骤

```
命令:ZBCC↙
请选择尺寸标注<退出>:选择需要增补的尺寸
点取待增补的标注点的位置或 [参考点(R)]<退出>:选择增补点
点取待增补的标注点的位置或 [参考点(R)/撤销上一标注点(U)]<退出>:选择增补点
点取待增补的标注点的位置或 [参考点(R)/撤销上一标注点(U)]<退出>:↙
```

12.2.24 上机练习——增补尺寸

练习目标

增补尺寸,如图 12-39 所示。

设计思路

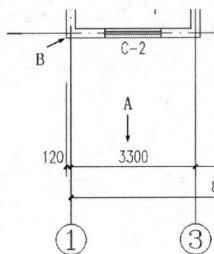

图 12-39 增补尺寸

打开源文件中的"双跑楼梯"图形,利用"增补尺寸"命令进行尺寸的增补。

操作步骤

(1)单击菜单中的"尺寸标注"→"尺寸编辑"→"增补尺寸"命令,在尺寸 3300 左侧添加尺寸 120。命令行显示如下:

```
命令:ZBCC↙
请选择尺寸标注<退出>:选A
点取待增补的标注点的位置或 [参考点(R)]<退出>:选B
点取待增补的标注点的位置或 [参考点(R)/撤销上一标注点(U)]<退出>:↙
```

增补尺寸结果如图 12-39 所示。

(2)保存图形。将图形以"增补尺寸.dwg"为文件名进行保存。命令行显示如下:

```
命令: SAVEAS↙
```

12.2.25 切换角标

切换角标命令可以对角度标注、弦长标注和弧长标注进行相互转化。

12-22

1．执行方式

命令行：QHJB。

菜单："尺寸标注"→"尺寸编辑"→"切换角标"。

2．操作步骤

```
命令:QHJB↙
请选择天正角度标注:选择需要切换角标的标注
请选择天正角度标注:↙
```

12.2.26 上机练习——切换角标

练习目标

切换角标，如图 12-40 所示。

设计思路

打开源文件中的"弧弦标注"图形，如图 12-41 所示，利用"切换角标"命令进行角标的切换。

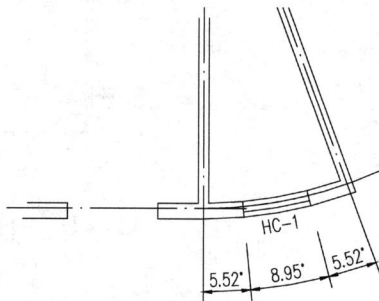

图 12-40 切换角标

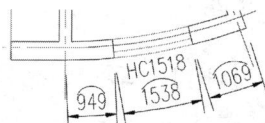

图 12-41 "弧弦标注"图形

操作步骤

（1）单击菜单中的"尺寸标注"→"尺寸编辑"→"切换角标"命令，命令行显示如下：

```
请选择天正角度标注:选标注
请选择天正角度标注:↙
```

切换角标结果如图 12-40 所示。

（2）保存图形。将图形以"切换角标.dwg"为文件名进行保存。命令行显示如下：

```
命令：SAVEAS↙
```

第13章

符号标注

◇本◇章◇导◇读◇

　　按照建筑制图的工程符号国标规定画法,天正软件提供了一整套自定义的工程符号对象。这些符号对象能够便捷地绘制剖切号、指北针、引注箭头,以及各类详图符号和引出标注符号。使用这些自定义的工程符号对象,并非仅仅意味着简单地插入符号图块,而是在图纸上添加了具有建筑工程专业含义的图形符号。这些工程符号对象不仅提供了专业的夹点定义,还内部保存了对象特性数据。用户在插入符号时,可以通过对话框的参数控制选项进行定制。此外,根据绘图的不同需求,用户还可以在图中已插入的工程符号上拖动夹点,或者使用Ctrl+1快捷键启动对象特性栏,来更改工程符号的特性。双击符号中的文字,即可启动在位编辑功能,方便更改文字内容。

◇学◇习◇要◇点◇

◆ 标高符号
◆ 工程符号的标注

13.1 标 高 符 号

坐标标注在工程制图中用来表示某个点的平面位置,一般由政府的测绘部门提供,而标高标注则用于表示某个点的高程或者垂直高度。标高有绝对标高和相对标高之分,绝对标高的数值也来自当地测绘部门,而相对标高则是设计单位根据具体情况设定的,一般选取室内一层地坪作为基准,与绝对标高有相对关系。天正建筑分别定义了坐标对象和标高对象来实现坐标和标高的标注。这些符号的画法符合国家制图规范的工程符号图例要求。

13.1.1 坐标标注

本命令在总平面图上标注测量坐标或施工坐标,取值来自世界坐标或者当前用户坐标 UCS,支持批量标注坐标功能。坐标对象提供线端夹点,可以调整文字基线长度。

1. 执行方式

命令行:ZBBZ。

菜单:"符号标注"→"坐标标注"。

2. 操作步骤

> 当前绘图单位:mm,标注单位:M;以世界坐标取值;北向角度 90.0000 度
> 请点取标注点或 [设置(S)\批量标注(Q)]<退出>:输入 S

输入 S 后,打开"坐标标注"对话框,如图 13-1 所示。

图 13-1 "坐标标注"对话框

3. 控件说明

坐标取值可以从世界坐标系或用户坐标系 UCS 中任意选择(默认取世界坐标系)。

注意:如选择以用户坐标系 UCS 取值,应利用 UCS 命令把当前图形设为要选择使用的 UCS(因为 UCS 可以有多个)。当前如果设置为世界坐标系时,坐标取值将与世界坐标系保持一致。

南北向的坐标为 X(A),东西向的坐标为 Y(B),与建筑绘图习惯使用的 XOY 坐标系是相反的。

如果要在图中插入指北针符号,在对话框中单击"选指北针＜"按钮,从图中选择已经存在的指北针,系统以它的指向为X(A)方向标注新的坐标点。

图形中的建筑默认为坐北朝南布置,"北向角度＜"为90(图纸上方),如正北方向不是图纸上方,应单击"北向角度＜"按钮,并在图中指示出正北方向。

当显示模式为仅显示编号和全部显示时,可设置标注编号。

使用UCS标注的坐标符号颜色为青色,区别于使用世界坐标标注的坐标符号。在同一DWG图中不得使用两种坐标系统进行坐标标注。

13.1.2　标高标注

本命令在界面中分为两个页面,分别用于建筑专业的平面图标高标注、立剖面图楼面标高标注,以及总图专业的地坪标高标注、绝对标高和相对标高的关联标注。地坪标高符合总图制图规范的三角形、圆形实心标高符号,提供可选的两种标注排列,标高数字右方或者下方可加注文字,说明标高的类型。标高文字提供夹点,需要时可以拖动夹点移动标高文字。

1．执行方式

命令行:BGBZ。

菜单:"符号标注"→"标高标注"。

执行上述任意一种命令,打开"标高标注"对话框,如图13-2所示。

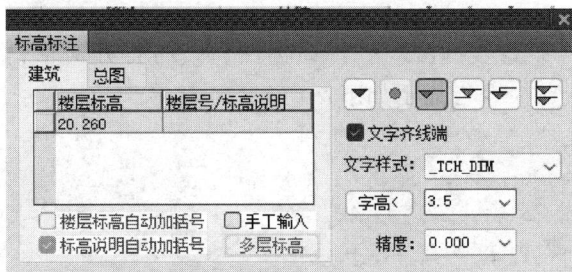

图13-2　"标高标注"对话框

2．操作步骤

命令:BGBZ↙
请点取标高点或[参考标高(R)]<退出>:选取标高点
请点取标高方向<退出>:标高尺寸方向
下一点或[第一点(F)]<退出>:选取其他标高点
下一点或[第一点(F)]<退出>:↙

13.1.3　上机练习——标高标注

练习目标

设置标高标注,如图13-3所示。

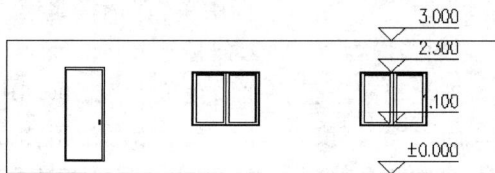

图 13-3　标高标注

设计思路

打开源文件中的"标高标注原图"图形,如图 13-4 所示,利用"标高标注"命令标注标高。

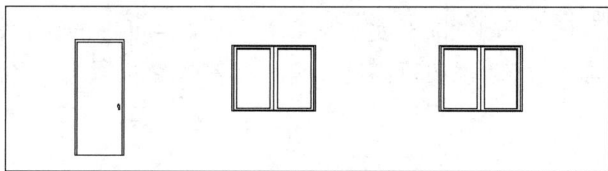

图 13-4　"标高标注原图"图形

操作步骤

(1)单击菜单中的"符号标注"→"标高标注"命令,打开对话框如图 13-2 所示,设置好后单击绘图区域。命令行显示如下:

```
命令:BGBZ↙
请点取标高点或 [参考标高(R)]<退出>:选取地坪
请点取标高方向<退出>:选标高点的右侧
下一点或 [第一点(F)]<退出>:选取窗下
下一点或 [第一点(F)]<退出>:选取窗上
下一点或 [第一点(F)]<退出>:选屋顶
下一点或 [第一点(F)]<退出>:↙
```

绘制结果如图 13-3 所示。

(2)保存图形。将图形以"标高标注.dwg"为文件名进行保存。命令行显示如下:

```
命令:SAVEAS↙
```

13.1.4　标高检查

标高检查命令可以通过一个给定标高对立剖面图中其他标高符号进行检查。

1.执行方式

命令行:BGJC。

菜单:"符号标注"→"标高检查"。

2. 操作步骤

13.1.5 标高对齐

本软件新增"标高对齐"命令,用于把选中标高按新选取的标高位置或参考标高位置竖向对齐。

1. 执行方式

命令行:BGDQ。

菜单:"符号标注"→"标高对齐"。

2. 操作步骤

命令:BGDQ ↙
请选择需对齐的标高标注或[参考对齐(Q)]<退出>:选择标高
请选择需对齐的标高标注:选择标高
请选择需对齐的标高标注: ↙
请点取标高对齐点<不变>:选择标高对齐点

13.1.6 上机练习——标高对齐

练习目标

进行标高对齐,如图 13-5 所示。

设计思路

打开源文件中的"标高对齐原图"图形,如图 13-6 所示,利用"标高对齐"命令对齐标高。

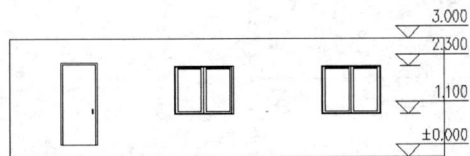

图 13-5 标高对齐

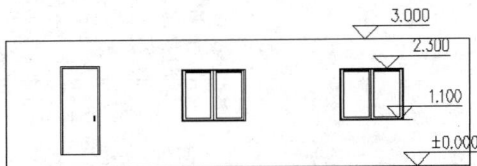

图 13-6 "标高对齐原图"图形

操作步骤

(1)单击菜单中的"符号标注"→"标高对齐"命令,命令行显示如下:

227

```
命令：BGDQ ↙
请选择需对齐的标高标注或[参考对齐(Q)]<退出>：选择标高±0.000
请选择需对齐的标高标注：选择标高1.100
请选择需对齐的标高标注：选择标高2.300
请选择需对齐的标高标注：选择标高3.000
请选择需对齐的标高标注：
请点取标高对齐点<不变>：选取标高对齐点
```

最终绘制结果如图13-5所示。

（2）保存图形，将图形以"标高对齐.dwg"为文件名进行保存。命令行显示如下：

```
命令：SAVEAS ↙
```

13.2 工程符号的标注

创建天正符号标注绝非简单地插入符号图块，而是在图上添加具有建筑工程专业含义的图形符号对象。平面图的剖面符号可用于立面和剖面工程图生成。

13.2.1 箭头引注

使用箭头引注命令绘制带有箭头的引出标注。文字可从线端标注，也可从线上标注，引线可以多次转折，用于楼梯方向线、坡度等标注。系统提供5种箭头样式和两行说明文字。

1. 执行方式

命令行：JTYZ。

菜单："符号标注"→"箭头引注"。

执行上述任意一种命令，打开"箭头引注"对话框，如图13-7所示。首先在下侧各项中进行适当选择，然后在"上标文字"和"下标文字"文本框中输入要标注的文字。

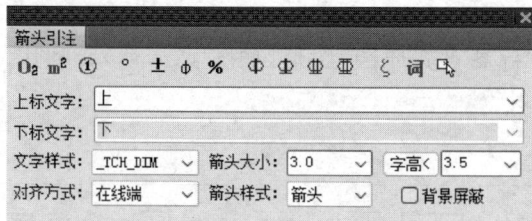

图13-7 "箭头引注"对话框

2. 操作步骤

```
命令：JTYZ ↙
箭头起点或 [点取图中曲线(P)/点取参考点(R)]<退出>：选择箭头起点
直段下一点或 [弧段(A)/回退(U)]<结束>：选择箭头线的转角
直段下一点或 [弧段(A)/回退(U)]<结束>：选择箭头线的转角
直段下一点或 [弧段(A)/回退(U)]<结束>：↙
箭头起点或 [点取图中曲线(P)/点取参考点(R)]<退出>：↙
```

　　在对话框中输入引线端部或者引线上下要标注的文字,可以从下拉列表框中选择系统保存的文字历史记录,也可以不输入文字只画箭头。对话框中还提供更改箭头长度、样式的功能,箭头长度按最终图纸尺寸,以毫米为单位给出;箭头的可选样式有"箭头""半箭头""点""十字""无"5种。

13.2.2　上机练习——箭头引注

练习目标

创建箭头引注,如图13-8所示。

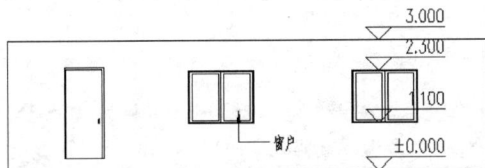

图13-8　箭头引注

设计思路

打开源文件中的"箭头引注原图"图形,利用"箭头引注"命令对窗户进行引注。

操作步骤

　　(1) 单击菜单中的"符号标注"→"箭头引注"命令,打开对话框,在文本框中输入"窗户",然后在绘图区域单击。命令行显示如下:

```
命令:JTYZ↙
箭头起点或 [点取图中曲线(P)/点取参考点(R)]<退出>:选择窗内一点
直段下一点或 [弧段(A)/回退(U)]<结束>:选择下面的直线点
直段下一点或 [弧段(A)/回退(U)]<结束>:选择水平的直线点
直段下一点或 [弧段(A)/回退(U)]<结束>:↙
```

以上命令完成了窗户的箭头引注,绘制结果如图13-8所示。

(2) 保存图形。将图形以"箭头引注.dwg"为文件名进行保存。命令行显示如下:

```
命令: SAVEAS↙
```

13.2.3　引出标注

引出标注命令可用引线连接多个标注点,并为它们标注相同内容。

1. 执行方式

命令行:YCBZ。

菜单:"符号标注"→"引出标注"。

执行上述任意一种命令,打开"引出标注"对话框,如图13-9所示。首先在下侧各选项中进行适当选择,然后在"上标注文字"和"下标注文字"文本框中输入要标注的文字。

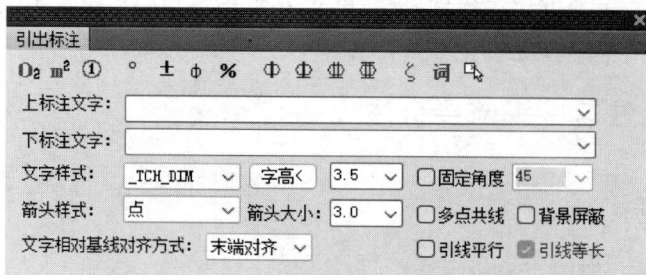

图 13-9 "引出标注"对话框

2. 操作步骤

```
命令:YCBZ↙
请给出标注第一点<退出>:选择标注起点
输入引线位置<退出>:选取引线位置
点取文字基线位置<退出>:选取基线位置
输入其他的标注点<结束>:↙
请给出标注第一点<退出>:↙
```

13.2.4 上机练习——引出标注

练习目标

创建引出标注,如图 13-10 所示。

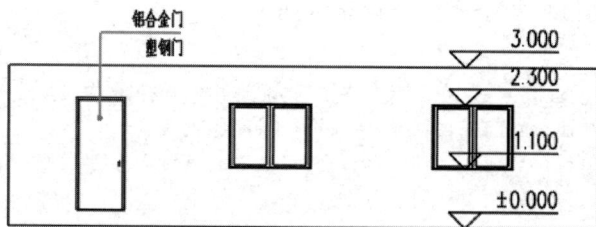

图 13-10 引出标注

设计思路

打开源文件中的"引出标注原图"图形,利用"引出标注"命令进行引出标注。

操作步骤

(1)单击菜单中的"符号标注"→"引出标注"命令,打开对话框如图 13-9 所示。在"上标注文字"文本框中输入"铝合金门",在"下标注文字"文本框中输入"塑钢门",然后单击绘图区域。命令行显示如下:

请给出标注第一点<退出>:选择门内一点
输入引线位置或 [更改箭头型式(A)]<退出>:单击引线位置
点取文字基线位置<退出>:选取文字基线位置
输入其他的标注点<结束>:✓
请给出标注第一点<退出>:✓

绘制结果如图 13-10 所示。

（2）保存图形。将图形以"引出标注.dwg"为文件名进行保存。命令行显示如下：

命令：SAVEAS✓

13.2.5 做法标注

做法标注命令可以从专业词库获得标准做法，用以标注工程做法。

1. 执行方式

命令行：ZFBZ。

菜单："符号标注"→"做法标注"。

执行上述任意一种命令，打开"做法标注"对话框，如图 13-11 所示。首先在下侧各选项中进行适当选择，然后在上面的文本框中分行输入要标注的做法文字。

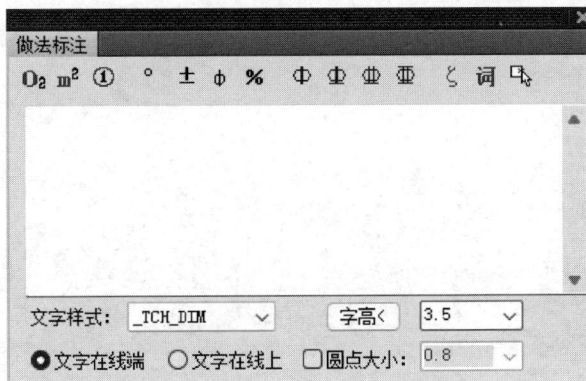

图 13-11 "做法标注"对话框

2. 操作步骤

命令：ZFBZ✓
请给出标注第一点<退出>:选择标注起点
请给出文字基线位置<退出>:选择引线位置
请给出文字基线方向和长度<退出>:选择基线位置
请给出标注第一点<退出>:✓

13.2.6 指向索引

本命令为图中另有详图的某一部分指向标注索引号，指出表示这些部分的详图在哪张图上，指向索引的对象编辑提供增加索引号的功能。为符合制图规范的图例画法，增加了"在延长线上标注文字"复选框。

1．执行方式

命令行：ZXSY。

菜单："符号标注"→"指向索引"。

执行上述任意一种命令，打开"指向索引"对话框，如图 13-12 所示，在下侧各选项中进行适当选择，然后在"标注文字"下面的文本框中输入要标注的文字。

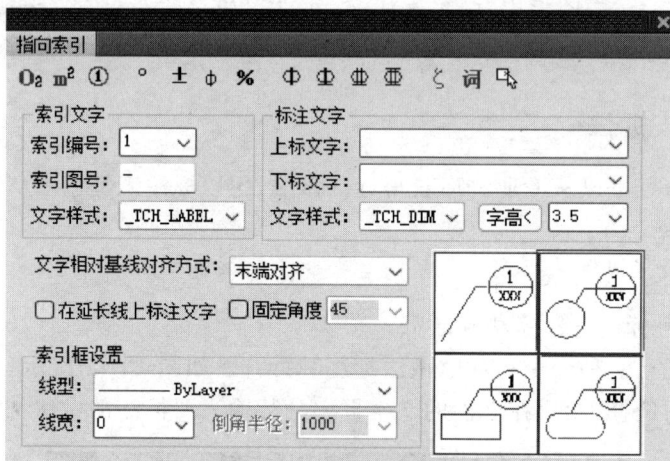

图 13-12　"指向索引"对话框

2．操作步骤

```
命令：ZXSY↙
请给出索引节点的位置<退出>：选择索引点位置
请给出索引节点的范围<0.0>：指定索引范围大小
请给出转折点位置<退出>：选择转折点位置
请给出文字索引号位置<退出>：选择文字索引号的位置
请给出索引节点的位置<退出>：↙
```

13.2.7　上机练习——指向索引

练习目标

创建指向索引，如图 13-13 所示。

设计思路

打开源文件中的"指向索引原图"图形，利用"指向索引"命令标注指向索引。

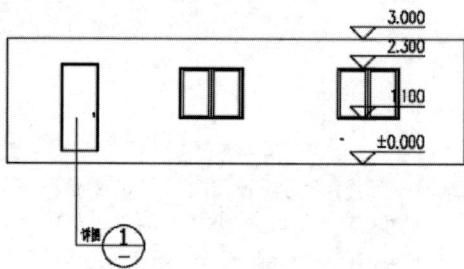

图 13-13　指向索引

操作步骤

（1）单击菜单中的"符号标注"→"指向索引"命令，打开"指向索引"对话框，在对话框中进行适当的选择和添加文字，如图 13-14 所示。

232

图 13-14 "指向索引"对话框

单击绘图区域,命令行显示如下:

命令:ZXSY↙
请给出索引节点的位置<退出>:选择门内一点
请给出索引节点的范围<0.0>:指定索引范围大小
请给出转折点位置<退出>:选择转折点位置
请给出文字索引号位置<退出>:选择文字索引号的位置
请给出索引节点的位置<退出>:↙

以上便完成了门的指向索引,绘制结果如图 13-13 所示。

(2) 保存图形。将图形以"指向索引.dwg"为文件名进行保存。命令行显示如下:

命令:SAVEAS↙(将绘制完成的图形以"指向索引.dwg"为文件名保存在指定的路径中)

13.2.8　索引图名

索引图名命令为图中局部详图标注索引图名。

1. 执行方式

命令行:SYTM。

菜单:"符号标注"→"索引图名"。

执行上述任意一种命令,打开"索引图名"对话框,如图 13-15 所示。

图 13-15 "索引图名"对话框

2. 操作步骤

命令:SYTM↙
请点取标注位置<退出>:选择标注位置
请点取标注位置<退出>:↙

13.2.9 剖切符号

本命令支持任意角度的转折剖切符号绘制功能,用于在图中标注符合制图标准的剖切符号。剖切符号用于定义剖面图,表示剖切断面上的构件,以及从该处沿视线方向绘制可见的建筑部件。生成剖面时执行"建筑剖面"与"构件剖面"命令需要事先绘制此符号,用以定义剖面方向。

1. 执行方式

命令行:PQFH。

菜单:"符号标注"→"剖切符号"。

执行上述任意一种命令,打开"剖切符号"对话框,如图13-16所示。

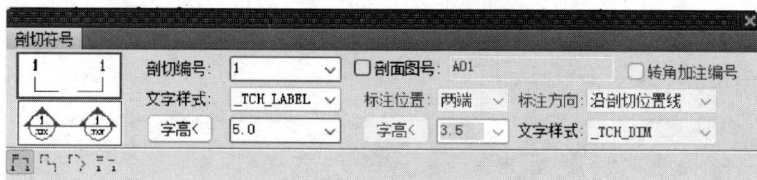

图13-16 "剖切符号"对话框

2. 操作步骤

```
命令:PQFH✓
点取第一个剖切点<退出>:选取剖线的第一点
点取第二个剖切点<退出>:选取剖线的第二点
点取剖视方向<当前>:选择剖视方向
点取第一个剖切点<退出>:✓
```

13.2.10 加折断线

加折断线命令可以在图中绘制折断线。

1. 执行方式

命令行:JZDX。

菜单:"符号标注"→"加折断线"。

2. 操作步骤

```
命令:JZDX✓
点取折断线起点或 [选多段线(S)\绘双折断线(Q),当前:绘单折断线]<退出>:选择折断线起点
点取折断线终点或 [改断数目(N),当前=1]<退出>:选择折断线终点
当前切除外部,请选择保留范围或 [改为切除内部(Q)]<不切割>:✓
```

13.2.11 上机练习——加折断线

练习目标

加折断线,如图13-17所示。

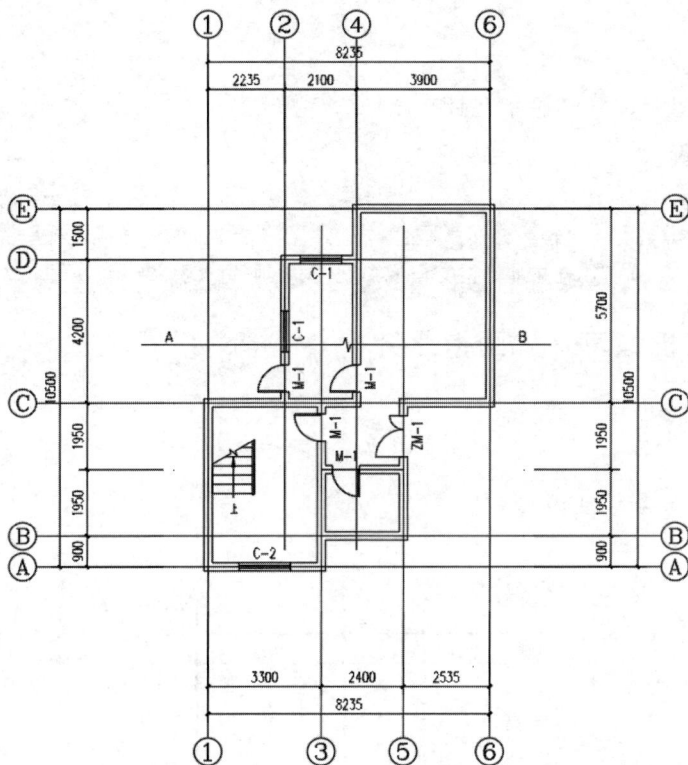

图 13-17　加折断线

设计思路

打开源文件中的"双跑楼梯"图形,利用"加折断线"命令标注加折断线。

操作步骤

(1) 单击菜单中的"符号标注"→"加折断线"命令,为平面图添加折断线。命令行显示如下:

```
命令:JZDX✓
点取折断线起点或 [选多段线(S)\绘双折断线(Q),当前:绘单折断线]<退出>:选Ⓐ
点取折断线终点或 [改折断数目(N),当前=1]<退出>:选Ⓑ
当前切除外部,请选择保留范围或 [改为切除内部(Q)]<不切割>:✓
```

加折断线绘制结果如图 13-17 所示。

(2) 保存图形。将图形以"加折断线.dwg"为文件名进行保存。命令行显示如下:

```
命令:SAVEAS✓
```

13.2.12　画指北针

画指北针命令可以在图中绘制指北针。

1．执行方式

命令行：HZBZ。

菜单："符号标注"→"画指北针"。

2．操作步骤

命令:HZBZ↙
指北针位置<退出>:选择指北针的插入位置
指北针方向<90.0>:选择指北针的方向或角度,以X轴正向为0起始,逆时针转为正

13.2.13 上机练习——画指北针

练习目标

画指北针,如图 13-18 所示。

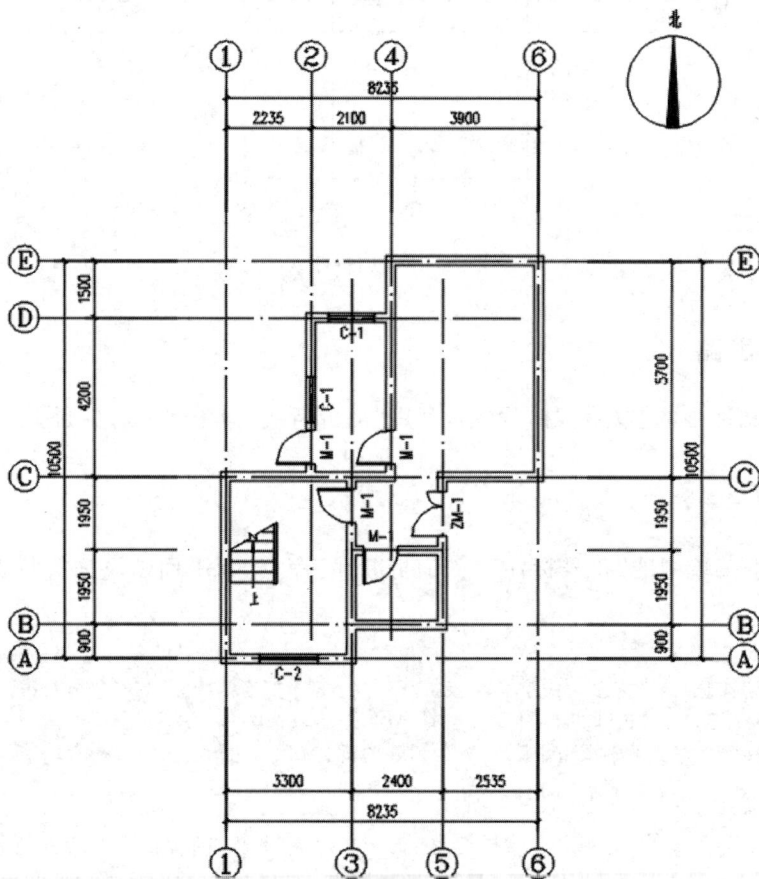

图 13-18　画指北针

设计思路

打开源文件中的"双跑楼梯"图形,利用"画指北针"命令标注指北针。

操作步骤

（1）单击菜单中的"符号标注"→"画指北针"命令,命令行显示如下：

```
命令:HZBZ↙
指北针位置<退出>:选择指北针的插入点
指北针方向<90.0>:指定方向
```

绘制结果如图 13-18 所示。

（2）保存图形。将图形以"画指北针.dwg"为文件名进行保存。命令行显示如下：

```
命令: SAVEAS↙
```

13.2.14　图名标注

图名标注命令在图形下方标出该图的图名,同时标注比例。

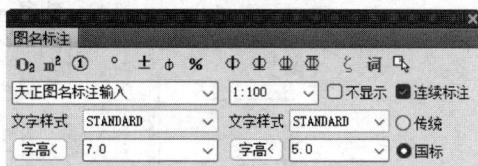

图 13-19　"图名标注"对话框

1. 执行方式

命令行：TMBZ。

菜单："符号标注"→"图名标注"。

执行上述任意一种命令,打开"图名标注"对话框,如图 13-19 所示。

2. 操作步骤

```
命令:TMBZ↙
请点取插入位置<退出>:单击图名标注的位置
请点取插入位置<退出>:↙
```

13.2.15　上机练习——图名标注

练习目标

创建图名标注,如图 13-20 所示。

设计思路

打开源文件中的"画指北针"图形,利用"图名标注"命令标注图名。

操作步骤

（1）单击菜单中的"符号标注"→"图名标注"命令,打开"图名标注"对话框如图 13-21 所示,输入图形名称为"建筑平面图",比例设置为 1∶100,字高为 7.0。

单击绘图区域中,命令行显示如下：

13-8

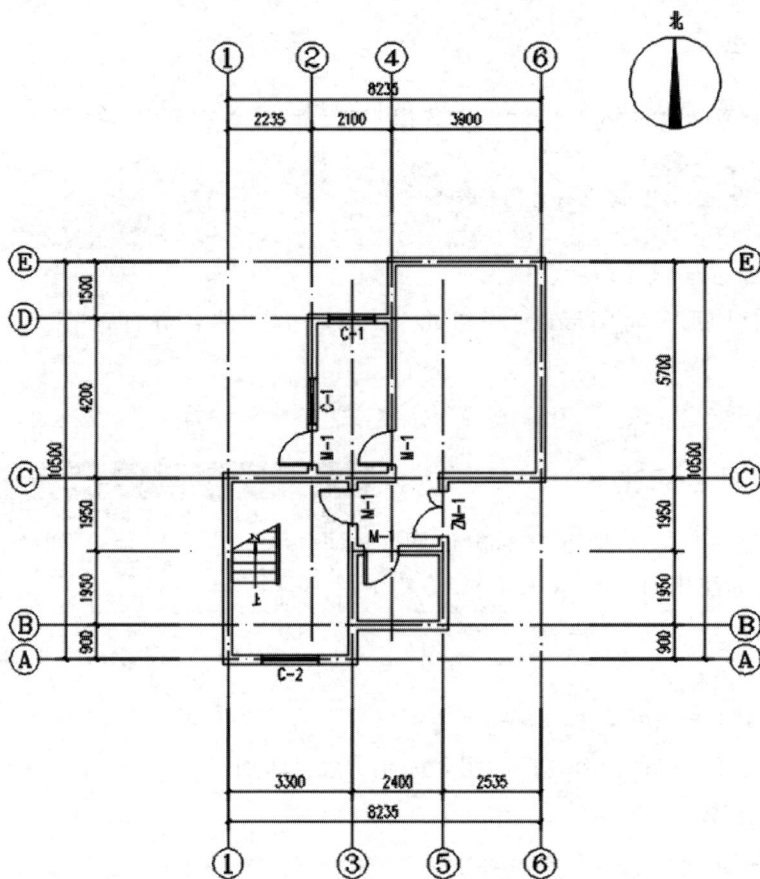

建筑平面图 1:100

图 13-20　图名标注

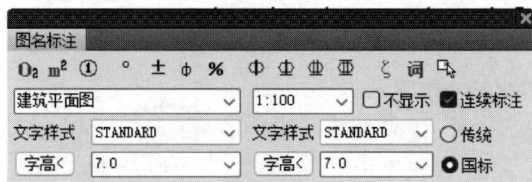

图 13-21　"图名标注"对话框

```
命令: TMBZ↙
请点取插入位置<退出>:单击图名标注的位置
请点取插入位置<退出>:↙
```

绘制结果如图 13-20 所示。

（2）保存图形。将图形以"图名标注.dwg"为文件名进行保存。命令行显示如下：

```
命令: SAVEAS↙
```

第14章

工具

本章导读

　　工具包括常用工具、曲线工具、调整工具、观察工具和其他工具等。本章详细介绍几个常用的工具命令,利用这些命令可以对对象进行选择、移动、编辑或者隐藏显示等。

学习要点

- ◆ 对象查询
- ◆ 对象编辑
- ◆ 对象选择
- ◆ 自由复制
- ◆ 自由移动
- ◆ 局部隐藏
- ◆ 局部可见
- ◆ 选择恢复

14.1　对象查询

对象查询命令不必选取,只要光标经过对象,即可出现文字窗口,从中可动态查看该对象的有关数据。如单击对象,则自动进入编辑状态。

1.执行方式

命令行:DXCX。

菜单:"工具"→"对象查询"。

执行上述任意一种命令,图上会显示光标,光标经过对象时会出现文字窗口。

2.操作步骤

命令:DXCX↙

14.2　上机练习——对象查询

练习目标

进行对象查询,如图 14-1 所示。

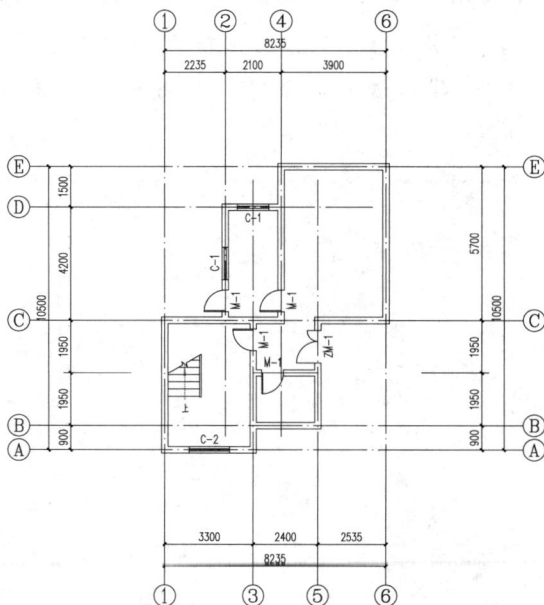

对象句柄	5C5
门窗类型	窗
门窗编号	C-1
宽度	1200
高度	1500
离地高度	600
转角	0
洞墙面积比	0.260
比例	100
DXF类型	TCH_OPENING
图层	WINDOW
颜色	18
线型	ByLayer

图 14-1　对象查询

14-1

设计思路

打开源文件中的"双跑楼梯"图形,利用"对象查询"命令查询对象属性。

操作步骤

单击菜单中的"工具"→"对象查询"命令,选择 C-1,命令行显示如下:

命令:DXCX↙

C-1 的属性如图 14-1 所示。

14.3 对象编辑

对象编辑命令可以调用相应的编辑界面对天正对象进行编辑,默认双击对象启动本命令。

1.执行方式

命令行:DXBJ。

菜单:"工具"→"对象编辑"。

2.操作步骤

命令:DXBJ↙
选择要编辑的物体:选取需编辑的对象,随即进入各自的对话框或命令行,根据所选择的天正对象而定

14.4 上机练习——对象编辑

练习目标

进行对象编辑,如图 14-2 所示。

设计思路

打开源文件中的"双跑楼梯"图形,利用"对象编辑"命令,将 C-1 的宽度设置为 1800,高度设置为 2100。

操作步骤

(1)单击菜单中的"工具"→"对象编辑"命令,选择 C-1,打开如图 14-3 所示的对话框。将 C-1 的宽度设置为 1800,高度设置为 2100,单击"确定"按钮。命令行显示如下:

14-2

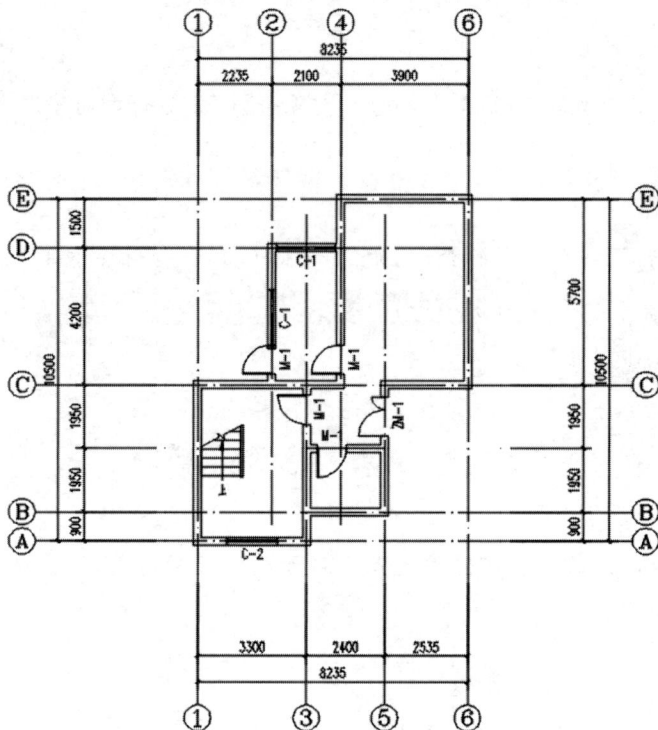

图 14-2　对象编辑

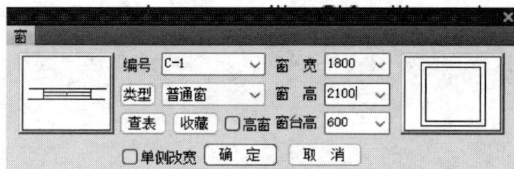

图 14-3　"窗"对话框

```
命令:DXBJ
选择要编辑的物体:选择 C-1
其他 1 个相同编号的门窗是否同时参与修改?[全部(A)/部分(S)/否(N)]<N>:A
```

绘制结果如图 14-2 所示。

（2）保存图形。将图形以"对象编辑.dwg"为文件名进行保存。命令行显示如下：

```
命令:SAVEAS↙
```

14.5　对象选择

本命令提供过滤选择对象功能。首先选择作为过滤条件的对象,再选择其他符合过滤条件的对象,在复杂的图形中筛选同类对象,建立需要批量操作的选择集,新提供构件材料的过滤,柱子和墙体可按材料过滤进行选择,默认匹配的结果存在新选择集中,也可以从新选择集中排除匹配内容。

1．执行方式

命令行：DXXZ。

菜单："工具"→"对象选择"。

执行上述任意一种命令,打开"匹配选项"对话框,如图 14-4 所示。

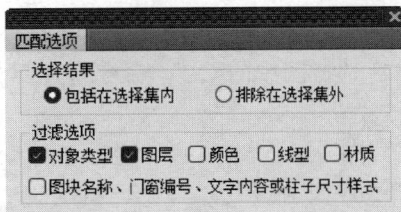

图 14-4 "匹配选项"对话框

2．操作步骤

命令：DXXZ↙
请选择一个参考图元或 [恢复上次选择(2)]<退出>:选择要过滤的对象
提示：空选即为全选,中断用 ESC!
选择对象：框选范围或者直接按回车键表示全选(DWG 整个范围)

3．控件说明

对象类型：过滤选择条件为图元对象的类型,比如选择所有的 PLINE。

图层：过滤选择条件为图层名,比如过滤参考图元的图层为 A,则选取对象时只有 A 层的对象才能被选中。

颜色：过滤选择条件为图元对象的颜色,目的是选择颜色相同的对象。

线型：过滤选择条件为图元对象的线型,比如删去虚线。

图块名称等：过滤选择条件为图块名称、门窗编号、文字内容或柱子类型与尺寸,快速选择同名图块,或编号相同的门窗、柱子。

材质：过滤选择条件为柱子或者墙体的材质类型。

包括在选择集内：结果包含在选择集内。

排除在选择集外：结果从选择集中扣除。用户选取范围中可能包括某些不需要的匹配项,此选项可以用于过滤这些内容。

14.6 上机练习——对象选择

练习目标

进行对象选择,如图 14-5 所示。

设计思路

打开源文件中的"双跑楼梯"图形,利用"对象选择"命令选择图中的所有 C-1。

操作步骤

(1) 单击菜单中的"工具"→"对象选择"命令,打开

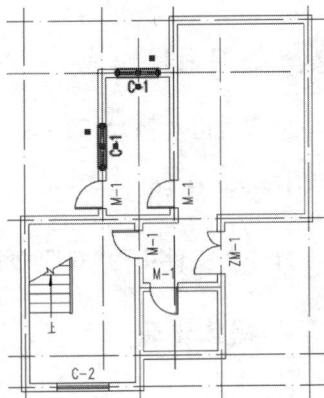

图 14-5 对象选择

对话框如图 14-4 所示,选中"图块名称、门窗编号、文字内容或柱子尺寸样式"单选按钮,然后选择图中的 C-1。命令行显示如下:

```
命令:DXXZ↙
请选择一个参考图元或 [恢复上次选择(2)]<退出>:选择 C-1
提示:空选即为全选,中断用 ESC!
选择对象:按键盘上的空格键
```

选择结果如图 14-5 所示。

(2) 这样编号相同的窗户都被选中。当相同的对象很多时,此命令可以达到快速选择的目的,这样我们就可以对它们的属性进行统一修改。

14.7　自　由　复　制

自由复制命令对 AutoCAD 对象与天正对象均起作用,能在复制对象之前对其进行旋转、镜像、改插入点等灵活处理,而且默认为多重复制,十分方便。

1. 执行方式

命令行:ZYFZ。

菜单:"工具"→"自由复制"。

2. 操作步骤

```
命令:ZYFZ↙
请选择要拷贝的对象:用任意选择方法选取对象↙
请点取基点位置<左下角点>:选取基点或者直接按回车键
点取位置或 [转90度(A)/左右翻(S)/上下翻(D)/对齐(F)/改转角(R)/改基点(T)]<退出>:拖动
到目标位置单击
```

14.8　上机练习——自由复制

练习目标

进行自由复制,如图 14-6 所示。

设计思路

打开源文件中的"双跑楼梯"图形,利用"自由复制"命令复制图形。

操作步骤

(1) 单击菜单中的"工具"→"自由复制"命令,框选所有图形,向右侧复制。命令行显示如下:

14-4

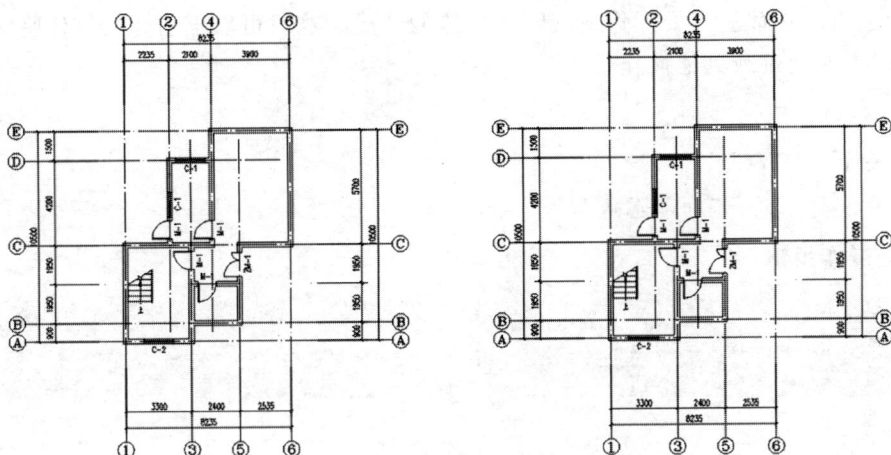

图 14-6　自由复制

```
命令:ZYFZ↙
请选择要拷贝的对象:框选所有图像↙
请点取基点位置<左下角点>:按回车键
点取位置或 [转 90 度(A)/左右翻(S)/上下翻(D)/对齐(F)/改转角(R)/改基点(T)]<退出>: 拖动
到目标位置单击
```

复制结果如图 14-6 所示。

（2）保存图形。将图形以"自由复制.dwg"为文件名进行保存。命令行显示如下:

```
命令: SAVEAS↙
```

14.9　自由移动

自由移动命令对 AutoCAD 对象与天正对象均起作用,能在移动对象就位前利用键盘先对其进行旋转、镜像、改插入点等灵活处理。

1．执行方式

命令行:ZYYD。

菜单:"工具"→"自由移动"。

2．操作步骤

```
命令:ZYYD↙
请选择要移动的对象:用任意选择方法选取对象↙
请点取基点位置<左下角点>:选取基点或者直接按回车键
点取位置或 [转 90 度(A)/左右翻(S)/上下翻(D)/对齐(F)/改转角(R)/改基点(T)]<退出>: 拖动
到目标位置单击
```

14.10　局部隐藏

局部隐藏命令可以把妨碍观察和操作的对象临时隐藏起来。在三维操作中,经常会遇到前方的物体遮挡要操作或观察的物体的情况。这时可以把前方的物体临时隐藏起来,以方便观察或其他操作。

1．执行方式

命令行:JBYC。

菜单:"工具"→"局部隐藏"。

2．操作步骤

```
命令:JBYC↙
选择对象:选择待隐藏的对象
选择对象:↙
```

14.11 上机练习——局部隐藏

练习目标

设置局部隐藏,如图 14-7 所示。

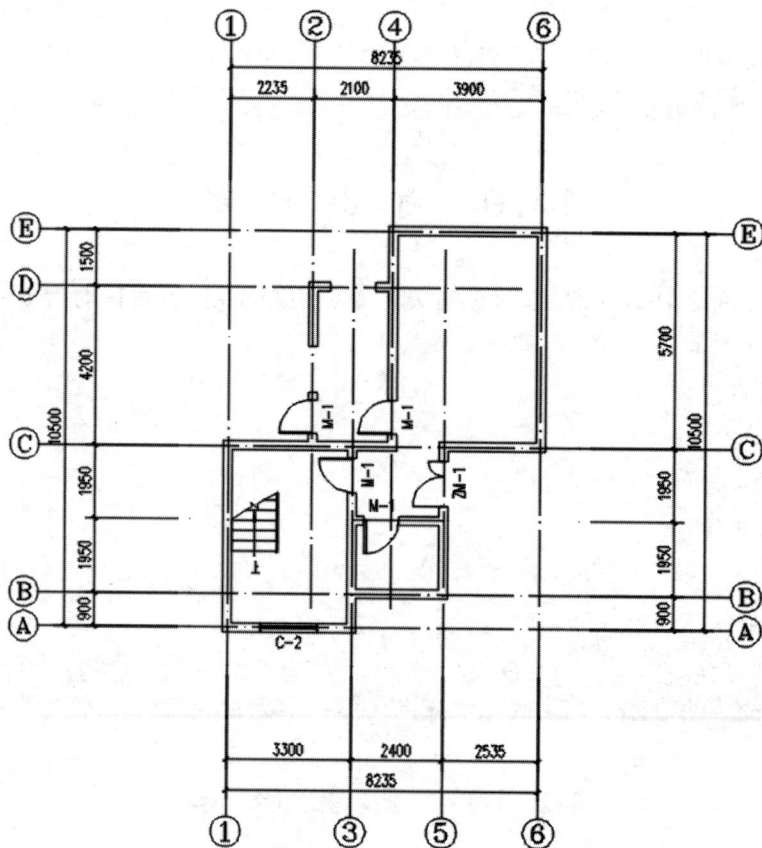

图 14-7 局部隐藏

设计思路

打开源文件中的"双跑楼梯"图形,利用"局部隐藏"命令隐藏所有 C-1。

操作步骤

(1)单击菜单中的"工具"→"局部隐藏"命令,将所有 C-1 隐藏。命令行显示如下:

```
命令:JBYC↙
选择对象:选择所有 C-1
选择对象:↙
```

结果如图 14-7 所示。

(2)保存图形。将图形以"局部隐藏.dwg"为文件名进行保存。命令行显示如下:

```
命令:SAVEAS↙
```

14.12 局部可见

利用局部可见命令可以选择需要关注的对象进行显示,而把其余对象临时隐藏起来。

1.执行方式

命令行:JBKJ。

菜单:"工具"→"局部可见"。

2.操作步骤

```
命令:JBKJ↙
选择对象:选择非隐藏的对象,其余对象隐藏
选择对象:按回车键结束选择
```

14.13 上机练习——局部可见

14-6

练习目标

设置局部可见,如图 14-8 所示。

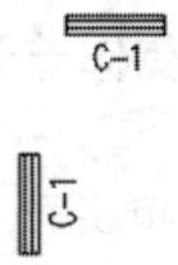

设计思路

利用源文件中的"双跑楼梯"图形,利用"局部可见"命令,隐藏除 C-1 以外的所有图形。

C-1

图 14-8 局部可见

操作步骤

（1）单击菜单中的"工具"→"局部可见"命令，隐藏除 C-1 以外的所有图形。命令行显示如下：

```
命令:JBKJ↙
选择对象:选择所有 C-1
选择对象:按回车键结束选择
```

结果如图 14-8 所示。

（2）保存图形。将图形以"局部可见.dwg"为文件名进行保存。命令行显示如下：

```
命令: SAVEAS↙
```

14.14　选择恢复

选择恢复命令将被局部隐藏的图形对象重新恢复可见。

1. 执行方式

命令行：XZHF。

菜单："工具"→"选择恢复"。

2. 操作步骤

```
命令:XZHF↙
请选择要恢复可见的对象<全部恢复可见>:选择要恢复可见的对象
请选择要恢复可见的对象:↙
```

14.15　上机练习——选择恢复

练习目标

设置选择恢复，如图 14-9 所示。

设计思路

打开源文件中的"局部可见"图形，利用"选择恢复"命令显示所有图形。

操作步骤

（1）单击菜单中的"工具"→"选择恢复"命令，显示所有图形。命令行显示如下：

```
命令:XZHF↙
请选择要恢复可见的对象<全部恢复可见>:按回车键
```

14-7

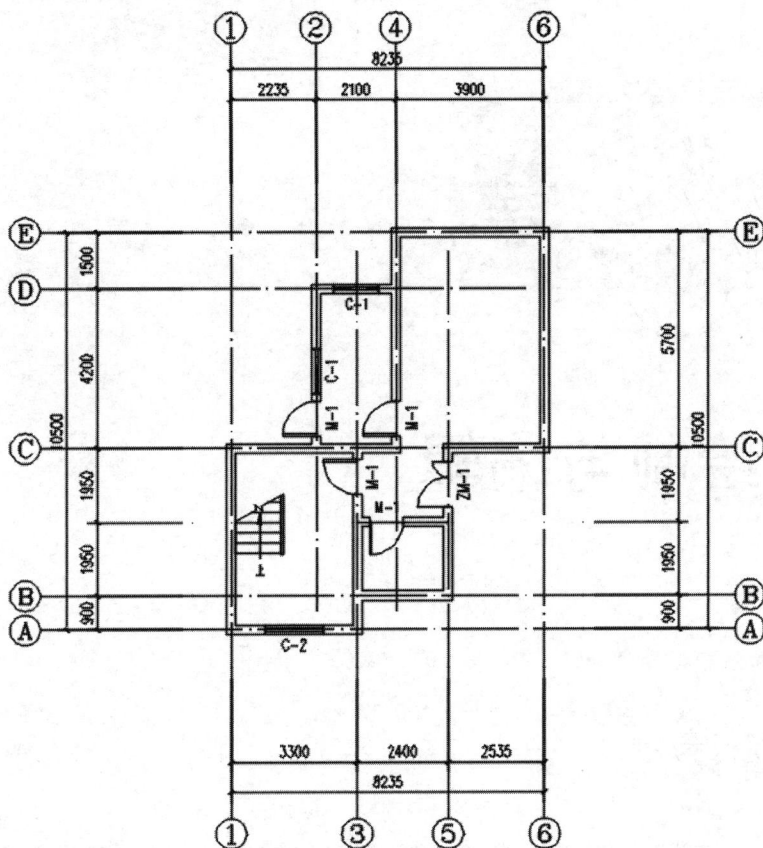

图 14-9　选择恢复

恢复结果如图 14-9 所示。

（2）保存图形。将图形以"恢复可见.dwg"为文件名进行保存。命令行显示如下：

命令：SAVEAS↙

第15章

立面绘制与编辑

本 章 导 读

　　建筑立面图是指用正投影法对建筑各个外墙面进行投影所得到的正投影图。以各层的建筑平面图为依据,利用天正建筑中的相关命令可以生成立面图,但是生成的立面图不能直接使用,须进行编辑和修改。

学 习 要 点

◆ 立面创建

◆ 立面编辑

15.1 立面创建

为了能获得尽量准确和详细的立面图,用户在绘制平面图时希望楼层高度、墙高、窗高、窗台高、阳台栏板高和台阶踏步高、级数等竖向参数能尽量正确。

15.1.1 新建工程文件

新建建筑立面之前,首先要利用"文件布图"→"工程管理"命令新建工程文件,并将各层的平面图添加到新建的文件中,设置相应的参数。具体操作步骤如下:

(1) 单击菜单中的"文件布图"→"工程管理"命令,打开"工程管理"选项板选取新建工程,打开新建工程对话框,如图 15-1 所示。在"文件名"文本框中输入文件名称"立面图",单击"保存"按钮。

图 15-1 新建工程对话框

(2) 在"工程管理"选项板中展开"楼层"下拉列表框,如图 15-2 所示。

在"层号"栏单击并填写层号"1",在"文件"栏单击,然后单击"在当前图中框选楼层范围"按钮 ,此时命令行提示:

```
选择第一个角点<取消>:框选1层平面图,指定第一个角点
另一个角点<取消>:指定另一个角点
对齐点<取消>:选择开间和进深的第一轴线交点
成功定义楼层!
```

这样将所选的楼层定义为第一层,如图 15-3 所示。

重复上面的操作完成其他楼层的定义,如图 15-4 所示。

图 15-2 "楼层"下拉列表框   图 15-3 定义第一层   图 15-4 定义其他楼层

15.1.2 建筑立面

工程文件建立之后,利用"建筑立面"命令新建立面图形。

1. 执行方式

命令行:JZLM。

菜单:"立面"→"建筑立面"。

2. 操作步骤

```
命令:JZLM↙
请输入立面方向或 [正立面(F)/背立面(B)/左立面(L)/右立面(R)]<退出>:选择所需的立面
请选择要出现在立面图上的轴线:选择轴线
请选择要出现在立面图上的轴线:选择轴线
请选择要出现在立面图上的轴线:回车
```

按回车键,打开"立面生成设置"对话框,如图 15-5 所示。

在对话框中输入标注的数值,然后单击"生成立面"按钮,打开"输入要生成的文件"对话框,如图 15-6 所示。在此对话框中输入要生成的立面文件的名称和位置,单击"保存"按钮,即可在指定位置生成立面图。

面的消隐计算是由天正编制的算法进行,在楼梯栏杆采用复杂的造型栏杆时,由于这样的栏杆实体面数极多,如果也参加消隐计算,可能会使消隐计算的时间大大增长,在这种情况下可选择"忽略栏杆以提高速度",也就是说,"忽略栏杆"只对造型栏杆对象有影响。

多层消隐/单层消隐:前者考虑两个相邻楼层的消隐,速度较慢,但可考虑楼梯扶手等伸入上层的情况,消隐精度比较好。

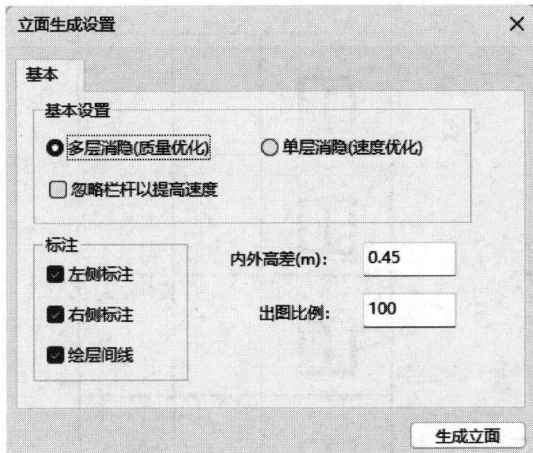

图 15-5 "立面生成设置"对话框

图 15-6 "输入要生成的文件"对话框

内外高差:室内地面与室外地坪的高差。

出图比例:立面图打印出图比例。

左侧标注/右侧标注:是否标注立面图左右两侧的竖向标注,含楼层标高和尺寸。

绘层间线:楼层之间的水平横线是否绘制。

忽略栏杆以提高速度:选中此复选框,为了优化计算,忽略复杂栏杆的生成。

15.1.3 上机练习——建筑立面

练习目标

绘制建筑立面图,如图 15-7 所示。

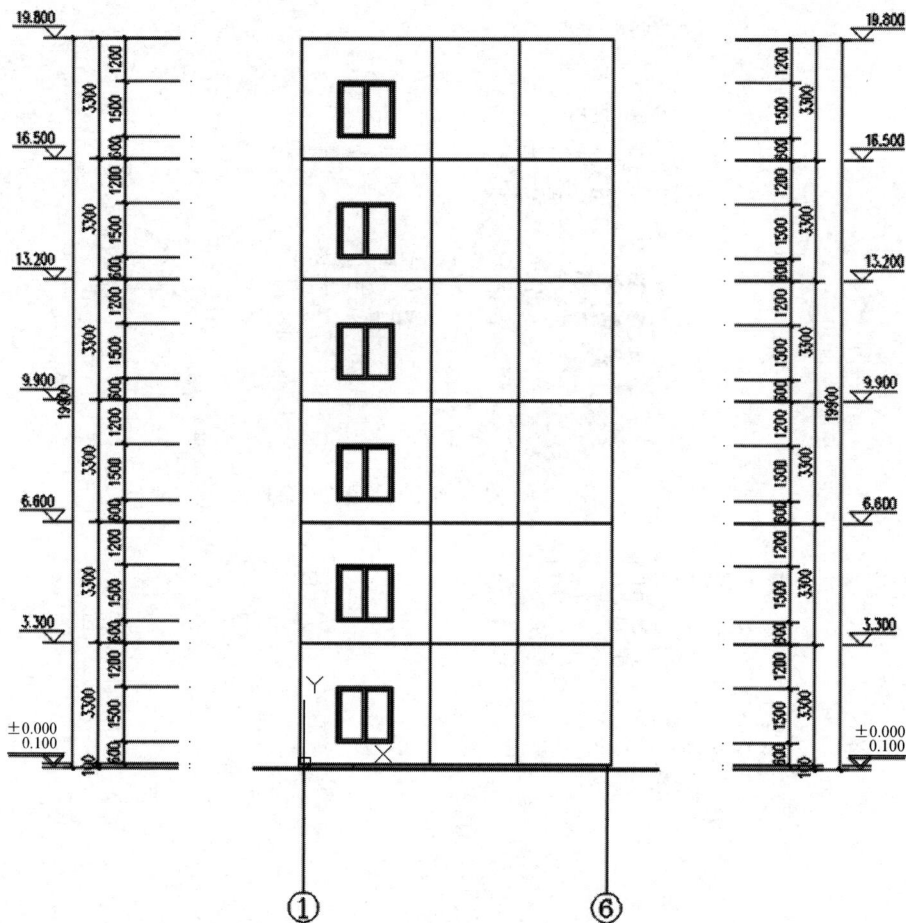

图 15-7　建筑立面

设计思路

打开源文件中的"平面图"图形,如图 15-8 所示,建立工程项目,生成立面图。

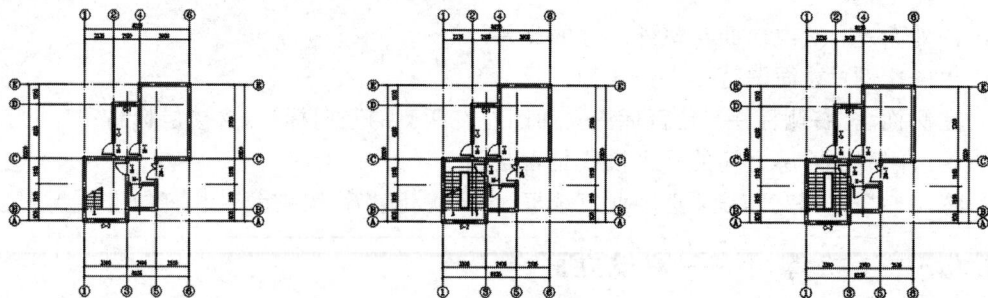

图 15-8　"平面图"图形

操作步骤

（1）单击菜单中的"文件布图"→"工程管理"命令，选取新建工程，打开新建工程对话框，新建"立面图"工程文件，如图15-9所示。

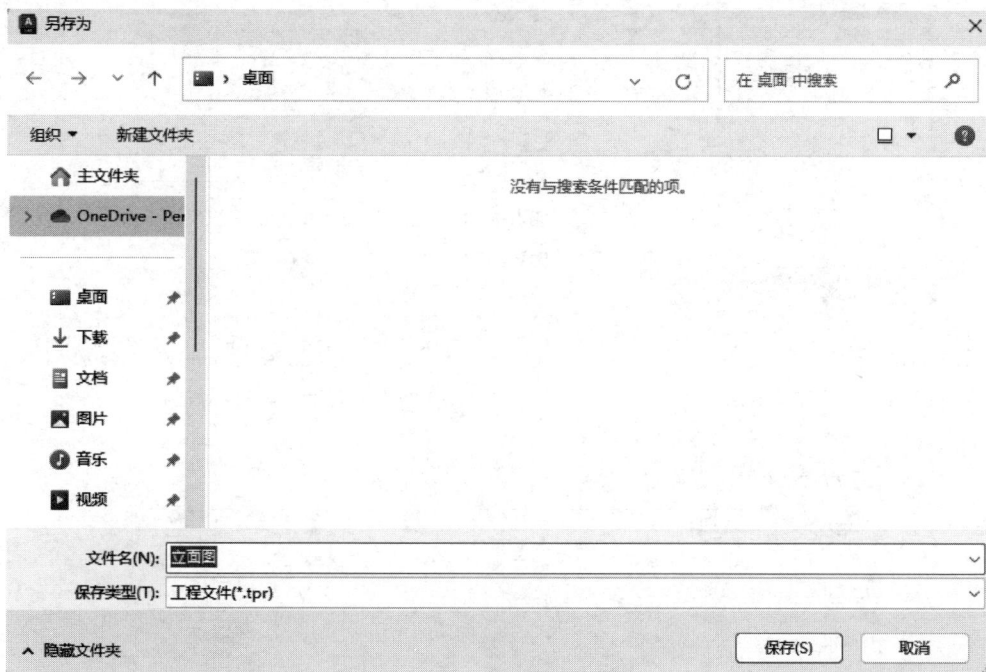

图 15-9　新建工程文件

（2）将各层的平面图添加到"楼层"下拉列表框中，将层高均设置为3300，共6层，标准层为2到5层，如图15-10所示。

（3）单击菜单中的"立面"→"建筑立面"命令，选择正立面，并显示轴线①和轴线⑥。命令行显示如下：

```
命令:JZLM↙
请输入立面方向或 [正立面(F)/背立面(B)/左立面(L)/右立面(R)]<退出>:选择正立面 F
请选择要出现在立面图上的轴线:选择轴线①
请选择要出现在立面图上的轴线:选择轴线⑥
请选择要出现在立面图上的轴线:↙
```

此时系统打开"立面生成设置"对话框，设置内外高差为0.1，如图15-11所示。单击"生成立面"按钮，在打开的对话框中设置名称和保存的位置，如图15-12所示。

（4）保存图形。将图形以"建筑立面.dwg"为文件名进行保存。命令行显示如下：

```
命令: SAVEAS↙
```

15.1.4　构件立面

构件立面命令可以将选中的三维对象生成立面形状。

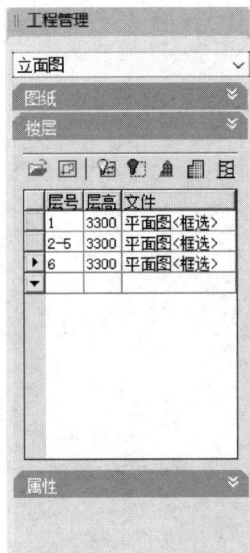

图 15-10　定义楼层

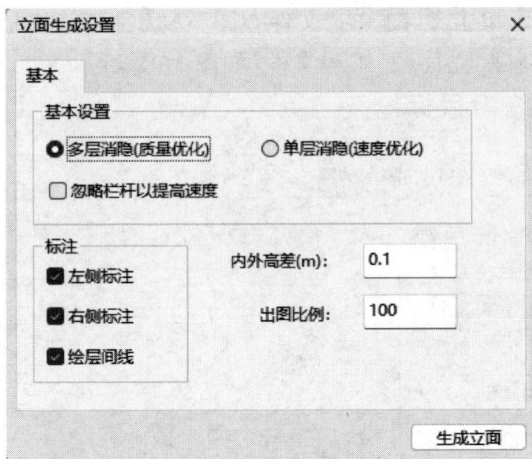

图 15-11　"立面生成设置"对话框

图 15-12　"输入要生成的文件"对话框

1．执行方式

命令行：GJLM。

菜单："立面"→"构件立面"。

2．操作步骤

```
命令:GJLM↙
请输入立面方向或 [正立面(F)/背立面(B)/左立面(L)/右立面(R)/顶视图(T)]<退出>:选择立
面图的方向
请选择要生成立面的建筑构件:选择三维建筑构件
```

请选择要生成立面的建筑构件:按回车键结束选择
请点取放置位置:选择构件立面的位置

15.1.5 上机练习——构件立面

练习目标

绘制构件立面图,如图 15-13 所示。

设计思路

打开源文件中的"构件立面原图"图形,如图 15-14 所示,利用"构件立面"命令生成楼梯构件立面图。

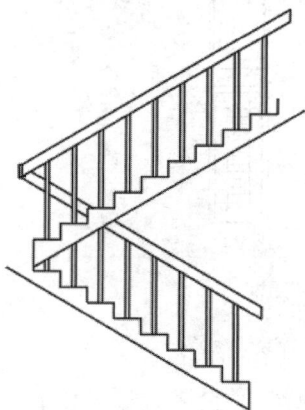

图 15-13 构件立面

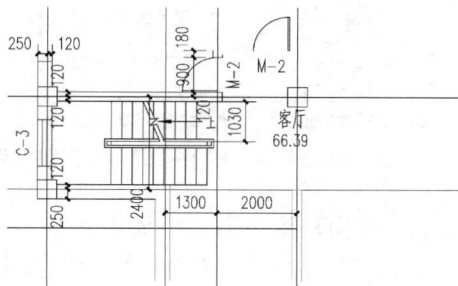

图 15-14 "构件立面原图"图形

操作步骤

(1) 单击菜单中的"立面"→"构件立面"命令,命令行显示如下:

命令:GJLM ↙
请输入立面方向或 [正立面(F)/背立面(B)/左立面(L)/右立面(R)/顶视图(T)]<退出>: F
请选择要生成立面的建筑构件:选择楼梯
请选择要生成立面的建筑构件:按回车键结束选择
请点取放置位置:选择楼梯立面的位置

绘制结果如图 15-13 所示。因为图形是软件自动生成的,因此后期用户需自己完善,使图形更加规范。

(2) 保存图形。将图形以"构件立面.dwg"为文件名进行保存。命令行显示如下:

命令:SAVEAS ↙

15.1.6 立面门窗

立面门窗命令可以插入、替换立面图上的门窗,同时对立面门窗库进行维护。

执行方式：

命令行：LMMC。

菜单："立面"→"立面门窗"。

执行上述任意一种命令，打开"天正图库管理系统"对话框，如图 15-15 所示。

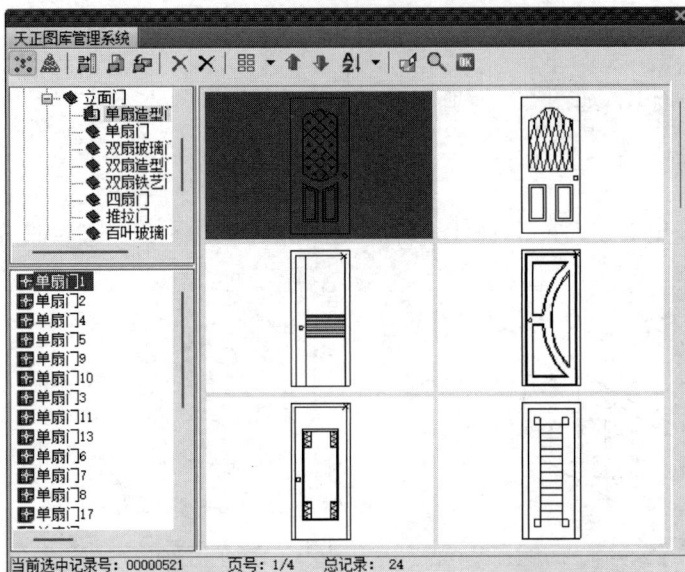

图 15-15　"天正图库管理系统"对话框

使用立面门窗命令可以直接插入门窗，也可以替换已有的门窗。

（1）直接插入门窗。在右侧图库中双击所需的门窗图块，命令行显示如下：

点取插入点或 [转 90(A)/左右(S)/上下(D)/对齐(F)/外框(E)/转角(R)/基点(T)/更换(C)]<退
出>:E
第一个角点或 [参考点(R)]<退出>:选取门窗洞口的左下角
另一个角点：选取门窗洞口的右上角

天正自动按照选取图框的左下角和右上角所对应的范围，以左下角为插入点生成
门窗图块。

（2）替换已有的门窗。在右侧图库中选择所需替换成的门窗图块，单击上方的"替
换"按钮 📇，命令行显示如下：

选择图中将要被替换的图块!
选择对象：选择已有的门窗图块
选择对象：按回车键退出

天正自动以新选的门窗替换原有的门窗。

15.1.7　上机练习——立面门窗

练习目标

使用立面门窗命令替换门窗，如图 15-16 所示。

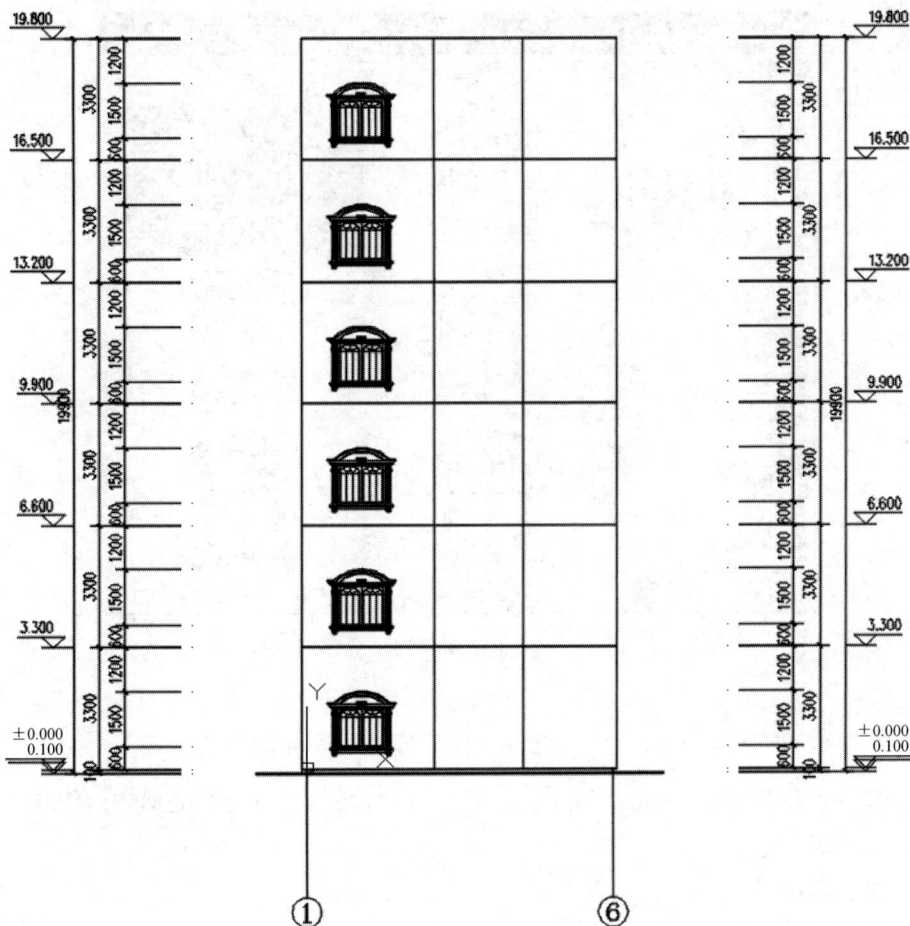

图 15-16 立面门窗

设计思路

打开源文件中的"立面图"图形,利用"立面门窗"命令替换门窗。

操作步骤

(1) 单击菜单中的"立面"→"立面门窗"命令,打开"天正图库管理系统"对话框,选择所需替换成的窗图块,如图 15-17 所示。

单击上方的"替换"按钮 ,命令行显示如下:

```
选择图中将要被替换的图块!
选择对象:选择已有的窗图块
选择对象:按回车键退出
```

天正自动以新选的窗替换原有的窗,结果如图 15-16 所示。

(2) 保存图形。将图形以"立面门窗.dwg"为文件名进行保存。命令行显示如下:

```
命令:SAVEAS
```

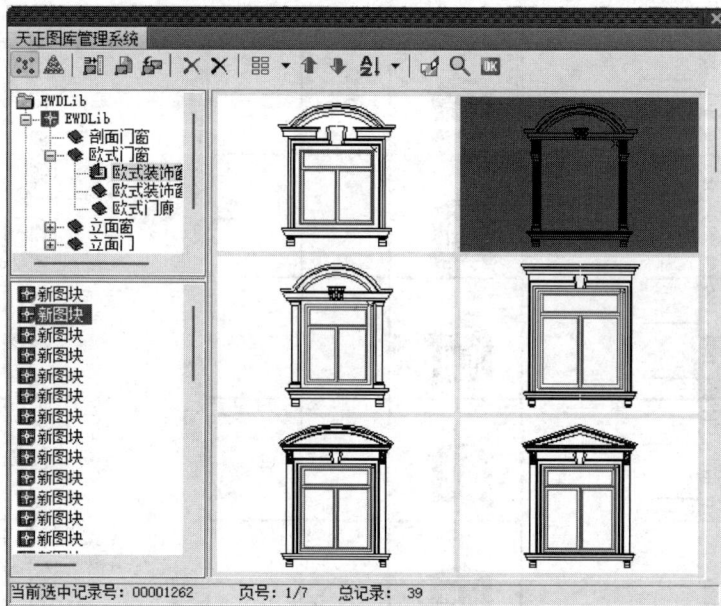

图 15-17　"天正图库管理系统"对话框

15.1.8　立面阳台

立面阳台命令用于替换、添加立面图上阳台的样式,它也是对立面阳台图块的管理工具。

执行方式:

命令行:LMYT。

菜单:"立面"→"立面阳台"。

执行上述任意一种命令,打开"天正图库管理系统"对话框,如图 15-18 所示。

使用立面阳台命令可以替换已有的阳台,也可以直接插入阳台。

(1)替换已有的阳台。在右侧图库中选择所需的阳台图块,单击上方的"替换"按钮 ,在打开的"替换选项"对话框中选择"保持相同尺寸"。命令行显示如下:

```
选择图中将要被替换的图块!
选择对象:选择已有的阳台图块
选择对象:按回车键退出
```

天正自动以新选的阳台替换原有的阳台。

(2)直接插入阳台。在右侧图库中双击所需的阳台图块,命令行显示如下:

```
点取插入点或 [转 90(A)/左右(S)/上下(D)/对齐(F)/外框(E)/转角(R)/基点(T)/更换(C)]<退出>:E
第一个角点或 [参考点(R)]<退出>:选取阳台的左下角
另一个角点:选取阳台的右上角
```

天正自动按照选取图框的左下角和右上角所对应的范围,以左下角为插入点生成阳台图块。

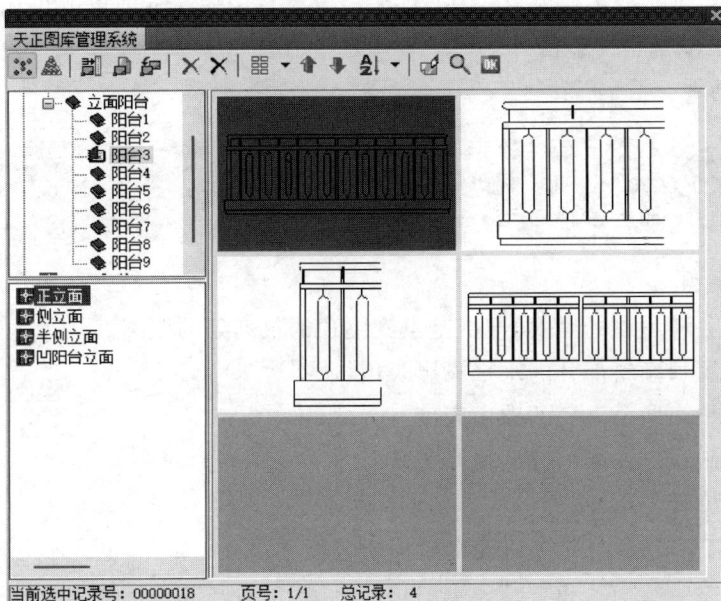

图 15-18　"天正图库管理系统"对话框

15.1.9　立面屋顶

立面屋顶命令可创建平屋顶、单坡屋顶、双坡屋顶、四坡屋顶与歇山屋顶的正立面和侧立面，组合的屋顶立面，以及一侧与相邻墙体或其他屋面相连接的不对称屋顶。

立面屋顶命令提供编组功能，可以将构成立面屋顶的多个对象进行组合，以便整体复制与移动。当需要对编组对象进行编辑时，单击状态行新增的"编组"按钮 ，使按钮弹起后将立面屋顶解组，编辑完成后单击该按钮，即可恢复立面屋顶编组。也可在创建立面屋顶前事先使"编组"按钮弹起，生成不做"编组"的立面屋顶。

1. 执行方式

命令行：LMWD。

菜单："立面"→"立面屋顶"。

执行上述任意一种命令，打开"立面屋顶参数"对话框，如图 15-19 所示。

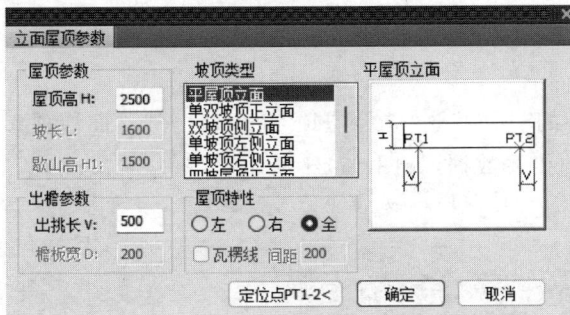

图 15-19　"立面屋顶参数"对话框

在"屋顶高"文本框中输入300,在"出挑长"文本框中输入500,单击"定位点PT1-2<"按钮,在绘图区域选择屋顶的外侧,单击"确定"按钮。

2. 操作步骤

```
命令:LMWD✓
请点取墙顶角点 PT1 <返回>:选择墙顶角点
请点取墙顶另一角点 PT2 <返回>:选择墙顶另一个角点
```

3. 控件说明

屋顶高:各种屋顶的高度,即从基点到屋顶的最高处的距离。

坡长:坡屋顶倾斜部分的水平投影长度。

歇山高:歇山屋顶立面的歇山高度。

出挑长:斜线出外墙部分的投影长度。

檐板宽:檐板的厚度。

定位点PT1-2<:由此按钮确定屋顶的定位点。

屋顶特性:"左""右"和"全"表示屋顶的范围,可以与其他屋面组合。

坡顶类型:可供选择的坡顶类型有平屋顶立面、单双坡顶正立面、双坡顶侧立面、单坡顶左侧立面、单坡顶右侧立面、四坡屋顶正立面、四坡顶侧立面、歇山顶正立面、歇山顶侧立面。

瓦楞线:定义为瓦楞屋面,并且确定瓦楞线的间距。

15.1.10 上机练习——立面屋顶

练习目标

绘制立面屋顶,如图15-20所示。

设计思路

打开源文件中的"立面门窗"图形,利用"立面屋顶"命令,设置相关的参数,为图形添加屋顶。

操作步骤

(1) 单击菜单中的"立面"→"立面屋顶"命令,打开"立面屋顶参数"对话框,在其中输入歇山顶正立面的相关数据,如图15-21所示。

命令行显示如下:

```
命令:LMWD✓
请点取墙顶角点 PT1 <返回>:指定歇山顶左侧的角点
请点取墙顶另一角点 PT2 <返回>:指定歇山顶右侧的角点
```

绘制结果如图15-20所示。

15-4

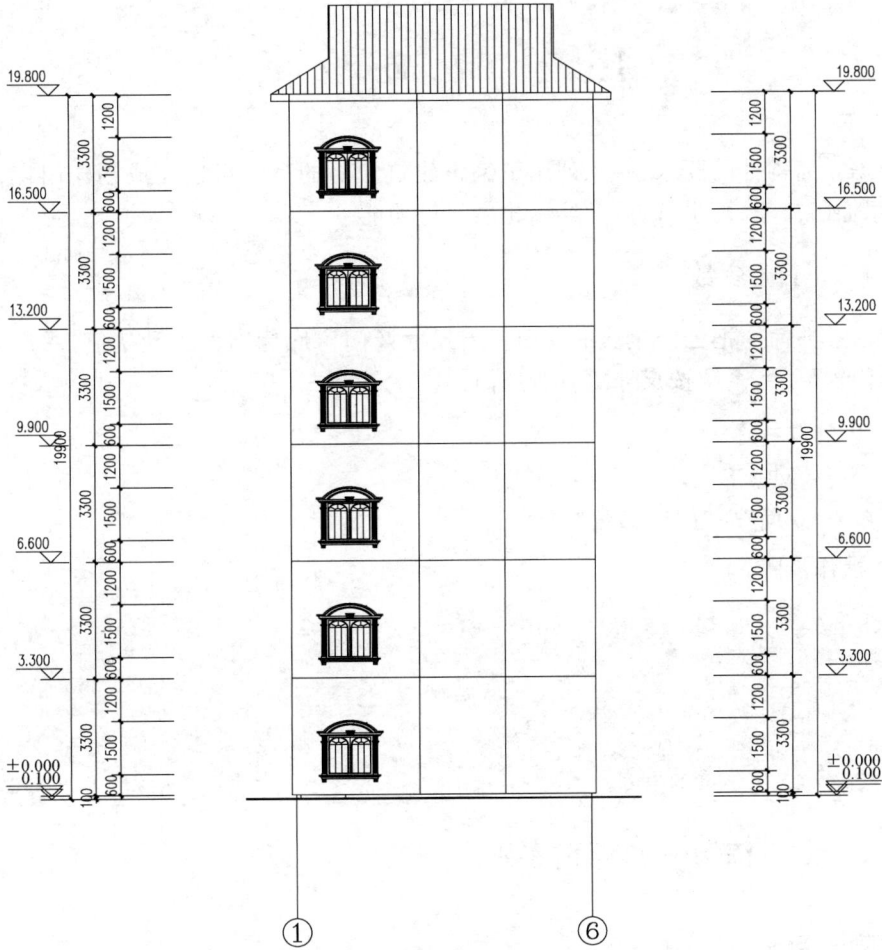

图 15-20 生成的立面屋顶图

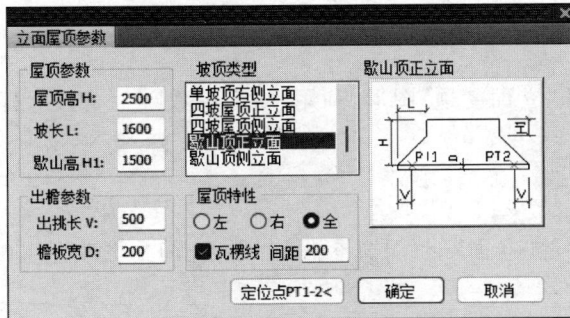

图 15-21 "立面屋顶参数"对话框

（2）保存图形。将图形以"立面屋顶.dwg"为文件名进行保存。命令行显示如下：

命令：SAVEAS↙

15.2 立面编辑

根据立面构件的要求,一系列用于编辑建筑立面的命令可以完成创建门窗、阳台、屋顶,添加门窗套、雨水管,以及绘制轮廓线等功能。

15.2.1 门窗参数

门窗参数命令把已经生成的立面门窗尺寸及门窗底标高作为默认值,用户可以修改立面门窗尺寸,系统按尺寸更新所选门窗。

1. 执行方式

命令行:MCCS。

菜单:"立面"→"门窗参数"。

2. 操作步骤

```
命令:MCCS↙
选择立面门窗:选择门窗
选择立面门窗:↙
底标高<4000>:输入新的门窗底标高
高度<1800>:输入新的门窗高度
宽度<3000>:输入新的门窗宽度
```

15.2.2 上机练习——门窗参数

练习目标

设置门窗参数,如图 15-22 所示。

设计思路

打开源文件中的"立面屋顶"图形,利用"门窗参数"命令更改门窗尺寸。

操作步骤

(1)单击菜单中的"立面"→"门窗参数"命令,查询并更改左上侧的窗参数,命令行显示如下:

```
命令:MCCS↙
选择立面门窗:选择窗户图形
选择立面门窗:↙
底标高<366>:600
高度<1734>:1500
宽度<1822>:1800
```

天正自动按照尺寸更新所选立面窗。使用相同的方法对剩余的窗户尺寸进行调

15-5

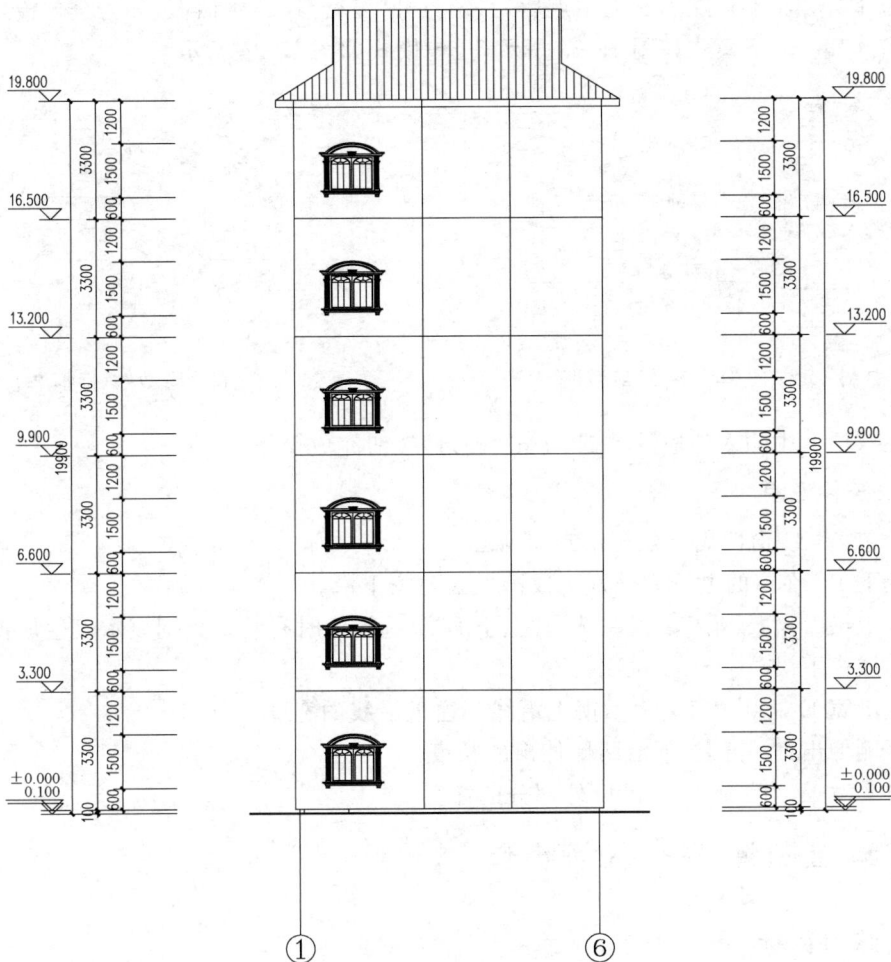

图 15-22 门窗参数

整,结果如图 15-22 所示。

(2) 保存图形。将图形以"门窗参数.dwg"为文件名进行保存。命令行显示如下:

命令: SAVEAS↵

15.2.3 立面窗套

立面窗套命令可以生成全包的窗套或者窗上沿线和下沿线。

1. 执行方式

命令行:LMCT。

菜单:"立面"→"立面窗套"。

2. 操作步骤

命令:LMCT↵
请指定窗套的左下角点 <退出>:选择所选窗的左下角
请指定窗套的右上角点 <退出>:选择所选窗的右上角

选择窗套左下角点和右上角点后，系统打开"窗套参数"对话框，分为全包模式和上下模式。其中上下模式如图 15-23 所示，全包模式如图 15-24 所示。

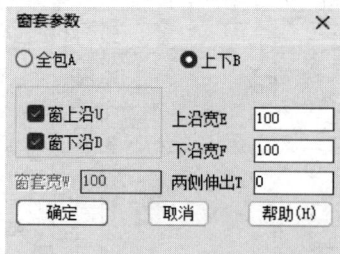

图 15-23　"窗套参数"对话框 1

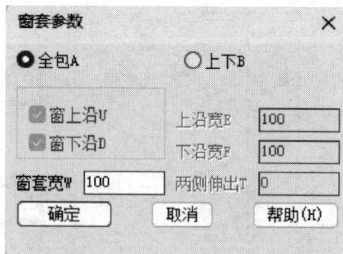

图 15-24　"窗套参数"对话框 2

在对话框中输入相应的数据，单击"确定"按钮完成操作。

3. 控件说明

全包 A：绕窗四周创建矩形封闭窗套。

上下 B：在窗的上下方分别生成窗上沿与窗下沿。

窗上沿 U/窗下沿 D：仅在选中"上下 B"单选按钮时有效。分别表示仅生成窗上沿或仅生成窗下沿。

上沿宽 E/下沿宽 F：表示窗上沿线与窗下沿线的宽度。

两侧伸出 T：窗上、下沿两侧伸出的长度。

窗套宽 W：除窗上、下沿以外部分的窗套宽。

15.2.4　上机练习——立面窗套

练习目标

添加立面窗套，如图 15-25 所示。

设计思路

利用"立面窗套"命令，设置相关参数，添加立面窗套。

操作步骤

（1）单击菜单中的"立面"→"立面窗套"命令，命令行显示如下：

```
命令: LMCT ↙
请指定窗套的左下角点 <退出>:选择第一层窗的左下角
请指定窗套的右上角点 <退出>:选择第一层窗的右上角
```

此时系统打开"窗套参数"对话框，选择"上下 B"模式，如图 15-26 所示。单击"确定"按钮，结果如图 15-25 所示。

（2）保存图形。将图形以"立面窗套.dwg"为文件名进行保存。命令行显示如下：

```
命令: SAVEAS ↙
```

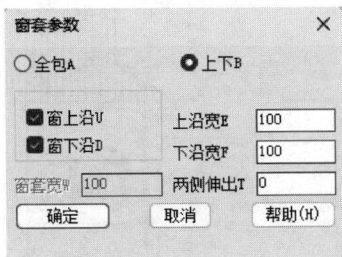

图 15-25　立面窗套

图 15-26　"窗套参数"对话框

15.2.5　雨水管线

本命令在立面图中按给定的位置生成编组的雨水斗和雨水管,新改进的雨水管线可以转折绘制,自动遮挡立面上的各种装饰格线,移动和复制后可保持遮挡。必要时利用右键设置雨水管的"绘图次序"为"前置"以恢复遮挡特性,由于提供了编组特性,雨水斗和雨水管可以作为一个整体部件进行一次性选择,从而方便进行复制和删除操作。

1．执行方式

命令行:YSGX。

菜单:"立面"→"雨水管线"。

2．操作步骤

```
命令:YSGX↙
请指定雨水管的起点[参考点(R)/管径(D)]<退出>:D
请指定雨水管直径<100>:指定直径
请指定雨水管的起点[参考点(R)/管径(D)]<退出>:选择雨水管线的起点
请指定雨水管的下一点[管径(D)/回退(U)]<退出>:选择雨水管线的下一点
请指定雨水管的下一点[管径(D)/回退(U)]<退出>:选择雨水管线的下一点
请指定雨水管的下一点[管径(D)/回退(U)]<退出>:选择雨水管线的下一点
直至按回车键结束
```

15.2.6　上机练习——雨水管线

练习目标

绘制雨水管线,如图 15-27 所示。

设计思路

打开源文件中的"门窗参数"图形,利用"雨水管线"命令,设置相关的参数,为图形添加雨水管线。

操作步骤

(1)单击菜单中的"立面"→"雨水管线"命令,命令行显示如下:

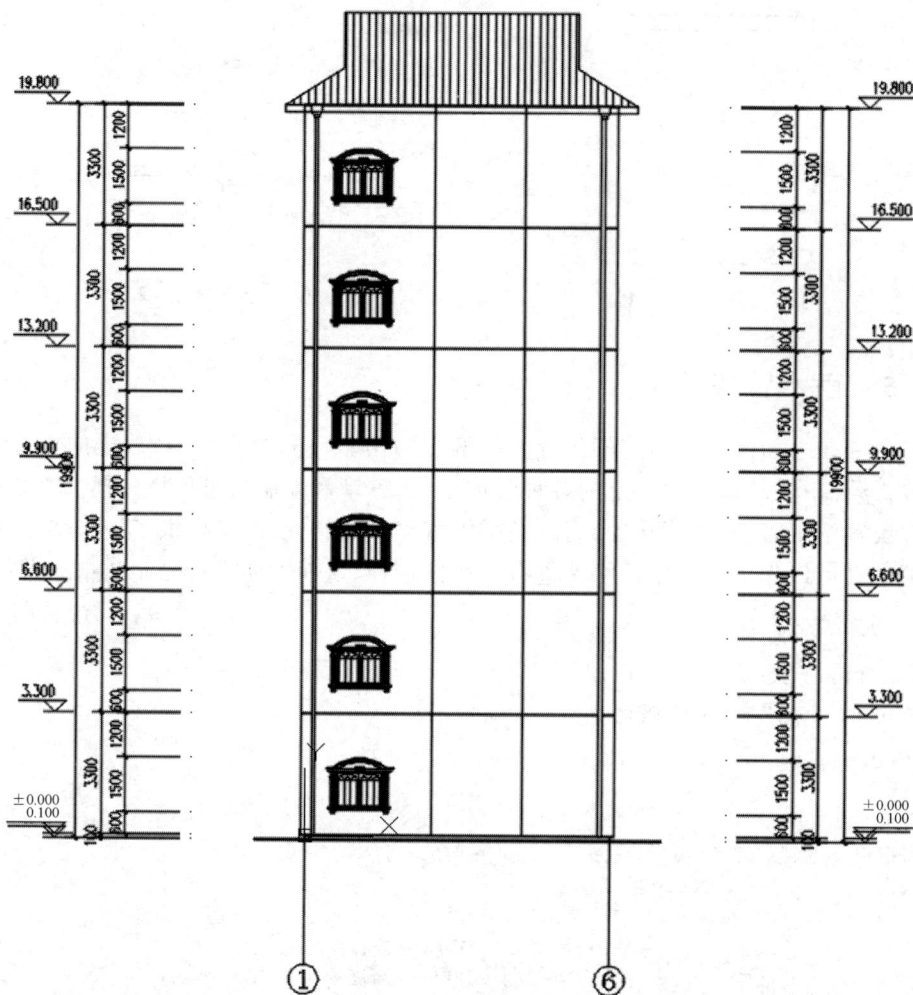

图 15-27 雨水管线

命令:YSGX↙
当前管径为100
请指定雨水管的起点[参考点(R)/管径(D)]<退出>:选择雨水管线的起始点
请指定雨水管的下一点[管径(D)/回退(U)]<退出>:选择雨水管线的下一点
请指定雨水管的下一点[管径(D)/回退(U)]<退出>:选择雨水管线的下一点
请指定雨水管的下一点[管径(D)/回退(U)]<退出>:按回车键

生成左侧的立面雨水管。

采用相同的方法生成右侧的雨水管,最终如图 15-27 所示。

(2) 保存图形。将图形以"雨水管线.dwg"为文件名进行保存。命令行显示如下:

命令:SAVEAS↙

15.2.7 立面轮廓

立面轮廓命令自动搜索建筑立面外轮廓,在边界上加一圈粗实线,但不包括地坪线在内。

1．执行方式

命令行：LMLK。

菜单："立面"→"立面轮廓"。

2．操作步骤

命令：LMLK↙
选择二维对象：框选二维图形
选择二维对象：↙
请输入轮廓线宽度(按模型空间的尺寸)<0>：输入宽度↙
成功地生成了轮廓线

15.2.8　上机练习——立面轮廓

练习目标

绘制立面轮廓，如图 15-28 所示。

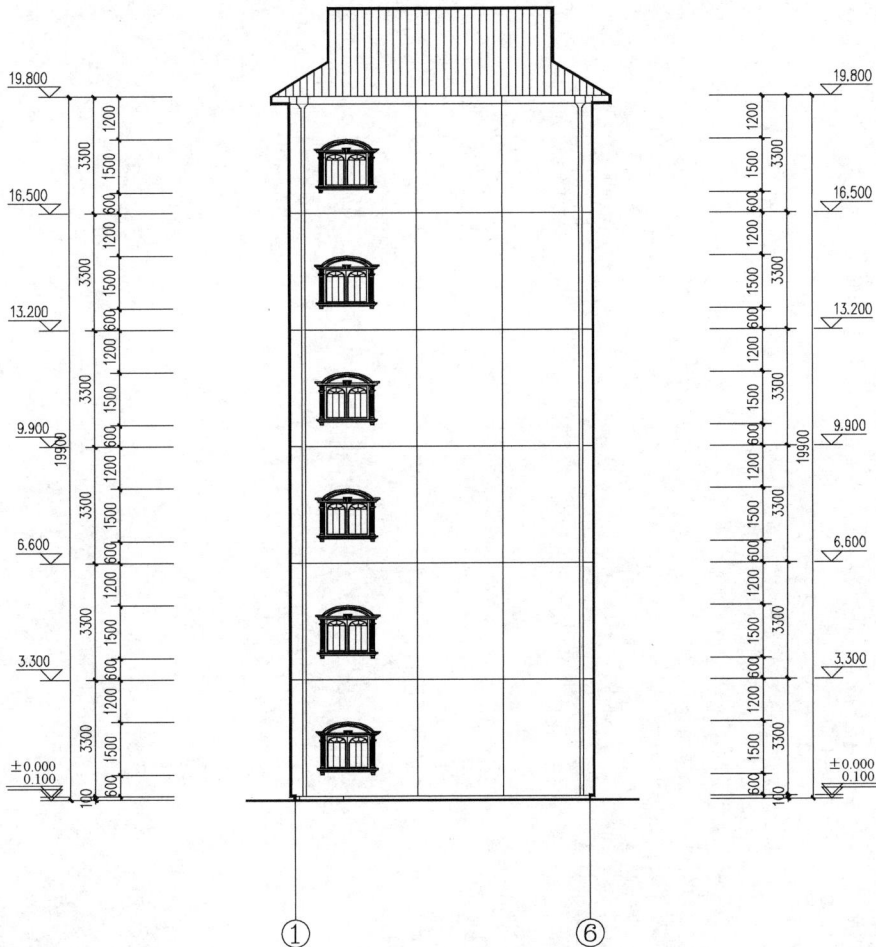

图 15-28　立面轮廓

设计思路

打开源文件中的"雨水管线"图形,利用"立面轮廓"命令为其添加立面轮廓。

操作步骤

(1) 单击菜单中的"立面"→"立面轮廓"命令,为图形添加立面的轮廓线,命令行显示如下:

```
命令:LMLK↙
选择二维对象:框选立面图形
选择二维对象:↙
请输入轮廓线宽度(按模型空间的尺寸)< 0 >: 50 ↙
成功地生成了轮廓线
```

最终结果如图 15-28 所示。

(2) 保存图形。将图形以"立面轮廓.dwg"为文件名进行保存。命令行显示如下:

```
命令:SAVEAS↙
```

第16章

剖面绘制与编辑

本 章 导 读

　　建筑剖面图是指用一个假想的剖切面将房屋垂直剖开所得到的投影图。建筑剖面图是与平面图和立面图相互配合表达建筑物的重要图样,它主要反映建筑物的结构形式、垂直空间利用、各层构造做法和门窗洞口高度等情况。

　　本章介绍建筑剖面和构件剖面,有关剖面中墙、楼板、梁、门窗、檐口、门窗过梁的绘制方法,有关栏杆的操作方法,剖面的填充和墙线加粗方式。

学 习 要 点

◆ 剖面创建

◆ 剖面楼梯与栏杆

◆ 剖面填充与加粗

16.1　剖面创建

一套完整的建筑图应包括平面图、立面图和剖面图。依据各层的平面图，参照立面图的创建方法，可以创建出剖面图。天正建筑中提供了相应的命令。

16.1.1　建筑剖面

建筑剖面命令按照"工程管理"命令中的数据库楼层表格数据，一次可以生成多层建筑剖面，在当前工程为空的情况下执行本命令，会出现警告对话框，提示："请打开或新建一个工程项目，并在工程数据库中建立楼层表!"与立面图相似，执行相关命令前必须首先建立好工程文件。

1．执行方式

命令行：JZPM。

菜单："剖面"→"建筑剖面"。

2．操作步骤

```
命令:JZPM↙
请选择一剖切线:选择首层中生成的剖切线
请选择要出现在剖面图上的轴线:选择需要显示的轴线
请选择要出现在剖面图上的轴线:按回车键
```

选择要出现在剖面图上的轴线并按回车键后，系统打开"剖面生成设置"对话框，如图 16-1 所示。在对话框中输入标注的数值，单击"生成剖面"按钮，打开"输入要生成的文件"对话框，如图 16-2 所示。输入名称和选择保存的位置。

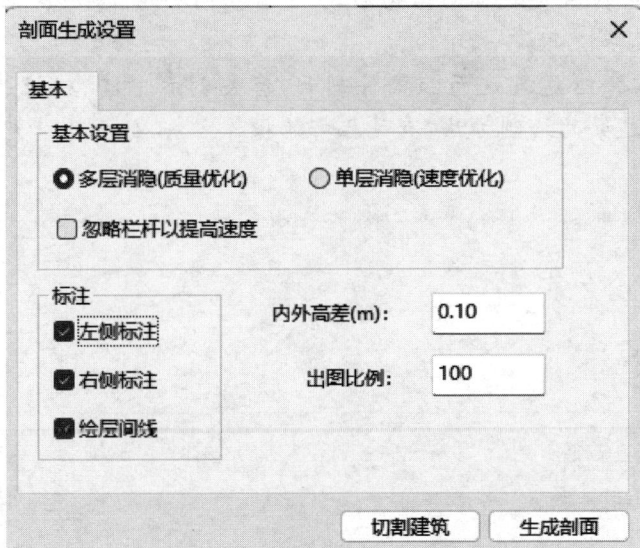

图 16-1　"剖面生成设置"对话框

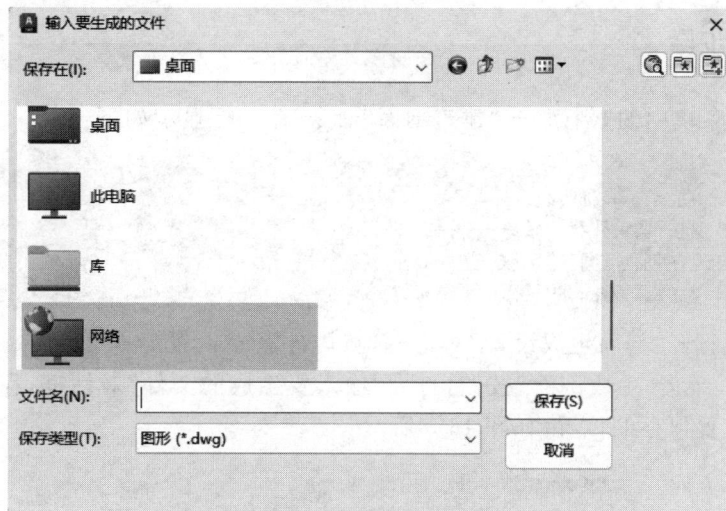

图 16-2 "输入要生成的文件"对话框

16.1.2 上机练习——建筑剖面

练习目标

绘制建筑剖面图,如图 16-3 所示。

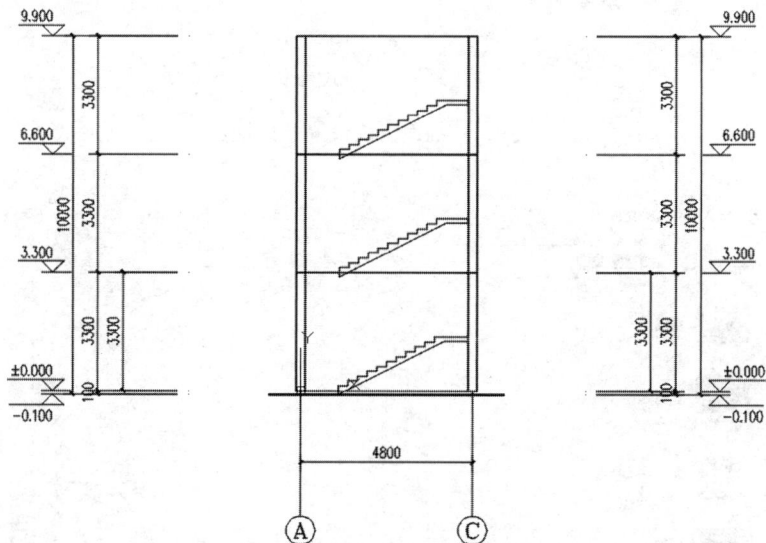

图 16-3 建筑剖面

设计思路

打开源文件中的"平面图"图形,确定剖面剖切位置,利用"建筑剖面"命令生成建筑剖面图。

操作步骤

（1）单击菜单中的"剖面"→"建筑剖面"命令，命令行显示如下：

```
命令:JZPM↙
请选择一剖切线:选择剖切线
请选择要出现在剖面图上的轴线:选择 A 轴
请选择要出现在剖面图上的轴线:选择 C 轴
请选择要出现在剖面图上的轴线:按回车键
```

此时系统打开"剖面生成设置"对话框，将内外高差设置为 0.1，其余保持不变，如图 16-4 所示。单击"生成剖面"按钮，打开"输入要生成的文件"对话框，在此对话框中输入名称并设置保存的位置，如图 16-5 所示。

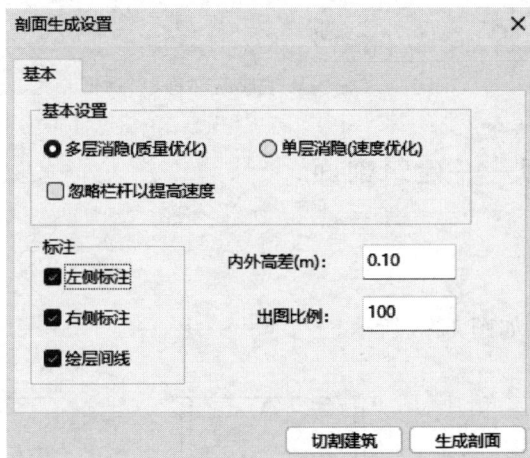

图 16-4 "剖面生成设置"对话框

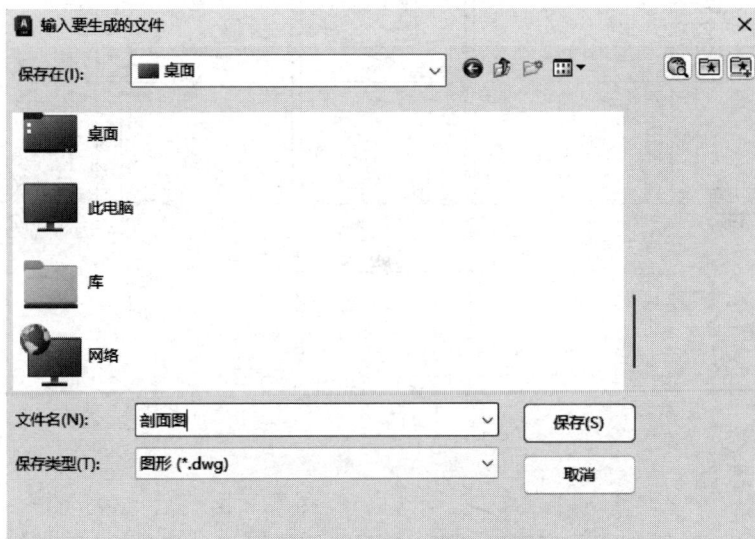

图 16-5 "输入要生成的文件"对话框

单击"保存"按钮,即可在指定位置生成剖面图。

(2)保存图形。将图形以"建筑剖面.dwg"为文件名进行保存。命令行显示如下:

命令:SAVEAS↙

16.1.3 构件剖面

构件剖面命令用于生成当前标准层、局部构件或三维图块对象在指定剖视方向上的剖视图。

1.执行方式

命令行:GJPM。

菜单:"剖面"→"构件剖面"。

2.操作步骤

命令:GJPM↙
请选择一剖切线:选择预先定义好的剖切线
请选择需要剖切的建筑构件:选择构件
请选择需要剖切的建筑构件:↙
请点取放置位置:将构件剖面放于合适位置

16.1.4 上机练习——构件剖面

练习目标

绘制构件剖面图,如图 16-6 所示。

设计思路

图 16-6 构建剖面

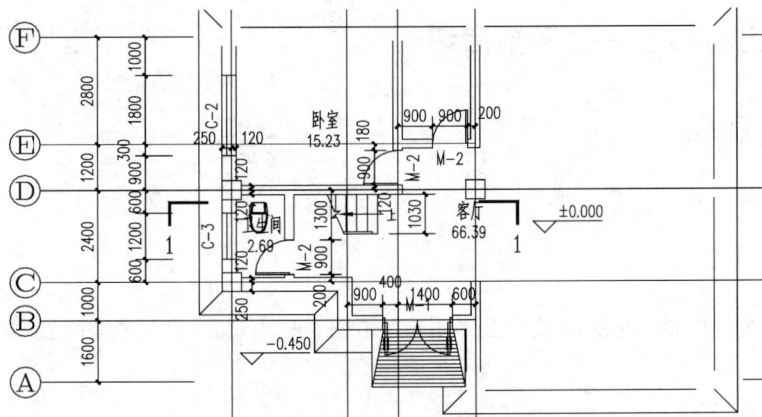

打开源文件中的"楼梯图"图形,如图 16-7 所示,利用"构件剖面"命令,生成楼梯构件的剖面图。

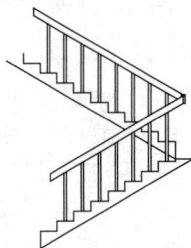

图 16-7 "楼梯图"图形

操作步骤

（1）单击菜单中的"剖面"→"构件剖面"命令，命令行显示如下：

```
命令:GJPM↙
请选择一剖切线:选择剖切线 1
请选择需要剖切的建筑构件:选择楼梯
请选择需要剖切的建筑构件:↙
请点取放置位置:将构件剖面放于原有图纸的下侧
```

绘制结果如图 16-6 所示。

（2）保存图形。将图形以"构件剖面.dwg"为文件名进行保存。命令行显示如下：

```
命令: SAVEAS↙
```

16.1.5　画剖面墙

利用画剖面墙命令可以绘制剖面双线墙。

1. 执行方式

命令行：HPMQ。

菜单："剖面"→"画剖面墙"。

2. 操作步骤

```
命令行:HPMQ↙
请点取墙的起点(圆弧墙宜逆时针绘制)[取参照点(F)单段(D)]<退出>:单击墙体的起点
墙厚当前值: 左墙 120, 右墙 120
请点取直墙的下一点[弧墙(A)/墙厚(W)/取参照点(F)/回退(U)] <结束>:输入 W↙
请输入左墙厚 <120>:输入左墙厚度↙
请输入右墙厚 <120>: 输入右墙厚度 240↙
墙厚当前值: 左墙 120, 右墙 240
请点取直墙的下一点[弧墙(A)/墙厚(W)/取参照点(F)/回退(U)] <结束>:单击墙体终点
墙厚当前值: 左墙 120, 右墙 240
请点取直墙的下一点[弧墙(A)/墙厚(W)/取参照点(F)/回退(U)] <结束>:按回车键退出
```

16.1.6　上机练习——画剖面墙

练习目标

画剖面墙，如图 16-8 所示。

设计思路

打开源文件中的"画剖面墙原图"图形，如图 16-9 所示，利用"画剖面墙"命令添加剖面图。

操作步骤

（1）单击菜单中的"剖面"→"画剖面墙"命令，命令行显示如下：

命令行:HPMQ ↙
请点取墙的起点(圆弧墙宜逆时针绘制)[取参照点(F)单段(D)]<退出>:单击墙体的起点 A
墙厚当前值: 左墙 120, 右墙 120
请点取直墙的下一点[弧墙(A)/墙厚(W)/取参照点(F)/回退(U)] <结束>:输入 W↙
请输入左墙厚 <120>:↙
请输入右墙厚 <120>:↙
墙厚当前值: 左墙 120, 右墙 120
请点取直墙的下一点[弧墙(A)/墙厚(W)/取参照点(F)/回退(U)] <结束>:单击墙体终点 B
墙厚当前值: 左墙 120, 右墙 120
请点取直墙的下一点[弧墙(A)/墙厚(W)/取参照点(F)/回退(U)] <结束>:按回车键退出

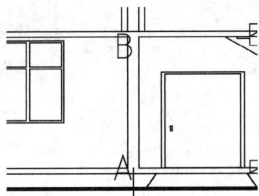

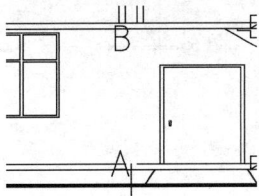

图 16-8 画剖面墙　　　　　　　　　图 16-9 "画剖面墙原图"图形

绘制结果如图 16-8 所示。

（2）保存图形。将图形以"画剖面墙.dwg"为文件名进行保存。命令行显示如下：

命令:SAVEAS ↙

16.1.7 双线楼板

利用双线楼板命令可以绘制剖面双线楼板。

1. 执行方式

命令行:SXLB。

菜单:"剖面"→"双线楼板"。

2. 操作步骤

命令:SXLB ↙
请输入楼板的起始点 <退出>:选楼板的起点
结束点 <退出>:选楼板的终点
楼板顶面标高 <3000>:输入楼面标高↙
楼板的厚度(向上加厚输负值) <200>:输入楼板的厚度↙

16.1.8 上机练习——双线楼板

练习目标

绘制剖面双线楼板,如图 16-10 所示。

设计思路

打开源文件中的"剖面图"图形,利用"双线楼板"命令添加双线楼板。

16-4

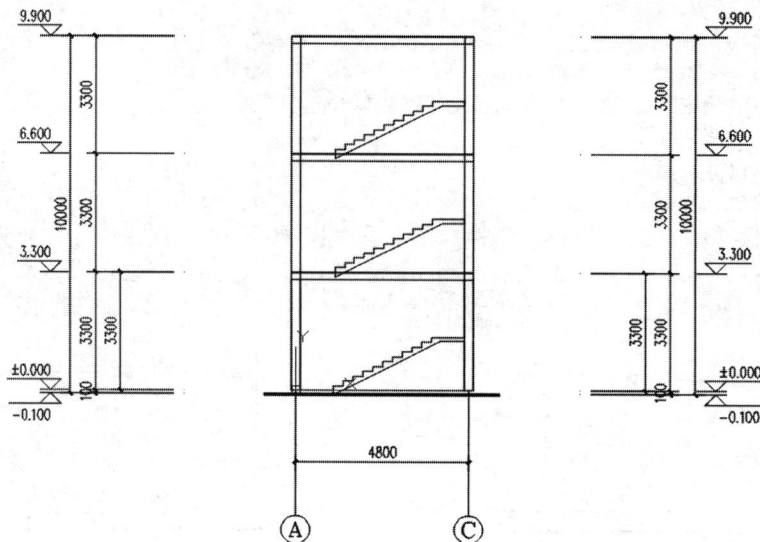

图 16-10　双线楼板

操作步骤

（1）单击菜单中的"剖面"→"双线楼板"命令，命令行显示如下：

```
请输入楼板的起始点 <退出>:选楼板的起点
结束点 <退出>:选楼板的终点
楼板顶面标高 <3300>:按回车键
楼板的厚度(向上加厚输负值) <200>:按回车键
```

使用相同的方法绘制其他楼层的楼板，结果如图 16-10 所示。

（2）保存图形。将图形以"双线楼板.dwg"为文件名进行保存。命令行显示如下：

```
命令：SAVEAS↙
```

16.1.9　预制楼板

利用预制楼板命令可以绘制剖面预制楼板。

1. 执行方式

命令行：YZLB。

菜单："剖面"→"预制楼板"。

执行上述任意一种命令，打开"剖面楼板参数"对话框，如图 16-11 所示。预制楼板分为圆孔板（横剖）、圆孔板（纵剖）、槽形板（正放）、槽形板（反放）、实心板 5 种形式。选择合适的楼板形式，并在相应的模板参数中输入相应的数据后，单击"确定"按钮。

2. 操作步骤

```
命令：YZLB↙
请给出楼板的插入点 <退出>:选楼板的插入点
再给出插入方向 <退出>:选点确定楼板的方向
```

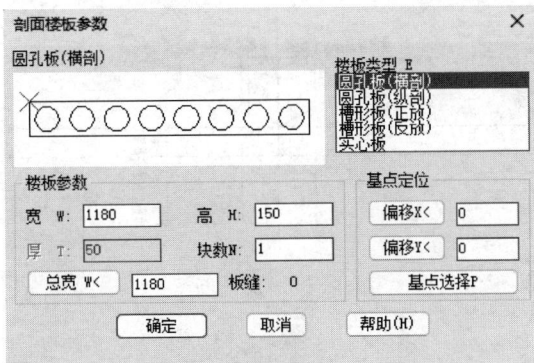

图 16-11　"剖面楼板参数"对话框

3. 控件说明

楼板类型 E：选定当前预制楼板的形式，包括"圆孔板"（横剖和纵剖）、"槽形板"（正放和反放）和"实心板"。

楼板参数：确定当前楼板的尺寸和布置情况，包括楼板尺寸"宽 W""高 H"和槽形板"厚 T"，以及布置情况的"块数 N"。其中"总宽 W<"是全部预制板和板缝的总宽度，单击此按钮从图中获取；修改单块板宽和块数，可以获得合适的板缝宽度。

基点定位：确定楼板的基点与楼板角点的相对位置，包括"偏移 X<""偏移 Y<"和"基点选择 P"。

16.1.10　加剖断梁

利用加剖断梁命令可以绘制楼板、休息平台下的梁截面。

1. 执行方式

命令行：JPDL。

菜单："剖面"→"加剖断梁"。

2. 操作步骤

```
命令:JPDL↙
请输入剖面梁的参照点 <退出>:选择剖面梁顶定位点
梁左侧到参照点的距离 <150>:参照点到梁左侧的距离↙
梁右侧到参照点的距离 <150>:参照点到梁右侧的距离↙
梁底边到参照点的距离 <400>:参照点到梁底部的距离↙
```

16.1.11　上机练习——加剖断梁

练习目标

添加剖断梁，如图 16-12 所示。

设计思路

利用"加剖断梁"命令添加剖断梁。

16-5

279

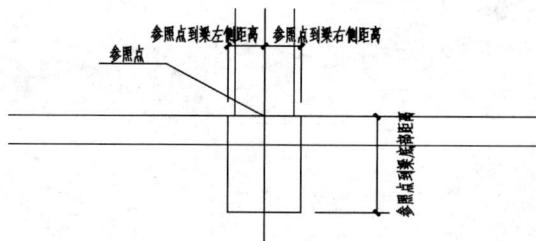

图 16-12　加剖断梁

操作步骤

（1）单击菜单中的"剖面"→"加剖断梁"命令，命令行显示如下：

命令：JPDL↙
请输入剖面梁的参照点 <退出>：选择参照点
梁左侧到参照点的距离 <150>：150↙
梁右侧到参照点的距离 <150>：150↙
梁底边到参照点的距离 <400>：400↙

生成的预制楼板加剖断梁如图 16-12 所示。

（2）保存图形。将图形以"加剖断梁.dwg"为文件名进行保存。命令行显示如下：

命令：SAVEAS↙

16.1.12　剖面门窗

图 16-13　剖面门窗的默认形式

利用剖面门窗命令可以直接在图中插入剖面
门窗。

1．执行方式

命令行：PMMC。

菜单："剖面"→"剖面门窗"。

执行上述任意一种命令，系统弹出剖面门窗的默认形式，如图 16-13 所示。

2．操作步骤

命令：PMMC↙
请点取剖面墙线下端或[选择剖面门窗样式(S)/替换剖面门窗(R)/改窗台高(E)/改窗高(H)]
<退出>：选取剖面墙线
门窗下口到墙下端距离<900>：输入距离↙
门窗的高度<1500>：输入门窗的高度↙
门窗下口到墙下端距离<900>：继续插入其他门窗或者按 Esc 键退出

（1）在命令行中输入 S，打开"天正图库管理系统"对话框，如图 16-14 所示。双击
所需的剖面门窗样式，即可调用。

（2）在命令行中输入 R，可以对所选择的门窗进行替换。命令行显示如下：

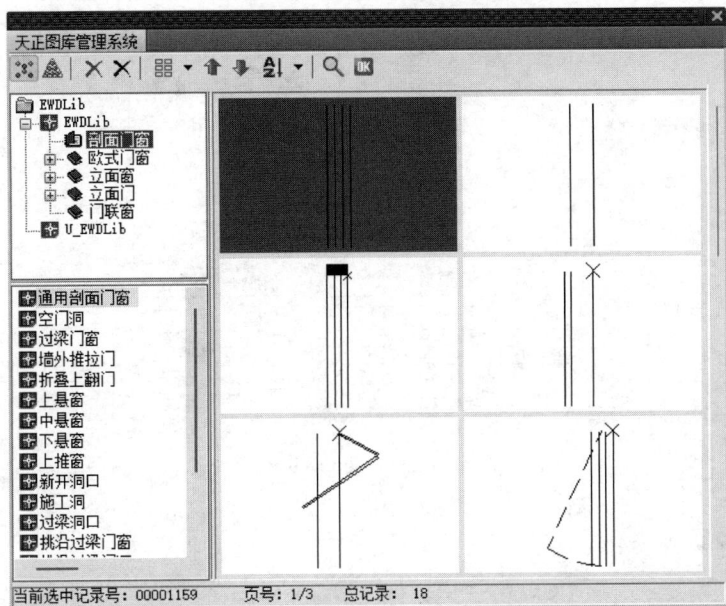

图 16-14　"天正图库管理系统"对话框

> 请选择所需替换的剖面门窗<退出>: 在剖面图中选择多个要替换的剖面门窗,按回车键结束
> 选择

（3）在命令行中输入 E,可以对所选择的门窗的窗台高度进行修改。命令行显示
如下：

> 请选择剖面门窗<退出>:选择要修改窗台高的门窗
> 请选择剖面门窗<退出>:✓
> 请输入窗台相对高度[点取窗台位置(S)]<退出>:输入正值上移,负值下移✓
> 请点取剖面墙线下端或 [选择剖面门窗样式(S)/替换剖面门窗(R)/改窗台高(E)/改窗高(H)]
> <退出>:✓

（4）在命令行中输入 H,可以修改门窗的高度。命令行显示如下：

> 请选择剖面门窗<退出>:选择要修改高度的门窗
> 请选择剖面门窗<退出>:✓
> 请指定门窗高度<退出>:输入高度✓
> 请点取剖面墙线下端或 [选择剖面门窗样式(S)/替换剖面门窗(R)/改窗台高(E)/改窗高(H)]
> <退出>:✓

16.1.13　剖面檐口

利用剖面檐口命令可以直接在图中绘制剖面檐口。

1. 执行方式

命令行：PMYK。

菜单："剖面"→"剖面檐口"。

执行上述任意一种命令,打开"剖面檐口参数"对话框,如图 16-15 所示。在对话框
中输入和选择相应的参数,单击"确定"按钮。

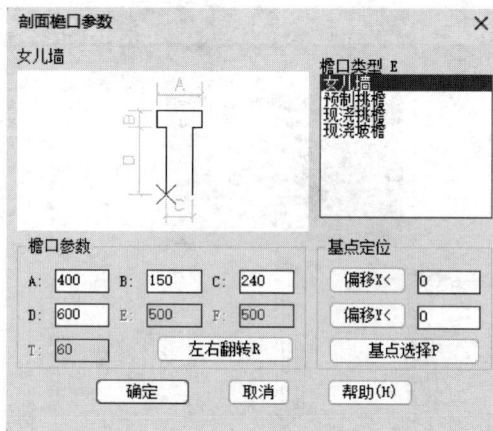

图 16-15　"剖面檐口参数"对话框

2. 操作步骤

命令:PMYK↙
请给出剖面檐口的插入点 <退出>:根据基点选择,确定檐口的插入位置

3. 控件说明

檐口类型 E：选择檐口的形式,有女儿墙、预制挑檐、现浇挑檐、现浇坡檐 4 种形式。

檐口参数：确定檐口的尺寸和布置情况。

基点定位：确定楼板的基点和相对位置。

16.1.14　上机练习——剖面檐口

练习目标

绘制剖面檐口,如图 16-16 所示。

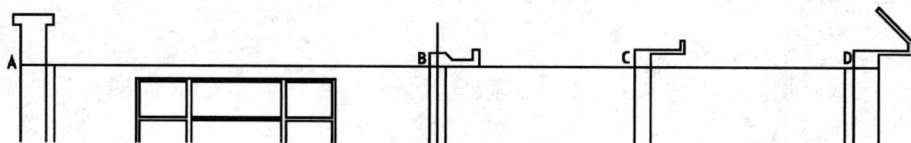

图 16-16　剖面檐口

设计思路

打开源文件中的"剖面檐口原图"图形,利用"剖面檐口"命令添加剖面檐口。

操作步骤

（1）单击菜单中"剖面"→"剖面檐口"命令,打开"剖面檐口参数"对话框。在"檐口

类型 E”列表框中选择“女儿墙”,设置其余参数,如图 16-17 所示。单击“确定”按钮,在
图中选择合适的插入点位置。命令行显示如下:

请给出剖面檐口的插入点 <退出>:选择 A

完成插入女儿墙操作,如图 16-18 所示。

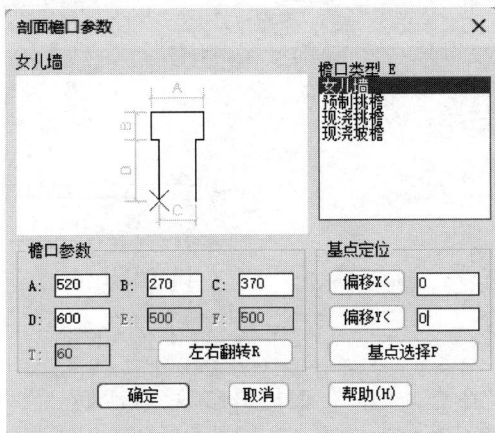

图 16-17 “剖面檐口参数”对话框(一)

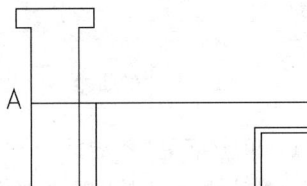

图 16-18 插入女儿墙

(2)单击菜单中“剖面”→“剖面檐口”命令,打开“剖面檐口参数”对话框。在“檐口
类型 E”列表框中选择“预制挑檐”,设置其余参数,如图 16-19 所示。单击“确定”按钮,
在图中选择合适的插入点位置。命令行显示如下:

请给出剖面檐口的插入点 <退出>:选择 B

完成插入预制挑檐操作,如图 16-20 所示。

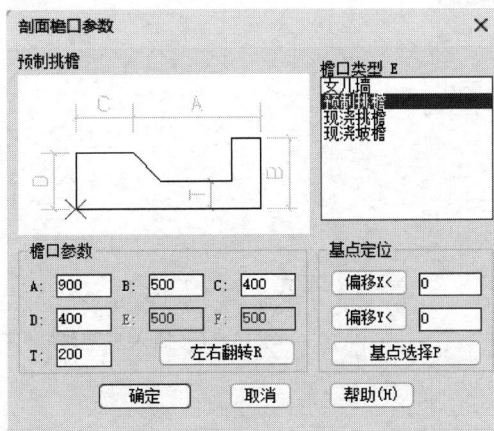

图 16-19 “剖面檐口参数”对话框

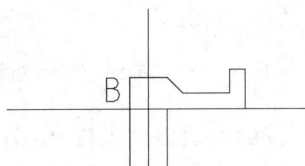

图 16-20 插入预制挑檐

(3)单击菜单中“剖面”→“剖面檐口”命令,打开“剖面檐口参数”对话框。在“檐口
类型 E”列表框中选择“现浇挑檐”,设置其余参数,如图 16-21 所示。单击“确定”按钮,
在图中选择合适的插入点位置。命令行显示如下:

请给出剖面檐口的插入点 <退出>:选择 C

完成插入现浇挑檐操作，如图 16-22 所示。

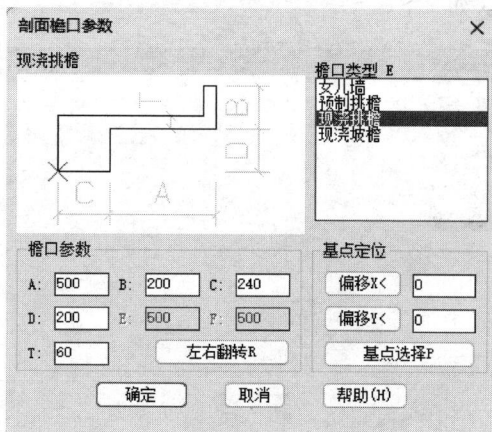

图 16-21　"剖面檐口参数"对话框（三）

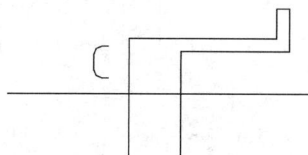

图 16-22　插入现浇挑檐

（4）单击菜单中"剖面"→"剖面檐口"命令，打开"剖面檐口参数"对话框。在"檐口类型 E"列表框中选择"现浇坡檐"，设置其余参数，如图 16-23 所示。单击"确定"按钮，在图中选择合适的插入点位置。命令行显示如下：

请给出剖面檐口的插入点 <退出>:选择 D

完成插入现浇坡檐操作，如图 16-24 所示。

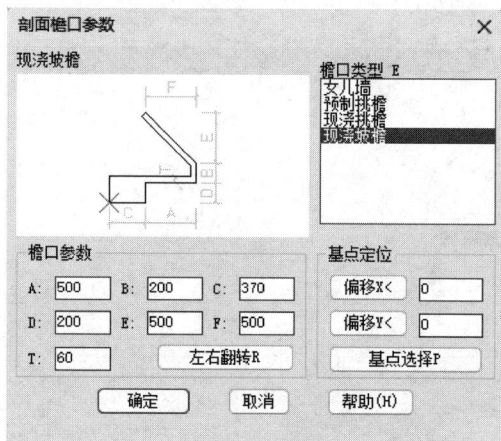

图 16-23　"剖面檐口参数"对话框（四）

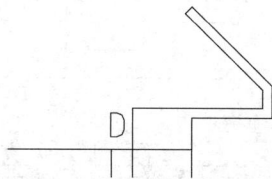

图 16-24　插入现浇坡檐

生成的剖面檐口如图 16-16 所示。

（5）保存图形。将图形以"剖面檐口.dwg"为文件名进行保存。命令行显示如下：

命令：SAVEAS↙

16.1.15　门窗过梁

利用门窗过梁命令可以在剖面门窗上加过梁。

1. 执行方式

命令行：MCGL。

菜单："剖面"→"门窗过梁"。

2. 操作步骤

命令：MCGL✓
选择需加过梁的剖面门窗：选择剖面门窗
选择需加过梁的剖面门窗：✓
输入梁高<120>:输入梁高✓

16.2　剖面楼梯与栏杆

16.2.1　参数楼梯

参数楼梯命令可以按照参数交互方式生成剖面的或可见的楼梯，楼梯示意图如图 16-25 所示。但是直接创建的多跑剖面楼梯具有梯段遮挡特性，逐段叠加的楼梯梯段不能自动遮挡栏杆，可以使用 AutoCAD 修剪命令进行修剪操作。

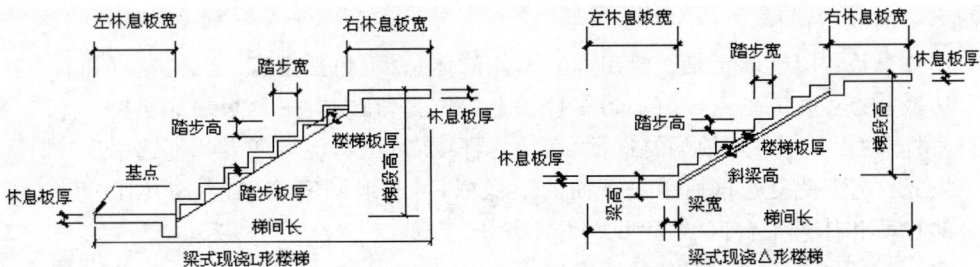

图 16-25　楼梯示意图

1. 执行方式

命令行：CSLT。

菜单："剖面"→"参数楼梯"。

执行上述任意一种命令，打开"参数楼梯"对话框，如图 16-26 所示。

2. 操作步骤

命令：CSLT✓
请选择插入点 <退出>:选取插入点
请选择插入点 <退出>:✓

执行命令后，即可在指定位置生成剖面梯段图。

3. 控件说明

梯段类型下拉列表框：选择当前梯段的形式，有板式楼梯、梁式现浇 L 形、梁式现浇△形和梁式预制四种形式。

跑数：默认跑数为 1，在无模式对话框下可以连续绘制，此时各跑之间不能自动遮

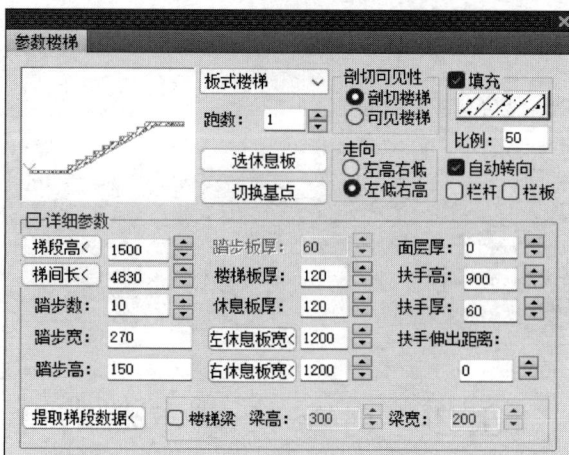

图 16-26 "参数楼梯"对话框

挡,跑数大于 2 时,各跑间按剖切与可见关系自动遮挡。

剖切可见性:用以选择画出的梯段是剖切部分还是可见部分,以图层 S_STAIR 或 S_E_STAIR 表示,颜色也有区别。

自动转向:在每次绘制单跑楼梯后,如选中此复选框,楼梯走向会自动更换,便于绘制多层的双跑楼梯。

选休息板:用于确定是否绘出左右两侧的休息板,包括全有、全无、左有和右有。

切换基点:确定基点(绿色×)在楼梯上的位置,在左右平台板端部切换。

栏杆/栏板:一对互锁的复选框,切换栏杆或者栏板,也可两者都不选中。

填充:选中此复选框后单击下面的图像框,可选取图案或颜色(SOLID)填充剖切部分的梯段和休息平台区域,可见部分不填充。

比例:在此设置剖切部分的图案填充比例。

梯段高<:当前梯段左右平台面之间的高差。

梯间长<:当前楼梯间总长度,用户可以单击此按钮,从图中取两点获得,也可以直接输入。它等于梯段长度加左右休息平台宽。

踏步数:当前梯段的踏步数量,用户可以单击调整。

踏步宽:当前梯段的踏步宽度,由用户输入或修改。它的改变会同时影响左右休息平台宽,需要适当调整。

踏步高:当前梯段的踏步高,通过梯段高/踏步数算得。

踏步板厚:选择梁式预制楼梯和现浇 L 形楼梯时使用的踏步板厚度。

楼梯板厚:现浇楼梯板厚度。

左(右)休息板宽<:当前楼梯间的左右休息平台(楼板)宽度,由用户输入、从图中取得或者由系统算出,均为 0 时梯间长等于梯段长。修改左休息板长后,右休息板长会自动改变;反之亦然。

面层厚:当前梯段的装饰面层厚度。

扶手(栏板)高:当前梯段的扶手/栏板高。

扶手厚:当前梯段的扶手厚度。

扶手伸出距离：从当前梯段起步和结束位置到扶手接头外边的距离(可以为0)。

提取梯段数据＜：从平面楼梯对象中提取梯段数据,对双跑楼梯只提取第一跑数据。

楼梯梁：选中此复选框后,分别在文本框中输入楼梯梁剖面高度和宽度。

斜梁高：选择梁式楼梯后出现此参数,应大于楼梯板厚。

16.2.2　上机练习——参数楼梯

练习目标

绘制参数楼梯,如图16-27所示。

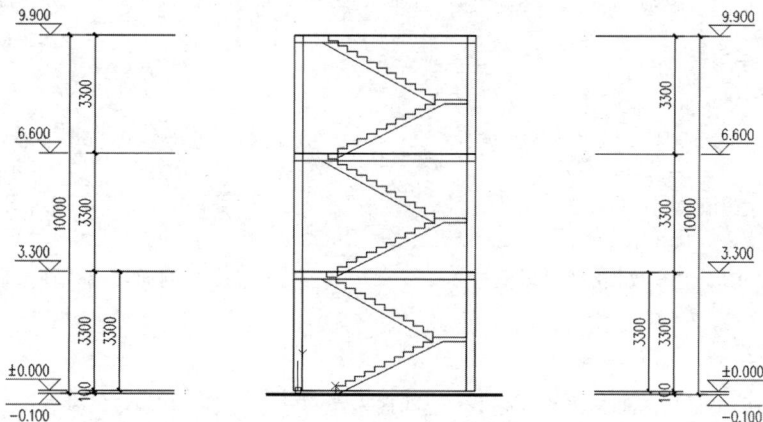

图16-27　参数楼梯

设计思路

利用源文件中的"双线楼板"图形,绘制参数楼梯。

操作步骤

(1) 单击菜单中的"剖面"→"参数楼梯"命令,打开"参数楼梯"对话框,具体设置如图16-28所示。

命令行显示如下:

```
请选择插入点 <退出>:选取插入点
请选择插入点 <退出>:↙
```

结果如图16-27所示。

(2) 保存图形。将图形以"参数楼梯.dwg"为文件名进行保存。命令行显示如下:

```
命令: SAVEAS↙
```

16.2.3　参数栏杆

参数栏杆命令可以按参数交互方式生成楼梯栏杆。

1．执行方式

命令行：CSLG。

菜单："剖面"→"参数栏杆"。

执行上述任意一种命令，打开"剖面楼梯栏杆参数"对话框，如图16-29所示。在相应的楼梯栏杆中输入参数，然后单击"确定"按钮。

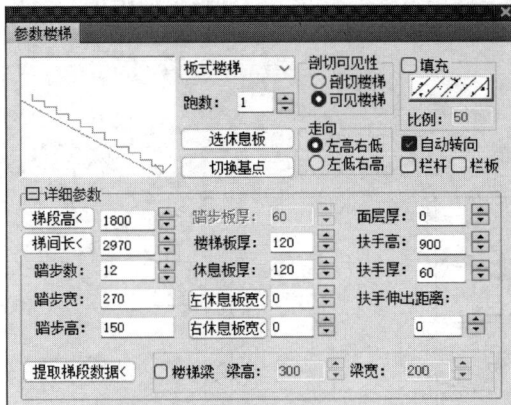

图 16-28 "参数楼梯"对话框

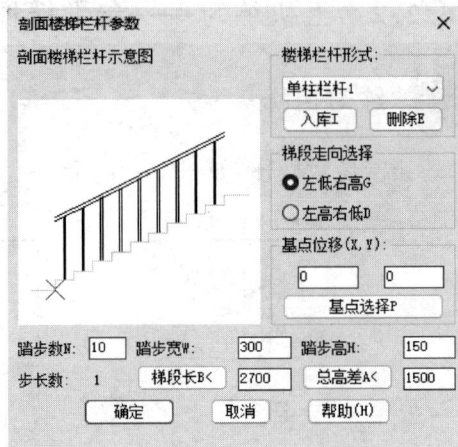

图 16-29 "剖面楼梯栏杆参数"对话框

2．操作步骤

请给出剖面楼梯栏杆的插入点 <退出>:选择插入点

选择插入点，即可在指定位置生成剖面楼梯栏杆。

3．控件说明

栏杆下拉列表框：列出已有的栏杆形式。

入库 I：用于扩充栏杆库。

删除 E：用于删除栏杆库中由用户添加的某一种栏杆形式。

步长数：栏杆基本单元所跨越楼梯的踏步数。

梯段长 B＜：梯段始末点的水平长度，通过单击梯段两个端点给出。

总高差 A＜：梯段始末点的垂直高度，通过单击梯段两个端点给出。

基点选择 P：从图形中按预定位置切换基点。

16.2.4 上机练习——参数栏杆

练习目标

绘制参数栏杆，如图16-30所示。

设计思路

利用"参数栏杆"命令，设置相关的参数，添加

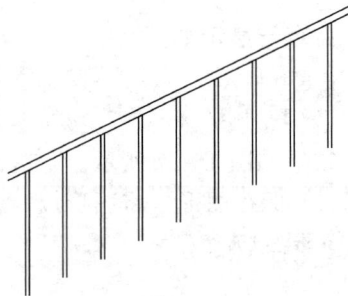

图 16-30 参数栏杆

楼梯栏杆。

操作步骤

（1）单击菜单中的"剖面"→"参数栏杆"命令，打开"剖面楼梯栏杆参数"对话框，具体设置如图16-29所示。单击"确定"按钮，命令行显示如下：

> 请给出剖面楼梯的插入点 <退出>:选取插入点

结果如图16-30所示。

（2）保存图形。将图形以"参数栏杆.dwg"为文件名进行保存。命令行显示如下：

> 命令：SAVEAS↙

16.2.5　楼梯栏杆

楼梯栏杆命令可以自动识别剖面楼梯与可见楼梯，绘制楼梯栏杆和扶手。

1．执行方式

命令行：LTLG。
菜单："剖面"→"楼梯栏杆"。

2．操作步骤

> 命令：LTLG↙
> 请输入楼梯扶手的高度 <1000>:输入扶手的高度↙
> 是否要打断遮挡线(Yes/No)? <Yes>:默认为打断↙
> 再输入楼梯扶手的起始点 <退出>:输入楼梯扶手的起始点
> 结束点 <退出>:输入楼梯扶手的结束点
> 再输入楼梯扶手的起始点 <退出>:↙

执行命令后，即可在指定位置生成楼梯栏杆。

16.2.6　上机练习——楼梯栏杆

练习目标

绘制楼梯栏杆，如图16-31所示。

设计思路

打开源文件中的"参数楼梯"图形，利用"楼梯栏杆"命令添加楼梯栏杆。

操作步骤

（1）单击菜单中的"剖面"→"楼梯栏杆"命令，插入楼梯栏杆。命令行显示如下：

> 命令：LTLG↙
> 请输入楼梯扶手的高度 <1000>:1000↙
> 是否要打断遮挡线(Yes/No)? <Yes>:默认为打断↙
> 再输入楼梯扶手的起始点 <退出>:选择下层楼梯的起点
> 结束点 <退出>:选择下层楼梯的终点

Note

16-9

再输入楼梯扶手的起始点 <退出>:选择上层楼梯的起点
结束点 <退出>:选择上层楼梯的终点
再输入楼梯扶手的起始点 <退出>:↙

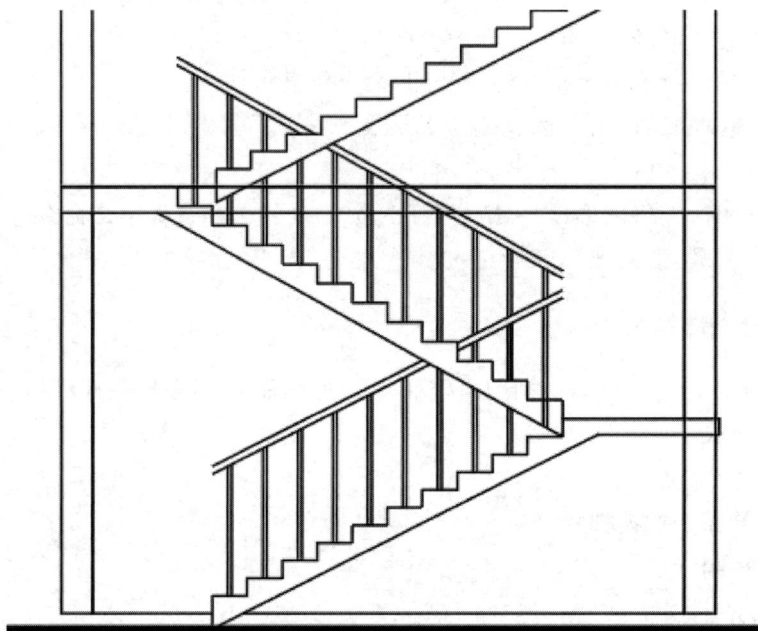

图 16-31　楼梯栏杆

即可在指定位置生成剖面楼梯栏杆,如图 16-31 所示。

(2) 保存图形,将图形以"楼梯栏杆.dwg"为文件名进行保存。命令行显示如下:

命令:SAVEAS↙

16.2.7　楼梯栏板

楼梯栏板命令可以自动识别剖面楼梯与可见楼梯,绘制实心楼梯栏板。

1. 执行方式

命令行:LTLB。

菜单:"剖面"→"楼梯栏板"。

2. 操作步骤

命令:LTLB↙
请输入楼梯扶手的高度 <1000>:输入楼梯扶手高度↙
是否要将遮挡线变虚(Y/N)? <Yes>:默认为变虚↙
再输入楼梯扶手的起始点 <退出>:输入楼梯扶手的起始点
结束点 <退出>:输入楼梯扶手的结束点
再输入楼梯扶手的起始点 <退出>:↙

执行命令后,即可在指定位置生成楼梯栏板。

16.2.8 扶手接头

扶手接头命令用于对楼梯扶手的接头位置作细部处理。

1．执行方式

命令行：FSJT。

菜单："剖面"→"扶手接头"。

2．操作步骤

```
命令:FSJT↙
请输入扶手伸出距离<0>:100↙
请选择是否增加栏杆[增加栏杆(Y)/不增加栏杆(N)]<增加栏杆(Y)>:↙
请指定两点来确定需要连接的一对扶手! 选择第一个角点<取消>:指定角点
另一个角点<取消>:指定另一个角点
请指定两点来确定需要连接的一对扶手! 选择第一个角点<取消>:↙
```

执行命令后，即可在指定位置生成楼梯扶手接头。

16.2.9 上机练习——扶手接头

练习目标

绘制扶手接头，如图 16-32 所示。

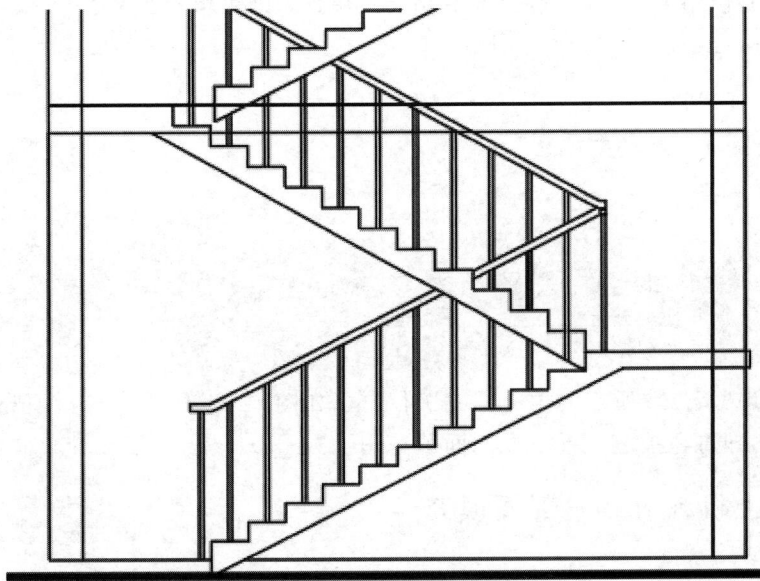

图 16-32　扶手接头

设计思路

打开源文件中的"楼梯栏杆"图形，利用"扶手接头"命令添加扶手接头。

操作步骤

(1) 单击菜单中的"剖面"→"扶手接头"命令,命令行显示如下:

```
请输入扶手伸出距离<600>:150✓
请选择是否增加栏杆[增加栏杆(Y)/不增加栏杆(N)]<增加栏杆(Y)>:✓
请指定两点来确定需要连接的一对扶手! 选择第一个角点<取消>:指定角点
另一个角点<取消>:指定另一个角点
请指定两点来确定需要连接的一对扶手! 选择第一个角点<取消>:✓
```

即可在指定位置生成楼梯扶手接头。

使用相同的方法绘制剩余的扶手接头,结果如图 16-32 所示。

(2) 保存图形。将图形以"扶手接头.dwg"为文件名进行保存。命令行显示如下:

```
命令:SAVEAS✓
```

16.3 剖面填充与加粗

16.3.1 剖面填充

本命令将剖面墙线与楼梯按指定的材料图例进行图案填充。与 AutoCAD 的图案填充(Bhatch)使用条件不同,本命令不要求墙端封闭即可填充图案。

1. 执行方式

命令行:PMTC。

菜单:"剖面"→"剖面填充"。

2. 操作步骤

```
命令:PMTC✓
请选取要填充的剖面墙线梁板楼梯<全选>:
选择对象:选择要填充材料图例的成对墙线
选择对象:按回车键结束选择
```

此时出现"请点取所需的填充图案"对话框,如图 16-33 所示。选择填充图案,单击"确定"按钮,即可在指定位置生成剖面填充图。

16.3.2 上机练习——剖面填充

练习目标

进行剖面填充,如图 16-34 所示。

设计思路

打开源文件中的"扶手接头"图形,利用"剖面填充"命令进行剖面的填充。

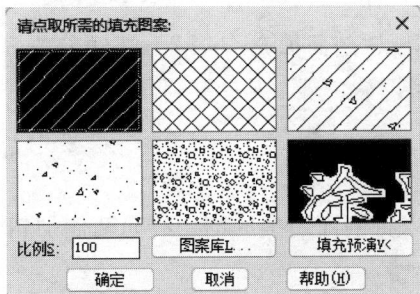

图 16-33 "请点取所需的填充图案"对话框

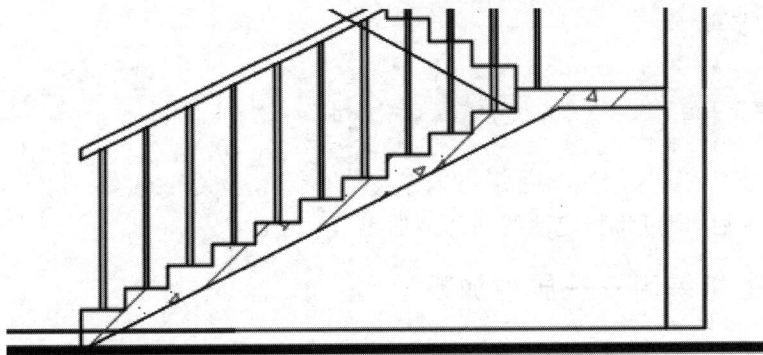

图 16-34 剖面填充

操作步骤

（1）单击菜单中的"剖面"→"剖面填充"命令，选择要填充的楼梯，打开如图 16-35 所示的对话框，选择"钢筋混凝土"的填充图案，对楼梯进行填充。命令行显示如下：

```
命令:PMTC↙
请选取要填充的剖面墙线梁板楼梯<全选>:
选择对象:选择要填充的楼梯
选择对象:↙
```

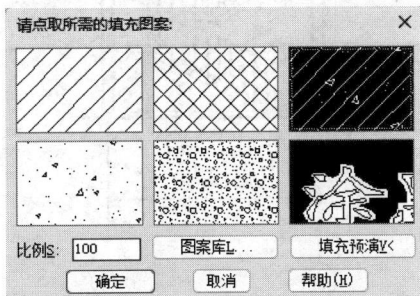

图 16-35 "请点取所需的填充图案"对话框

结果如图 16-34 所示。

（2）保存图形。将图形以"剖面填充.dwg"为文件名进行保存。命令行显示如下：

```
命令：SAVEAS↙
```

16.3.3　居中加粗

利用居中加粗命令可以将剖面图中的剖切线向两侧加粗。

1．执行方式

命令行：JZJC。

菜单："剖面"→"居中加粗"。

2．操作步骤

```
命令：JZJC↙
请选取要变粗的剖面墙线梁板楼梯线（向两侧加粗）<全选>：
选择对象：选择墙线
选择对象：↙
```

执行命令后，即可将指定墙线向两侧加粗。

16.3.4　上机练习——居中加粗

练习目标

将墙线居中加粗，如图 16-36 所示。

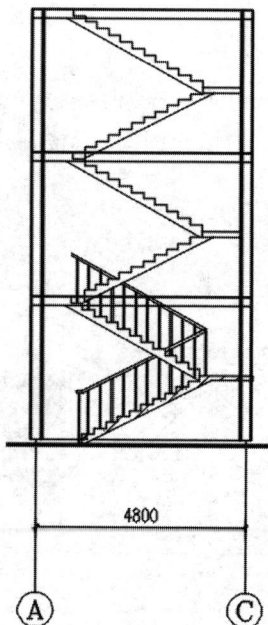

图 16-36　居中加粗

设计思路

打开源文件中的"剖面填充"图形,利用"居中加粗"命令在指定位置居中加粗。

操作步骤

(1) 单击菜单中的"剖面"→"居中加粗"命令,命令行显示如下:

```
命令:JZJC✓
请选取要变粗的剖面墙线梁板楼梯线(向两侧加粗)<全选>:
选择对象:选择墙线
选择对象:✓
```

绘制结果如图 16-36 所示。

(2) 保存图形。将图形以"居中加粗.dwg"为文件名进行保存。命令行显示如下:

```
命令:SAVEAS✓
```

16.3.5　向内加粗

利用向内加粗命令可以将剖面图中的剖切线向内侧加粗。

1.执行方式

命令行:XNJC。

菜单:"剖面"→"向内加粗"。

2.操作步骤

```
命令:XNJC✓
请选取要变粗的剖面墙线梁板楼梯线(向内侧加粗)<全选>:
选择对象:选择墙线
选择对象:✓
```

执行命令后,即可将指定墙线向内变粗。

16.3.6　取消加粗

本命令将已加粗的剖面墙线恢复原状,但不影响该墙线已有的剖面填充。

1.执行方式

命令行:QXJC。

菜单:"剖面"→"取消加粗"。

2.操作步骤

```
命令:QXJC✓
请选取要恢复细线的剖切线<全选>:
选择对象:选择加粗的墙线
选择对象:✓
```

执行命令后,即可将指定墙线恢复原状。

16.3.7 上机练习——取消加粗

练习目标

将墙线取消加粗，如图 16-37 所示。

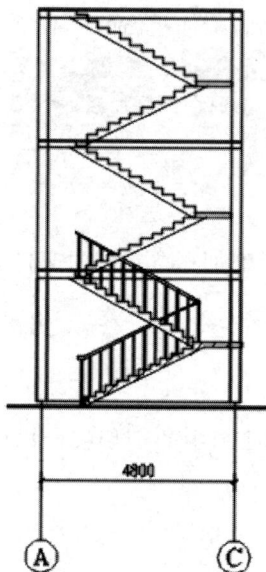

图 16-37　取消加粗

设计思路

打开源文件中的"居中加粗"图形，利用"取消加粗"命令在指定位置取消加粗。

操作步骤

（1）单击菜单中的"剖面"→"取消加粗"命令，命令行显示如下：

```
命令:QXJC↙
请选取要恢复细线的剖切线 <全选>:
选择对象:选择墙线
选择对象:↙
```

结果如图 16-37 所示。

（2）保存图形。将图形以"取消加粗.dwg"为文件名进行保存。命令行显示如下：

```
命令：SAVEAS↙
```

第17章

办公楼设计综合实例

本 章 导 读

　　本章将以办公楼为例详细介绍建筑平面图、立面图和剖面图的天正和CAD绘制方法与相关技巧,包括建筑平面图中的轴线、墙体、柱子和文字等的绘制方法,立面图(包括建筑立面和构件立面)、剖面图(包括剖面墙和楼板等)的绘制方法。

学 习 要 点

◆ 办公楼平面图绘制
◆ 办公楼立面图绘制
◆ 办公楼剖面图绘制

17.1 办公楼平面图绘制

本节从一个综合办公楼的绘制入手,综合运用天正命令和 AutoCAD 命令讲解图样的生成过程。办公楼一层平面图如图 17-1 所示。

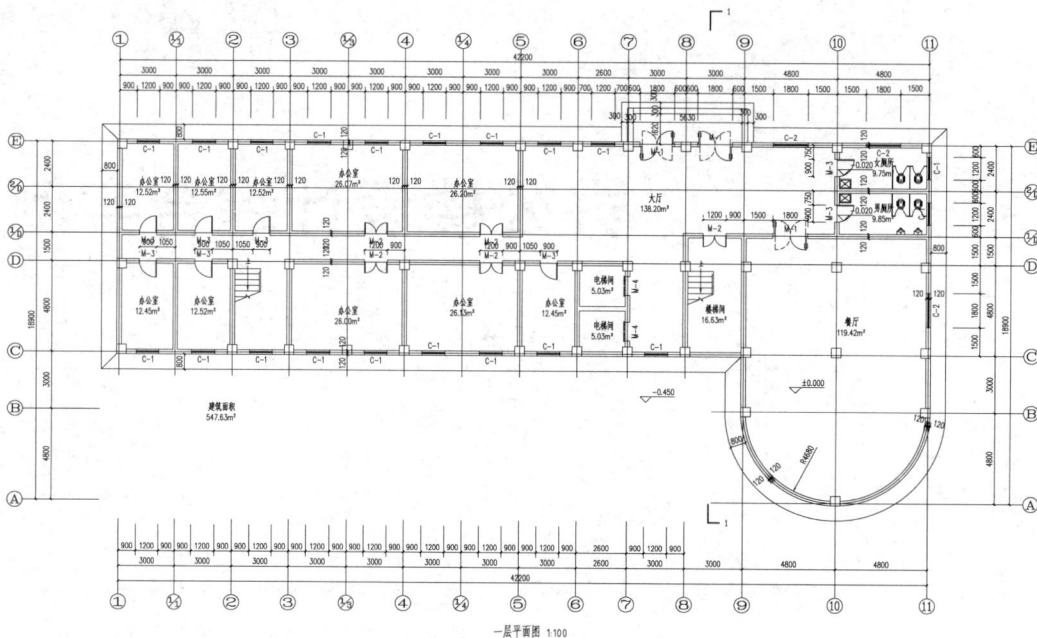

图 17-1 办公楼一层平面图

17.1.1 定位轴网

图 17-1 所示的办公楼平面图对应图 17-2 所示的定位轴网。

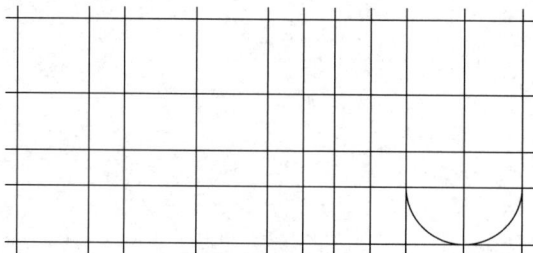

图 17-2 定位轴网

绘制定位轴网的步骤如下:

(1) 单击菜单中的"轴网柱子"→"绘制轴网"命令,打开"绘制轴网"对话框。切换到"直线轴网"选项卡,选择默认的"下开"单选按钮,在"间距"栏内分别输入 6000、3000、6000、6000、3000、2600、3000、3000、4800、4800,如图 17-3 所示。

（2）选择"左进"单选按钮，在"间距"栏内分别输入 4800、3000、4800、6300，如图 17-4 所示。

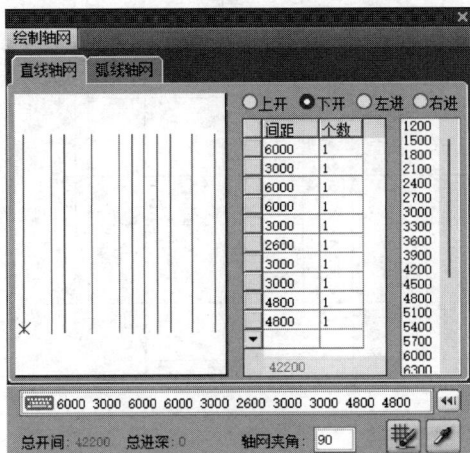

图 17-3 选择"下开"

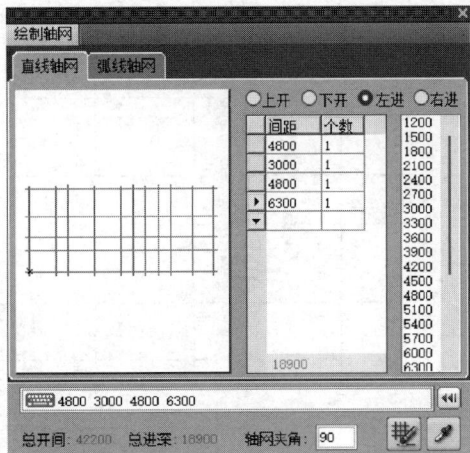

图 17-4 选择"左进"

（3）单击屏幕空白位置，完成直线定位轴网的创建，如图 17-5 所示。

（4）单击菜单中的"轴网柱子"→"绘制轴网"命令，打开"绘制轴网"对话框。切换到"弧线轴网"选项卡，选择"夹角"和"顺时针"单选按钮，在"夹角"栏内输入 180，"个数"栏内输入 1，内弧半径设置为 4800。其他输入数据如图 17-6 所示。

（5）在屏幕中单击轴线交点，完成定位轴网。

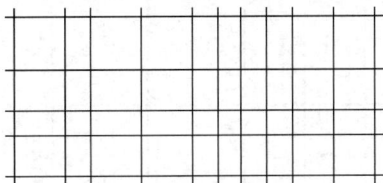

图 17-5 绘制的直线轴网

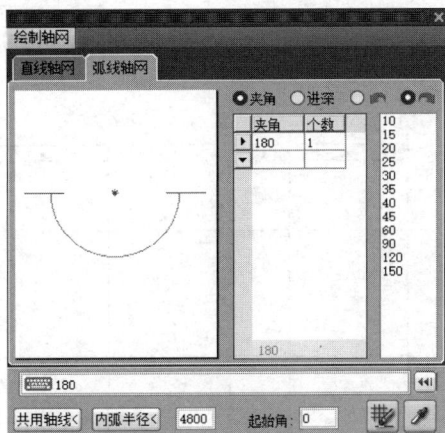

图 17-6 "弧线轴网"选项卡

17.1.2 标注轴网

轴号可以用两点轴标命令实现。两点轴标命令可以自动将纵向轴线以数字作为轴号，横向轴网以字母作为轴号。生成的标注轴网如图 17-7 所示。

标注轴网的步骤如下：

（1）单击菜单中的"轴网柱子"→"轴网标注"命令，打开"轴网标注"对话框，如

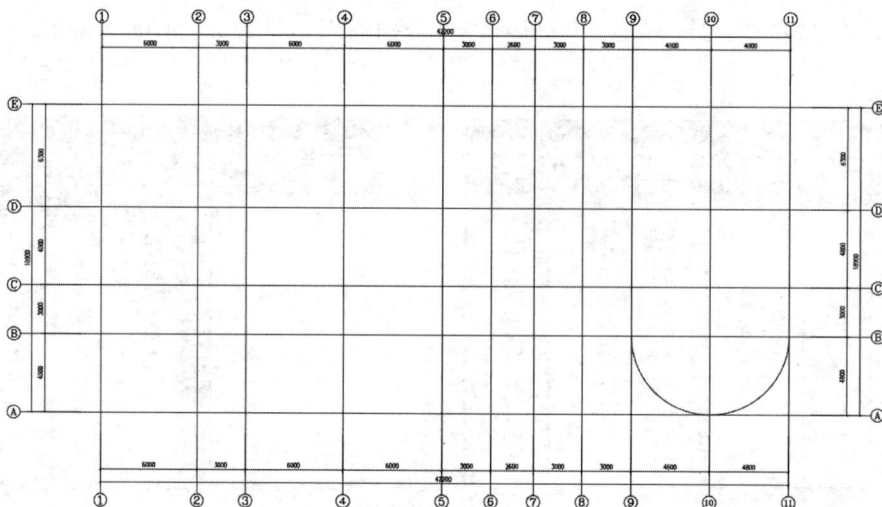

图 17-7　标注轴网

图 17-8 所示。

在"多轴标注"选项卡中,"输入起始轴号"设置为1,选择"双侧标注",从左至右选择轴线,如图 17-9 所示。

（2）单击菜单中的"轴网柱子"→"轴网标注"命令,打开"轴网标注"对话框,在"多轴标注"选项卡中,将"输入起始轴号"设置为 A,选择"双侧标注",选择横向轴线的从下至上两侧的轴线,绘制结果如图 17-7 所示。

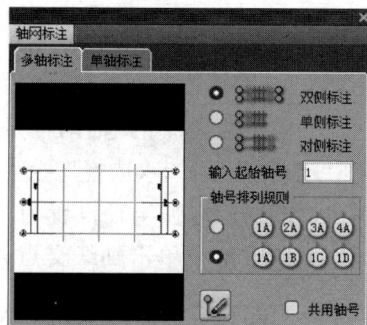

图 17-8　"轴网标注"对话框

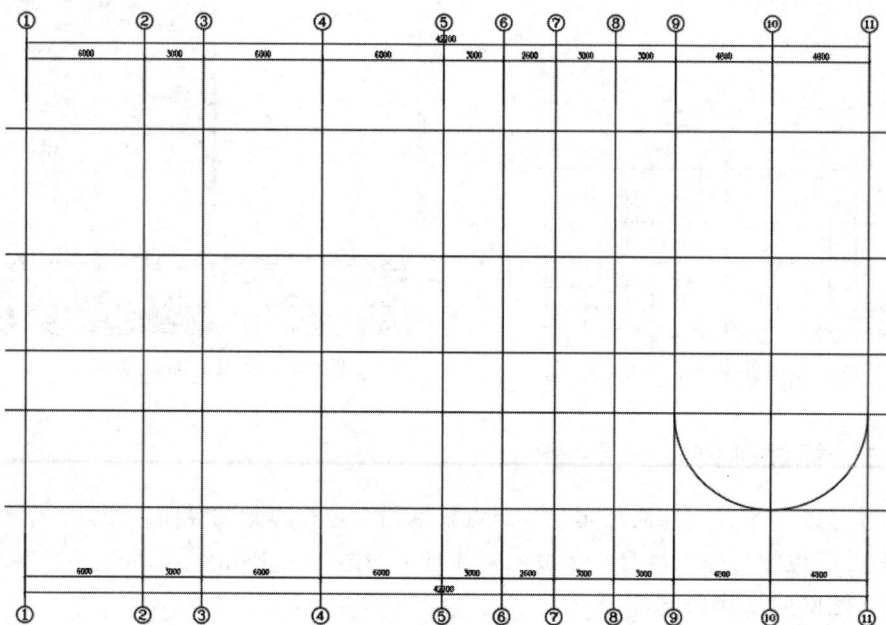

图 17-9　纵向轴标

17.1.3 添加轴线

需要添加轴线时,可以用天正提供的菜单命令实现。标注轴网如图 17-7 所示,添加轴线的轴网如图 17-10 所示。

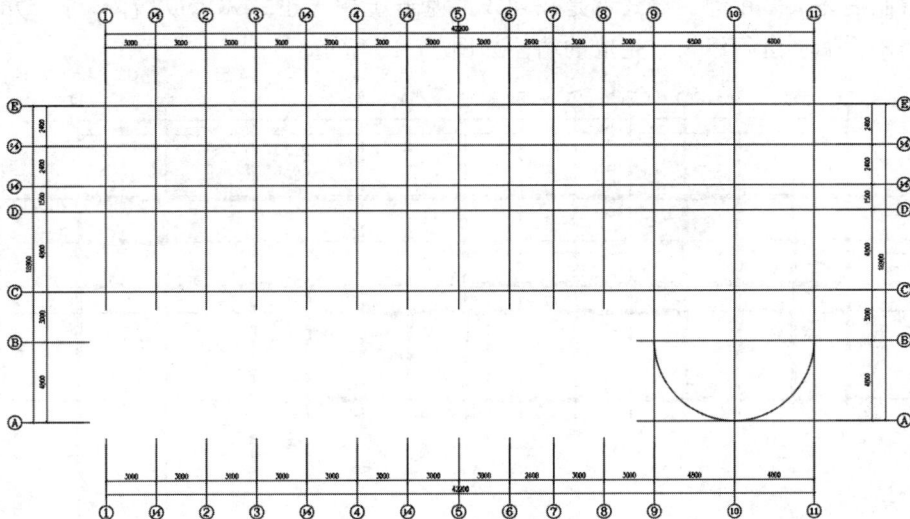

图 17-10 添加轴线的轴网

添加轴线的步骤如下。

(1)单击菜单中的"轴网柱子"→"添加轴线"命令,打开"添加轴线"对话框,选择"双侧轴号"单选按钮,选中"附加轴号"复选框,取消选中"重排轴号"复选框。按照命令行显示选择轴线①,向上偏移 1500 生成 1/D 轴,向上偏移 3900 生成 2/D 轴。同上,选择轴线①,向右偏移 3000 生成 1/1 轴。同上,选择轴线③,向右偏移 3000 生成 1/3 轴。同上,选择轴线④,向右偏移 3000 生成 1/4 轴。添加的轴线如图 17-11 所示。

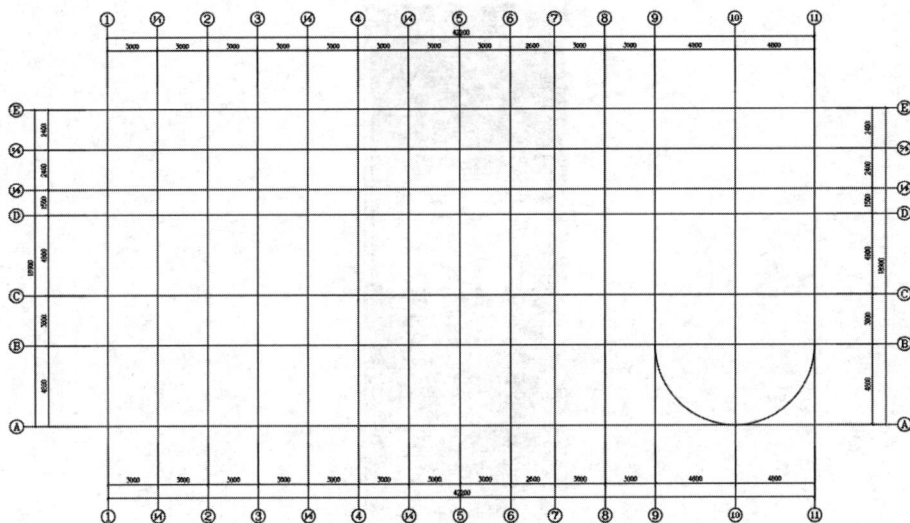

图 17-11 添加轴线

(2) 对轴线过长部分可以进行修剪。利用"轴线裁剪"命令,框选需要进行裁剪的轴线,完成裁剪后的轴网如图 17-10 所示。

17.1.4　绘制墙体

绘制墙体大多用到的方式就是在轴线的基础上用天正方式生成墙体,可以方便以后操作中对墙体进行编辑。生成的墙体如图 17-12 所示。

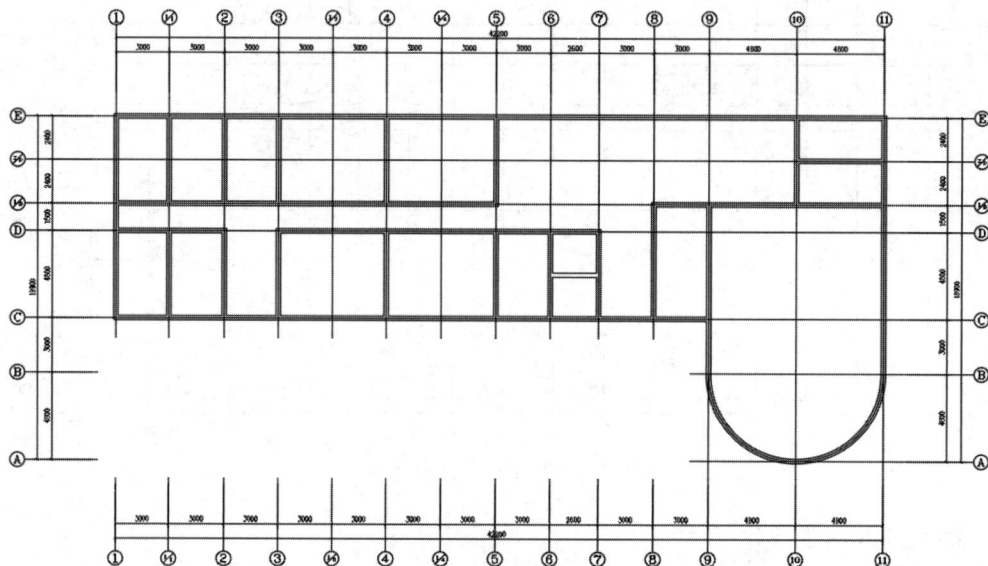

图 17-12　绘制的墙体

绘制墙体的步骤如下。

(1) 单击菜单中的"墙体"→"绘制墙体"命令,在"墙体"对话框中输入相应的外墙数据,如图 17-13 所示。

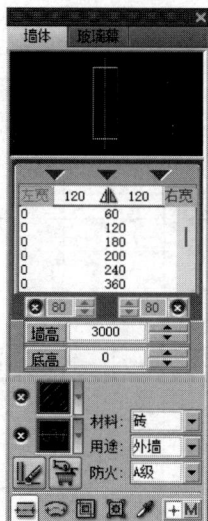

图 17-13　输入外墙数据

选择建筑物外墙的角点顺序连接，注意在选择弧墙时根据命令行提示进行操作，最终形成如图 17-14 所示的外墙形状。

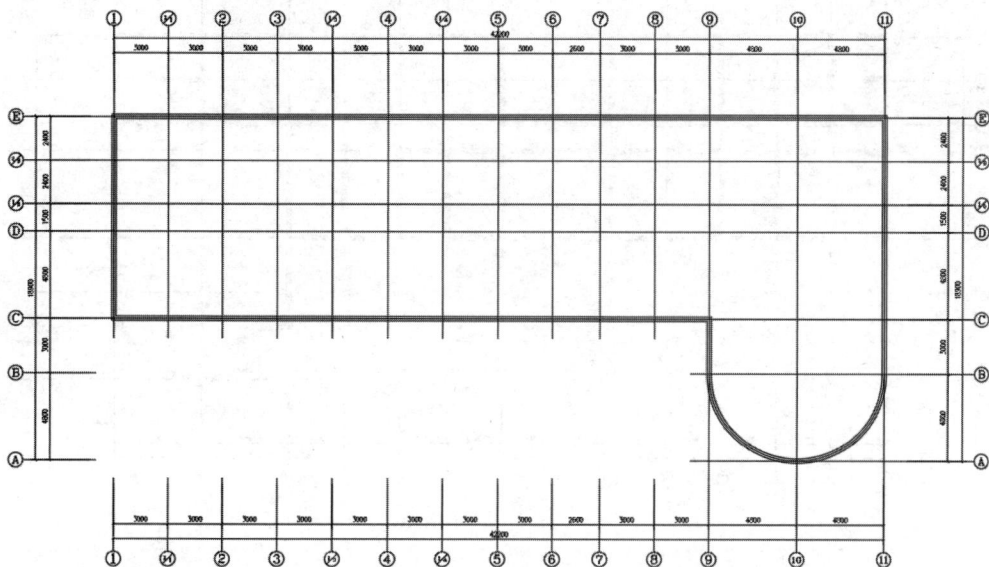

图 17-14 绘制外墙

（2）单击菜单中的"墙体"→"绘制墙体"命令，在"墙体"对话框中输入相应的内墙数据，如图 17-15 所示。

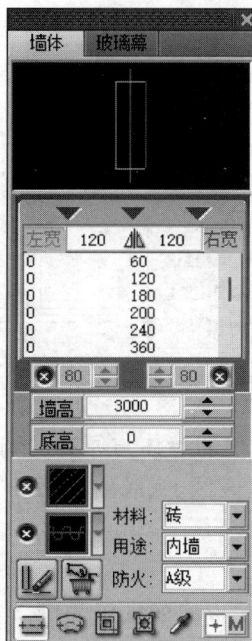

图 17-15 输入内墙数据

选择建筑物内墙的角点顺序连接，形成如图 17-16 所示的墙体形状。

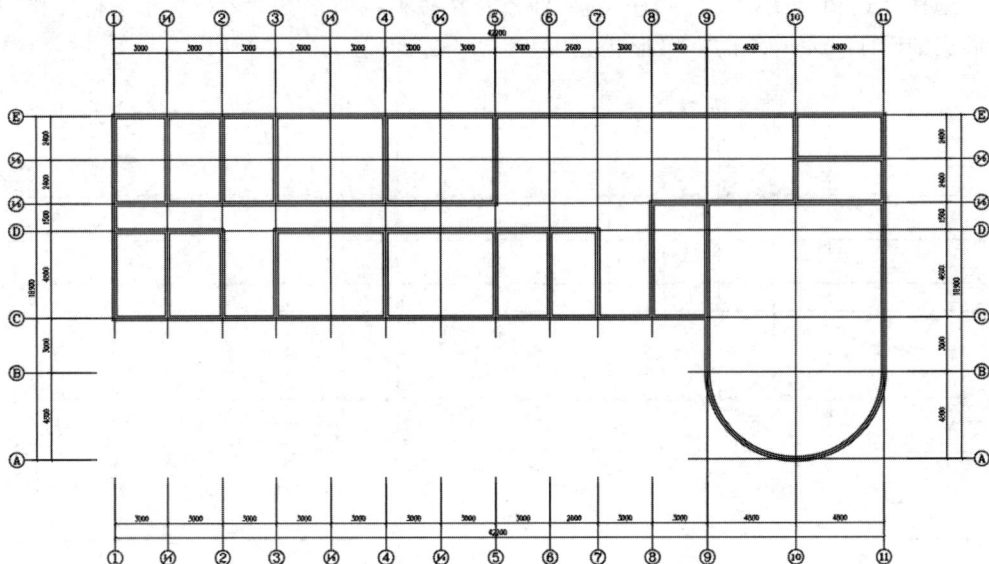

图 17-16　绘制内墙

（3）在两个电梯之间增加一道隔墙，可选用"单线变墙"命令。在轴线层的新增墙体位置画一条单线，然后单击菜单中的"墙体"→"单线变墙"命令，打开"单线变墙"对话框，在对话框中选择适当的数据，如图 17-17 所示。

单击绘图区域需要绘制墙体的单线，绘制结果如图 17-18 所示。

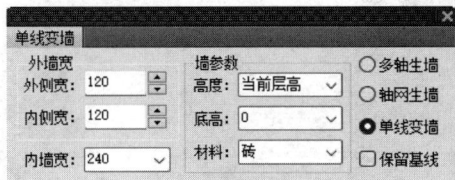

图 17-17　"单线变墙"对话框

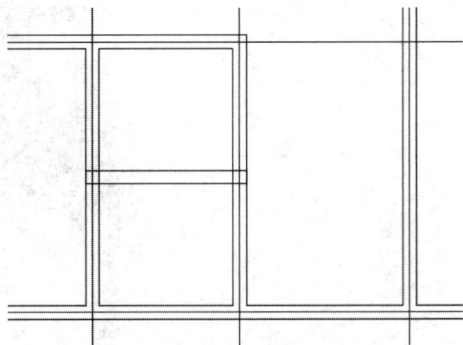

图 17-18　单线变墙

从图 17-18 中可以看到，新增加的墙体与原有的墙体之间有重叠区域。利用"修墙角"命令框选需要修整的墙体交汇区域，完成内外墙的布设如图 17-12 所示。

17.1.5　插入柱子

本例中插入的柱子为标准柱。生成的柱子如图 17-19 所示。

插入柱子的步骤如下。

（1）单击菜单中的"轴网柱子"→"标准柱"命令，在打开的"标准柱"对话框中输入相应的柱子数据，如图 17-20 所示。

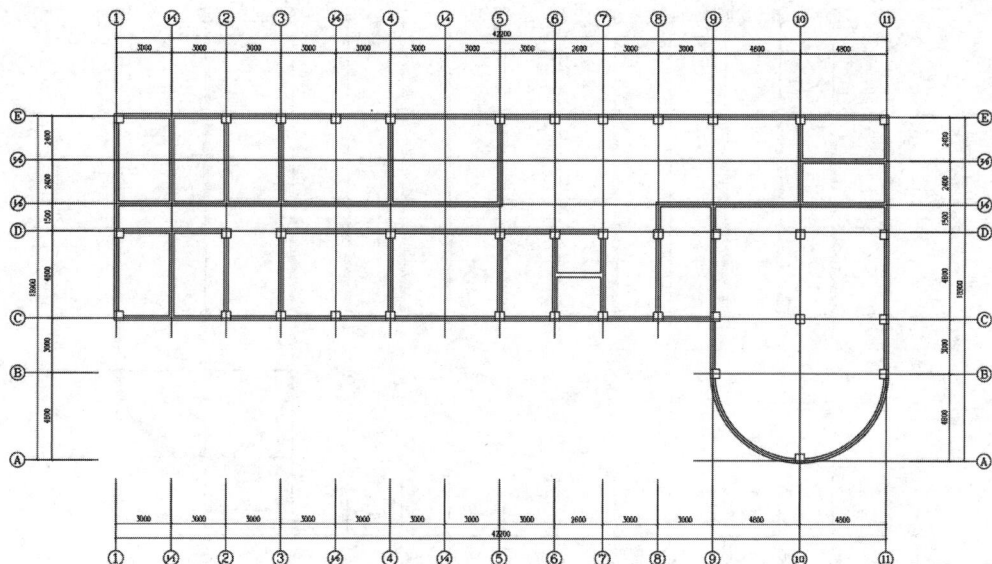

图 17-19　插入柱子

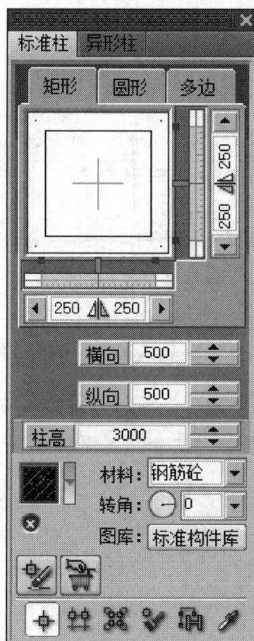

图 17-20　输入柱子数据

（2）在绘图区域单击需要设置柱子的轴线交点，形成如图 17-21 所示的插入柱子的形式。

（3）此时柱子会突出墙线，可以单击菜单中的"轴网柱子"→"柱齐墙边"命令，根据命令行提示选择建筑物需要对齐的墙边，然后选择需要对齐的柱子，最终结果如图 17-19 所示。

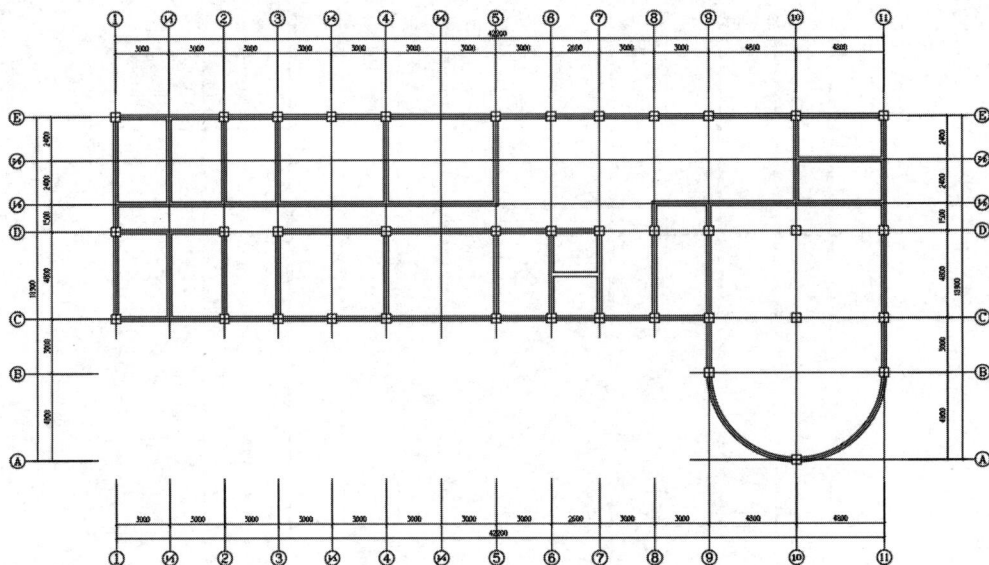

图 17-21　插入柱子形式

17-6

17.1.6　插入门窗

门窗可以分为很多种,本例插入的门窗如图 17-22 所示。

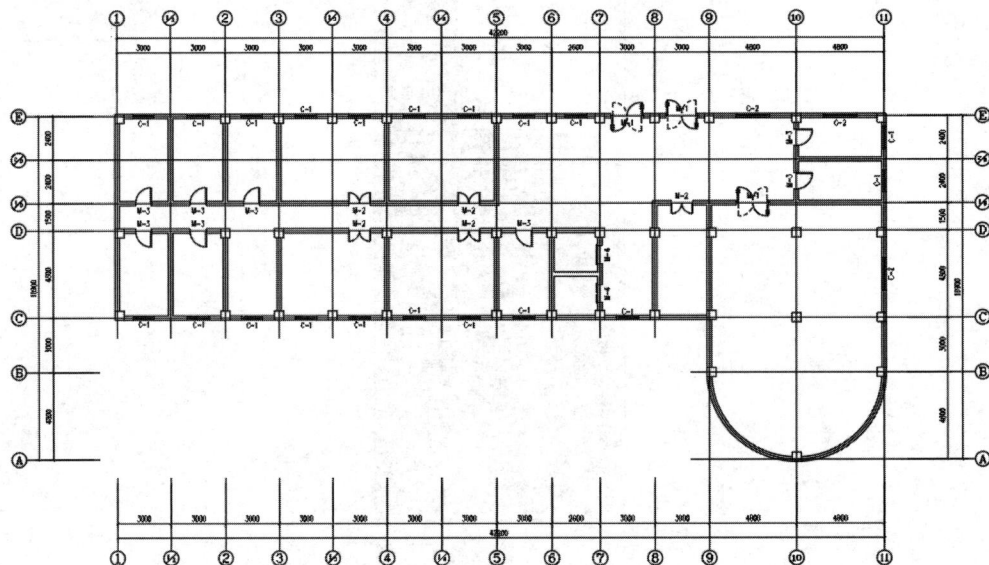

图 17-22　插入门窗

插入门窗的步骤如下。

（1）单击菜单中的"门窗"→"门窗"命令,在对话框中输入相应的双扇弹簧门"M-1"数据,如图 17-23 所示。图 17-23 中左侧门的形式与本例中要求的双扇弹簧门不一致,单击左侧门,打开对话框如图 17-24 所示。

图 17-23　输入"M-1"的数据

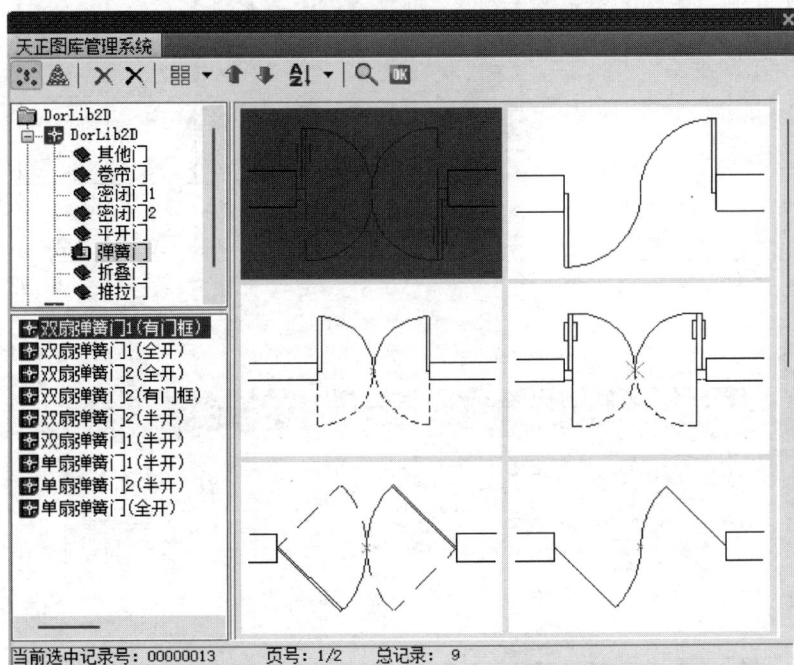

图 17-24　确定"M-1"形状

（2）双击选择的双扇弹簧门，打开"门"对话框，选取轴线等分插入方式，如图 17-25 所示。

图 17-25　"门"对话框

在绘图区域单击需要设置"M-1"的位置，形成如图 17-26 所示的插入"M-1"的形式。

（3）单击菜单中的"门窗"→"门窗"命令，在"门"对话框中输入相应的"M-2"数据，如图 17-27 所示。左侧门的形式与本例中要求的双扇平开门不一致，单击左侧门，打开对话框如图 17-28 所示。

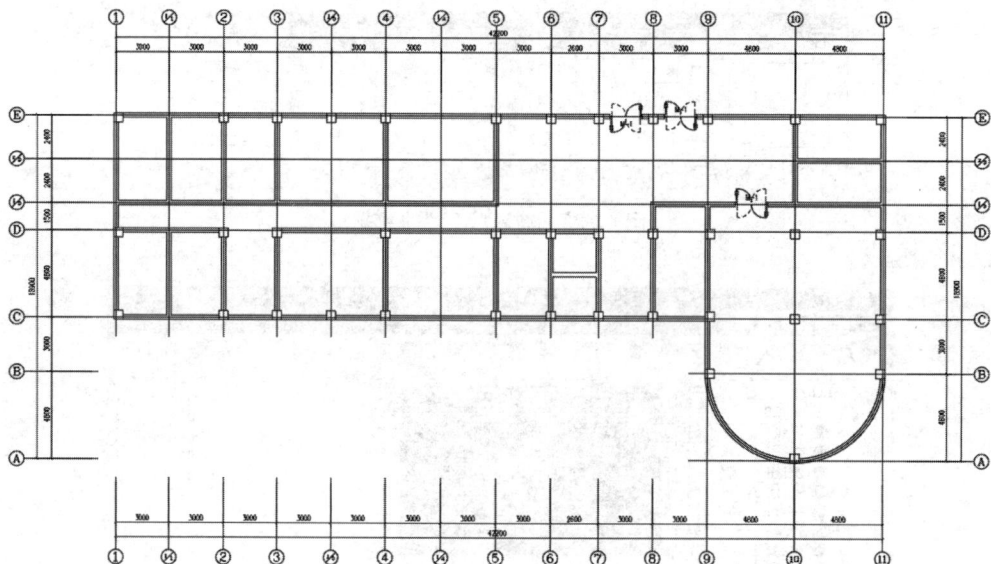

图 17-26　插入"M-1"

图 17-27　输入"M-2"的数据

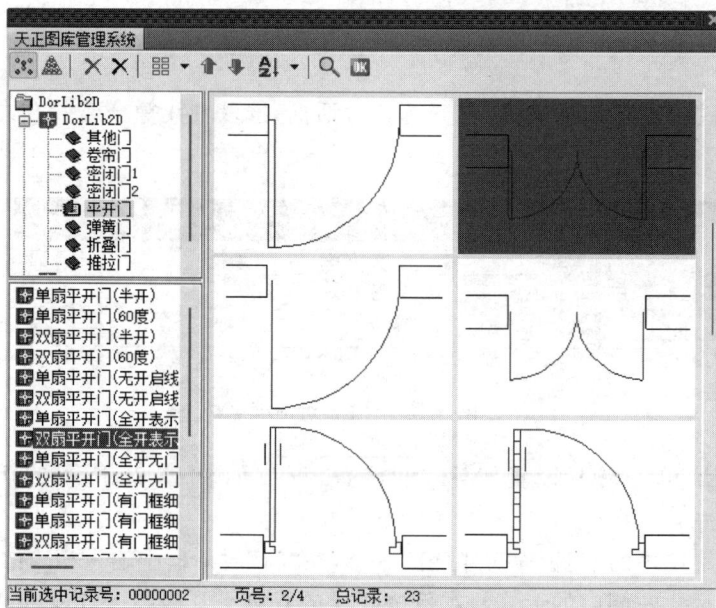

图 17-28　确定"M-2"形状

（4）双击选择的双扇平开门，打开"门"对话框，选取轴线等分插入方式，如图 17-29 所示。

图 17-29 "门"对话框

在绘图区域单击需要设置"M-2"的位置，形成如图 17-30 所示的插入"M-2"的形式。

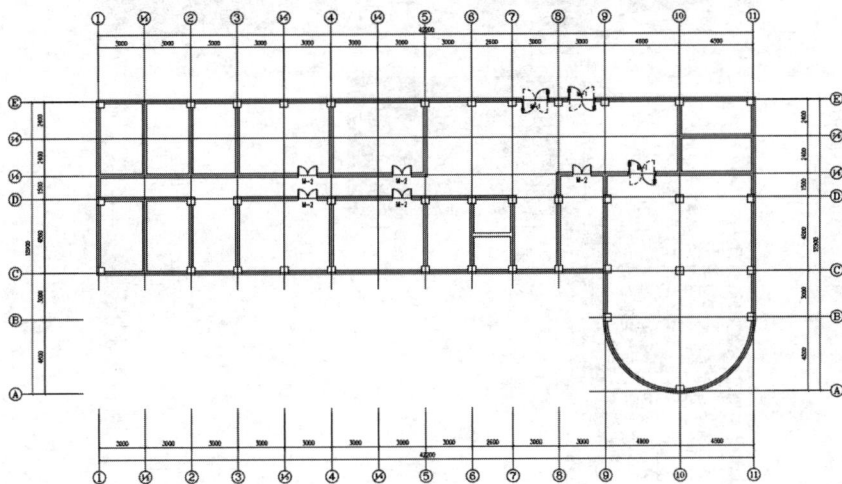

图 17-30 插入"M-2"

图 17-30 中"M-2"的开启方式均采用内开的方式。利用"内外翻转"命令，根据命令行的提示进行门的内外翻转，结果如图 17-31 所示。

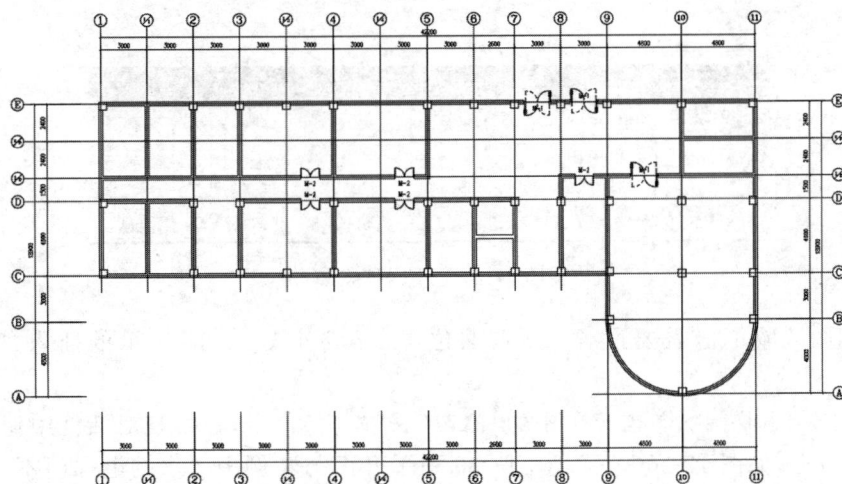

图 17-31 调整后的"M-2"

（5）单击菜单中的"门窗"→"门窗"命令，在"门"对话框中输入相应的"M-3"数据，如图 17-32 所示。左侧门的形式与本例中要求的单扇平开门不一致。单击左侧门，打开对话框如图 17-33 所示。

图 17-32　输入"M-3"的数据

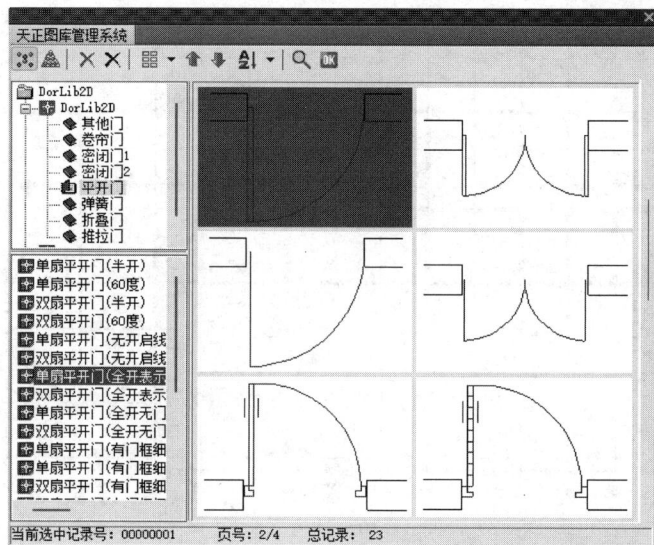

图 17-33　确定"M-3"形状

（6）双击选择的单扇平开门，打开"门"对话框，选取轴线等分插入方式，如图 17-34 所示。

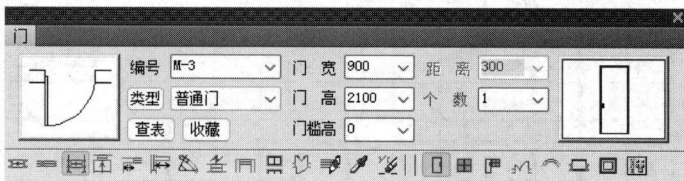

图 17-34　"门"对话框

在绘图区域单击需要设置"M-3"的位置，形成如图 17-35 所示的插入"M-3"的形式。

（7）绘制电梯门。单击菜单中的"门窗"→"门窗"命令，在"门"对话框中输入相应的"M-4"数据，如图 17-36 所示。图 17-36 中平开门与本例中要求的电梯门不一致，单击平开门，打开对话框如图 17-37 所示。

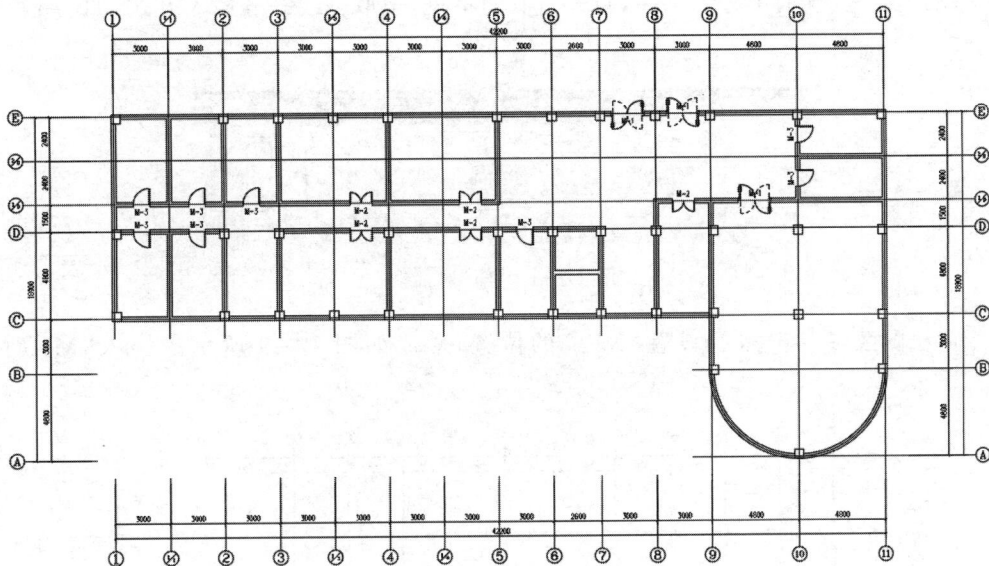

图 17-35 插入"M-3"

图 17-36 输入"M-4"的数据

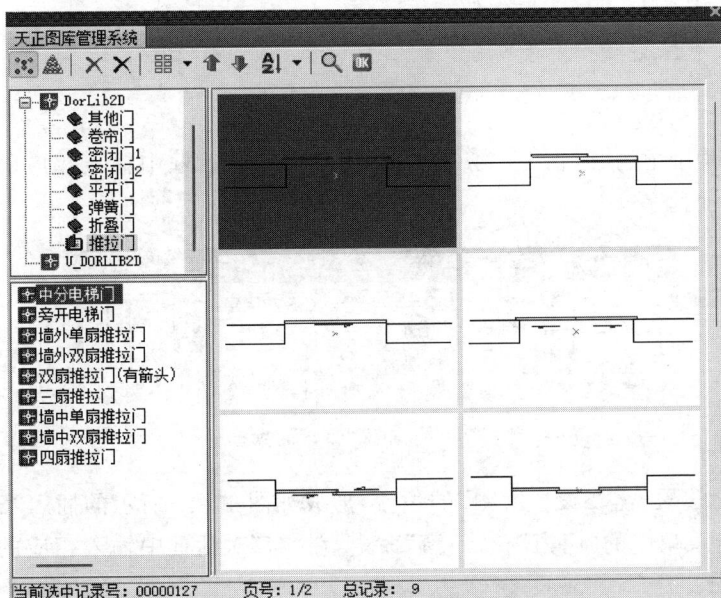

图 17-37 确定"M-4"形状

（8）双击选择的中分电梯门，打开"门"对话框，选取轴线等分插入方式，如图 17-38 所示。

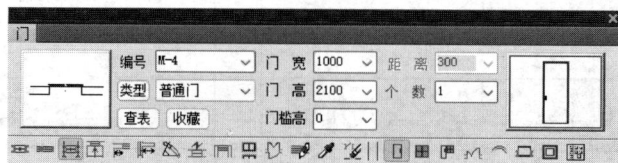

图 17-38 "门"对话框

在绘图区域单击需要设置"M-4"的位置，形成如图 17-39 所示的插入"M-4"的形式。

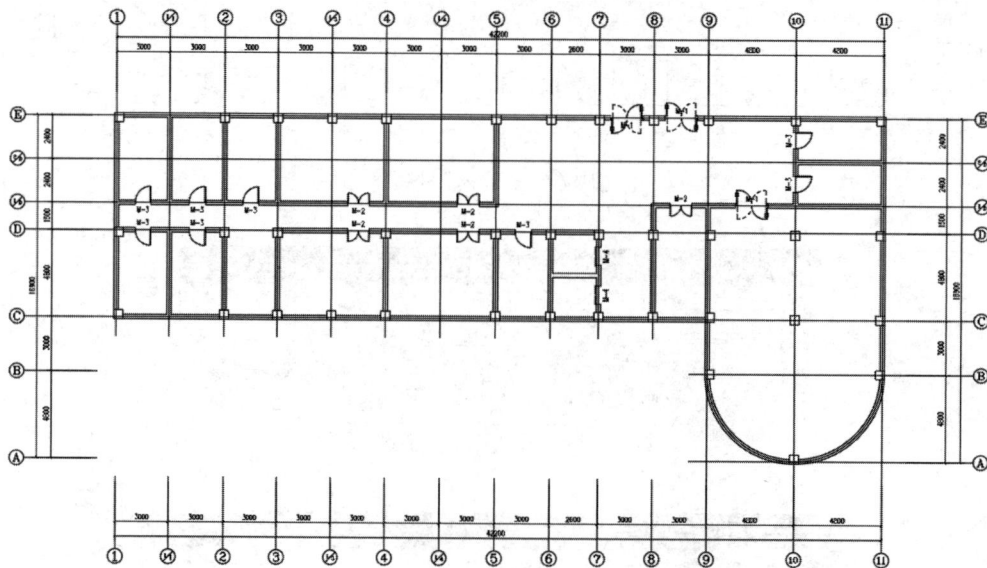

图 17-39 插入"M-4"

（9）单击菜单中的"门窗"→"门窗"命令，在"窗"对话框中输入相应的"C-1"数据，如图 17-40 所示。

图 17-40 输入"C-1"的数据

在绘图区域单击需要设置"C-1"的位置，形成如图 17-41 所示的插入"C-1"的形式。

（10）单击菜单中的"门窗"→"门窗"命令，在"窗"对话框中输入相应的"C-2"数据，如图 17-42 所示。

在绘图区域单击需要设置"C-2"的位置，插入"C-2"，由此完成插入门窗的工作。最终结果如图 17-22 所示。

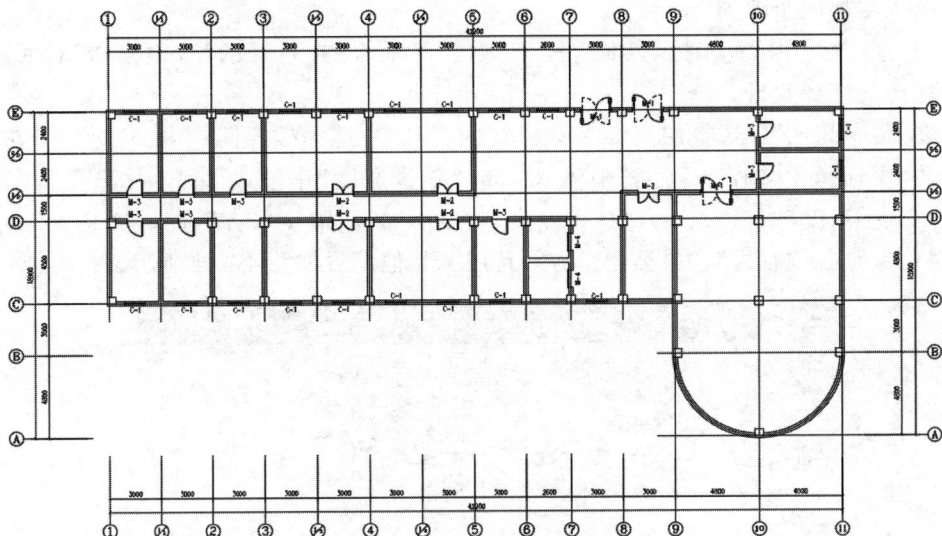

图 17-41　插入"C-1"

图 17-42　输入"C-2"的数据

17.1.7　插入楼梯

办公楼中有两个形式相同的楼梯,本例详细介绍其中一个楼梯的绘制过程。生成的楼梯如图 17-43 所示。

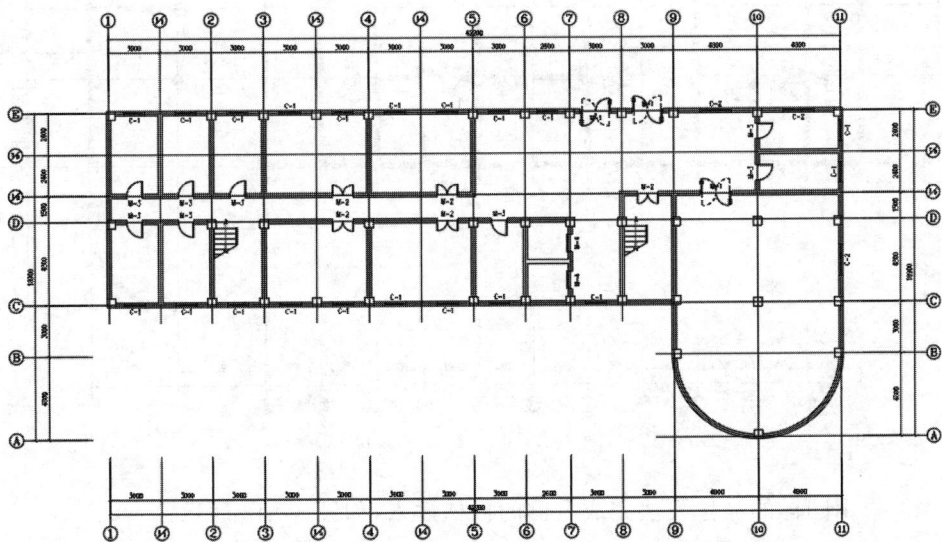

图 17-43　插入楼梯

17-7

插入楼梯的步骤如下。

（1）单击菜单中的"楼梯其他"→"双跑楼梯"命令，在打开的"双跑楼梯"对话框中输入相应的楼梯数据。

在"楼梯高度"中选择层高3000，在"梯间宽＜"中选择楼梯间的内部净尺寸，在"踏步总数"中选择20，"踏步高度"中输入150，"踏步宽度"中输入300，"休息平台"选择"无"，"扶手高度"中输入900，"扶手宽度"中输入60，"踏步取齐"选择"齐楼板"方式，"上楼位置"选择"右边"，"层类型"选择"首层"，其他设置如图17-44所示。

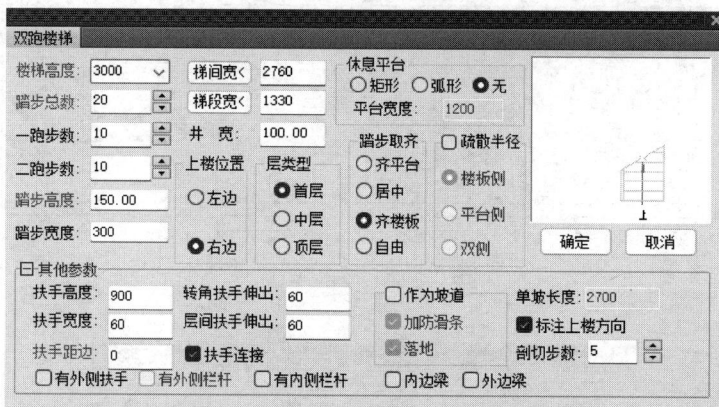

图17-44 "双跑楼梯"对话框

（2）单击绘图区域，根据命令行提示选择楼梯的插入点，插入左侧楼梯，如图17-45所示。

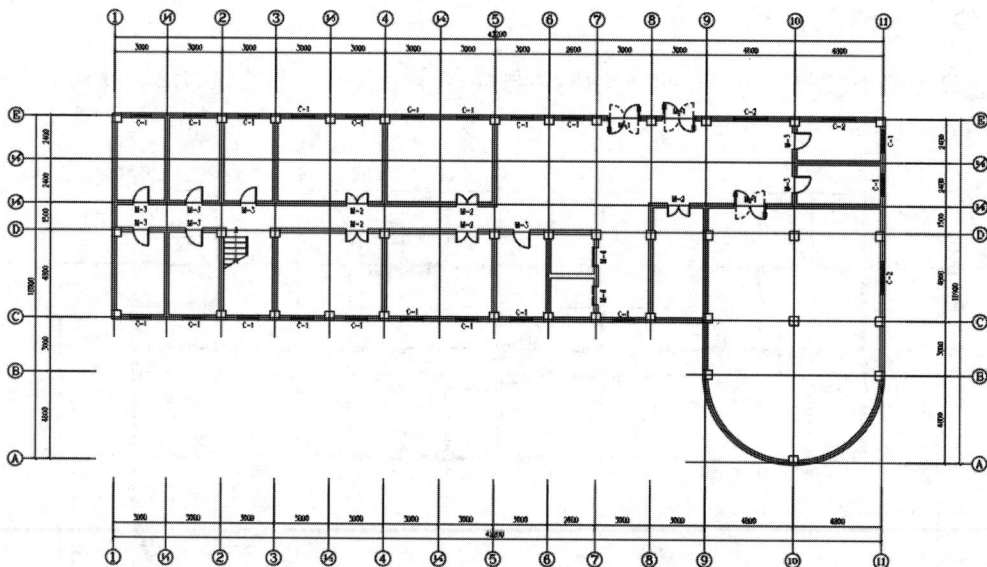

图17-45 插入一个楼梯

（3）采用同样的操作方法完成右侧的楼梯插入，如图17-43所示。

17.1.8 插入台阶

本例中的台阶位于大门口处,可以直接用天正软件绘制而成。生成的台阶如图 17-46 所示。

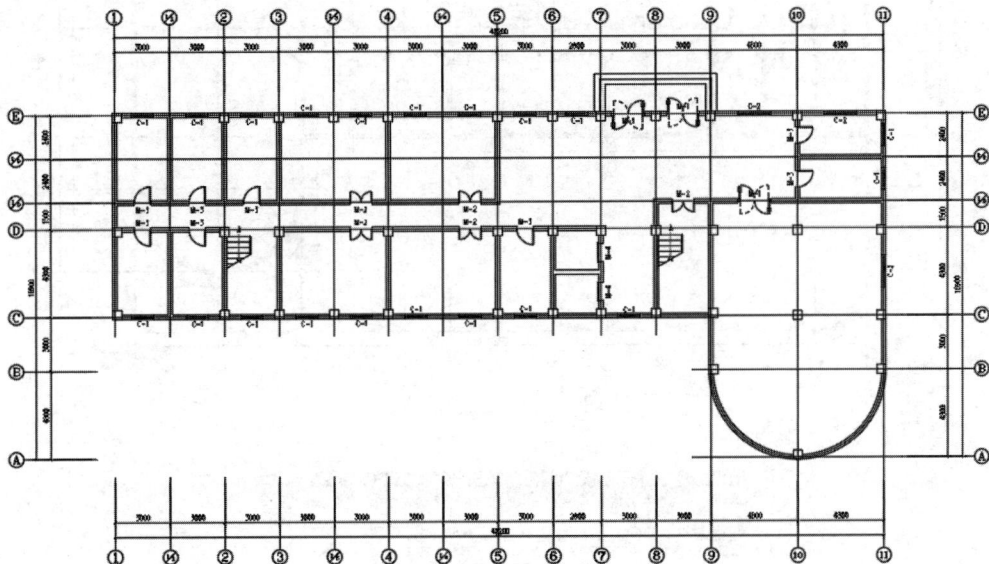

图 17-46 生成台阶

插入台阶的步骤如下。

(1) 单击菜单中的"楼梯其他"→"台阶"命令,打开"台阶"对话框,如图 17-47 所示。

在"台阶总高"中输入内外高差 450,在"踏步宽度"中输入 300,在"踏步高度"中输入 150。其余数据的设置见图 17-47。

(2) 单击绘图区域,根据命令行提示完成台阶的绘制,如图 17-46 所示。

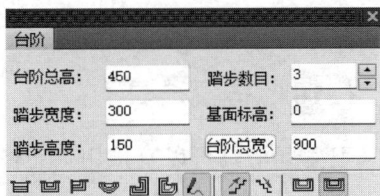

图 17-47 "台阶"对话框

17.1.9 绘制散水

散水可以直接用天正软件自动绘制。生成的散水如图 17-48 所示。

绘制散水的步骤如下。

(1) 单击菜单中的"楼梯其他"→"散水"命令,打开"散水"对话框,如图 17-49 所示。

在"室内外高差"中输入内外高差 450,在"散水宽度"中输入 800,在"偏移距离"中输入 0,选中"创建室内外高差平台"复选框,如图 17-49 所示,单击"选择已有路径生成"按钮。

(2) 在绘图区域单击,根据命令行提示选择作为散水路径的多段线(在此之前先利用"多段线"命令沿着外墙线绘制一条多段线),生成如图 17-48 所示的散水形式。

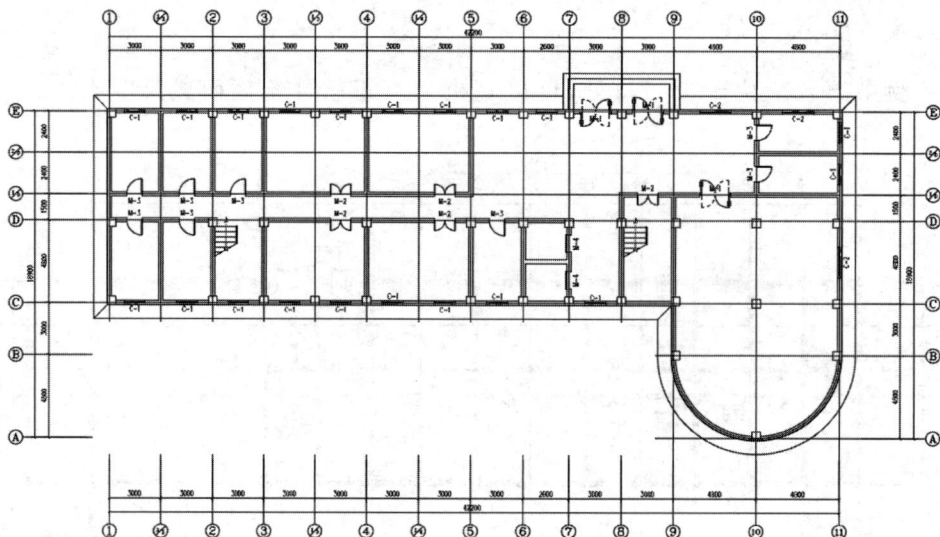

图 17-48 绘制散水

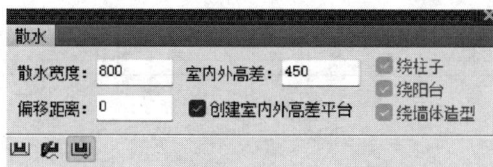

图 17-49 "散水"对话框

17.1.10 布置洁具

卫生间洁具可以直接用天正图库自动绘制而成。生成的洁具如图 17-50 所示。

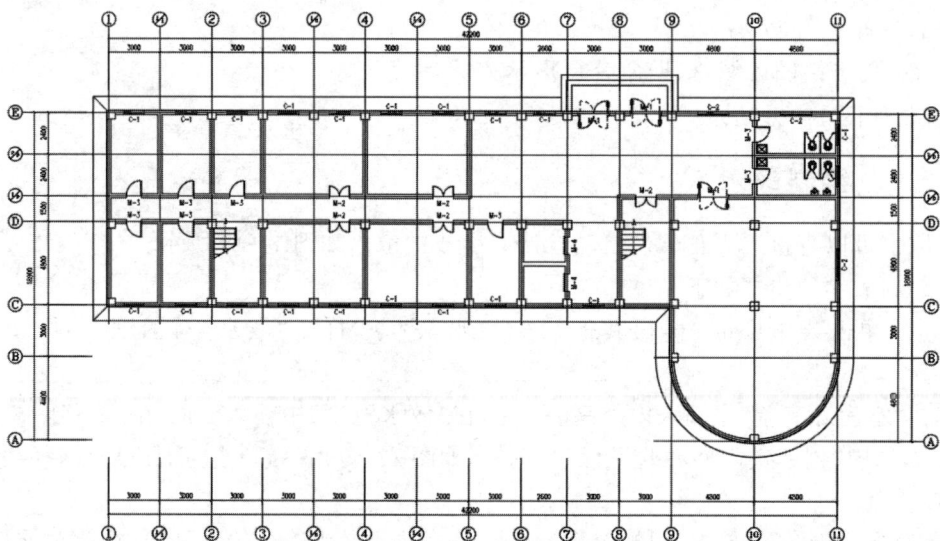

图 17-50 布置洁具

布置洁具的步骤如下。

(1) 单击菜单中的"房间"→"布置洁具"命令,在"天正洁具"对话框中选择相应的洁具。本例选择"大便器"中的"蹲便器(感应式)",如图 17-51 所示。

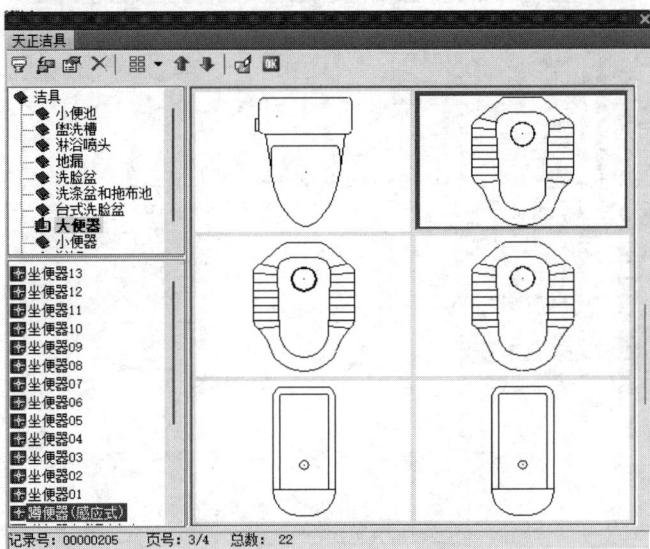

图 17-51 "天正洁具"对话框(一)

双击所选择的蹲便器,打开"布置蹲便器(感应式)"对话框,如图 17-52 所示。

此对话框中的数据可保持不变,也可以进行修改,本例为保持不变。单击绘图区域,根据命令行提示选择卫生间相应的墙线,在男女厕所各布置两个蹲便器,如图 17-53 所示。

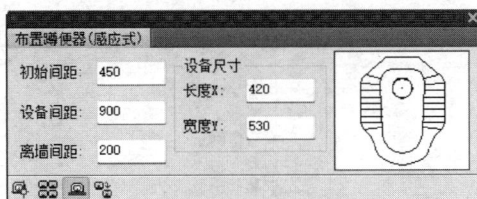

图 17-52 "布置蹲便器(感应式)"对话框

(2) 单击菜单中的"房间"→"布置隔断"命令,根据命令行提示选取两个蹲便器,然后根据提示的隔断尺寸进行修正,最后按回车键完成布置隔断任务。进行重复操作,结果如图 17-54 所示。

男卫生间的隔断门可改为向内开。单击菜单中的"门窗"→"内外翻转"命令,然后在图 17-54 中选择需要进行内外翻转的门,即可完成操作,如图 17-55 所示。

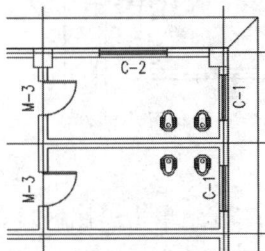

图 17-53 布置蹲便器

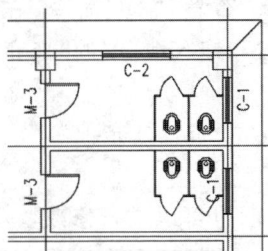

图 17-54 布置隔断

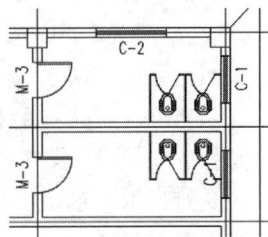

图 17-55 隔断门内外翻转

（3）单击菜单中的"房间"→"布置洁具"命令，在"天正洁具"对话框中选择相应的洁具。本例选择"小便器"中的"小便器（感应式）03"，如图 17-56 所示。

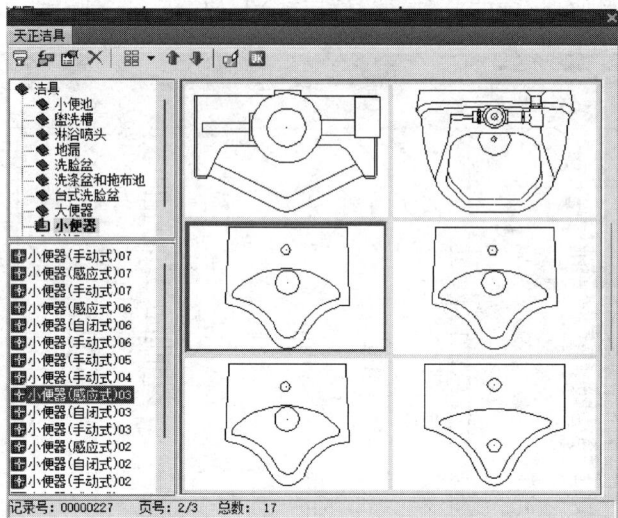

图 17-56　"天正洁具"对话框（二）

（4）双击所选择的小便器，打开"布置小便器（感应式）03"对话框，如图 17-57 所示。

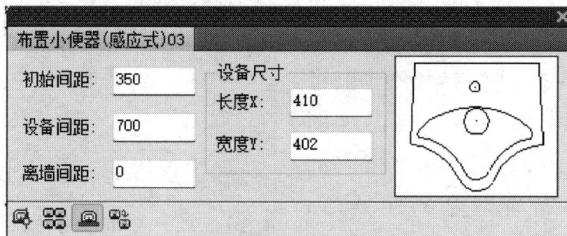

图 17-57　"布置小便器（感应式）03"对话框

该对话框中的数据可保持不变，也可以进行修改，本例为保持不变。单击绘图区域，根据命令行提示选择卫生间相应的墙线，在男厕所布置两个小便器，如图 17-58 所示。

（5）单击菜单中的"房间"→"布置洁具"命令，在"天正洁具"对话框中选择"洗涤盆和拖布池"中的"拖布池"，如图 17-59 所示。

（6）双击所选择的拖布池，打开"布置拖布池"对话框，如图 17-60 所示。

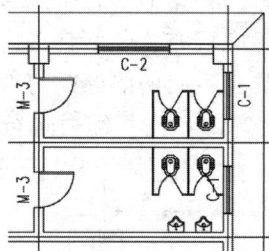

图 17-58　布置小便器

此对话框中的数据可保持不变，也可以进行修改，本例为保持不变。单击绘图区域，根据命令行提示选择卫生间相应的墙线，在男女厕所各布置一个拖布池，如图 17-61 所示。

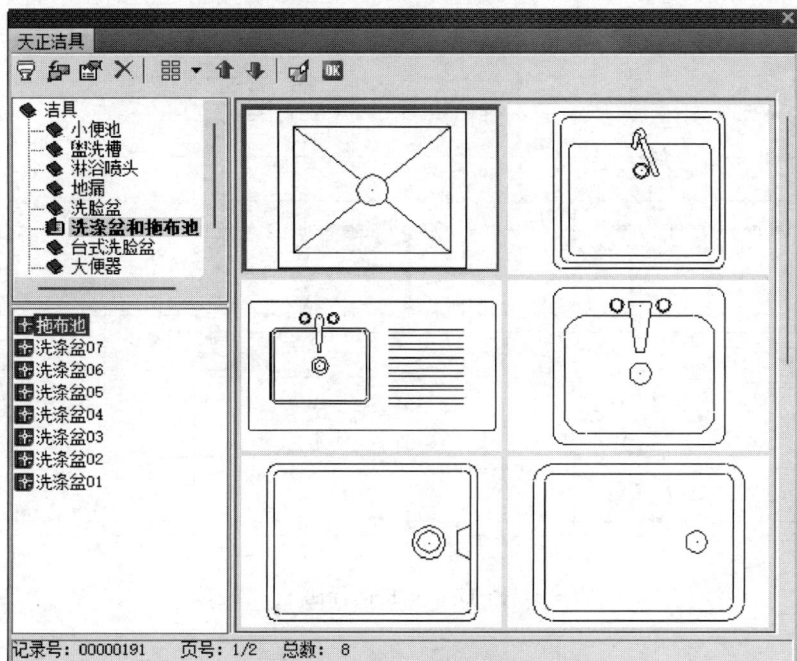

图 17-59 "天正洁具"对话框(三)

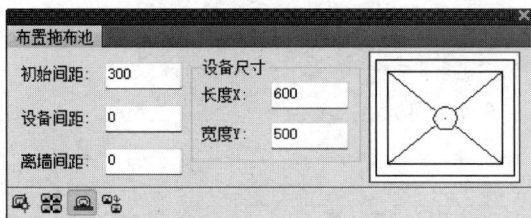

图 17-60 "布置拖布池"对话框

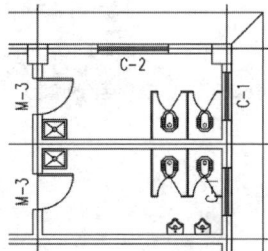

图 17-61 布置拖布池

17.1.11 房间标注

房屋的标注信息可以直接由天正软件自动绘制而成,比如室内面积、房间编号等,本例中只生成室内面积。生成的房间标注如图 17-62 所示。

生成房间信息的步骤如下。

(1)单击菜单中的"房间"→"搜索房间"命令,在"搜索房间"对话框中设置相应的选项,如图 17-63 所示。

(2)单击绘图区域,根据命令行提示框选建筑物所有墙体,得到如图 17-64 所示的房间标注信息。

(3)利用在位编辑命令,双击需要修改名称的房间,直接改名字。最终形成如图 17-62 所示的房间标注。

Note

17-11

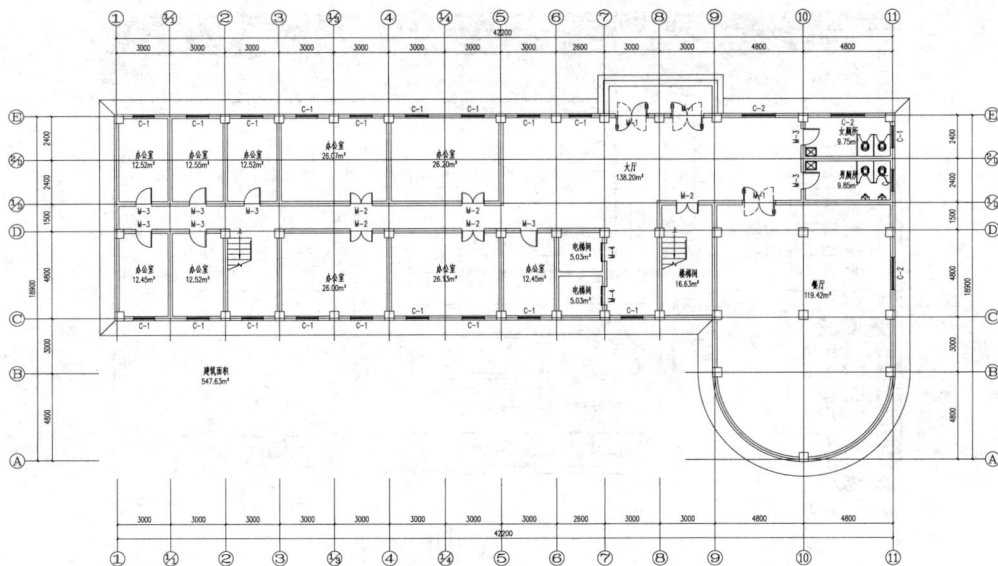

图 17-62　房间标注

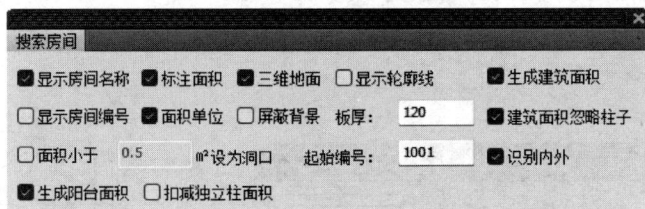

图 17-63　设置房间标注选项

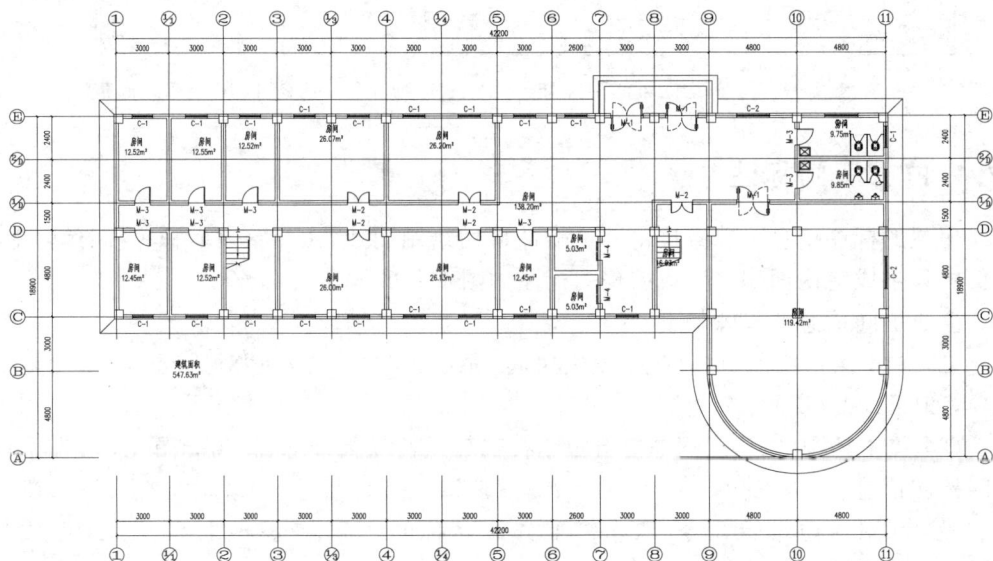

图 17-64　房间标注信息

17.1.12 尺寸标注

尺寸标注在本例中主要是明确具体的建筑构件的平面尺寸,比如门窗、墙体等位置尺寸。生成的尺寸标注如图 17-65 所示。

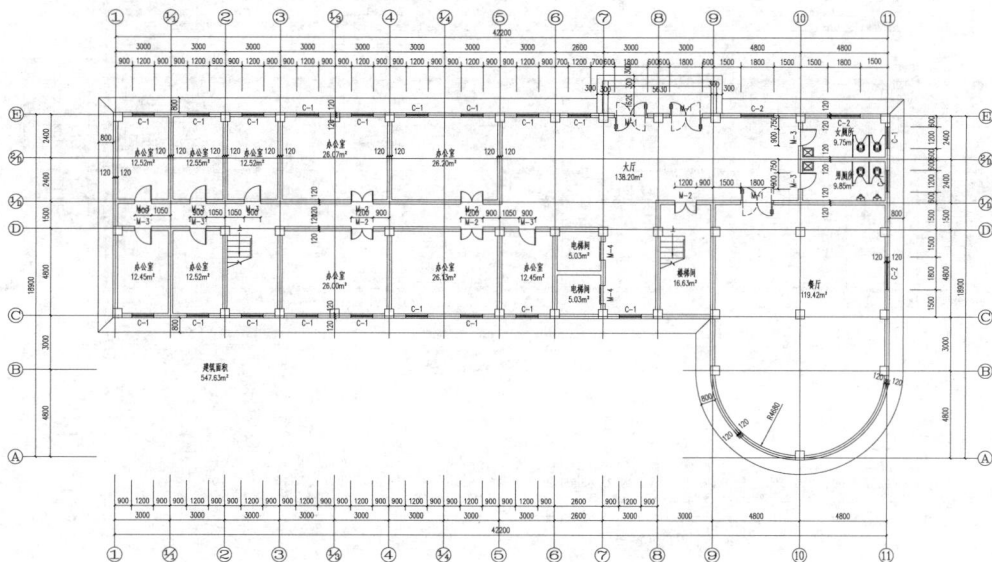

图 17-65 尺寸标注

生成尺寸标注的步骤如下。

(1) 单击菜单中的"尺寸标注"→"门窗标注"命令,根据命令行提示选择需进行尺寸标注的门窗所在的墙线和第一、第二道标注线,自动生成外侧的门窗标注,具体步骤不再详述。生成的标注如图 17-66 所示。

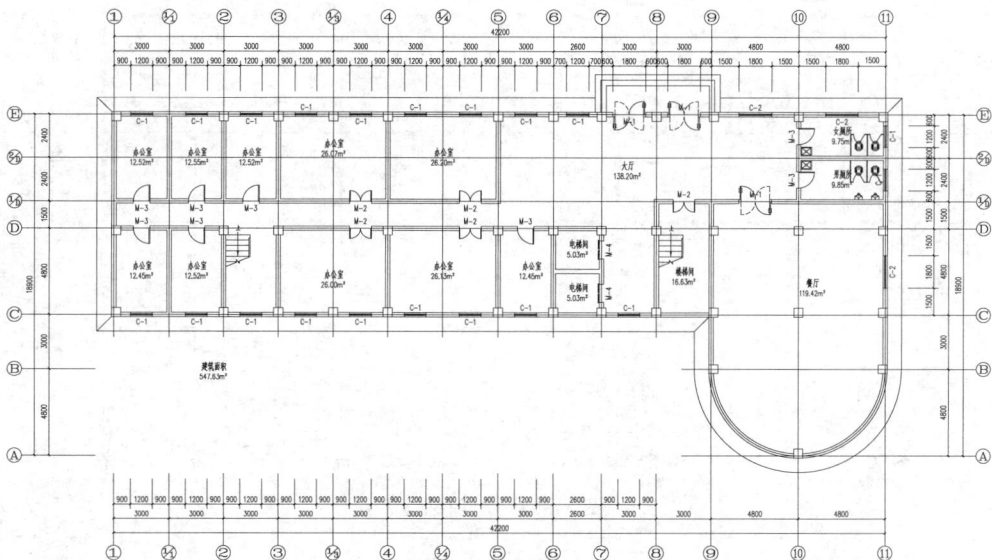

图 17-66 外侧的门窗标注

（2）对墙体进行墙厚标注。上面已完成对外侧的门窗尺寸的标注，可以利用"墙厚标注"命令完成墙厚标注，按照命令行提示选择需要标注厚度的墙体，即可完成操作。最终形成的墙厚标注形式如图17-67所示。

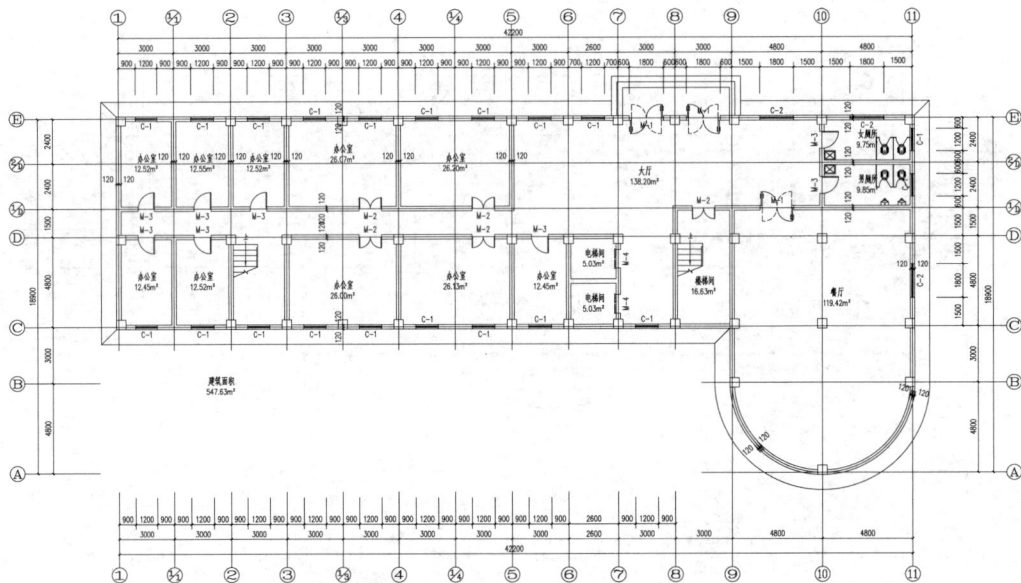

图 17-67　墙厚标注

（3）单击菜单中的"尺寸标注"→"内门标注"命令，根据命令行提示选择需要标注的部分，自动生成内门标注，如图17-68所示。

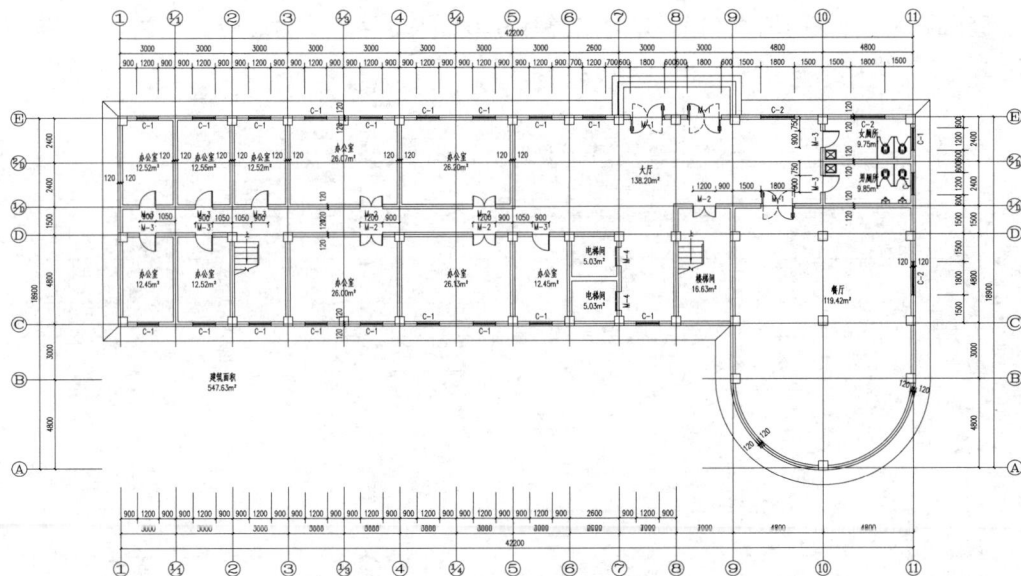

图 17-68　内门标注

（4）单击菜单中的"尺寸标注"→"半径标注"命令，根据命令行提示选择需要进行半径标注的圆弧，自动生成半径标注，如图17-69所示。

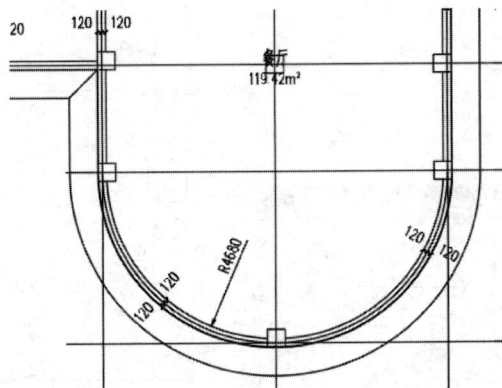

图 17-69　半径标注

（5）其他部位的标注可以采用"逐点标注"命令，直接标注尺寸，具体过程不再详述。最终形成如图 17-65 所示的尺寸标注。

17.1.13　标高标注

标高标注在本例中主要是明确建筑内外的平面高差。生成的标高标注如图 17-70所示。

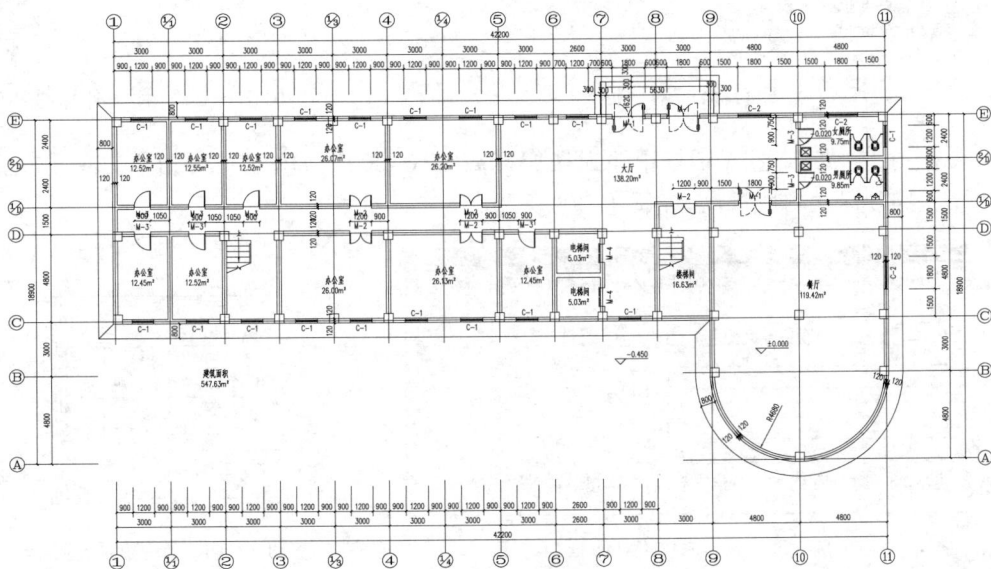

图 17-70　标高标注

生成标高标注的步骤如下。

（1）单击菜单中的"符号标注"→"标高标注"命令，在"标高标注"对话框中输入楼层标高 0.000，选中"手工输入"复选框，如图 17-71 所示。

在绘图区餐厅内部，单击，标注标高，如图 17-72 所示。

（2）在"标高标注"对话框中输入楼层标高"－0.450"，如图 17-73 所示。单击绘图区建筑物外侧，标注室外标高，如图 17-74 所示。

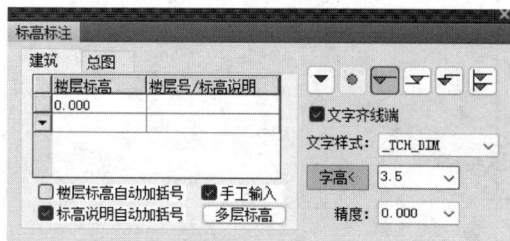

图 17-71 "标高标注"对话框(一)

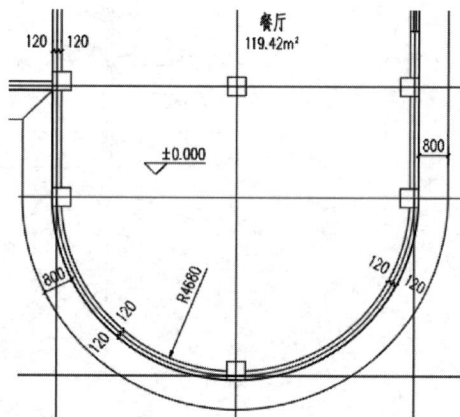

图 17-72 标注室内标高

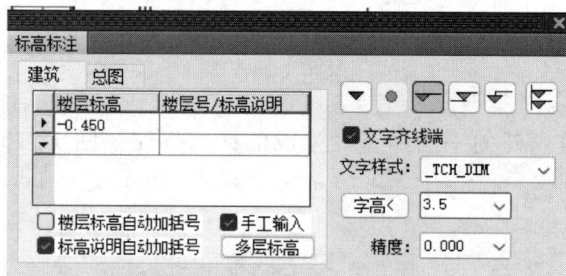

图 17-73 "标高标注"对话框(二)

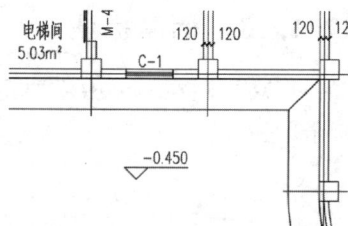

图 17-74 标注室外标高

（3）在"标高标注"对话框中输入楼层标高"－0.020"，如图 17-75 所示。单击绘图区厕所内部，标注厕所标高，如图 17-76 所示。

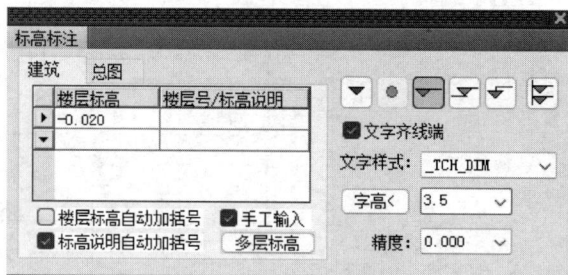

图 17-75 "标高标注"对话框(三)

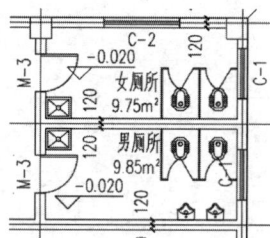

图 17-76 标注厕所标高

最终形成如图 17-70 所示的标高标注。

通过以上的基本绘图步骤，完成办公楼平面图的绘制。

17.2 办公楼立面图绘制

本节运用立面命令，详细介绍办公楼立面图的绘制方法。

17.2.1　建筑立面

当绘制完毕所有平面图,建立一个工程文件(具体见第 15 章),然后用"建筑立面"命令直接生成建筑立面。生成的建筑立面如图 17-77 所示。

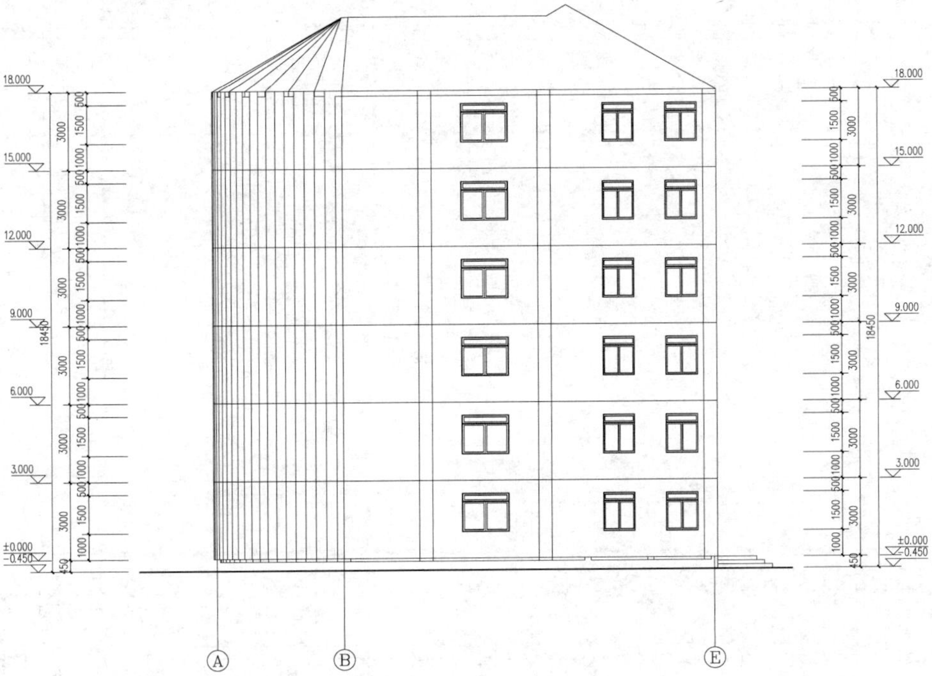

图 17-77　建筑立面图

打开需要生成建筑立面的各层平面图,如图 17-78 所示。

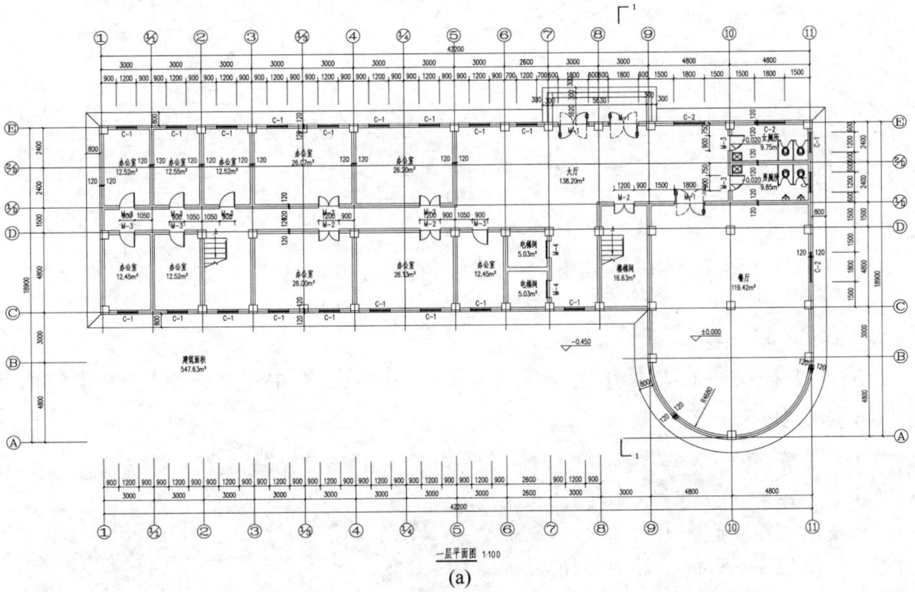

(a)

图 17-78　各层平面图

(a)一层平面图;(b)标准层平面图;(c)顶层平面图

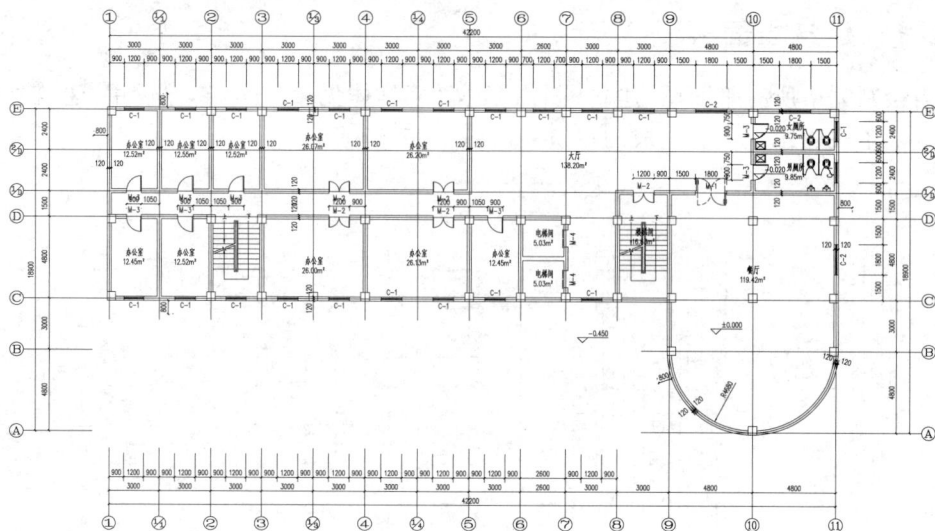

(b)

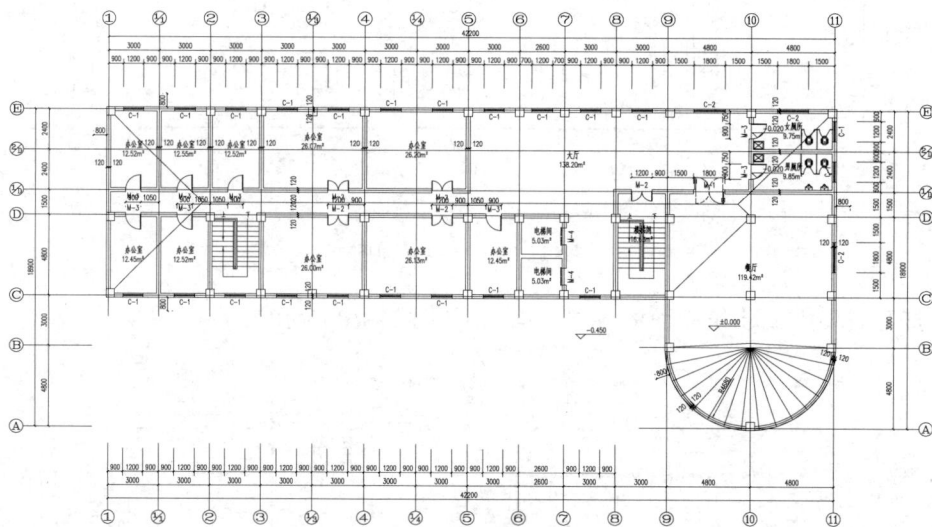

(c)

图 17-78 （续）

生成建筑立面的步骤如下。

（1）建立工程文件（具体方法见第 15 章），单击菜单中的"立面"→"建筑立面"命令，命令行显示如下：

请输入立面方向或 ［正立面(F)/背立面(B)/左立面(L)/右立面(R)]<退出>:选择右立面 R
请选择要出现在立面图上的轴线:选择轴线 Ⓐ
请选择要出现在立面图上的轴线:选择轴线 Ⓑ
请选择要出现在立面图上的轴线:选择轴线 Ⓔ
请选择要出现在立面图上的轴线:按回车键

第17章 办公楼设计综合实例

此时系统打开"立面生成设置"对话框，如图17-79所示。在对话框中输入标注的数值，然后单击"生成立面"按钮，打开"输入要生成的文件"对话框，在此对话框中输入要生成的立面文件的名称和选择保存位置，如图17-80所示。

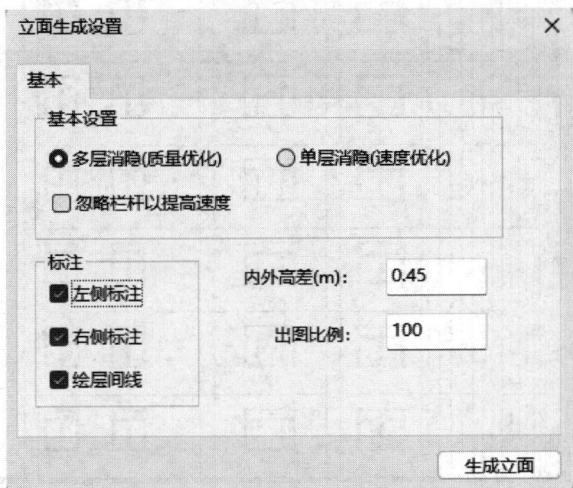

图17-79 "立面生成设置"对话框

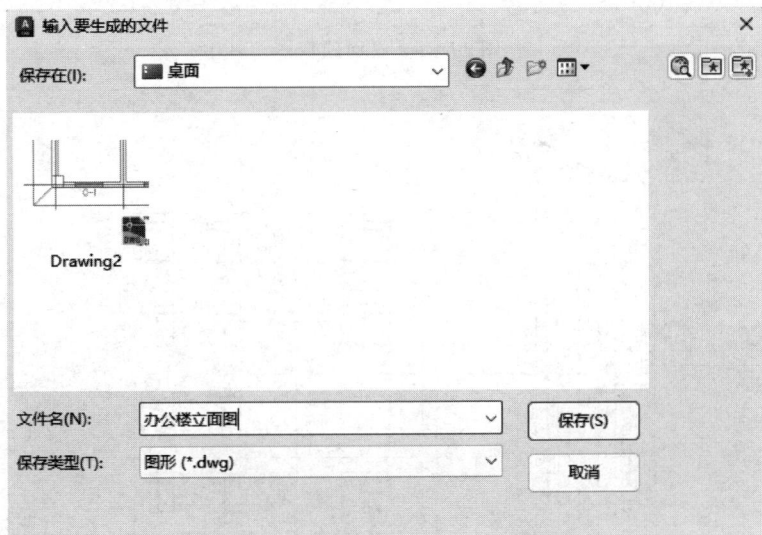

图17-80 "输入要生成的文件"对话框

（2）单击"保存"按钮，即可在指定位置生成立面图。

17.2.2 立面门窗

立面门窗命令可以插入、替换立面图上的门窗，同时对立面门窗库进行维护。插入、替换后的立面门窗图如图17-81所示。

立面门窗的操作步骤如下。

（1）替换窗。打开需要进行编辑立面门窗的立面图，如图17-82所示。

327

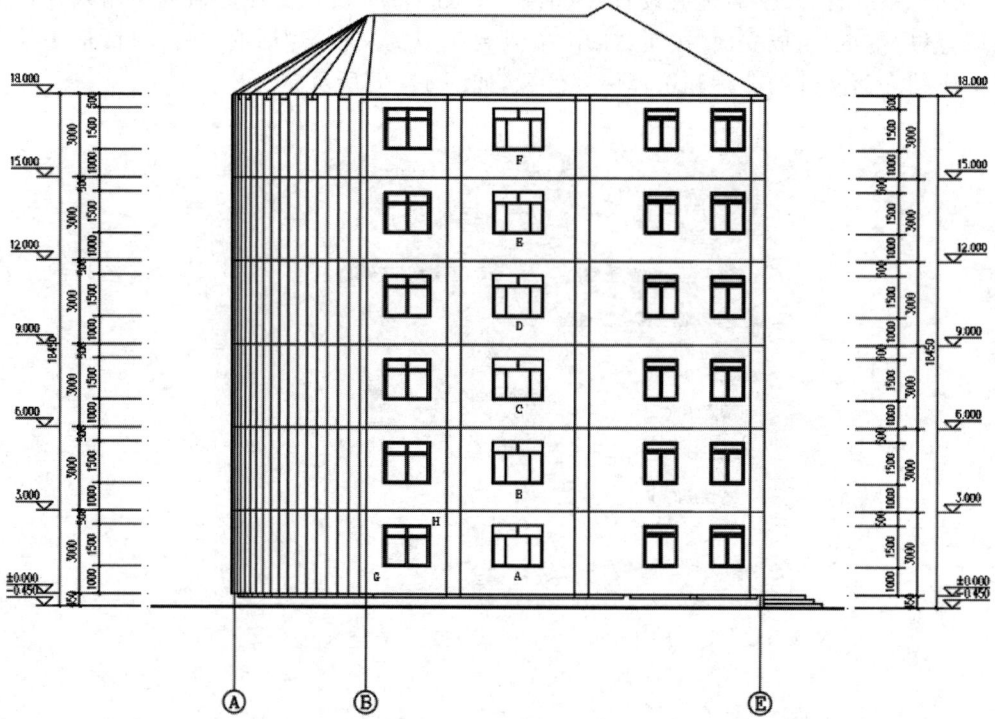

图 17-81　立面门窗图

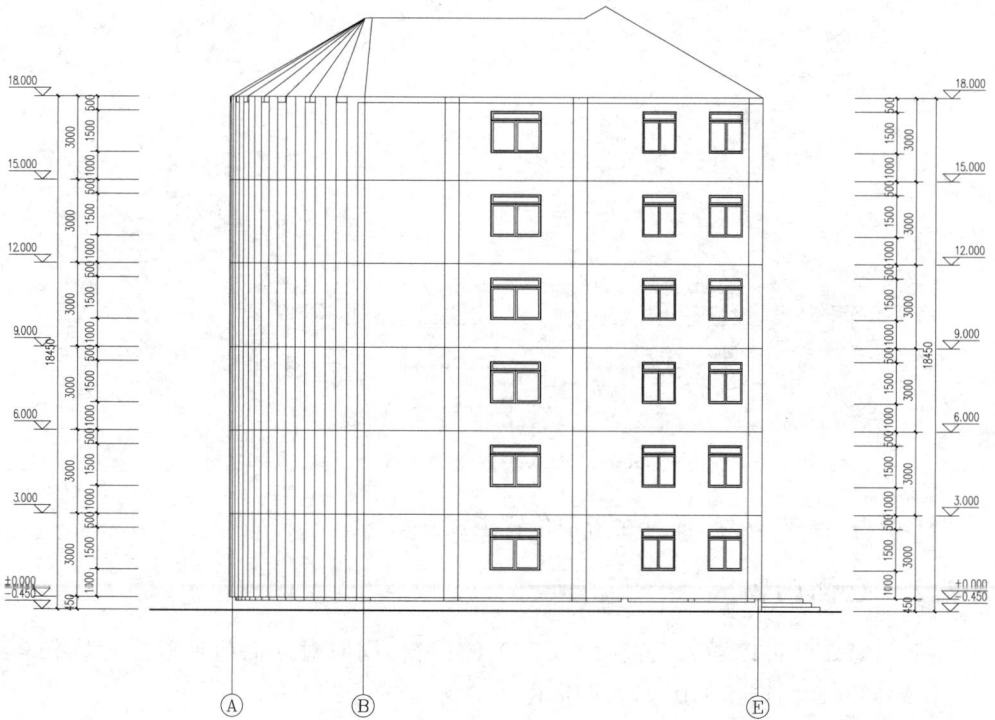

图 17-82　立面图

单击菜单中的"立面"→"立面门窗"命令,打开"天正图库管理系统"对话框,选择替换成的窗样式,如图 17-83 所示。

单击上方的"替换"按钮,命令行显示如下:

```
选择图中将要被替换的图块!
选择对象:选择已有的窗图块 A
选择对象:选择已有的窗图块 B
选择对象:选择已有的窗图块 C
选择对象:选择已有的窗图块 D
选择对象:选择已有的窗图块 E
选择对象:选择已有的窗图块 F
选择对象:按回车键退出
```

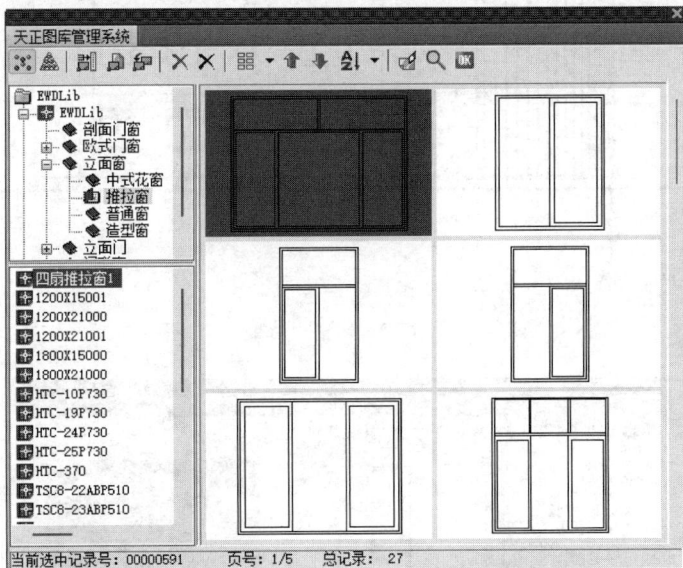

图 17-83　"天正图库管理系统"对话框

系统自动以新选的窗替换原有的窗,结果如图 17-84 所示。

(2) 生成窗。单击菜单中的"立面"→"立面门窗"命令,打开"天正图库管理系统"对话框,选择要生成的窗样式,如图 17-85 所示。

双击选择的窗样式,命令行显示如下:

```
点取插入点或 [转 90(A)/左右(S)/上下(D)/对齐(F)/外框(E)/转角(R)/基点(T)/更换(C)]<退出>:E
第一个角点或 [参考点(R)]<退出>:G
另一个角点:H
点取插入点或 [转 90(A)/左右(S)/上下(D)/对齐(F)/外框(E)/转角(R)/基点(T)/更换(C)]<退出>:按回车键退出
```

系统自动按照选取图框的左下角和右上角所对应的范围,以左下角为插入点生成窗图块,如图 17-86 所示。

(3) 重复利用立面门窗命令进行操作,生成的立面门窗如图 17-81 所示。

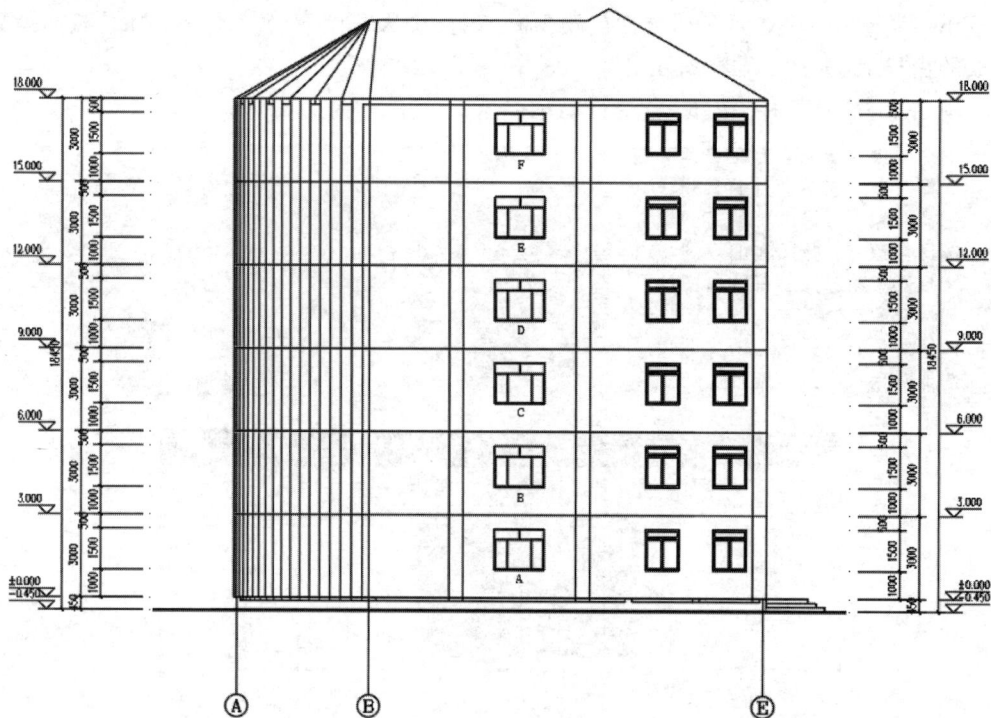

图 17-84 替换结果

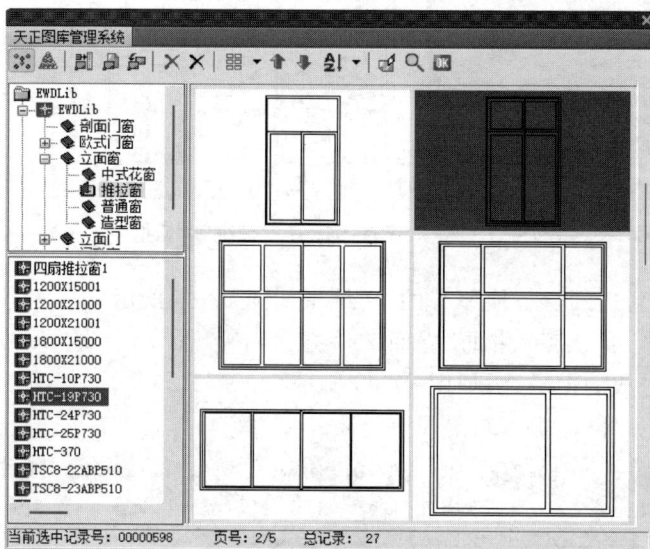

图 17-85 选择需要生成的窗

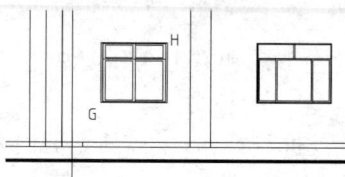

图 17-86 生成的窗

17.2.3 门窗参数

门窗参数命令可以修改立面门窗尺寸和位置。立面门窗参数如图 17-87 所示。

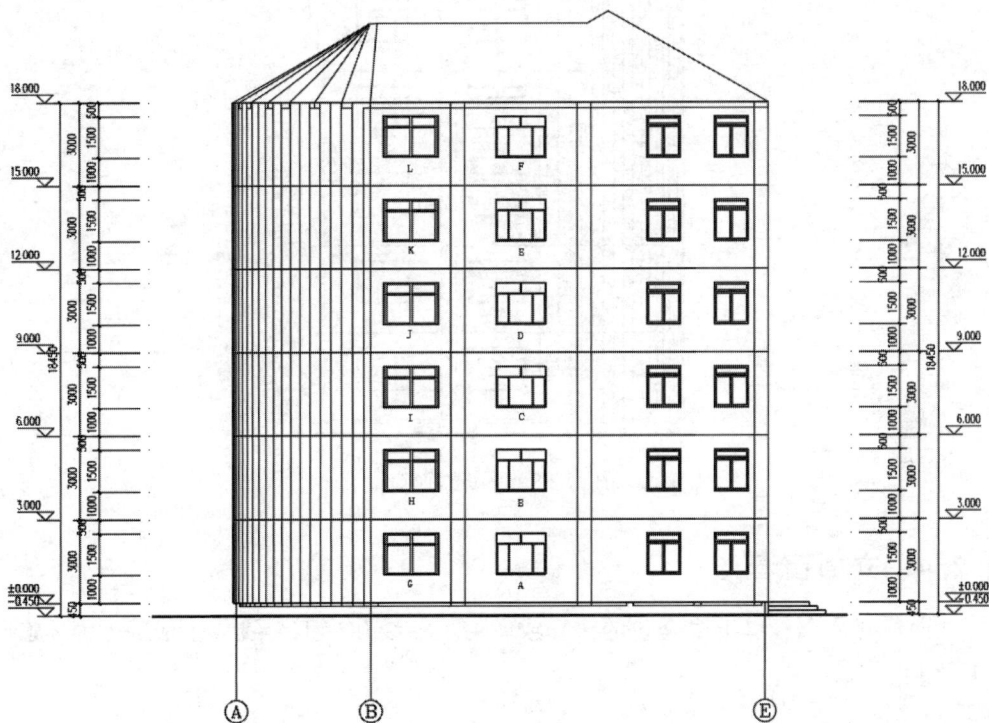

图 17-87 立面门窗参数

生成立面门窗参数的操作步骤如下。

（1）打开需要改变立面门窗参数的立面图，如图 17-87 所示，单击菜单中的"立面"→"门窗参数"命令，选择要修改的立面门窗，命令行显示如下：

```
选择立面门窗:选 G
选择立面门窗:选 H
选择立面门窗:选 I
选择立面门窗:选 J
选择立面门窗:选 K
选择立面门窗:选 L
选择立面门窗:按回车键结束选择
底标高从 1000 到 16000 不等;
底标高<不变>:按回车键确定
高度<1500>:1500
宽度<1800>:2000
```

系统自动按照尺寸更新所选立面窗，结果如图 17-88 所示。

（2）对其余门窗也进行类似操作，更改门窗的尺寸和标高。具体内容此处不再详述。

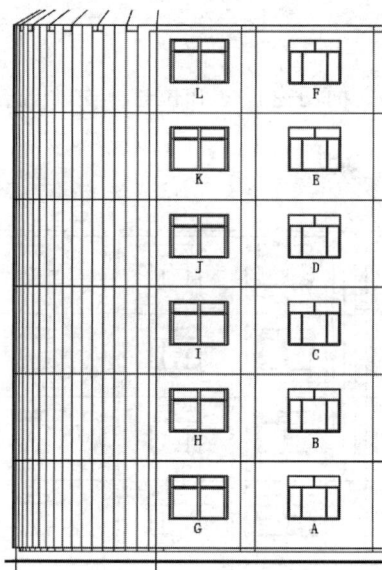

图 17-88　更新立面窗

17.2.4　立面窗套

　　立面窗套命令可以生成全包的窗套或者窗上沿线和窗下沿线。生成的立面窗套如图 17-89 所示。

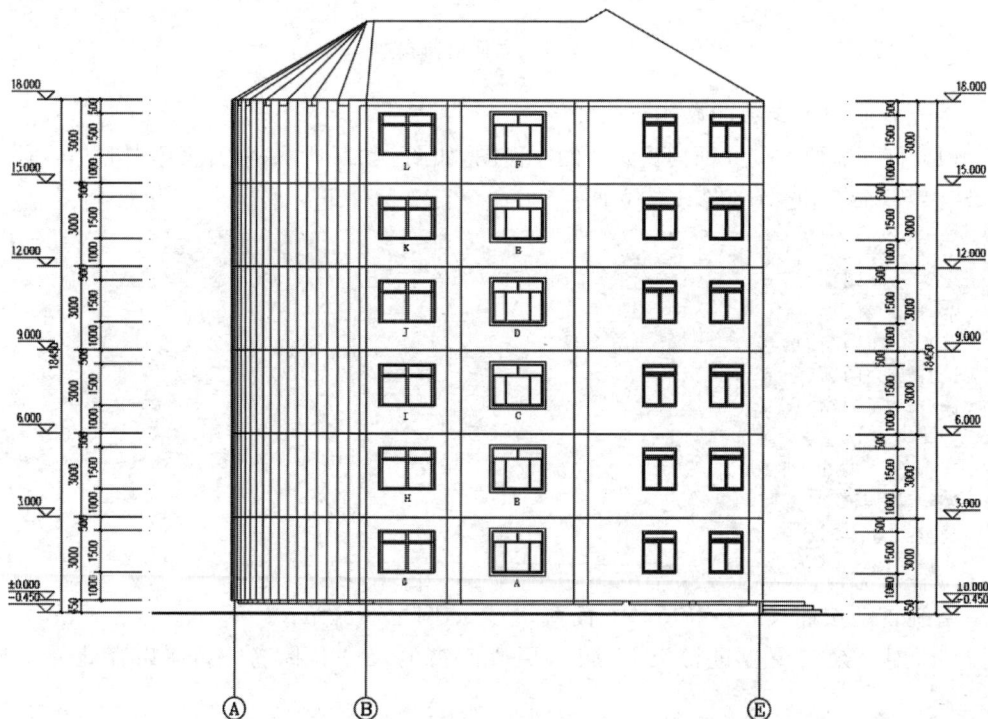

图 17-89　生成的立面窗套

立面窗套的操作步骤如下：

（1）单击菜单中的"立面"→"立面窗套"命令，命令行显示如下：

请指定窗套的左下角点 <退出>:选择窗 A 的左下角
请指定窗套的右上角点 <退出>:选择窗 A 的右上角

此时系统打开"窗套参数"对话框，选择全包模式，输入窗套宽值 100，如图 17-90 所示。

（2）单击"确定"按钮，使 A 窗生成窗套。同理使 B、C、D、E、F 窗生成窗套。结果如图 17-91 所示。

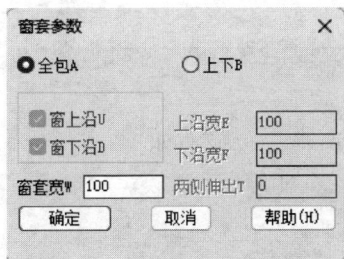

图 17-90　"窗套参数"对话框

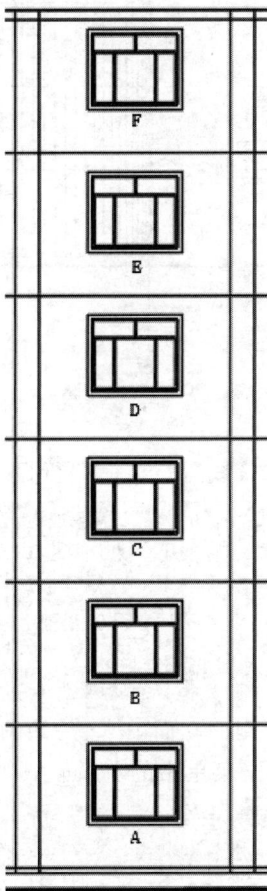

图 17-91　生成窗套

（3）也可以为其他窗户添加窗套。本例其他窗户不加，最终结果如图 17-89 所示。

17.2.5　雨水管线

使用雨水管线命令可以在给定的位置生成竖直向下的雨水管。生成的雨水管线的立面图如图 17-92 所示。

雨水管线的操作步骤如下。

（1）打开需要生成雨水管线的立面图，先生成左侧的雨水管。单击菜单中的"立

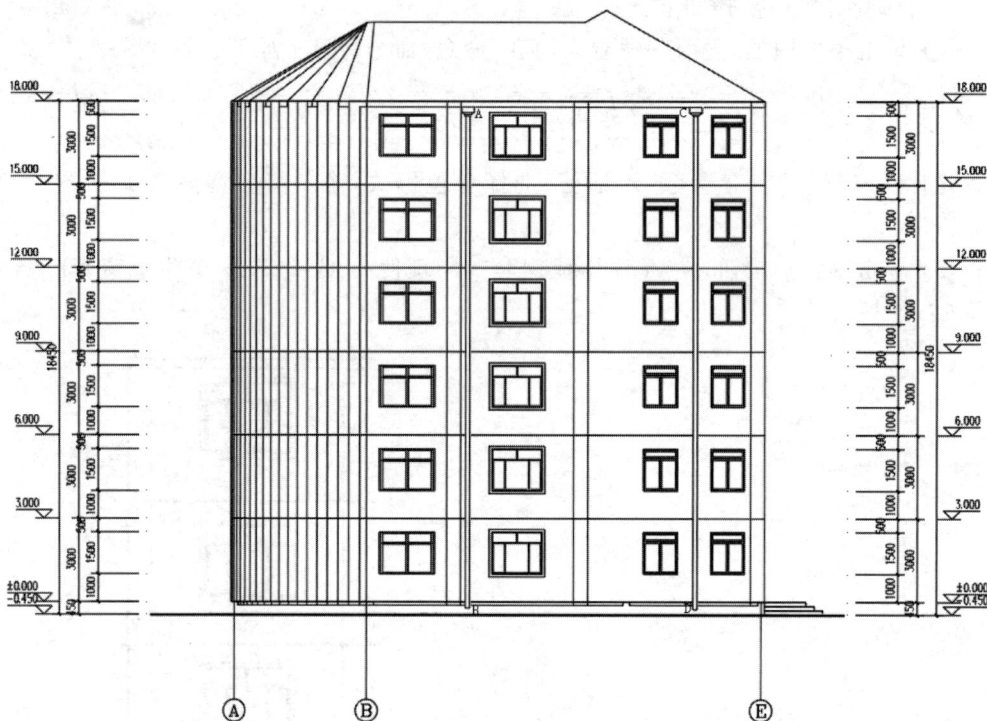

图 17-92 雨水管线立面图

面"→"雨水管线"命令,命令行显示如下:

> 请指定雨水管的起点[参考点(R)/管径(D)]<退出>:立面 A 点
> 请指定雨水管的下一点[管径(D)/回退(U)]<退出>:立面 B 点
> 请指定雨水管的下一点[管径(D)/回退(U)]<退出>:D
> 请指定雨水管直径<100>:150 ✓
> 当前管径为 150
> 请指定雨水管的下一点[管径(D)/回退(U)]<退出>:按回车键退出

生成左侧的立面雨水管,如图 17-93 所示。

(2)单击菜单中的"立面"→"雨水管线"命令,命令行显示如下:

> 当前管径为 150
> 请指定雨水管的起点[参考点(R)/管径(D)]<退出>:立面 C 点
> 请指定雨水管的下一点[管径(D)/回退(U)]<退出>:立面 D 点
> 请指定雨水管的下一点[管径(D)/回退(U)]<退出>:按回车键退出

生成右侧的立面雨水管,如图 17-94 所示。最终生成的雨水管线立面图如图 17-92 所示。

17.2.6 立面轮廓

利用立面轮廓命令可以对立面图搜索轮廓,生成轮廓粗线。生成的立面轮廓如图 17-95 所示。

生成立面轮廓的操作方式如下。

Note

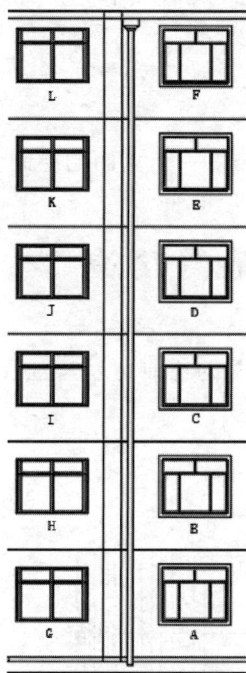

图 17-93 生成左侧的雨水管

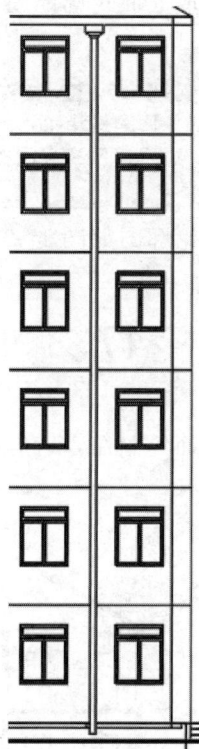

图 17-94 生成右侧的雨水管

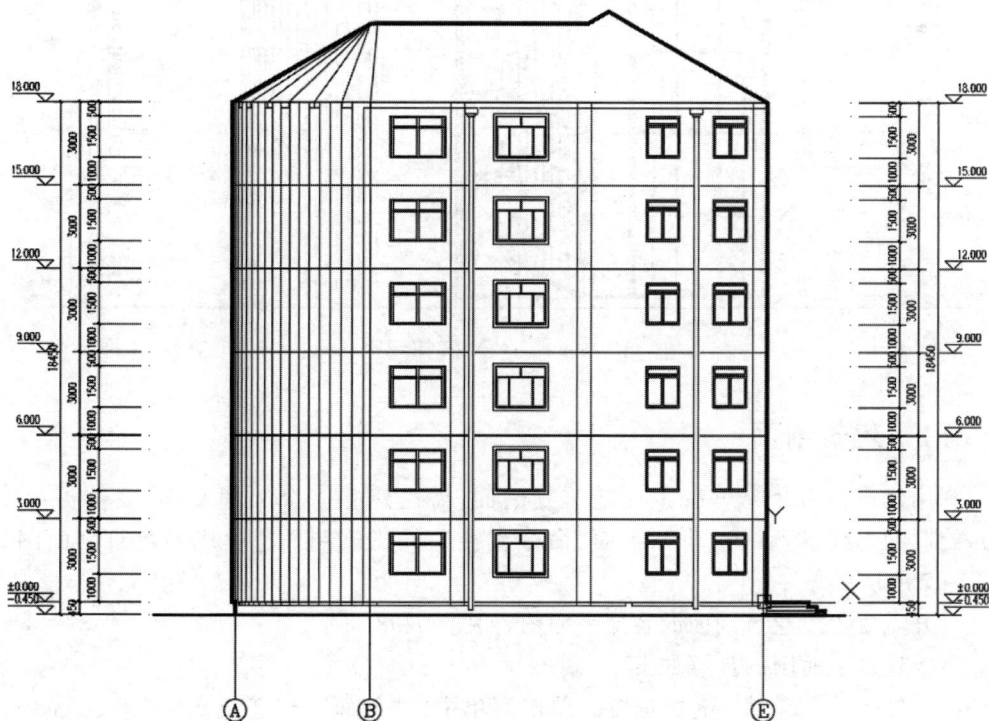

图 17-95 立面轮廓图

打开需要生成立面轮廓的图形,单击菜单中的"立面"→"立面轮廓"命令,命令行显示如下:

```
选择二维对象:指定对角点:框选立面图形
选择二维对象:按回车键结束选择
请输入轮廓线宽度(按模型空间的尺寸)<0>:100
成功地生成了轮廓线
```

生成的立面轮廓图如图 17-95 所示,完成办公楼中一个立面的绘制。

17.3 办公楼剖面图绘制

本节运用剖面绘制命令,详细介绍办公楼剖面图的绘制方法。绘制的办公楼剖面图如图 17-96 所示。

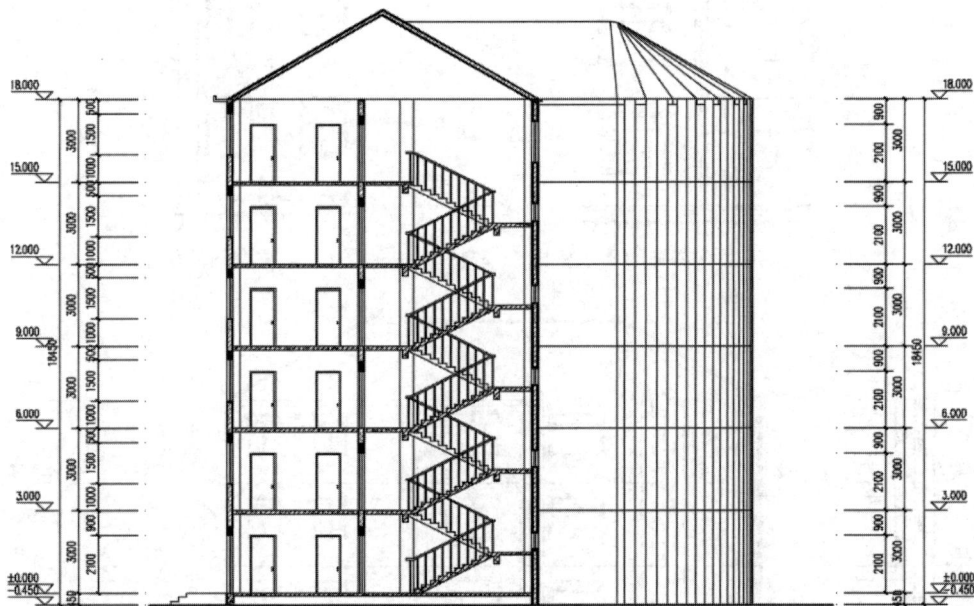

图 17-96 办公楼剖面图

17.3.1 建筑剖面

利用建筑剖面命令可以生成建筑物剖面,需先建立一个工程文件(具体见第 15 章),绘制剖切线,然后用"建筑剖面"命令直接生成建筑剖面。生成的建筑剖面图如图 17-97 所示。

打开需要生成建筑剖面的各层平面图,如图 17-98 所示。

生成建筑剖面图的步骤如下。

(1)在首层确定剖面剖切位置。单击菜单中的"剖面"→"建筑剖面"命令,命令行显示如下:

请选择一剖切线:选择剖切线
请选择要出现在剖面图上的轴线:按回车键退出

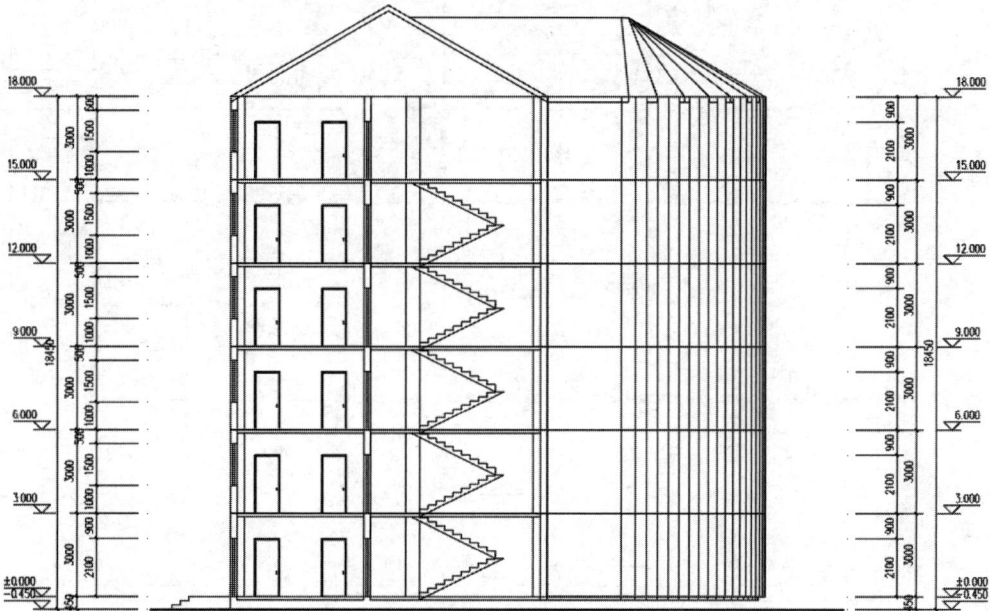

图 17-97　建筑剖面图

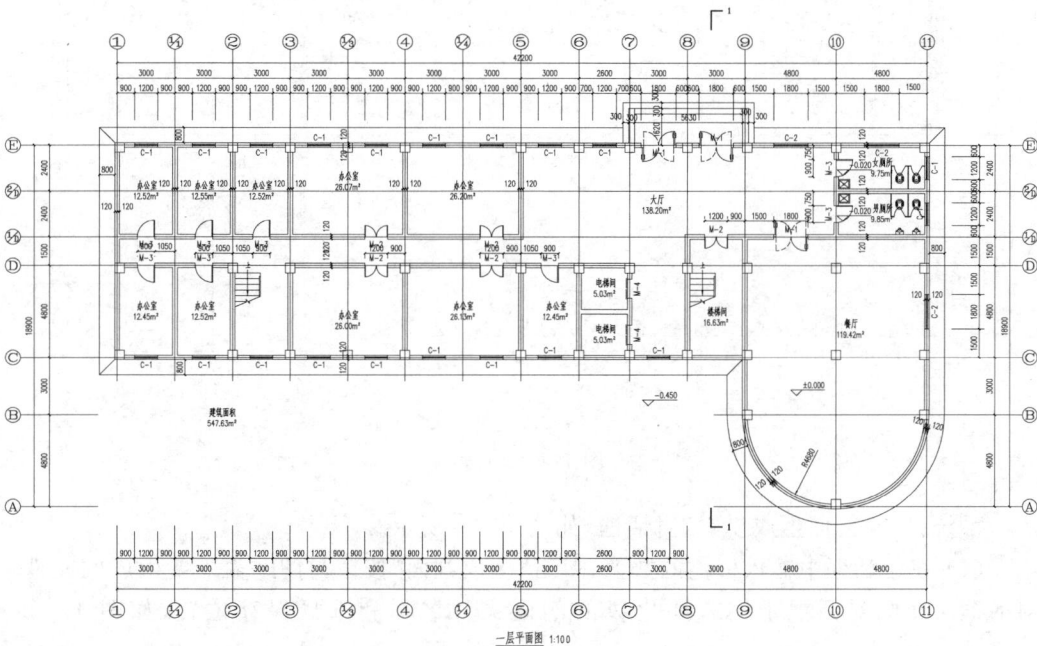

图 17-98　平面图

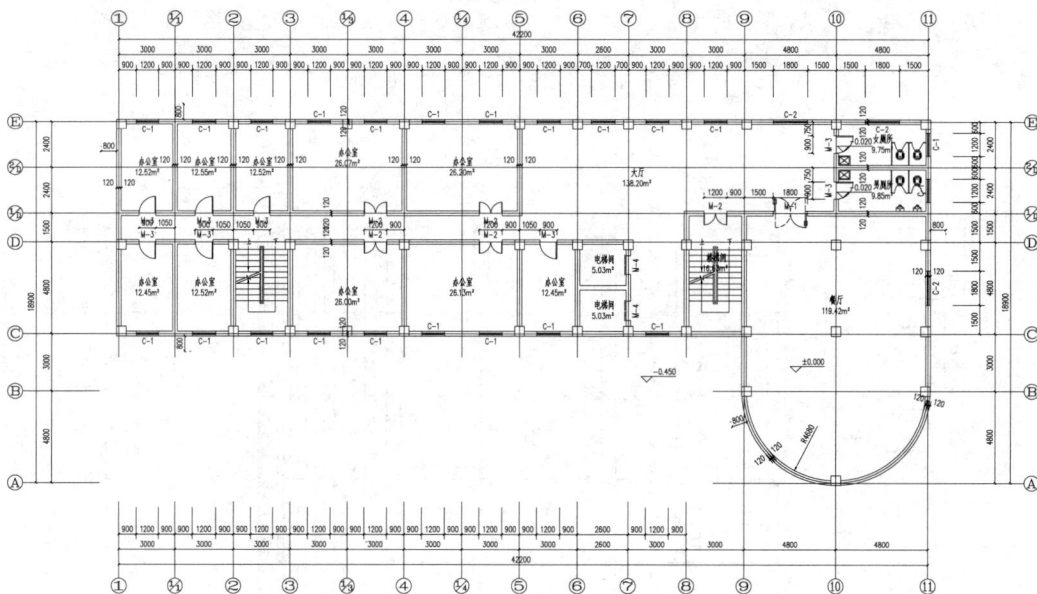

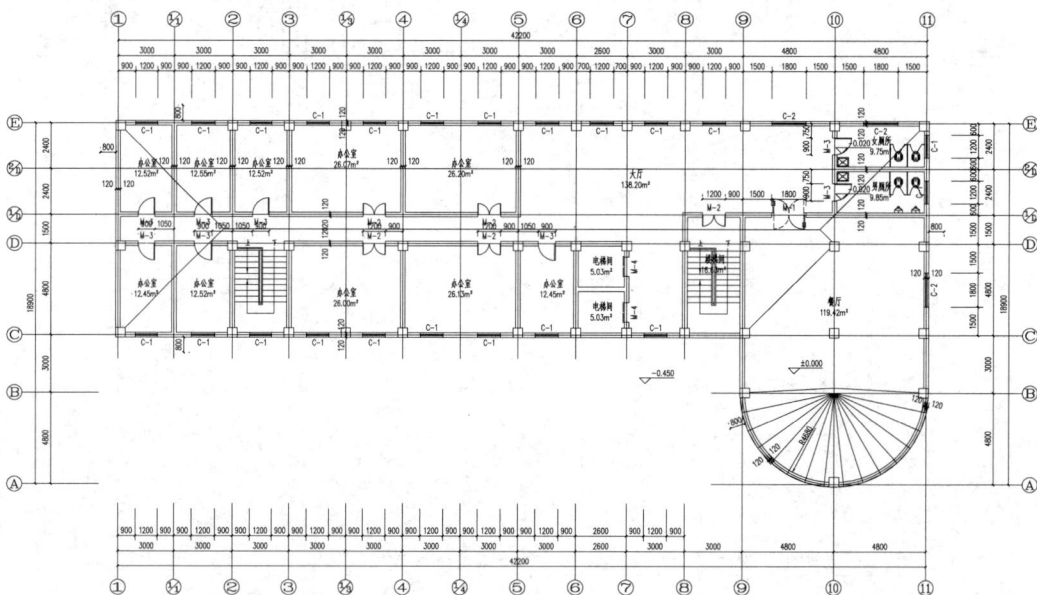

图 17-98 （续）

系统打开"剖面生成设置"对话框，如图 17-99 所示。

（2）在对话框中输入标注的数值，单击"生成剖面"按钮，打开"输入要生成的文件"对话框。在此对话框中输入要生成的剖面文件名称和选择保存位置，如图 17-100 所示。

（3）单击"保存"按钮，即可在指定位置生成剖面图。由天正软件生成的剖面图一般不可以直接应用，应进行适当的修整。

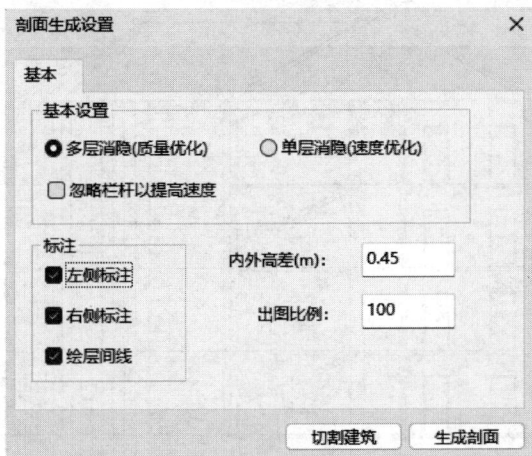

图 17-99 "剖面生成设置"对话框

图 17-100 "输入要生成的文件"对话框

17.3.2 双线楼板

利用双线楼板命令可以绘制剖面双线楼板。生成的双线楼板如图 17-101 所示。绘制双线楼板的操作步骤如下。

(1) 打开需要生成双线楼板的立面图,单击菜单中的"剖面"→"双线楼板"命令,命令行显示如下:

```
请输入楼板的起始点 <退出>:A
结束点 <退出>:B
楼板顶面标高 <1493>:按回车键
楼板的厚度(向上加厚输负值) <200>:120↙
```

生成的双线楼板如图 17-102 所示。

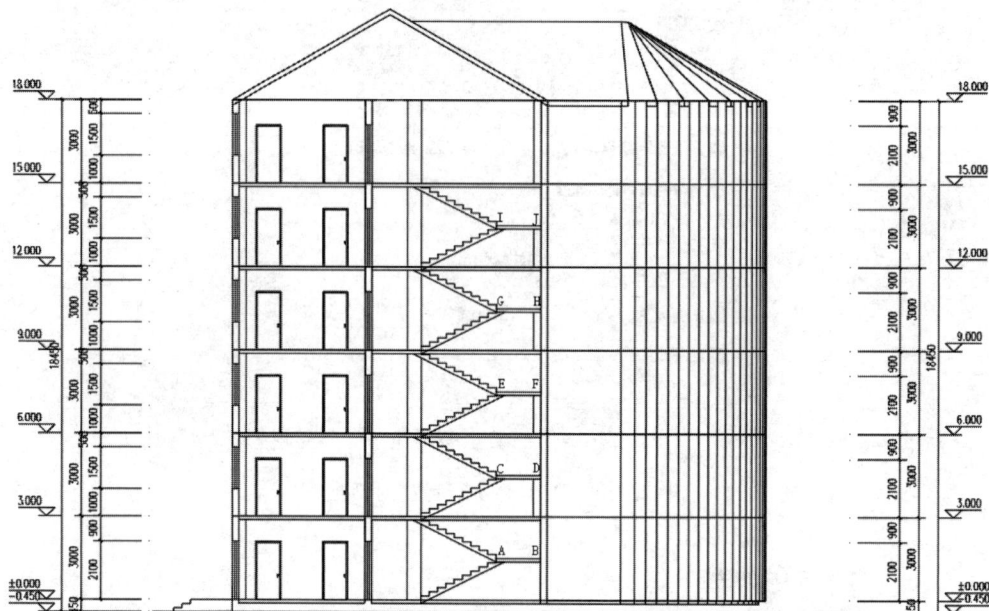

图 17-101　双线楼板

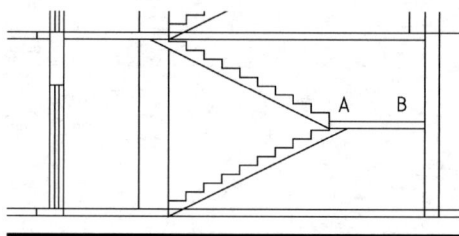

图 17-102　生成的双线楼板

（2）单击菜单中的"剖面"→"双线楼板"命令，命令行显示如下：

```
请输入楼板的起始点 <退出>:C
结束点 <退出>:D
楼板顶面标高 <4493>:按回车键
楼板的厚度(向上加厚输负值) <200>:120↙
```

这样完成二层楼梯平台的绘制。

（3）依次完成其他几层楼梯平台的绘制，结果如图 17-101 所示。

17.3.3　加剖断梁

利用加剖断梁命令可以绘制楼板和休息平台下的梁截面。生成的剖断梁如图 17-103 所示。

加剖断梁的操作步骤如下。

（1）打开需要生成剖断梁的图形，单击菜单中的"剖面"→"加剖断梁"命令，命令行显示如下：

17-22

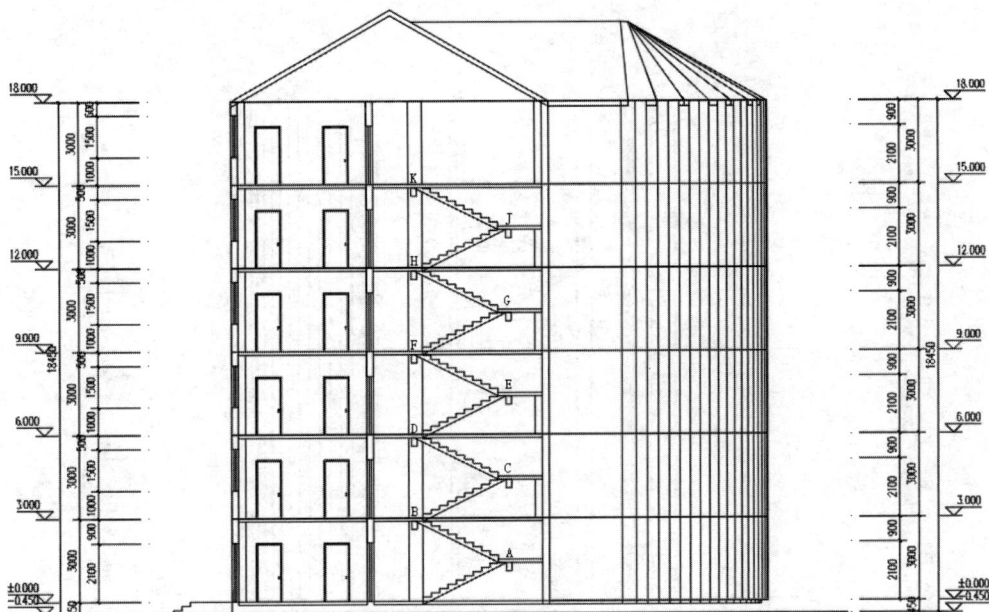

图 17-103 剖断梁

```
请输入剖面梁的参照点 <退出>:选 A
梁左侧到参照点的距离 <100>:100 ↙
梁右侧到参照点的距离 <100>:100 ↙
梁底边到参照点的距离 <300>:300 ↙
```

生成的剖断梁如图 17-104 所示。

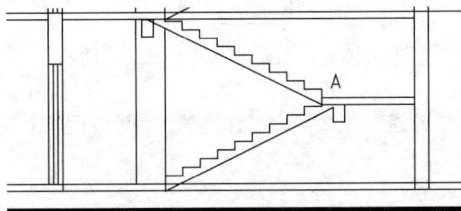

图 17-104 生成的剖断梁

（2）同理，单击菜单中的"剖面"→"加剖断梁"命令，依次以 B、C、D、E、F、G、H、J、K 点为参照加剖断梁，结果如图 17-103 所示。

17.3.4 剖面门窗

利用剖面门窗命令可以直接在图中插入剖面门窗，也可对剖面门窗进行编辑。本例在图中插入剖面门窗，如图 17-105 所示。

剖面门窗的绘制步骤如下。

单击菜单中的"剖面"→"剖面门窗"命令，打开"剖面门窗样式"对话框，如图 17-106 所示。

命令行显示如下：

17-23

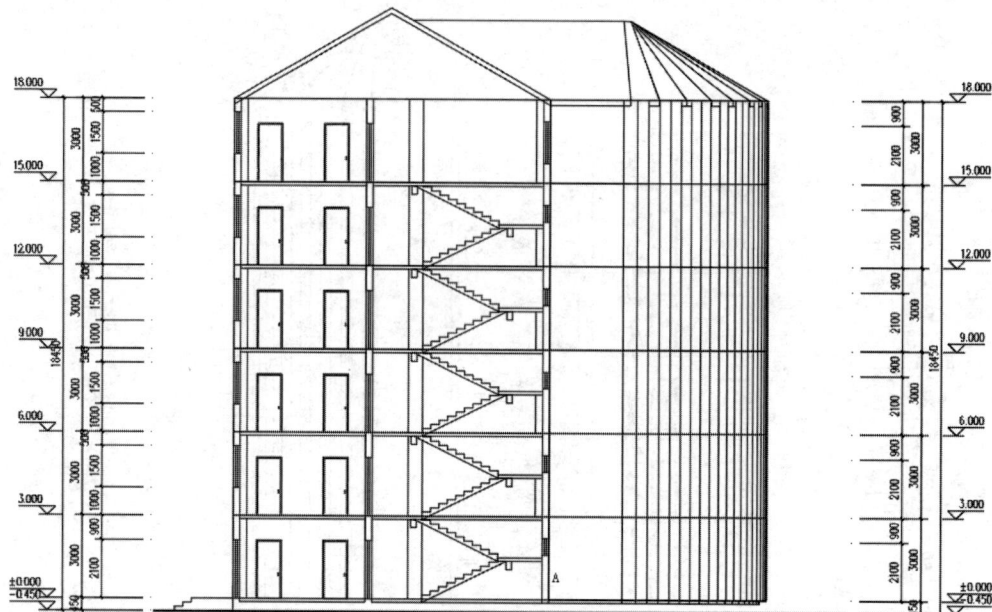

图 17-105　插入剖面门窗

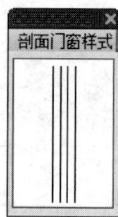

图 17-106　"剖面门窗样式"对话框

请点取剖面墙线下端或［选择剖面门窗样式(S)/替换剖面门窗(R)/改窗台高(E)/改窗高(H)］
<退出>:选择墙线 A
门窗下口到墙下端距离< 3000 >:1600 ↙
门窗的高度< 500 >:600 ↙
门窗下口到墙下端距离< 1600 >:2400 ↙
门窗的高度< 600 >:600 ↙
门窗下口到墙下端距离< 2400 >:2400 ↙
门窗的高度< 600 >:600 ↙
门窗下口到墙下端距离< 2400 >:2400 ↙
门窗的高度< 600 >:600 ↙
门窗下口到墙下端距离< 2400 >:2400 ↙
门窗的高度< 600 >:600 ↙
门窗下口到墙下端距离< 2400 >:1500 ↙
门窗的高度< 600 >:1500 ↙
门窗下口到墙下端距离< 1500 >:按 Esc 键退出

生成的剖面门窗如图 17-105 所示。

17.3.5　剖面檐口

利用剖面檐口命令可以直接在图中绘制剖面檐口。生成的剖面檐口如图 17-107 所示。

绘制剖面檐口的操作步骤如下。

（1）打开需要生成剖面檐口的图形，单击菜单中的"剖面"→"剖面檐口"命令，打开对话框如图 17-108 所示，在"檐口类型 E"中选择"现浇挑檐"。在"檐口参数"区域输入数据，选择"左右翻转 R"，基点定位中输入基点向下偏移的数值。

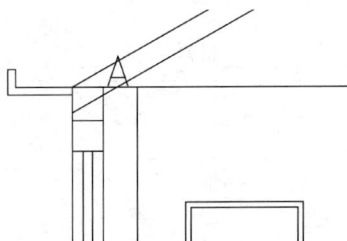

图 17-107　生成的剖面檐口　　　图 17-108　"剖面檐口参数"对话框

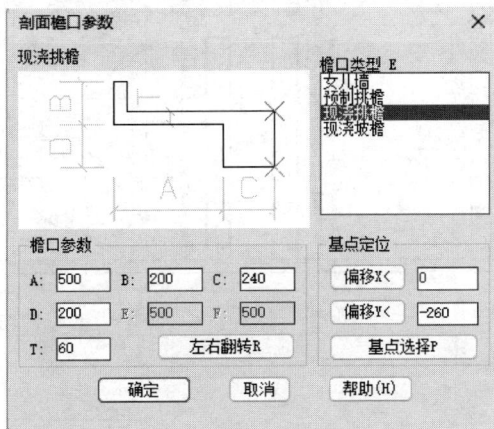

（2）单击"确定"按钮，在图中选择合适的插入点位置，命令行显示如下：

```
请给出剖面檐口的插入点 <退出>:选择 A
```

完成插入现浇挑檐操作，如图 17-107 所示。

17.3.6　门窗过梁

利用门窗过梁命令可以在剖面门窗上加过梁。生成的门窗过梁如图 17-109 所示。

绘制门窗过梁的操作步骤如下。

（1）打开需要生成门窗过梁的剖面图，单击菜单中的"剖面"→"门窗过梁"命令，命令行显示如下：

```
选择需加过梁的剖面门窗: 选 B
选择需加过梁的剖面门窗: 选 C
选择需加过梁的剖面门窗: 选 D
选择需加过梁的剖面门窗: 选 E
选择需加过梁的剖面门窗: 选 F
选择需加过梁的剖面门窗:按回车键结束选择
输入梁高< 120 >:300
```

生成的剖面窗过梁如图 17-110 所示。

（2）生成门上过梁。单击菜单中的"剖面"→"门窗过梁"命令，命令行显示如下：

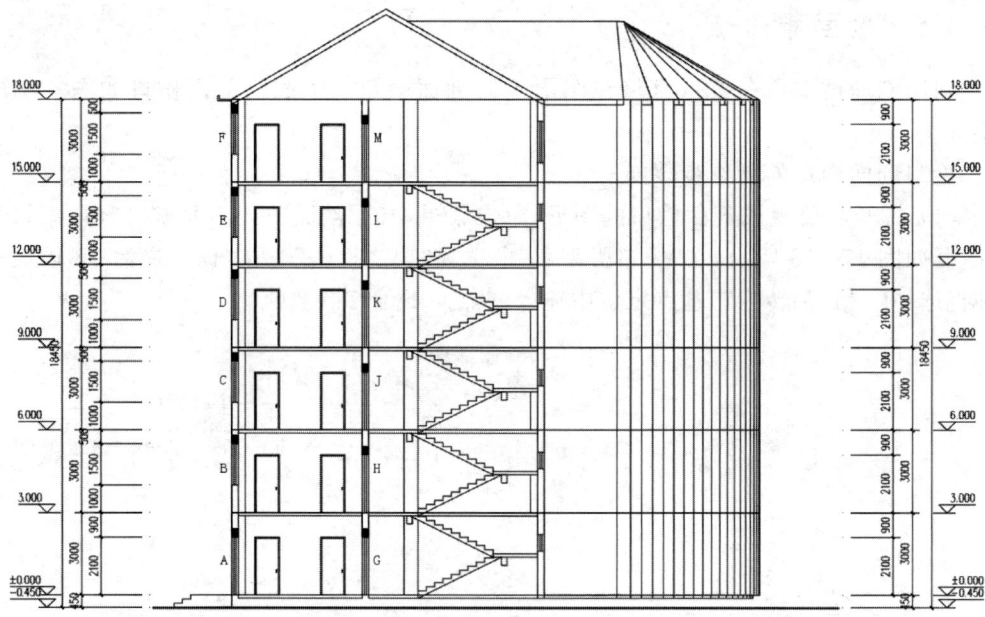

图 17-109　门窗过梁

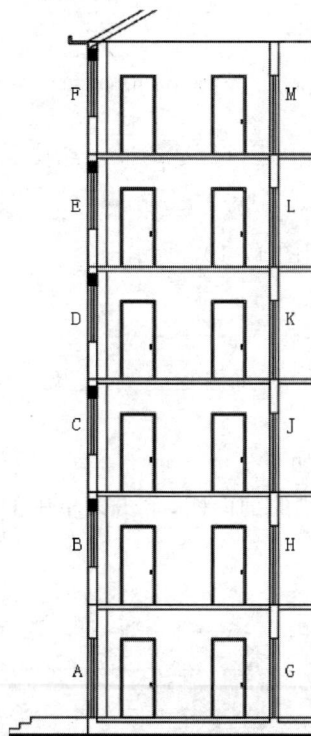

图 17-110　生成的剖面窗过梁

```
选择需加过梁的剖面门窗：选 A
选择需加过梁的剖面门窗：选 G
选择需加过梁的剖面门窗：选 H
选择需加过梁的剖面门窗：选 J
选择需加过梁的剖面门窗：选 K
选择需加过梁的剖面门窗：选 L
选择需加过梁的剖面门窗：选 M
选择需加过梁的剖面门窗：按回车键结束选择
输入梁高<120>:300✓
```

生成的剖面门窗过梁如图 17-109 所示。

17.3.7 楼梯栏杆

楼梯栏杆命令可以自动识别剖面楼梯与可见楼梯，绘制楼梯栏杆和扶手。本例办公楼生成的楼梯栏杆如图 17-111 所示。

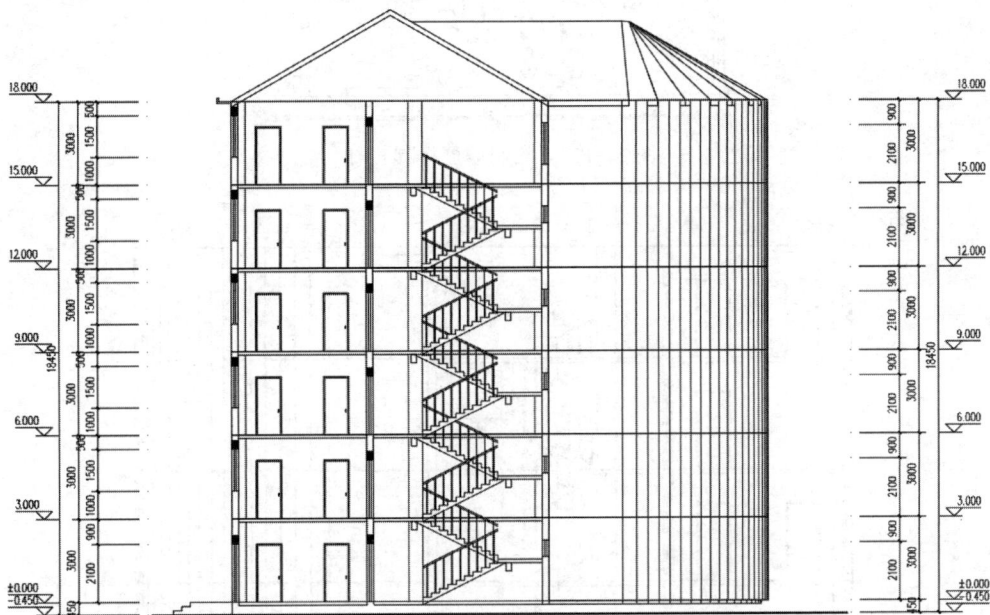

图 17-111 楼梯栏杆

绘制楼梯栏杆的步骤如下。

（1）打开需要生成楼梯栏杆的图形，单击菜单中的"剖面"→"楼梯栏杆"命令，命令行显示如下：

```
请输入楼梯扶手的高度<1000>:1100✓
是否要打断遮挡线(Yes/No)? <Yes>:默认为打断✓
再输入楼梯扶手的起始点 <退出>:选 A
结束点 <退出>:选 B
再输入楼梯扶手的起始点 <退出>:按回车键退出
```

此时即完成一层的第一梯段的栏杆布置，如图 17-112 所示。

（2）单击菜单中的"剖面"→"楼梯栏杆"命令，命令行显示如下：

请输入楼梯扶手的高度 <1000>:1000 ↙
是否要打断遮挡线(Yes/No)? <Yes>:默认为打断 ↙
再输入楼梯扶手的起始点 <退出>:选 C
结束点 <退出>:选 D
再输入楼梯扶手的起始点 <退出>:选 E
结束点 <退出>:选 F
再输入楼梯扶手的起始点 <退出>:选 G
结束点 <退出>:选 H
依次类推,完成其他栏杆生成……
再输入楼梯扶手的起始点 <退出>:按回车键退出

可在指定位置生成剖面楼梯栏杆,如图 17-113 所示。

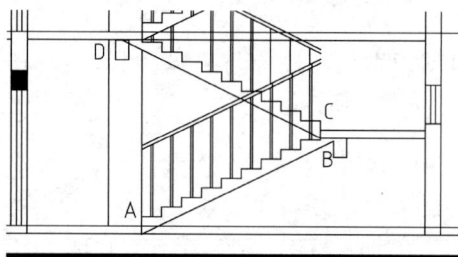

图 17-112　绘制一层楼梯栏杆

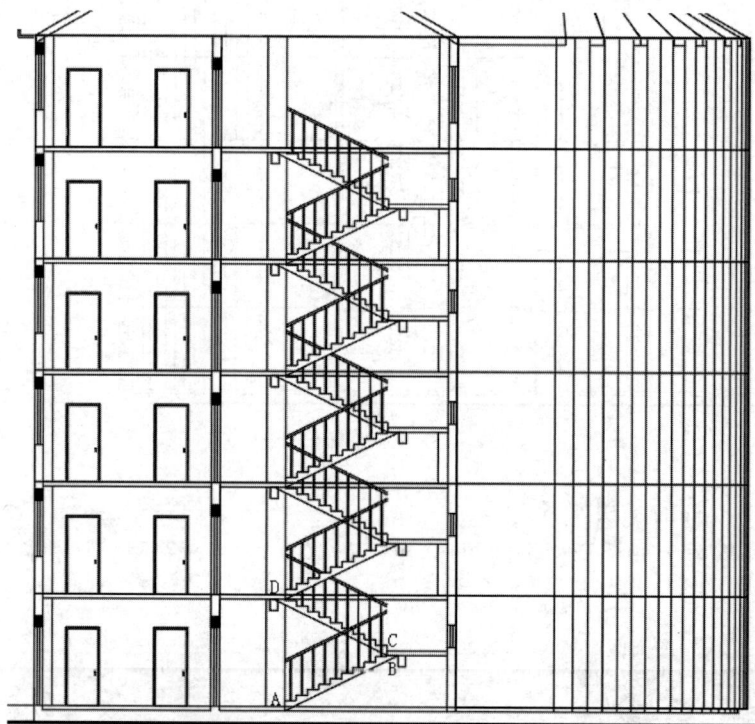

图 17-113　绘制余下的楼梯栏杆

办公楼剖面楼梯栏杆的整体如图 17-111 所示。

17.3.8 扶手接头

利用扶手接头命令可以对楼梯扶手的接头位置作细部处理,绘制的扶手接头如图 17-114 所示。

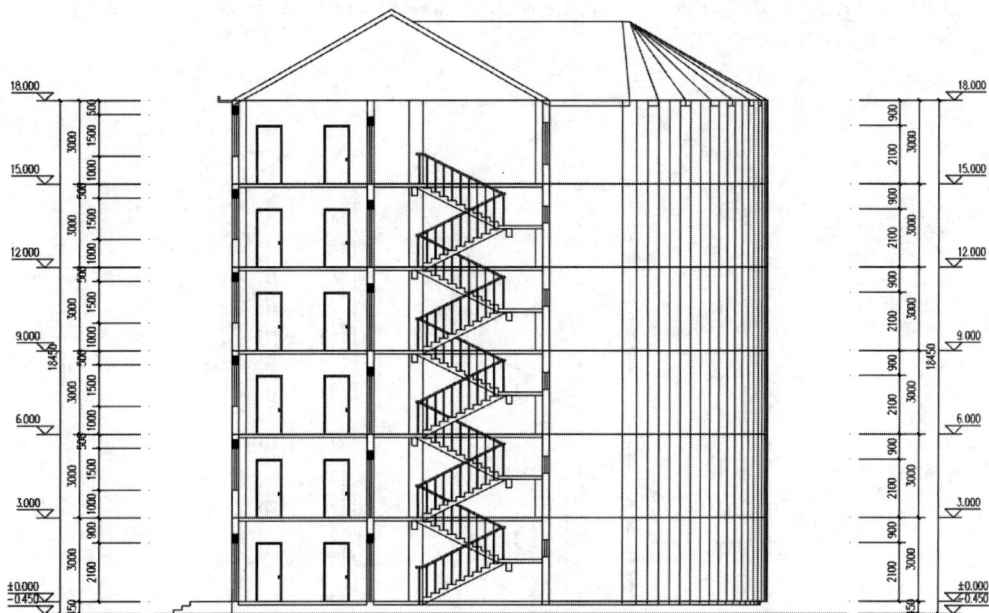

图 17-114 扶手接头

绘制扶手接头的操作步骤如下。

(1) 打开需要生成楼梯扶手接头的图形,单击菜单中的"剖面"→"扶手接头"命令,命令行显示如下:

```
请输入扶手伸出距离<150>:250↙
请选择是否增加栏杆[增加栏杆(Y)/不增加栏杆(N)]<增加栏杆(Y)>:Y
请指定两点来确定需要连接的一对扶手!选择第一个角点<取消>:框选 A 点
另一个角点<取消>:框选 B 点
请指定两点来确定需要连接的一对扶手!选择第一个角点<取消>:按回车键退出
```

此时即可在一层平台指定位置生成楼梯扶手接头,如图 17-115 所示。

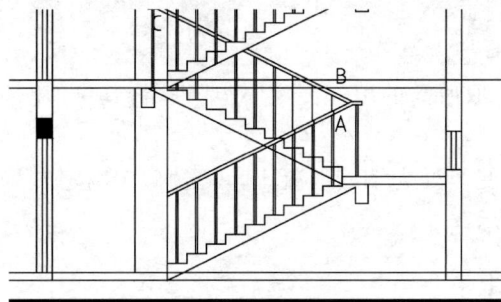

图 17-115 一层平台扶手接头

(2) 同理,单击菜单中的"剖面"→"扶手接头"命令,完成其余楼梯栏杆扶手接头的绘制。最终结果如图 17-114 所示。

17.3.9 剖面填充

剖面填充命令可以识别天正软件生成的剖面构件,进行图案填充。生成的剖面填充如图 17-116 所示。

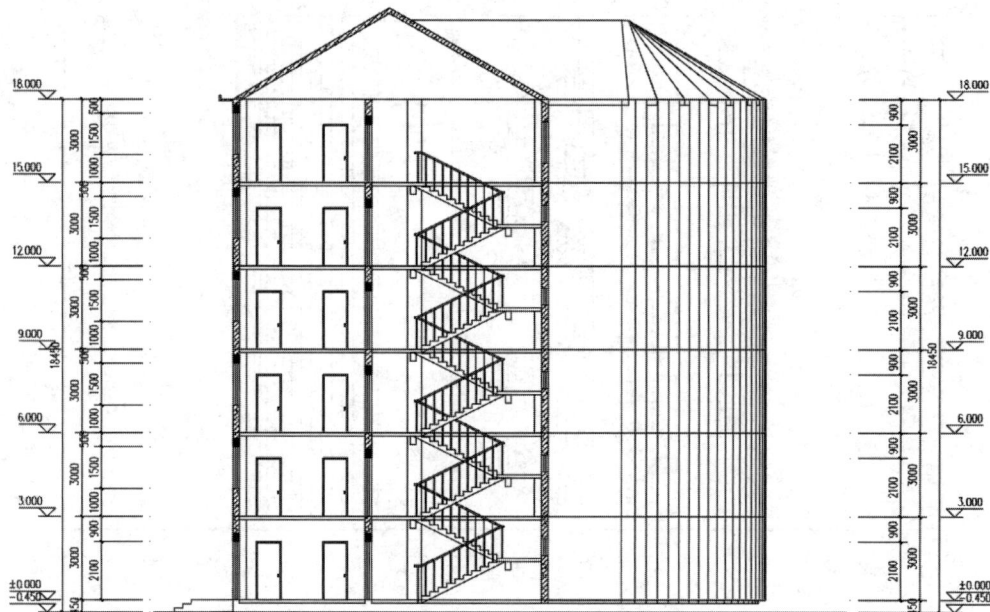

图 17-116 剖面填充

剖面填充的操作步骤如下。

(1) 打开需要生成剖面填充的图形,单击菜单中的"剖面"→"剖面填充"命令,命令行显示如下:

```
请选取要填充的剖面墙线梁板楼梯<全选>:
选择对象:框选左侧剖面墙
选择对象:框选中间剖面墙
选择对象:框选右侧剖面墙
选择对象:框选屋面剖面
选择对象:按回车键退出
```

此时打开系统"请点取所需的填充图案"对话框,将其中"比例"改为 50,如图 17-117 所示。

(2) 选中填充图案变黑处为钢筋混凝土,单击"确定"按钮,即可在指定位置生成剖面填充,如图 17-116 所示。

17.3.10 向内加粗

利用向内加粗命令可以将剖面图中的剖切线向内侧加粗,向内加粗的效果如图 17-118 所示。

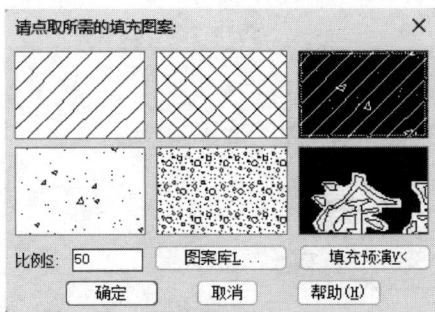

图 17-117　"请点取所需的填充图案"对话框

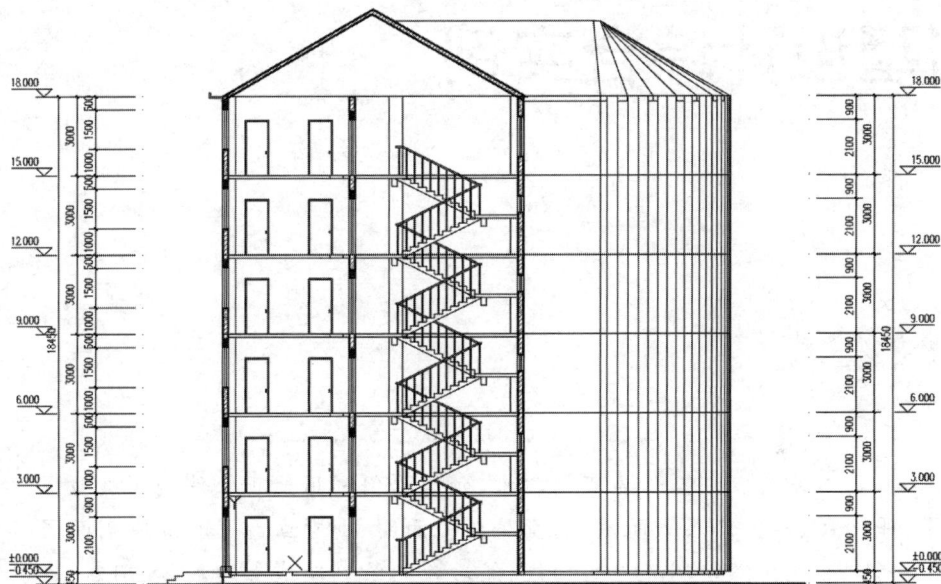

图 17-118　向内加粗

向内加粗的操作步骤如下。

打开需要进行向内加粗的图形,单击菜单中的"剖面"→"向内加粗"命令,命令行显示如下:

请选取要变粗的剖面墙线梁板楼梯线(向内侧加粗) <全选>:
选择对象:框选左侧剖面墙
选择对象:框选中间剖面墙
选择对象:框选右侧剖面墙
选择对象:框选屋面剖面
选择对象:按回车键退出完成操作

即可在指定位置进行向内加粗,如图 17-118 所示。

至此,利用天正软件的剖面命令完成了办公楼剖面图的初步绘制。接下来,利用 AutoCAD 中的"多段线""修剪""延伸""图案填充"以及"删除"等命令,对图形进行进一步的整理和优化。具体绘制步骤与方法不一一赘述,结果如图 17-96 所示。

第18章

别墅设计综合实例

◇本◇章◇导◇读◇

　　本章将以别墅作为实例,依次介绍如何利用天正软件绘制别墅首层平面图、别墅二层平面图、别墅屋顶平面图、别墅立面图和别墅剖面图。
　　首先介绍绘制建筑的轴线,然后介绍绘制轴线上的墙体、门窗、家具和阳台等,最后介绍如何进行尺寸、标高和图名的标注。

◯学◯习◯要◯点◯

◆ 绘制别墅首层平面图
◆ 绘制别墅二层平面图
◆ 绘制别墅屋顶平面图
◆ 绘制别墅立面图
◆ 绘制别墅剖面图

18.1 绘制别墅首层平面图

本节主要讲述运用天正命令绘制别墅平面图的方法,可以使读者综合运用前面介绍的命令,从而达到融会贯通。下面讲解别墅首层平面图的绘制方法,如图18-1所示。

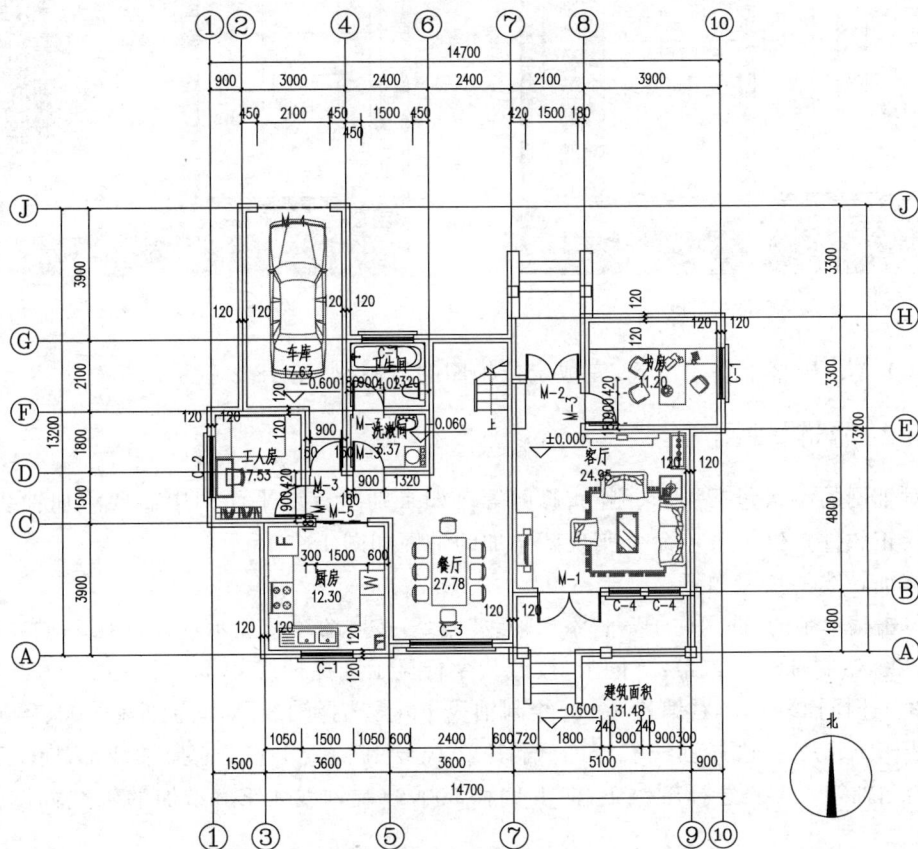

别墅首层平面图 1:100

图 18-1　别墅首层平面图

18.1.1 绘制定位轴网

图 18-1 所示的别墅平面图对应图 18-2 所示的定位轴网。

绘制定位轴网的步骤如下。

(1) 单击菜单中的"轴网柱子"→"绘制轴网"命令,打开"绘制轴网"对话框,切换到"直线轴网"选项卡,选择默认的"下开"单选按钮,在"间距"栏内分别输入 900、3000、2400、2400、2100、3900,如图18-3所示。

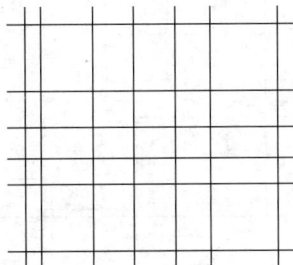

图 18-2　定位轴网

351

（2）选择"左进"单选按钮，在"间距"栏内分别输入3900、1500、1800、2100、3900，如图18-4所示。

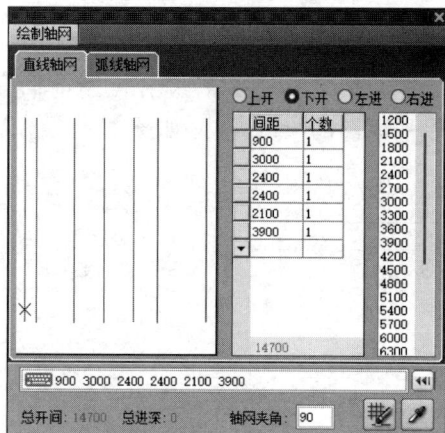

图18-3　选择"下开"

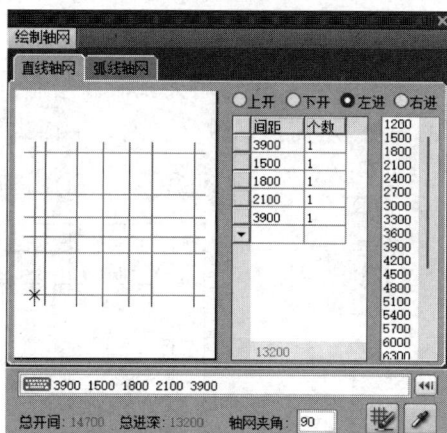

图18-4　选择"左进"

（3）单击屏幕上空白位置，完成定位轴网的绘制，如图18-2所示。

18.1.2　编辑轴网

对轴网的编辑包括添加、删除、修剪等。如果别墅首层平面图中需要添加轴线，可以用天正软件提供的菜单命令实现。添加的轴网如图18-5所示。

添加轴线的步骤如下。

单击菜单中的"轴网柱子"→"添加轴线"命令，按照命令行显示选择轴线2，向右偏移600、1800，绘制轴线1/2、2/2。同上，按照命令行显示选择轴线3，向右偏移1200，绘制轴线1/3。选择轴线6，向右偏移3000，绘制轴线1/6。选择轴线A，向上偏移300、1800，绘制轴线1/A、2/A。选择轴线C，向上偏移1200，绘制轴线1/C。选择轴线D，向上偏移900，绘制轴线1/D。选择轴线E，向上偏移600，绘制轴线1/E。添加的轴线如图18-6所示。

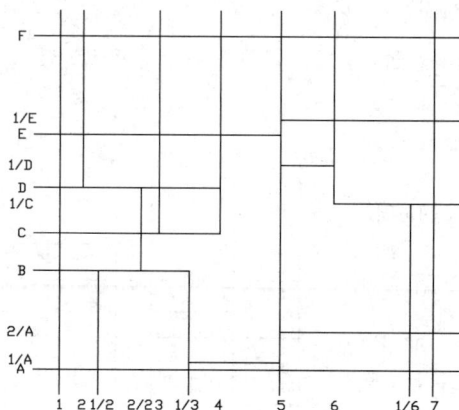

图18-5　添加的轴网

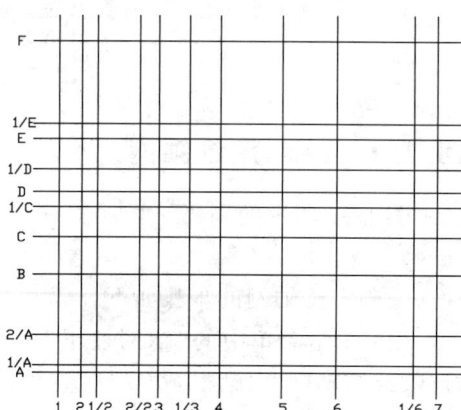

图18-6　添加轴线

修剪轴网,结果如图 18-5 所示。

18.1.3 标注轴网

别墅首层平面图中的轴号可以用两点轴标命令实现。两点轴标命令可以自动将纵向轴线以数字作为轴号,横向轴网以字母作为轴号。生成的标注轴网如图 18-7 所示。

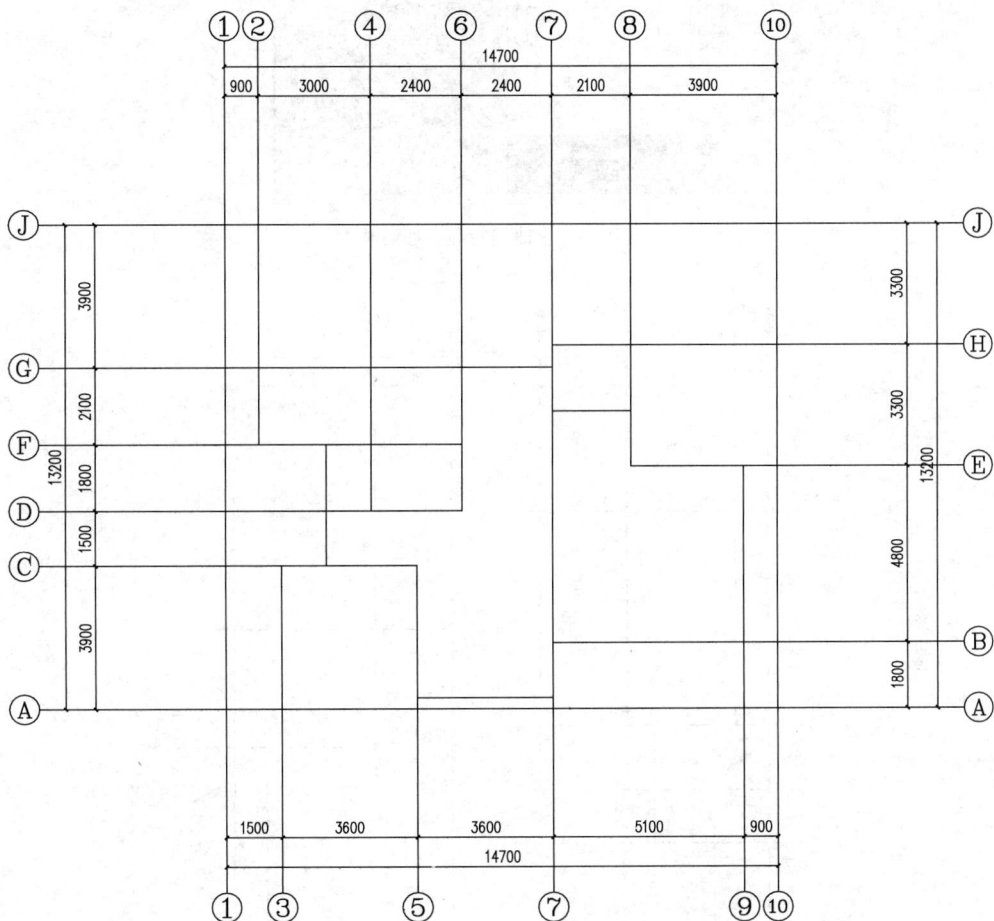

图 18-7　标注轴网

标注轴网的步骤如下。

(1) 单击菜单中的"轴网柱子"→"轴网标注"命令,打开"轴网标注"对话框,如图 18-8 所示。

在对话框的"多轴标注"选项卡中设置"输入起始轴号"为 1,选择"双侧标注",从左至右选择轴线,结果如图 18-9 所示。

(2) 单击菜单中的"轴网柱子"→"轴网标注"命令,在对话框的"多轴标注"选项卡中设置"输入起始轴号"为 A,选择"双侧标注",在图中选择纵向轴线的从下至上两侧的轴线,结果如图 18-7 所示。

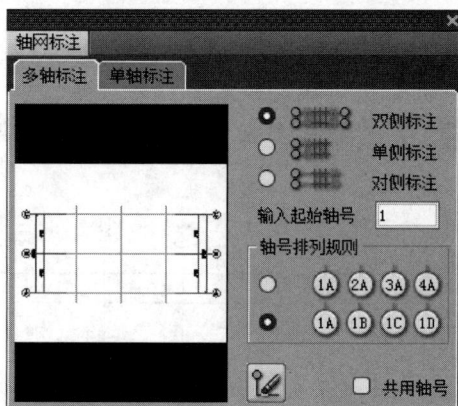

图 18-8　"轴网标注"对话框

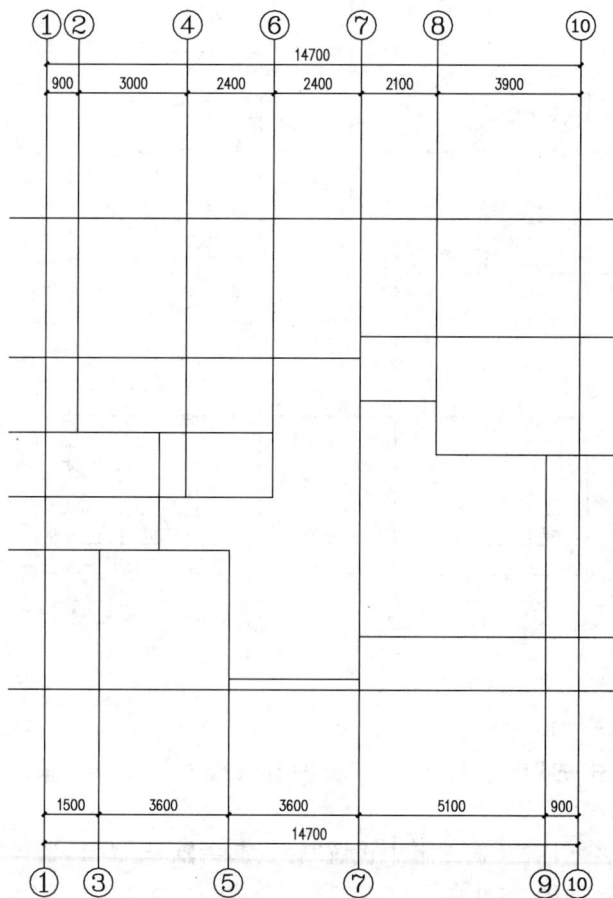

图 18-9　纵向轴标

18.1.4 绘制墙体

利用绘制墙体命令可以在轴线的基础上绘制墙体。绘制的墙体如图 18-10 所示。

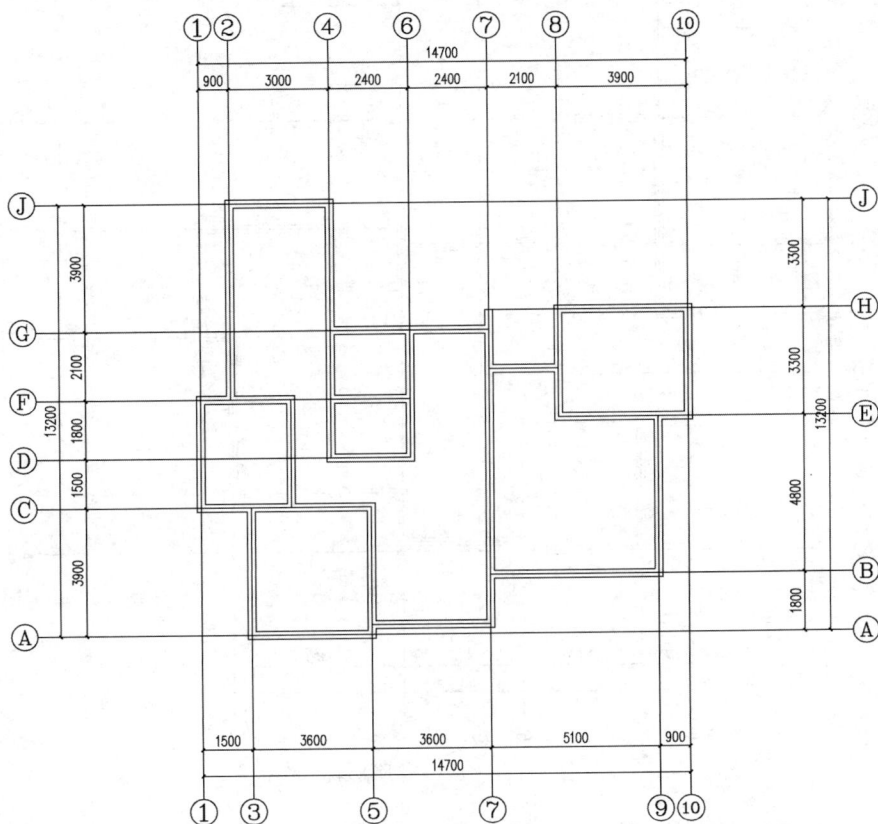

图 18-10 绘制墙体

绘制墙体的步骤如下。

（1）单击菜单中的"墙体"→"绘制墙体"命令，在打开的"墙体"对话框中输入相应的外墙数据，如图 18-11 所示。

图 18-11 确定外墙数据

选择建筑物外墙的角点顺序连接,形成如图 18-12 所示的外墙形状。

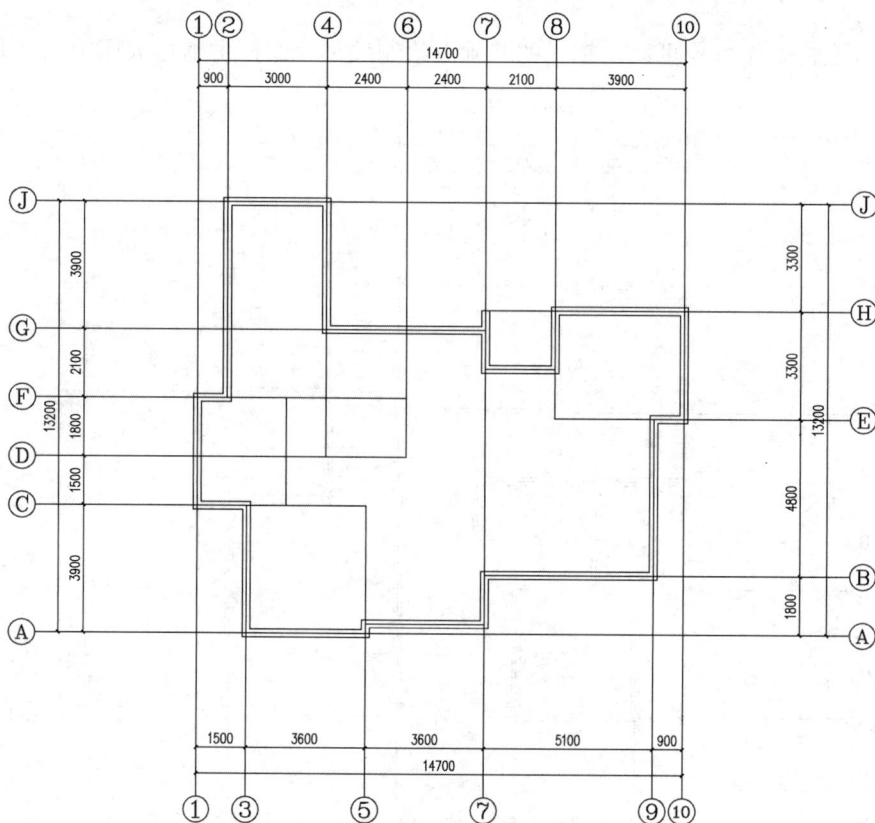

图 18-12　绘制外墙形状

(2)　单击菜单中的"墙体"→"绘制墙体"命令,在打开的"墙体"对话框中输入相应的内墙数据,如图 18-13 所示。

选择建筑物内墙的角点顺序连接,最终形成如图 18-10 所示的墙体形状。

图 18-13　确定内墙数据

18.1.5 插入柱子

插入的柱子为台阶上的立柱。插入的柱子如图 18-14 所示。

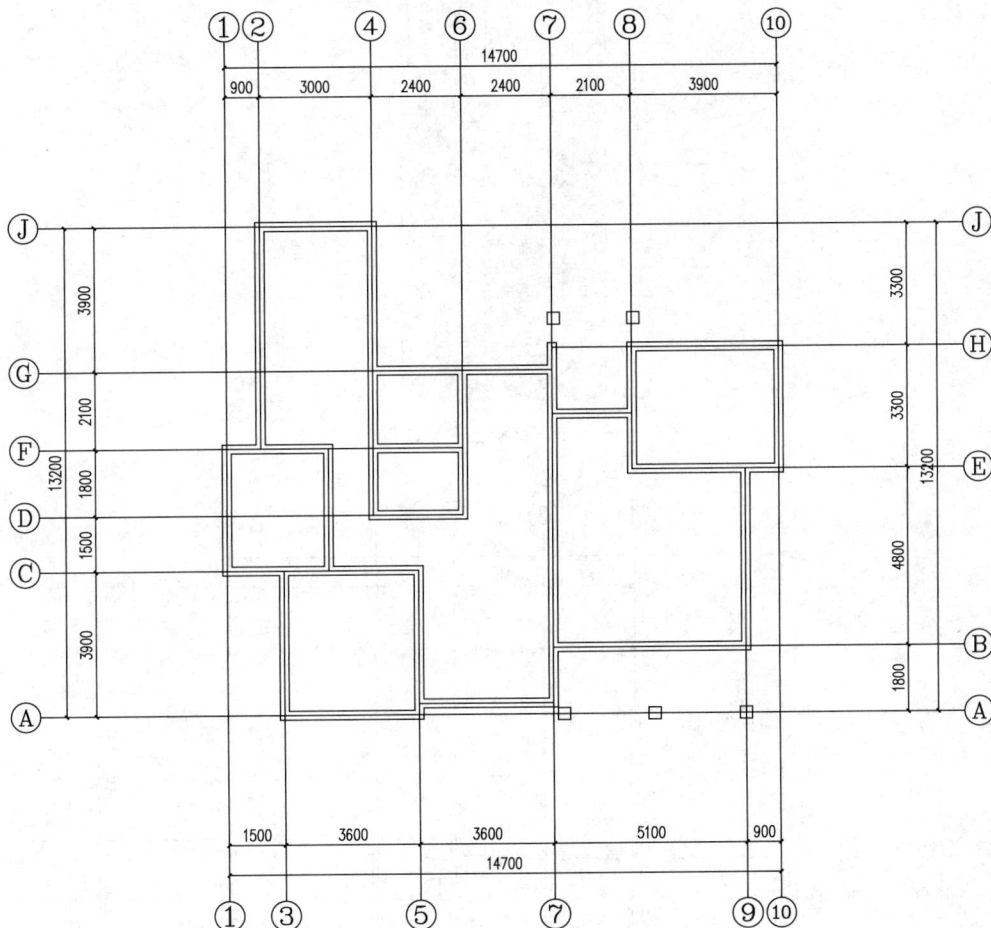

图 18-14 插入柱子

插入柱子的步骤如下。

（1）单击菜单中的"轴网柱子"→"标准柱"命令，在打开的"标准柱"对话框中输入相应的柱子数据，如图 18-15 所示。

（2）在绘图区域单击需要设置柱子的插入点，形成如图 18-14 所示的插入柱子的形式。

18.1.6 插入门窗

门窗可以分为很多种，本实例仅插入常用的普通门窗。生成的门窗如图 18-16 所示。

插入门窗的步骤如下。

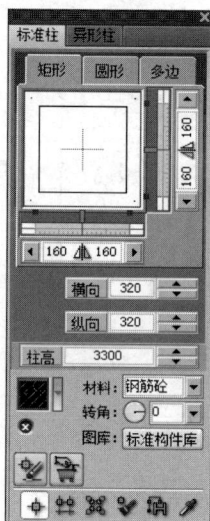

图 18-15　确定柱子数据

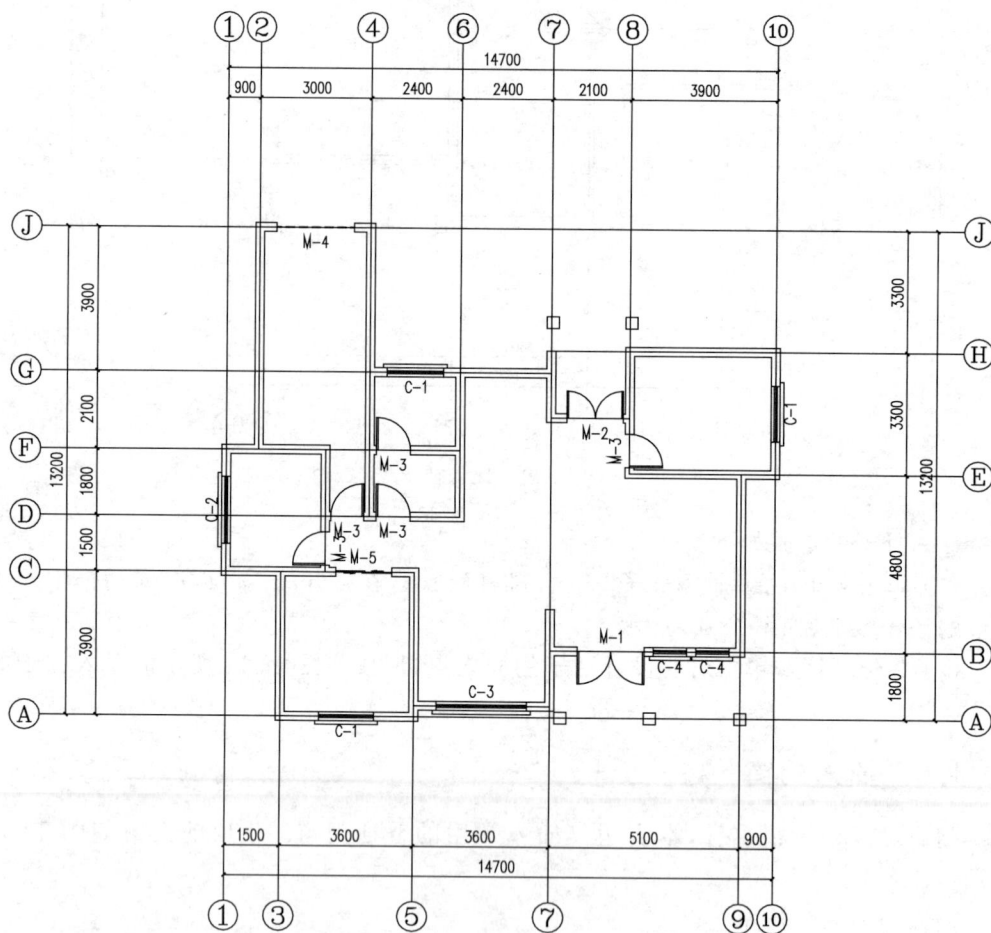

图 18-16　插入门窗

(1) 单击菜单中的“门窗”→“门窗”命令，在打开的“门”对话框中输入相应的“M-1”数据，如图 18-17 所示。

图 18-17　确定“M-1”数据

在绘图区域单击需要设置“M-1”的位置，形成如图 18-18 所示的插入“M-1”的形式。

(2) 单击菜单中的“门窗”→“门窗”命令，在打开的“门”对话框中输入相应的“M-2”数据，如图 18-19 所示。

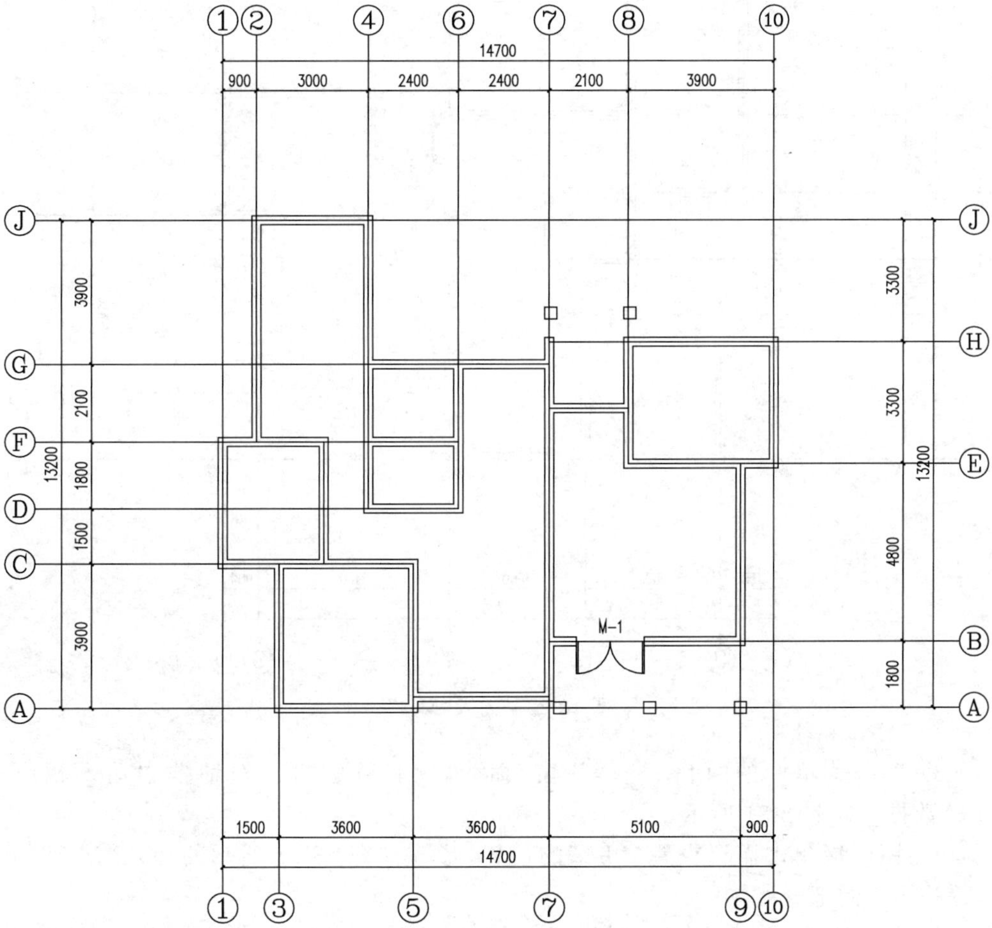

图 18-18　插入“M-1”

在绘图区域单击需要设置“M-2”的位置，形成如图 18-20 所示的插入“M-2”的形式。

图 18-19　确定"M-2"数据

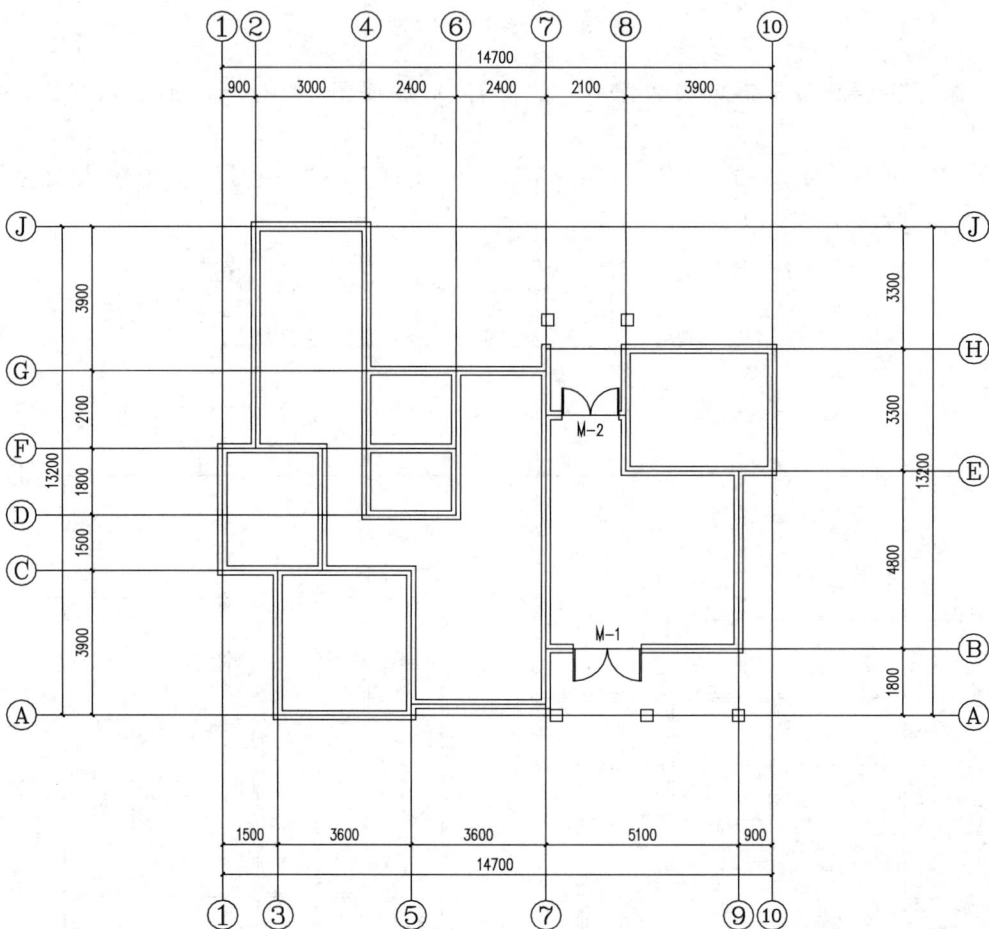

图 18-20　插入"M-2"

（3）单击菜单中的"门窗"→"门窗"命令，在打开的"门"对话框中输入相应的"M-3"数据，如图 18-21 所示。

在绘图区域单击需要设置"M-3"的位置，形成如图 18-22 所示的插入"M-3"的形式，并补充绘制部分墙体。

（4）单击菜单中的"门窗"→"门窗"命令，在打开的"窗"对话框中输入相应的"C-1"数据，如图 18-23 所示。

在绘图区域单击需要设置"C-1"的位置，形成如图 18-24 所示的插入"C-1"的形式。

图 18-21 确定"M-3"数据

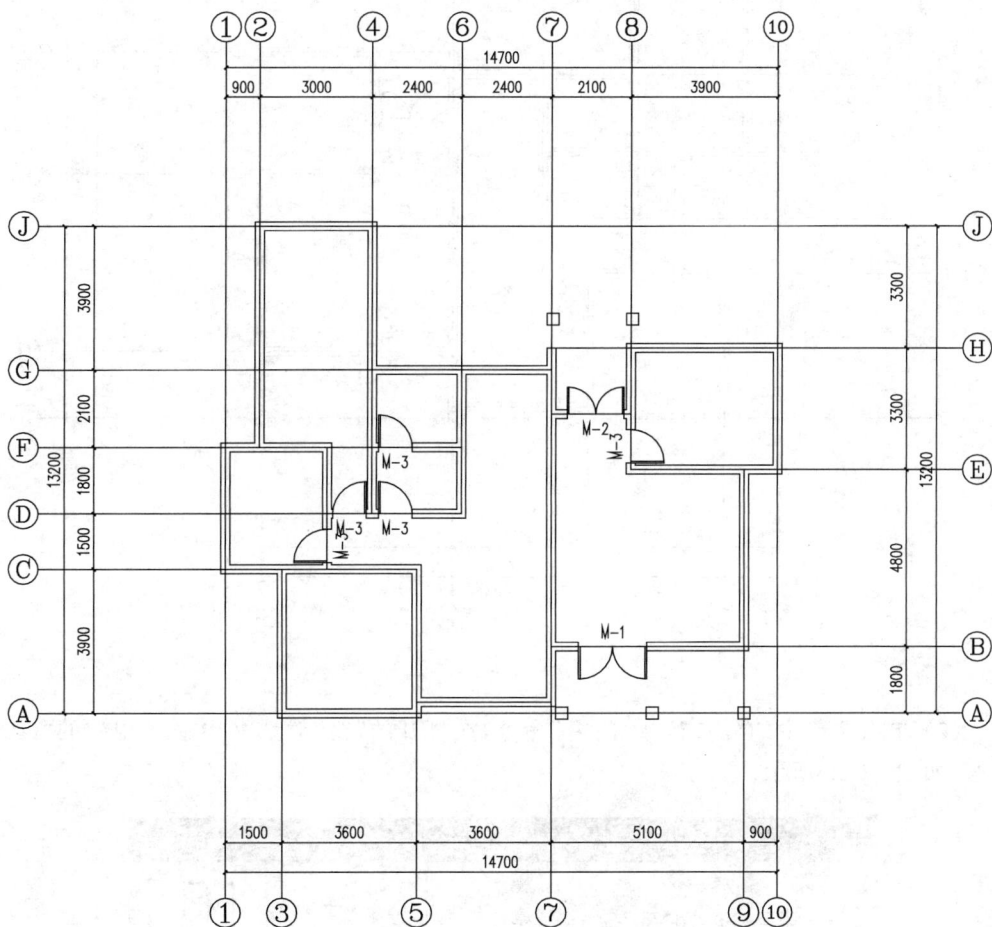

图 18-22 插入"M-3"

图 18-23 确定"C-1"数据

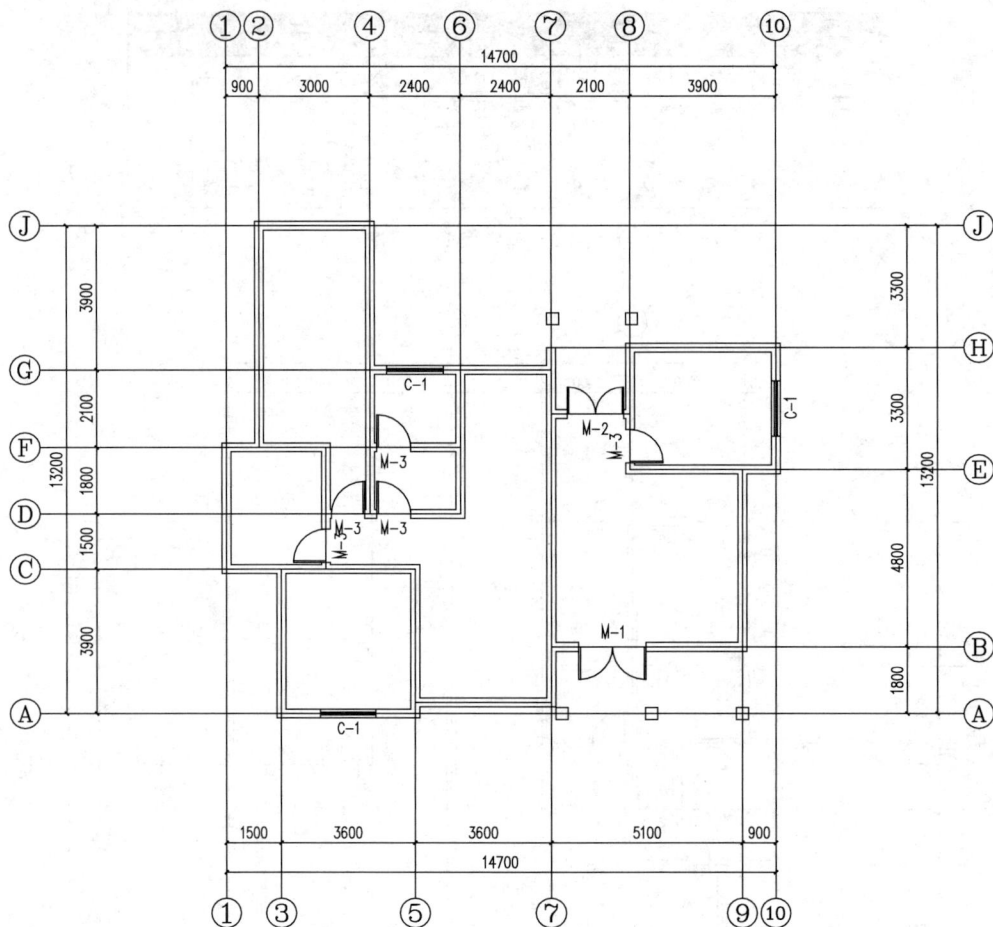

图 18-24 插入"C-1"

（5）单击菜单中的"门窗"→"门窗"命令，在打开的"窗"对话框中输入相应的"C-2"数据，如图 18-25 所示。

图 18-25 确定"C-2"数据

在绘图区域单击需要设置"C-2"的位置，形成如图 18-26 所示的插入"C-2"的形式。

（6）单击菜单中的"门窗"→"门窗"命令，在打开的"窗"对话框中输入相应的"C-3"数据，如图 18-27 所示。

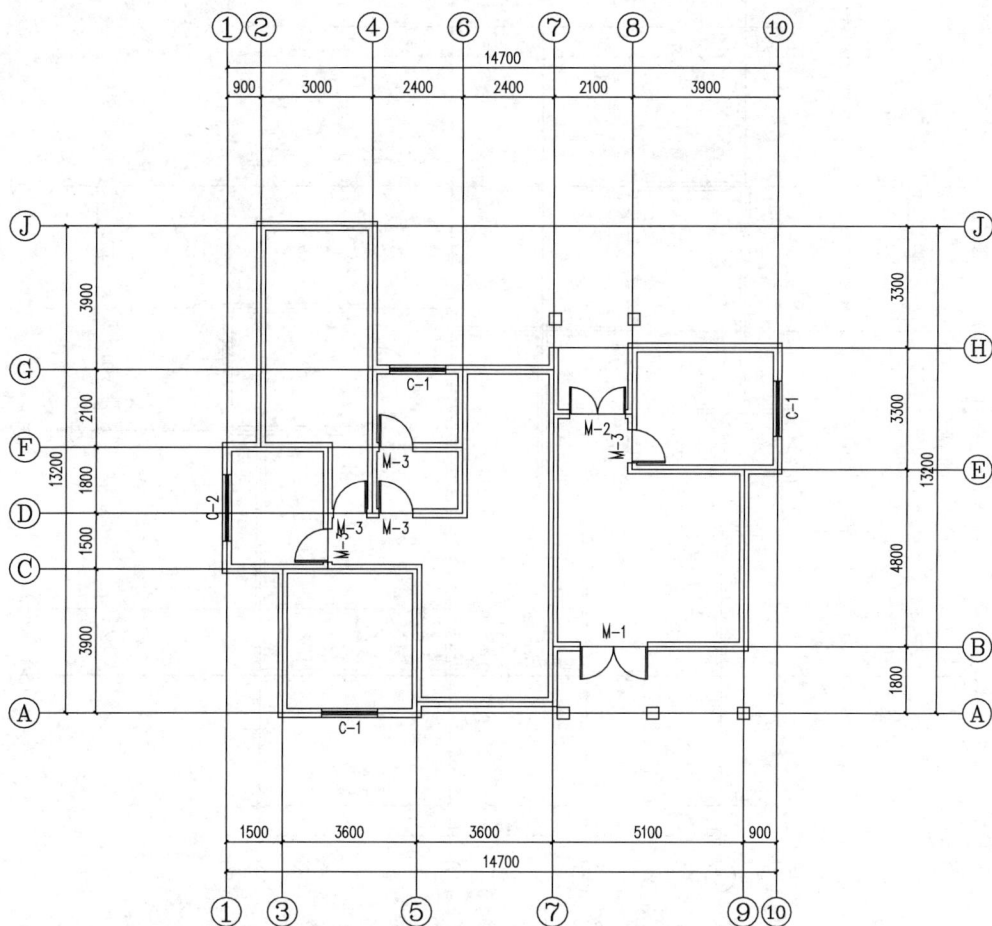

图 18-26　插入"C-2"

图 18-27　确定"C-3"数据

在绘图区域单击需要设置"C-3"的位置,形成如图 18-28 所示的插入"C-3"的形式。

(7)单击菜单中的"门窗"→"门窗"命令,在打开的"窗"对话框中输入相应的"C-4"数据,如图 18-29 所示。

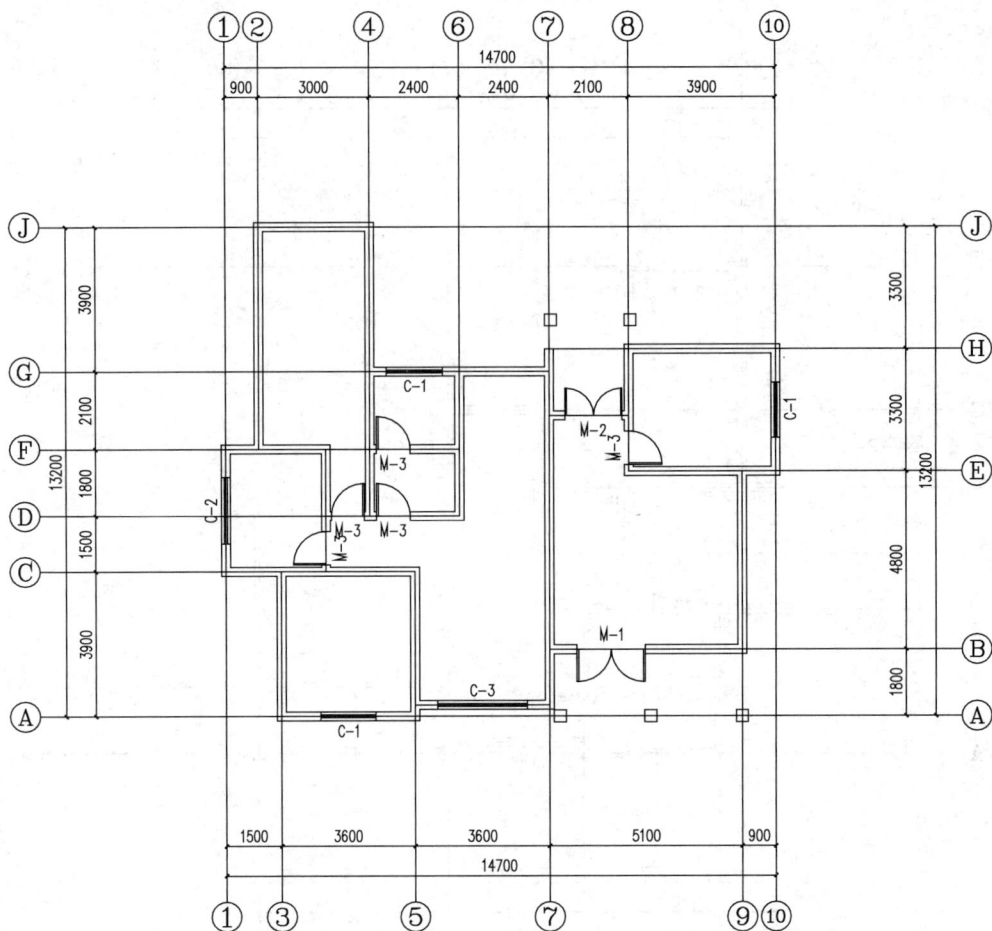

图 18-28　插入"C-3"

图 18-29　确定"C-4"数据

在绘图区域单击需要设置"C-4"的位置,形成如图 18-30 所示的插入"C-4"的形式。

(8) 单击菜单中的"门窗"→"门窗工具"→"加装饰套"命令,打开"门窗套设计"对话框,切换到"窗台/檐板"选型卡,并设置其相应的参数,如图 18-31 所示。在绘图区域窗户处单击,选择建筑物需要设置窗台的位置,形成如图 18-32 所示的窗户形式。

(9) 单击菜单中的"门窗"→"门窗"命令,在打开的"门"对话框中输入相应的"M-4"数据,如图 18-33 所示。

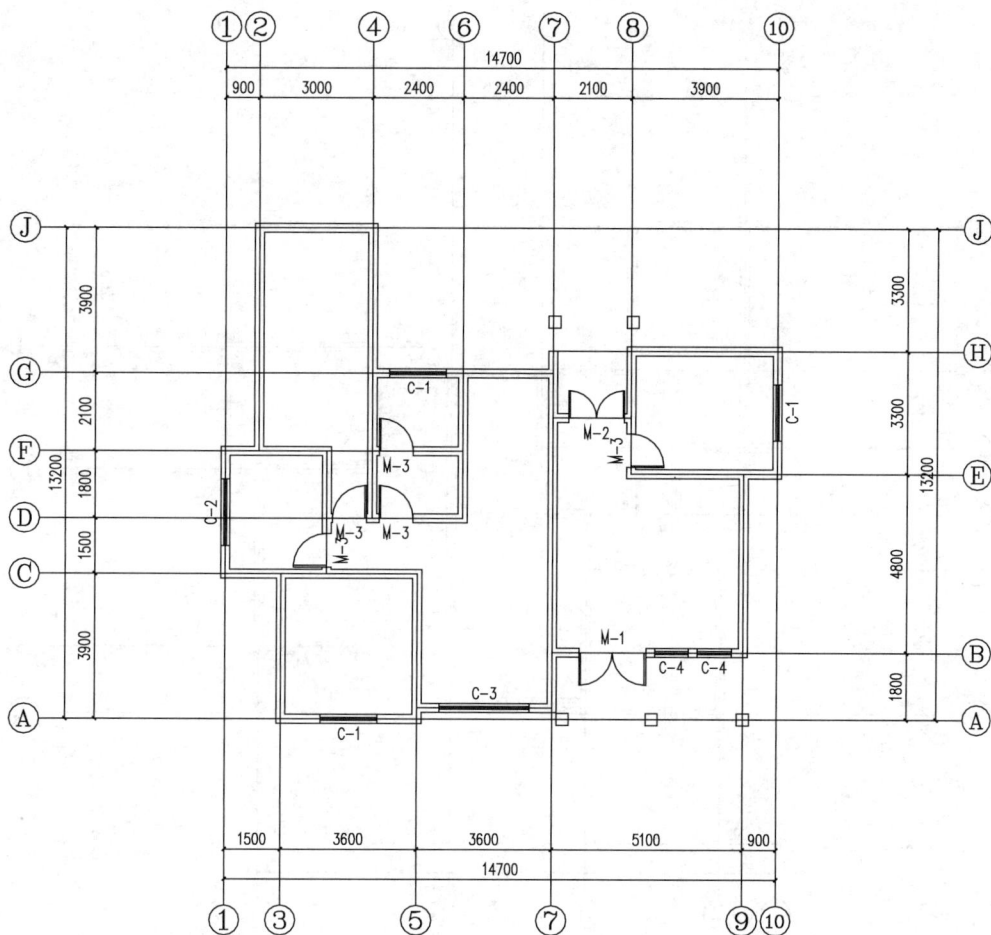

图 18-30 插入"C-4"

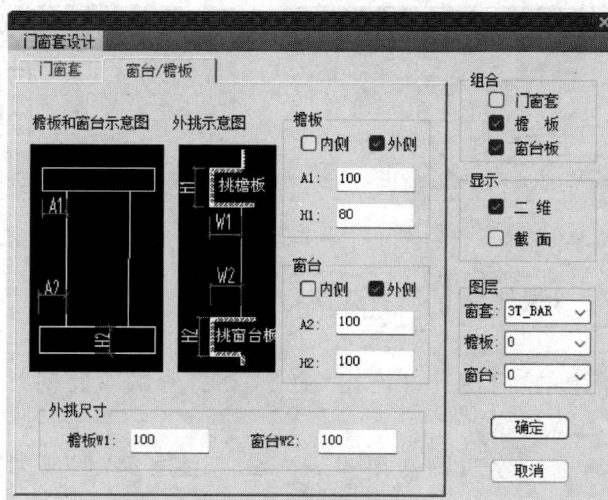

图 18-31 设置"窗台/檐板"选项卡参数

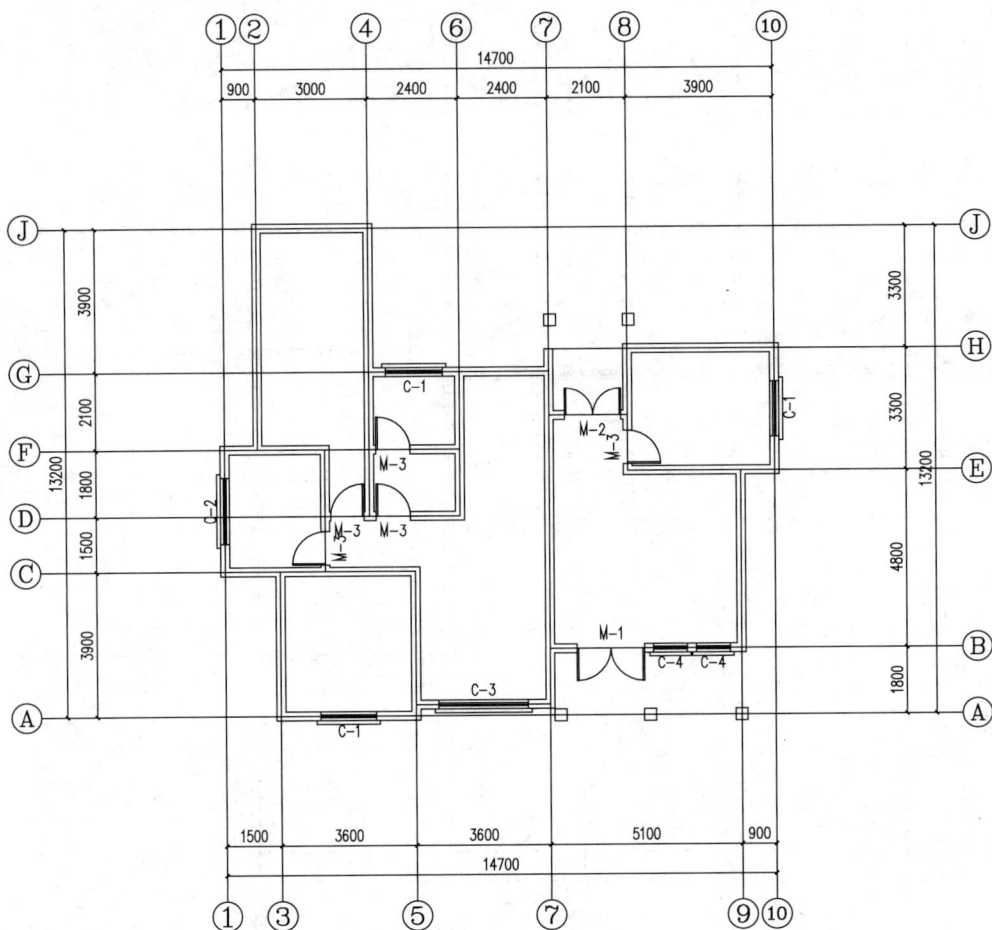

图 18-32　添加窗户装饰物

图 18-33　确定"M-4"数据

在绘图区域车库外墙处单击,选择建筑物需要设置"M-4"的位置,形成如图 18-34
所示的形式。

(10) 单击菜单中的"门窗"→"门窗"命令,在打开的"门"对话框中输入相应的
"M-5"数据,如图 18-35 所示。

单击绘图区域,选择建筑物需要设置"M-5"的位置,形成如图 18-16 所示的
图形。

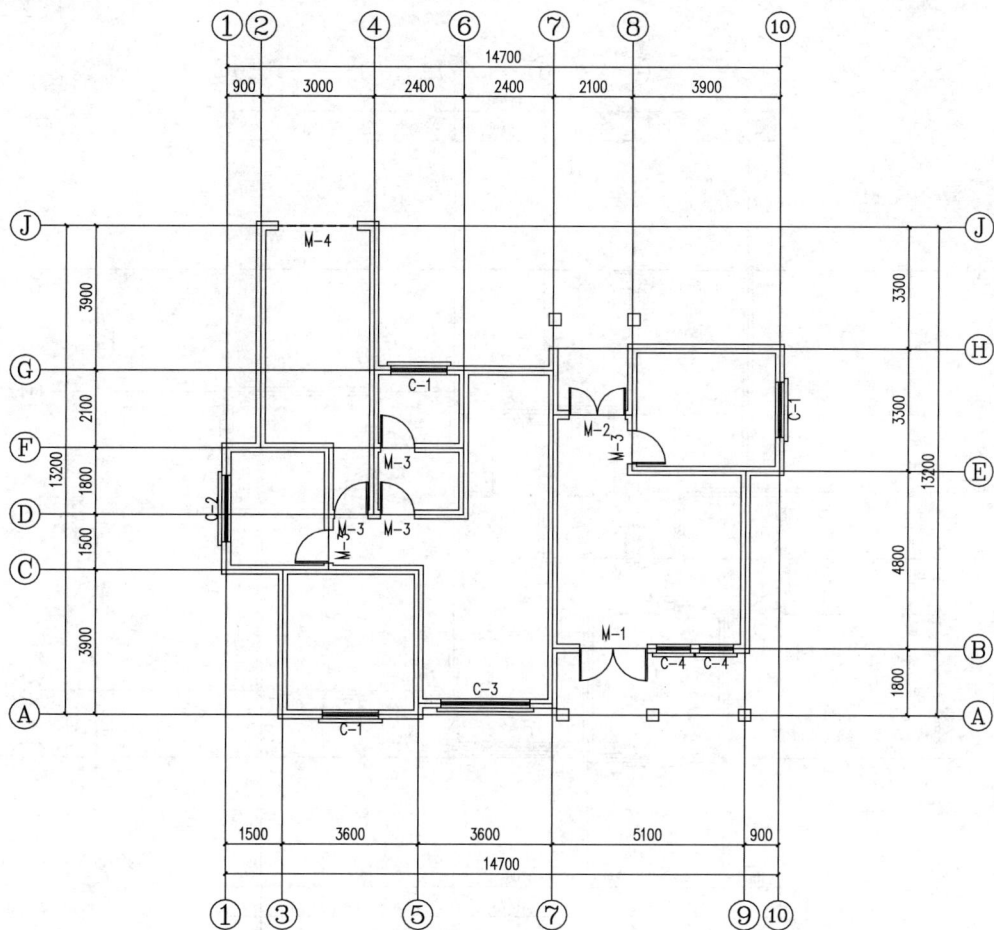

图 18-34　插入"M-4"

图 18-35　确定"M-5"数据

18.1.7　插入楼梯

插入的楼梯可由天正软件自动计算生成。插入的楼梯如图 18-36 所示。

插入楼梯的步骤如下。

（1）单击菜单中的"楼梯其他"→"双跑楼梯"命令，在打开的对话框中输入相应的楼梯数据，如图 18-37 所示。

在"楼梯高度"中选择层高 3300，单击"梯间宽＜"按钮，在图中选取楼梯间的内部净尺寸。其余数据的选取见图 18-37。

18-7

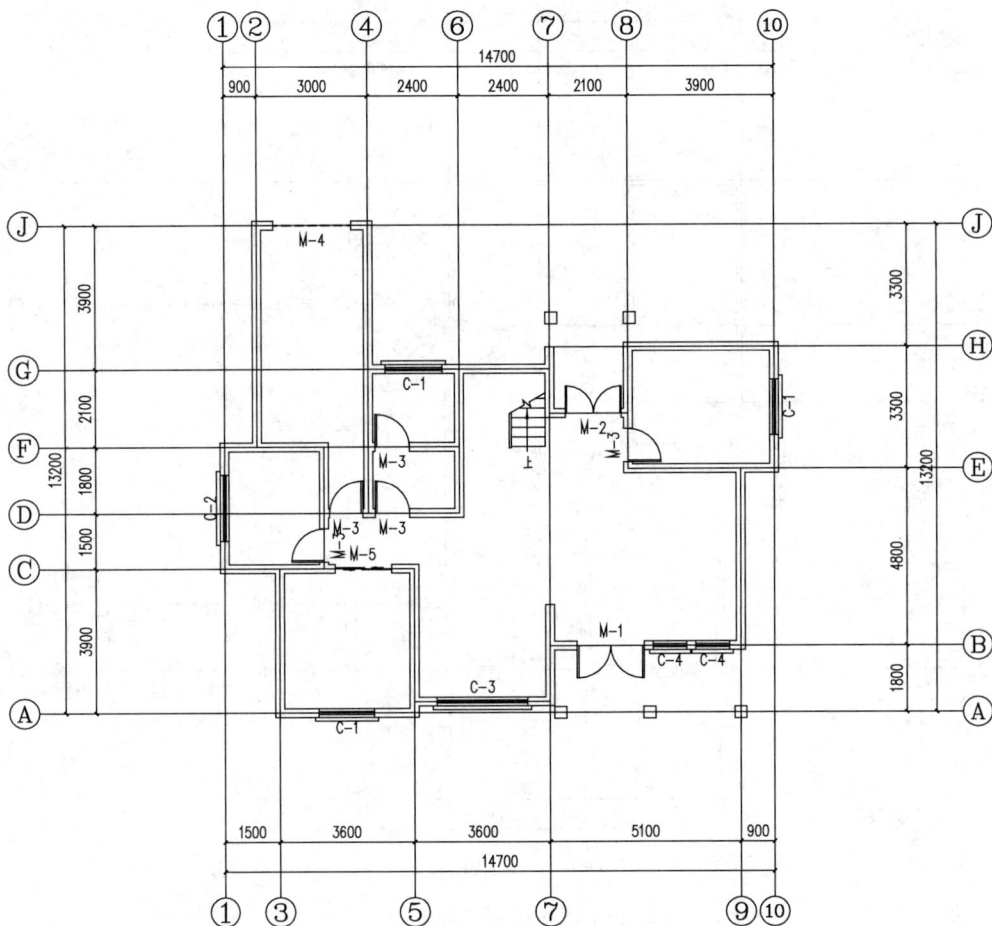

图 18-36　插入楼梯

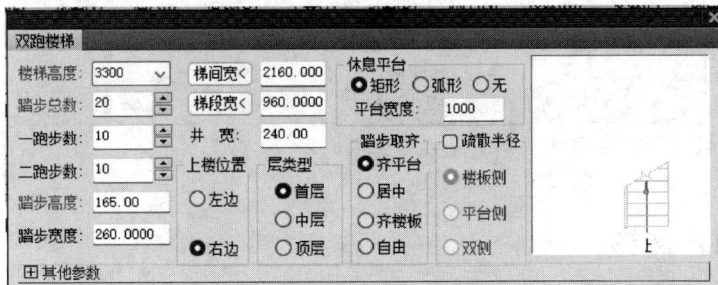

图 18-37　确定楼梯数据

（2）单击绘图区域，根据命令行提示选择楼梯的插入点，形成如图 18-36 所示的插入楼梯的形式。

18.1.8　插入台阶

台阶可以直接用天正软件绘制而成。插入的台阶如图 18-38 所示。

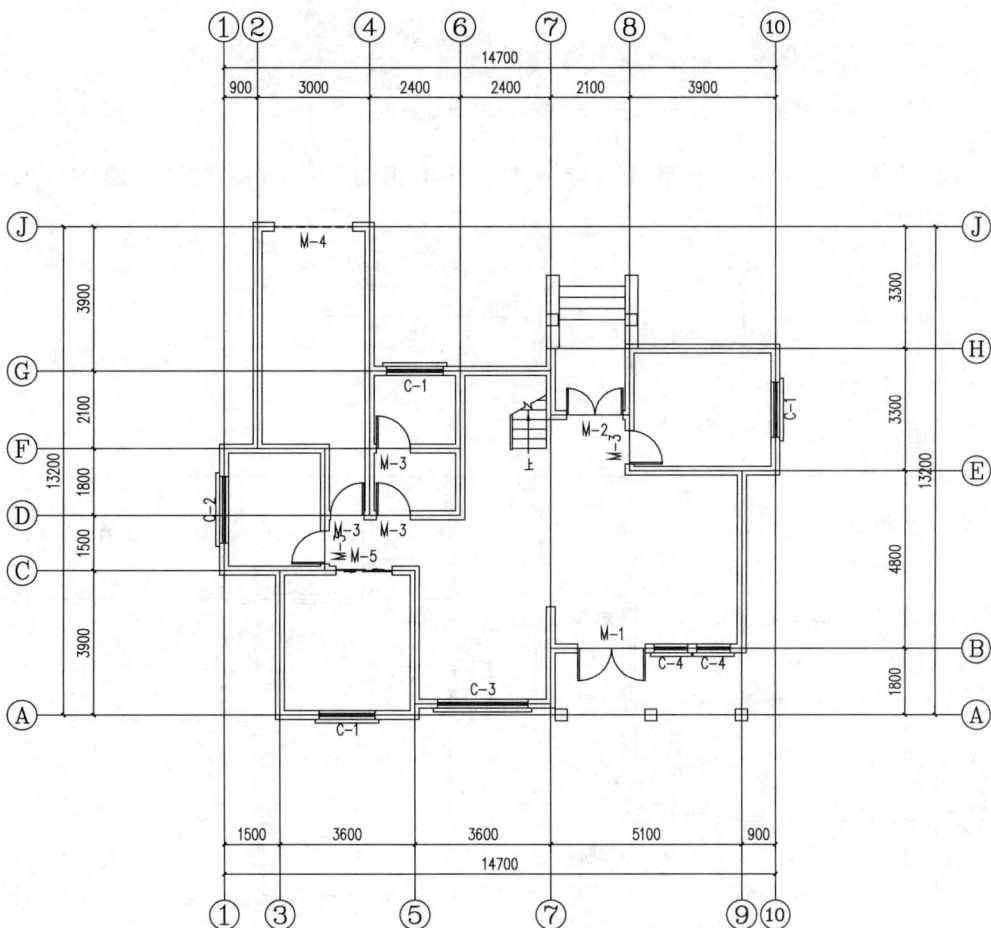

图 18-38　插入台阶 1

插入台阶的步骤如下。

（1）首先采用 AutoCAD 命令绘制台阶两边的扶手，利用"矩形"命令在合适位置绘制两个 340×1980 的矩形，如图 18-38 所示。（注意：在天正绘图软件中，对采用 AutoCAD 命令绘制的部分在立面图中需要补充绘制，利用"生成立面图"命令是完不成绘制的。）

（2）单击菜单中的"楼梯其他"→"台阶"命令，在打开的"台阶"对话框中输入相应的台阶数据，如图 18-39 所示。

在"台阶总高"中输入内外高差 600，在"踏步宽度"中输入 300，其余数据的设置见图 18-39。

（3）单击绘图区域，根据命令行提示选择台阶的插入点，形成如图 18-38 所示的插入台阶的形式。

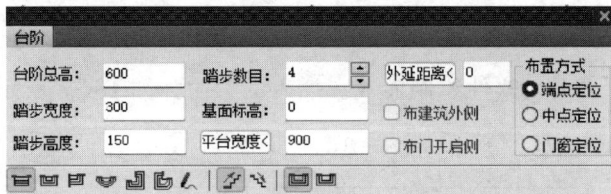

图 18-39　确定台阶数据

（4）其他位置处的平台和台阶绘制方法基本相同,不再一一赘述。最终结果如图 18-40 所示。

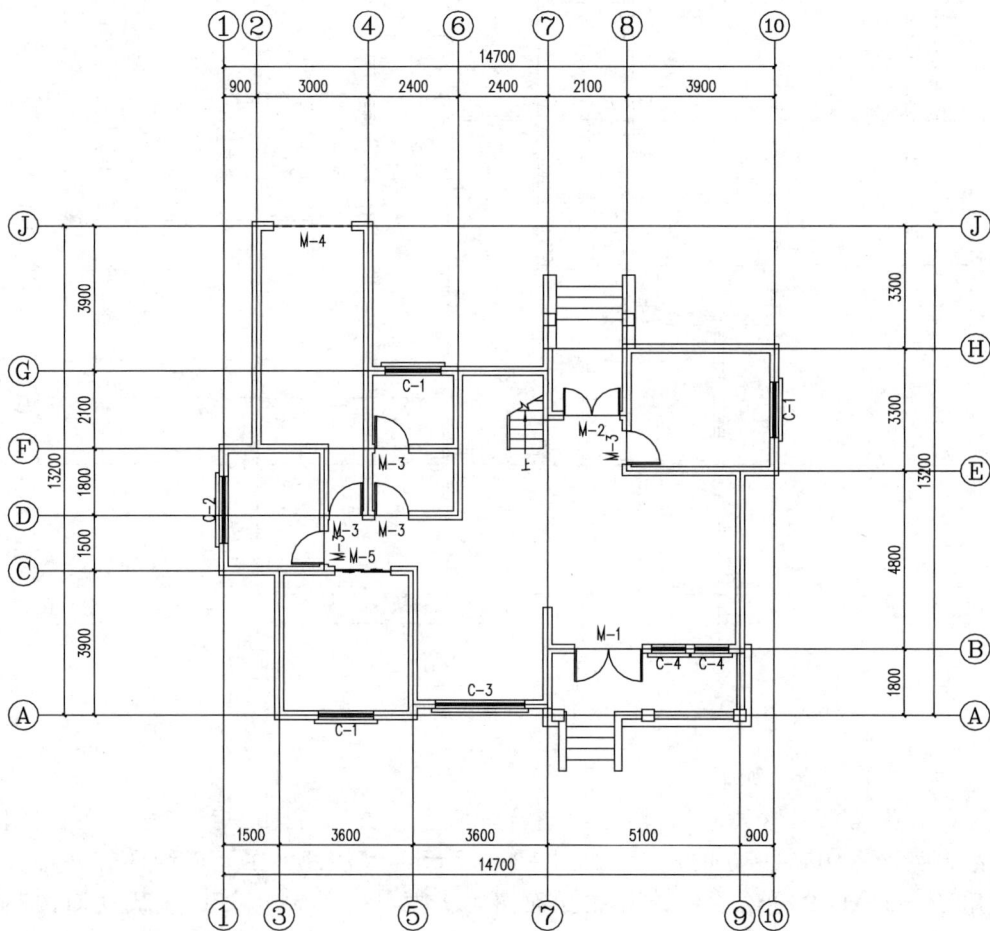

图 18-40　插入台阶 2

18.1.9　布置洁具

卫生间洁具可以直接用天正图库自动绘制而成。

布置洁具的步骤如下。

（1）单击菜单中的"房间"→"布置洁具"命令,在打开的"天正洁具"对话框中选择相应的洁具。本例选择"浴缸07",如图18-41所示。

(2)双击所选择的洁具,打开"布置浴缸07"对话框,如图18-42所示。在对话框中输入相应的数据。

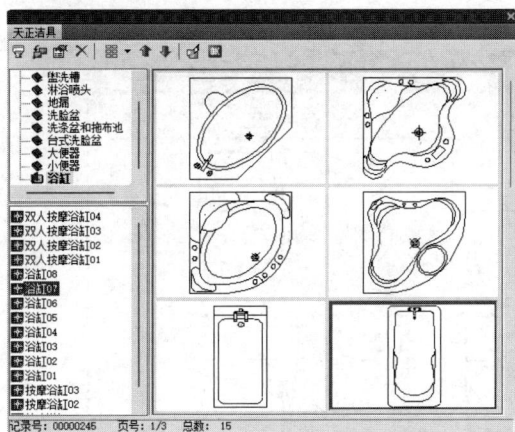

图 18-41　选择浴缸

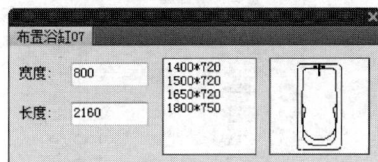

图 18-42　"布置浴缸07"对话框

(3)单击绘图区域,根据命令行提示选择卫生间相应的墙线,形成如图18-43所示的布置洁具的形式。

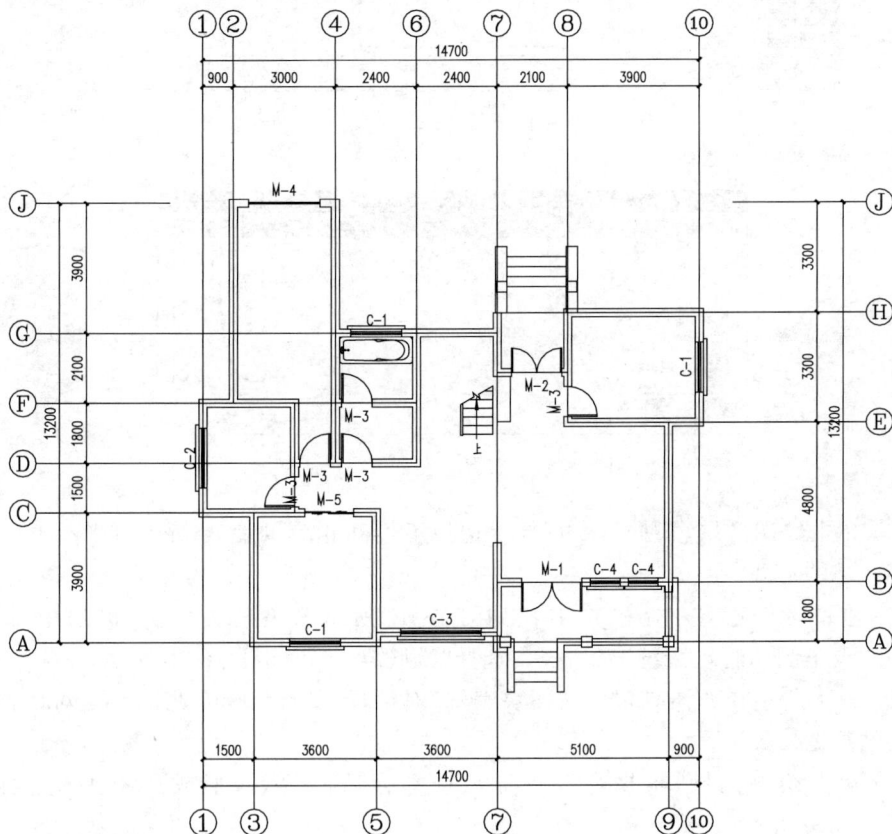

图 18-43　布置洁具1

（4）单击菜单中的"房间"→"布置洁具"命令，在"天正洁具"对话框中选择相应的洁具。本例选择"坐便器03"，如图18-44所示。

（5）双击所选择的洁具，打开"布置坐便器03"对话框，如图18-45所示。在对话框中输入相应的数据。

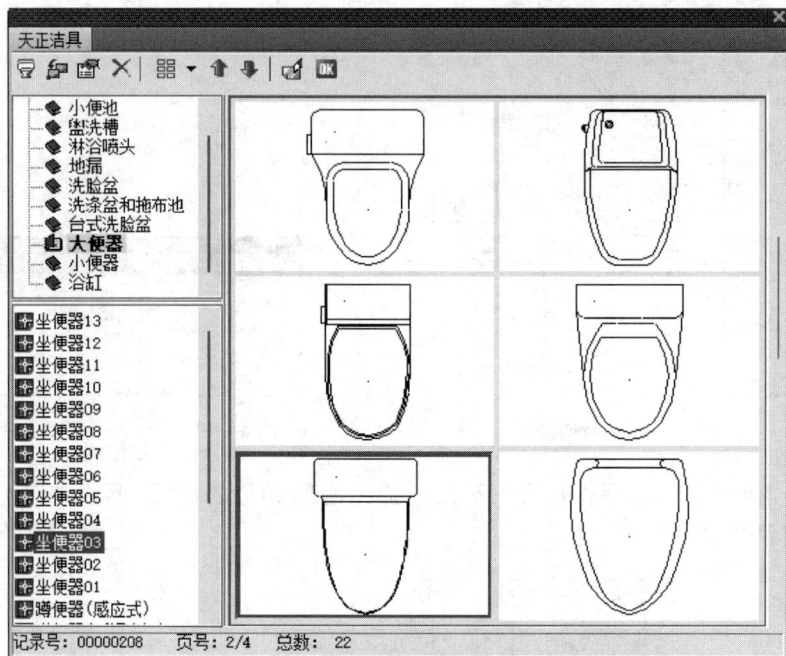

图18-44　选择坐便器

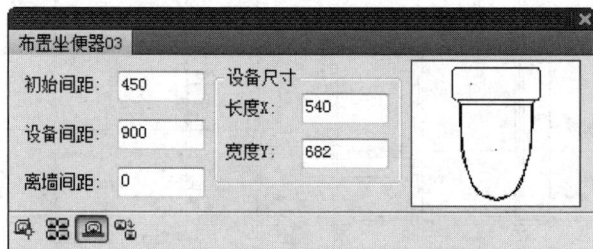

图18-45　"布置坐便器03"对话框

（6）单击绘图区域，根据命令行提示选择卫生间相应的墙线，形成如图18-46所示的布置洁具的形式。

（7）在图形任意空白处右击，弹出如图18-47所示的快捷菜单，选择"通用图库"命令，打开"天正图库管理系统"对话框。选择"洗脸盆20"，如图18-48所示。

（8）双击所选择的洁具，打开"图块编辑"对话框，如图18-49所示。在对话框中输入相应的数据。

（9）单击绘图区域，根据命令行提示选择合适的位置，形成如图18-50所示的图形。

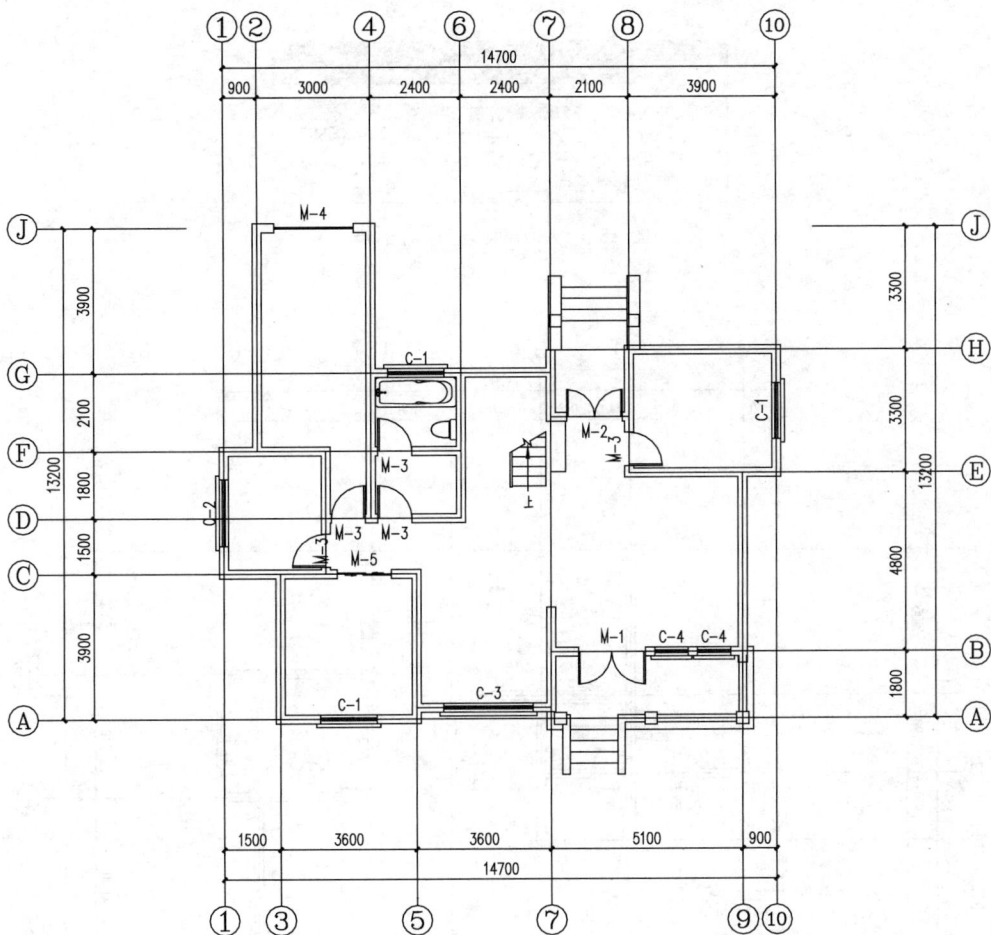

图 18-46　布置洁具 2

图 18-47　快捷菜单

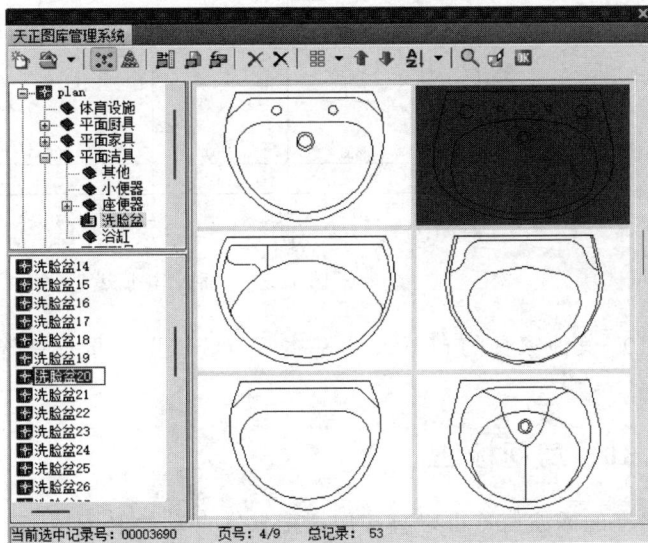

图 18-48　选择洗脸盆

Note

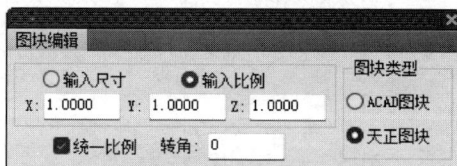

图 18-49　"图块编辑"对话框

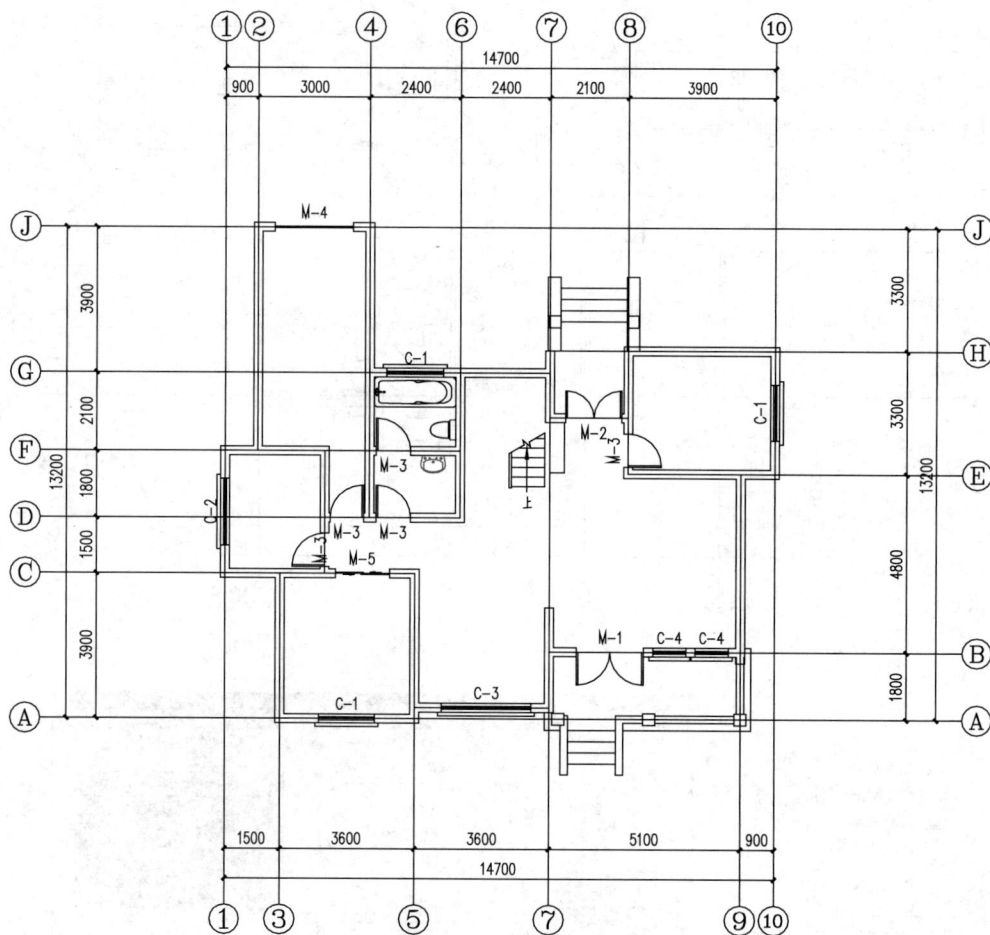

图 18-50　插入"洗脸盆"

（10）其他家具的布置方法基本相同，这里不再一一赘述。最终结果如图 18-51 所示。

18.1.10　房间标注

房屋的标注信息可以直接用天正软件自动绘制而成，比如室内面积、房间编号等，本例中只生成室内面积。生成的房间标注如图 18-52 所示。

18-10

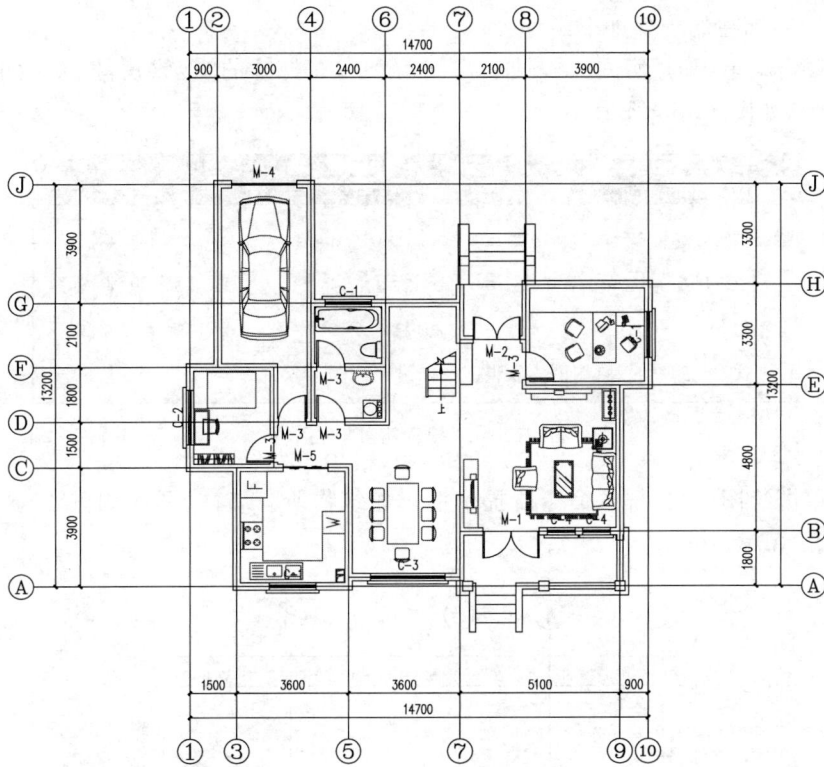

图 18-51 布置家具

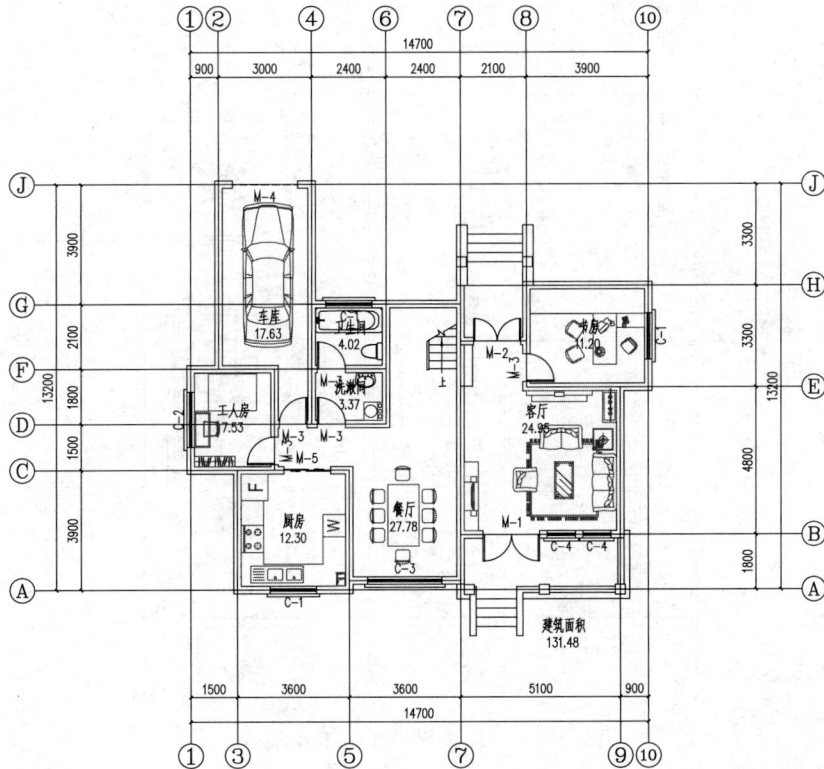

图 18-52 房间标注

生成房间标注的步骤如下。

（1）单击菜单中的"房间"→"搜索房间"命令，在打开的"搜索房间"对话框中进行相应的设置，如图 18-53 所示。

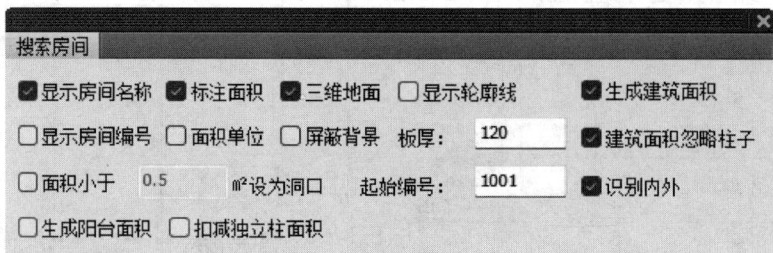

图 18-53　"搜索房间"对话框

（2）单击绘图区域，根据命令行提示框选建筑物所有墙体，形成如图 18-54 所示的房间标注信息。

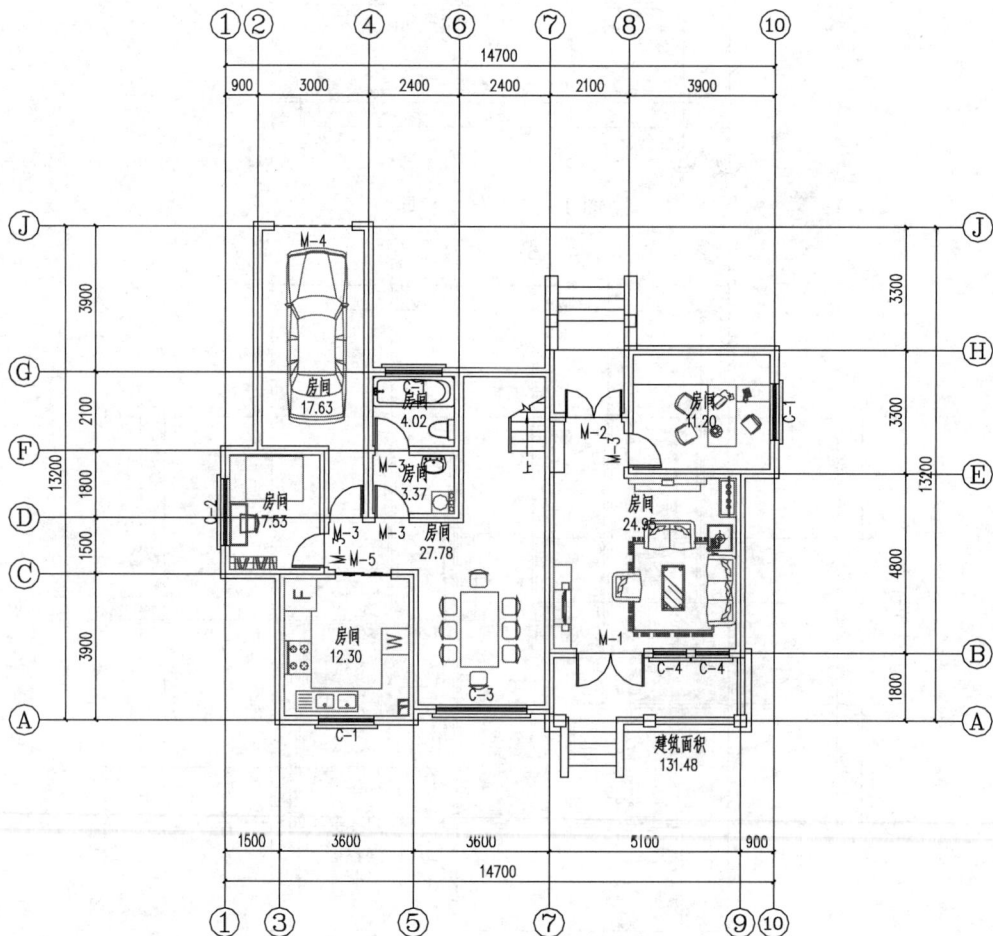

图 18-54　形成房间标注信息

（3）利用在位编辑命令，双击需要修改名称的房间，直接改名称，具体方法不再详述。最终形成如图 18-55 所示的房间标注信息。

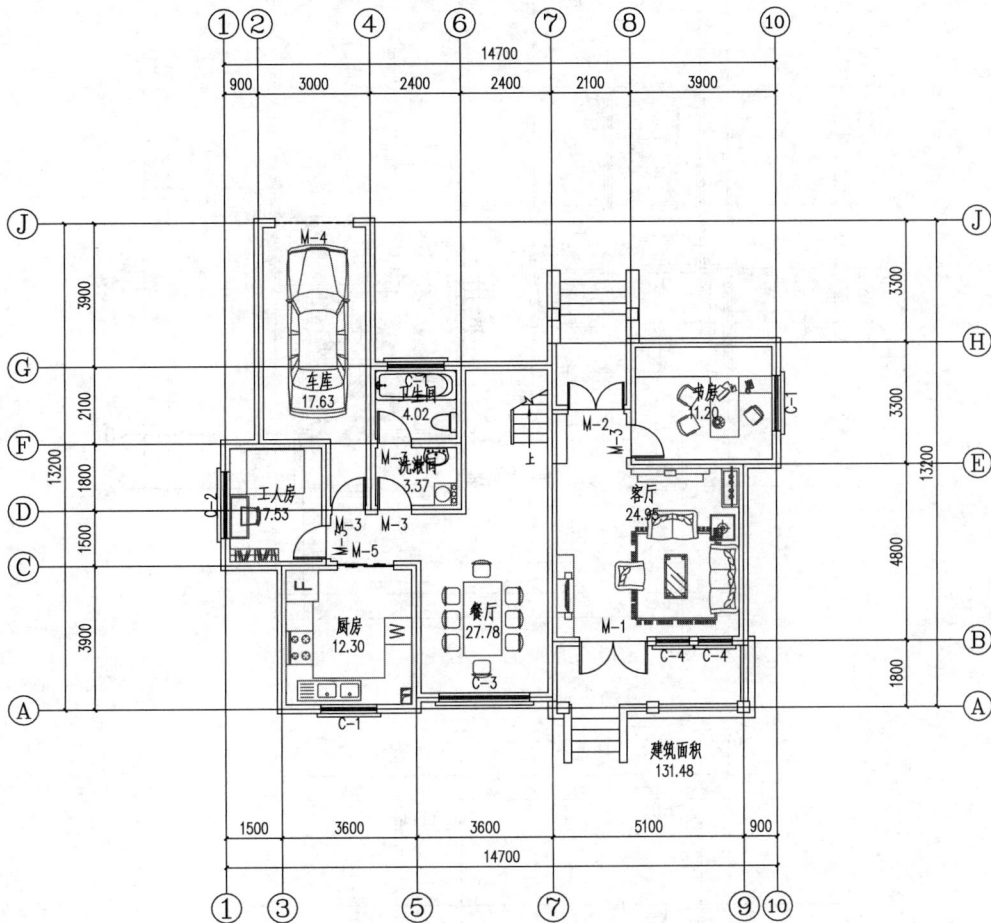

图 18-55　修改房间名称

18.1.11　尺寸标注

尺寸标注在本实例中主要是明确具体的建筑构件的平面尺寸。生成的尺寸标注如图 18-56 所示。

生成尺寸标注的步骤如下。

（1）单击菜单中的"尺寸标注"→"门窗标注"命令，根据命令行提示选择要进行尺寸标注的门窗所在的墙线，自动生成门窗标注。自动生成的尺寸标注比较乱，可以利用 AutoCAD 命令进行移动，最终结果如图 18-57 所示。

（2）单击菜单中的"尺寸标注"→"墙厚标注"命令，根据命令行提示选择标注的墙线，自动生成墙厚标注，如图 18-58 所示。

（3）其他部位的标注可以采用"逐点标注"命令直接标注尺寸，具体方法不再详述。最终形成如图 18-56 所示的尺寸标注信息。

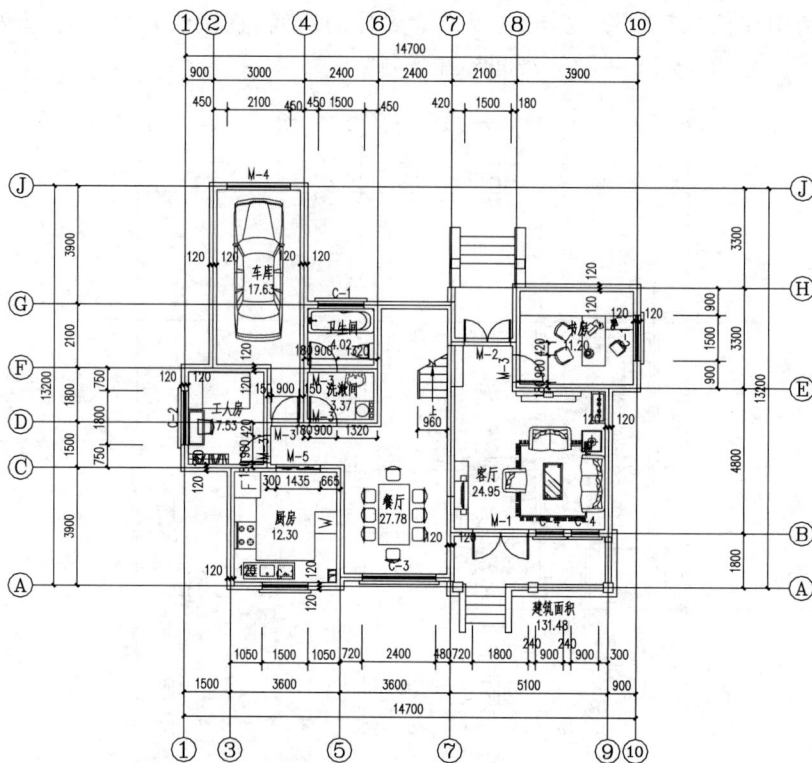

图 18-56　尺寸标注

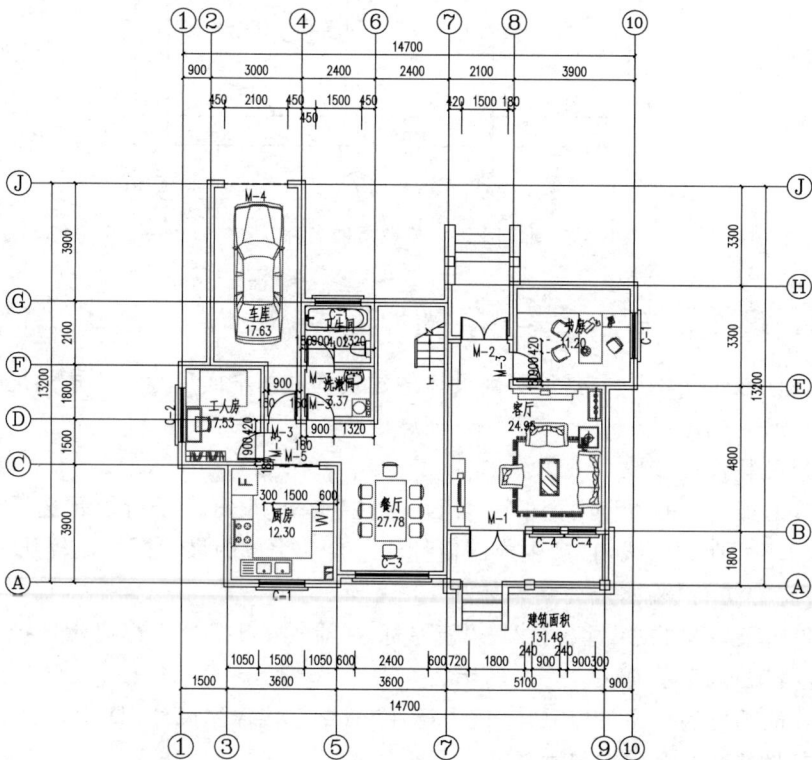

图 18-57　自动生成的门窗标注

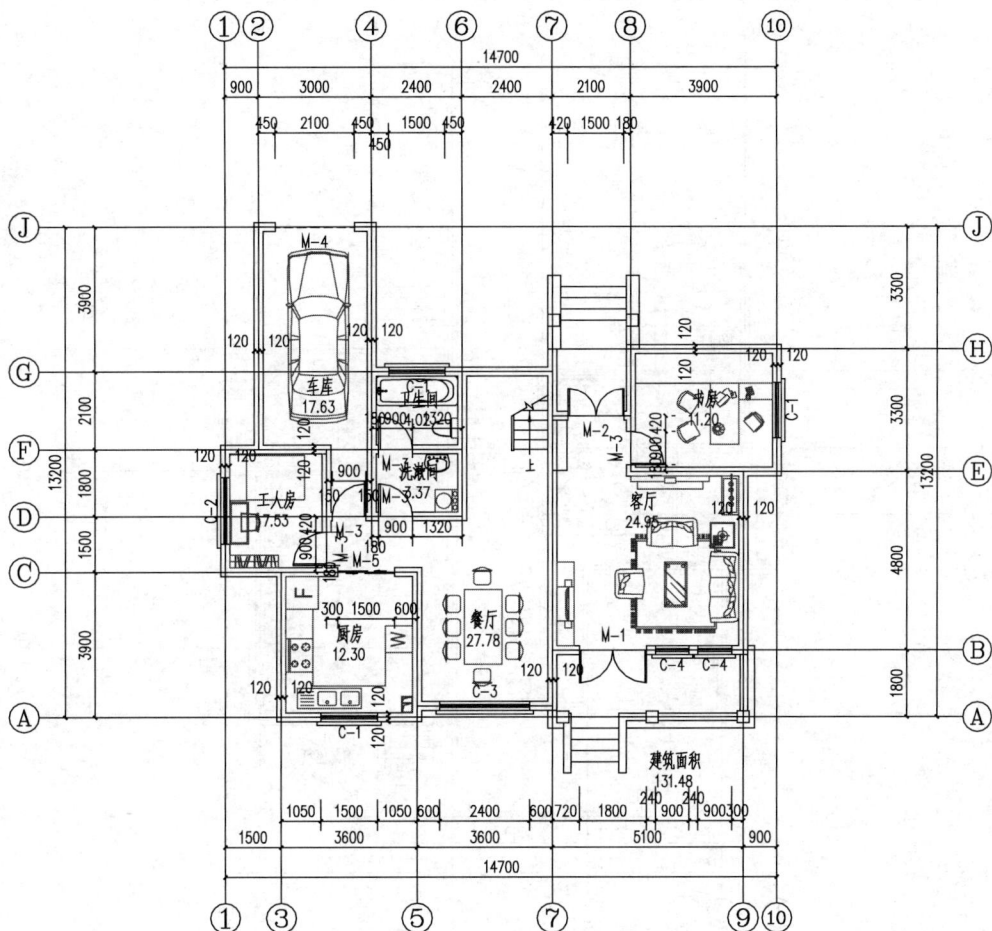

图 18-58 墙厚标注

18.1.12 标高标注

标高标注在本实例中主要是明确建筑内外的平面高差。生成的标高标注如图 18-59 所示。

生成标高标注的步骤如下。

(1) 单击菜单中的"符号标注"→"标高标注"命令,在打开的"标高标注"对话框中进行相应设置,在"楼层标高"栏中输入标高数值,选中"手工输入"复选框,如图 18-60 所示。

(2) 单击绘图区域,根据命令行提示标注建筑物内的标高。然后标注建筑物外的标高。最终形成如图 18-59 所示的标高标注信息。

18.1.13 添加指北针

单击菜单中的"符号标注"→"画指北针"命令,选择指北针的插入点,并指定指北针

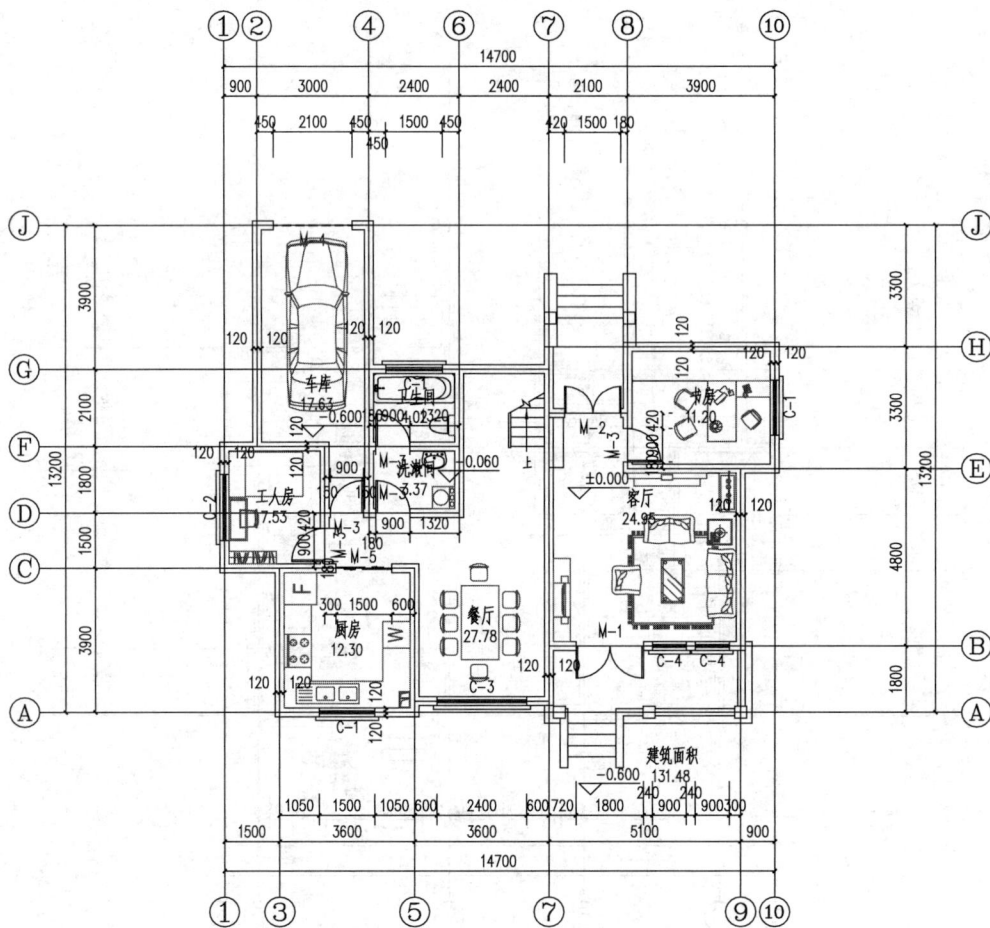

图 18-59 标高标注

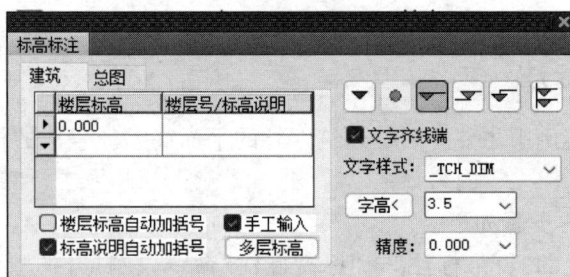

图 18-60 "标高标注"对话框

的方向为 90°,标注结果如图 18-61 所示。

18.1.14 图名标注

单击菜单中的"符号标注"→"图名标注"命令,在打开的"图名标注"对话框中输入图名"别墅首层平面图",并设置文字高度,如图 18-62 所示。在平面图下方正中央添加图名,标注的最终结果如图 18-1 所示。

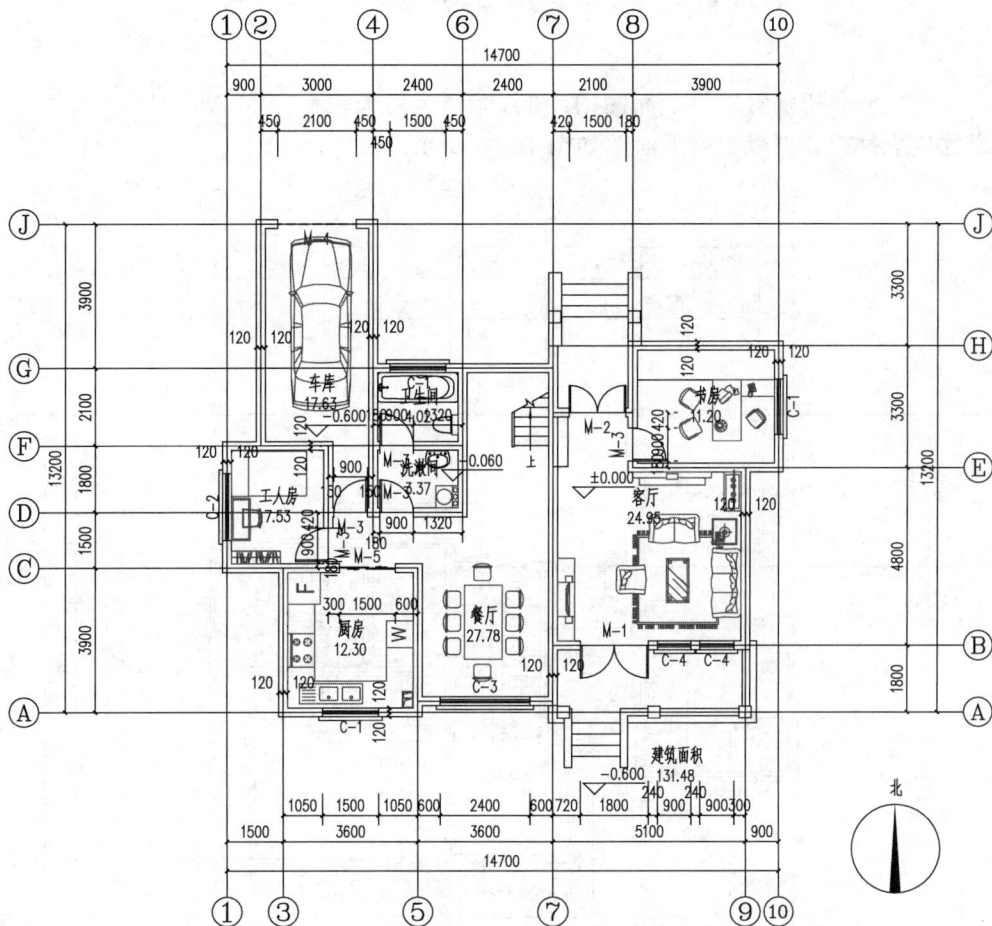

图 18-61　添加指北针

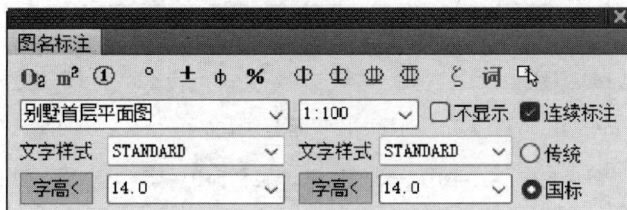

图 18-62　"图名标注"对话框

18.2　绘制别墅二层平面图

本节主要介绍别墅二层平面图的绘制，综合运用天正命令和 AutoCAD 命令完善图样的生成过程。别墅二层平面图如图 18-63 所示。

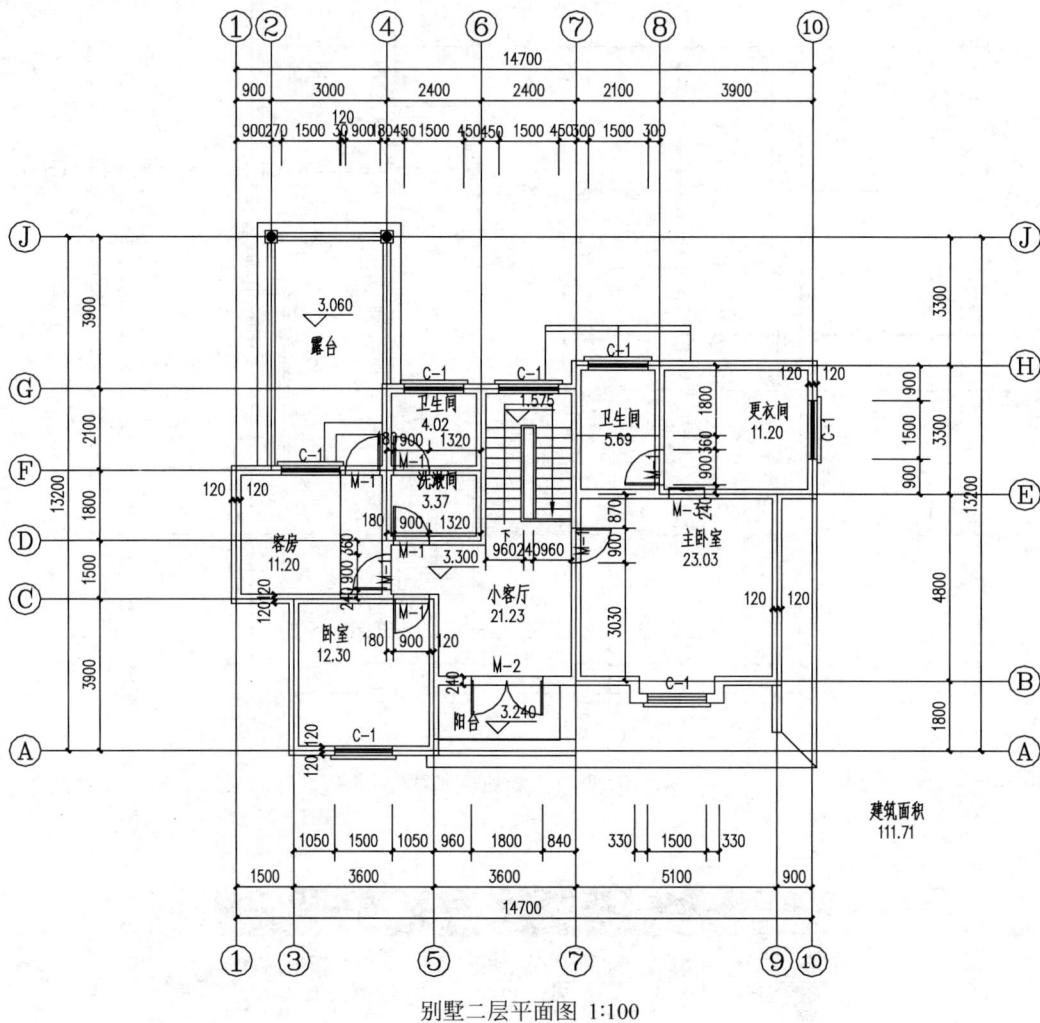

别墅二层平面图 1:100

图 18-63　别墅二层平面图

18.2.1　准备工作

本图绘制的准备工作是在别墅首层平面图的基础上进行的。

首先打开"别墅首层平面图",如图 18-64 所示,将其另存为"别墅二层平面图"。接下来对其进行整理,将不需要的家具和洁具、部分细节尺寸、楼梯等删除,结果如图 18-65 所示。

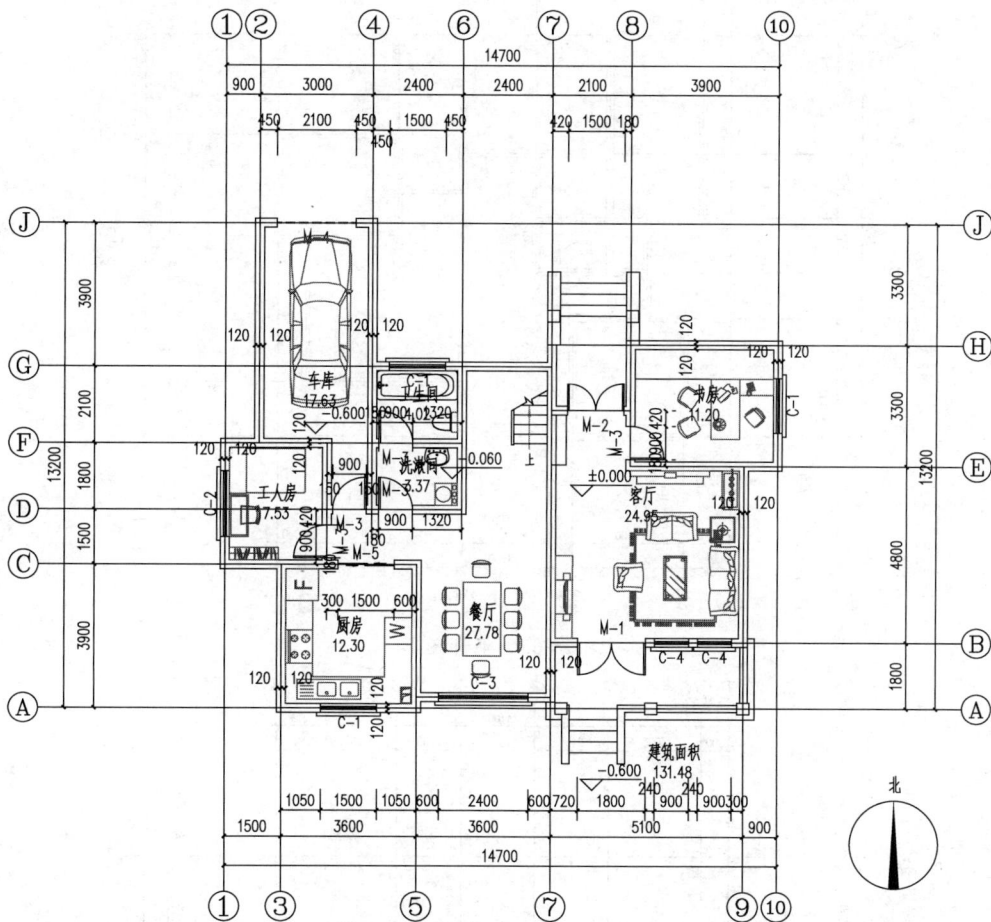

别墅首层平面图 1:100

图 18-64 别墅首层平面图

18.2.2 绘制墙体

在图 18-65 的基础上对墙体进行修改和绘制。绘制的墙体如图 18-66 所示。

绘制墙体的步骤如下。

(1) 使用"删除"命令将多余的墙体删除,然后单击菜单中的"墙体"→"绘制墙体"命令,在打开的"墙体"对话框中输入相应的外墙数据,如图 18-67 所示。

(2) 选择建筑物缺失的墙体,在合适位置补充绘制墙体,最终形成如图 18-63 所示的外墙形状。

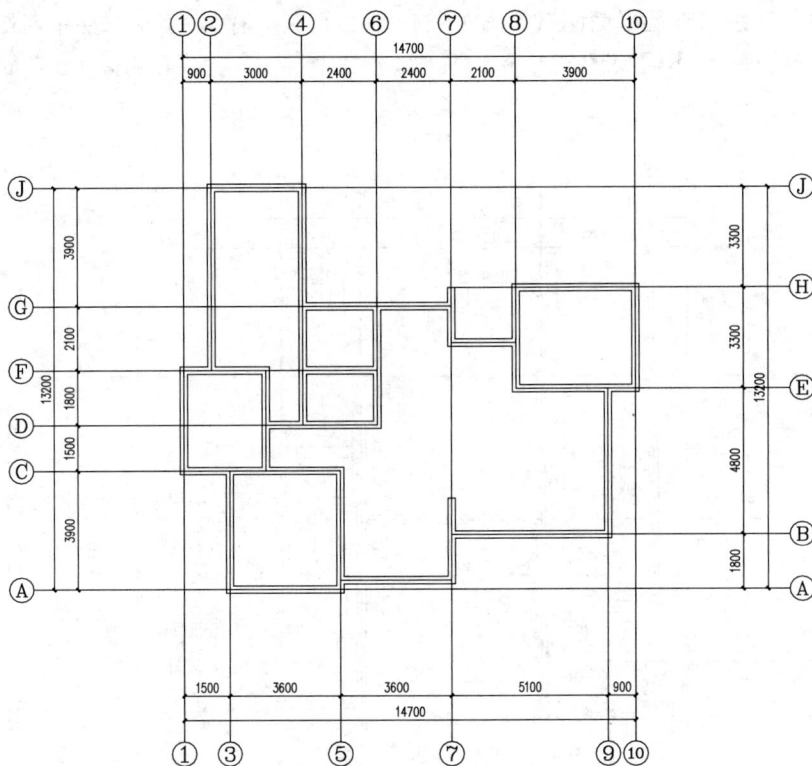

图 18-65　整理图形

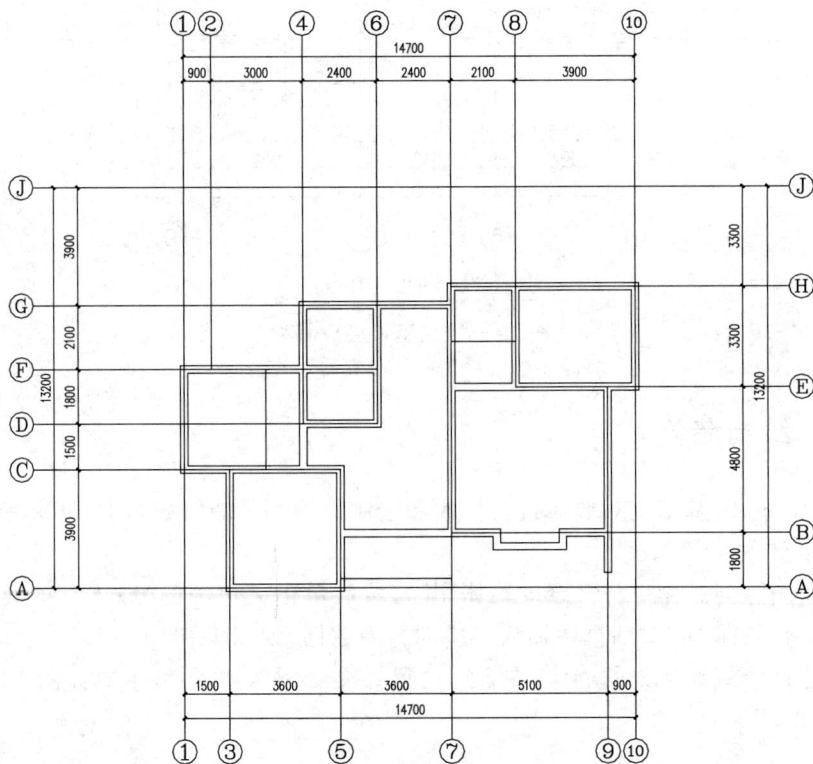

图 18-66　补充绘制外墙

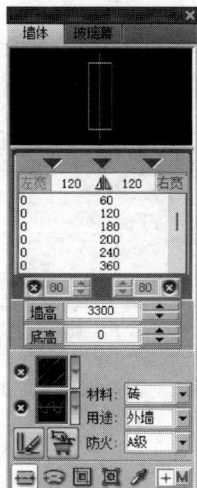

图 18-67 输入外墙数据

18.2.3 插入门窗

本实例插入的门窗如图 18-68 所示。

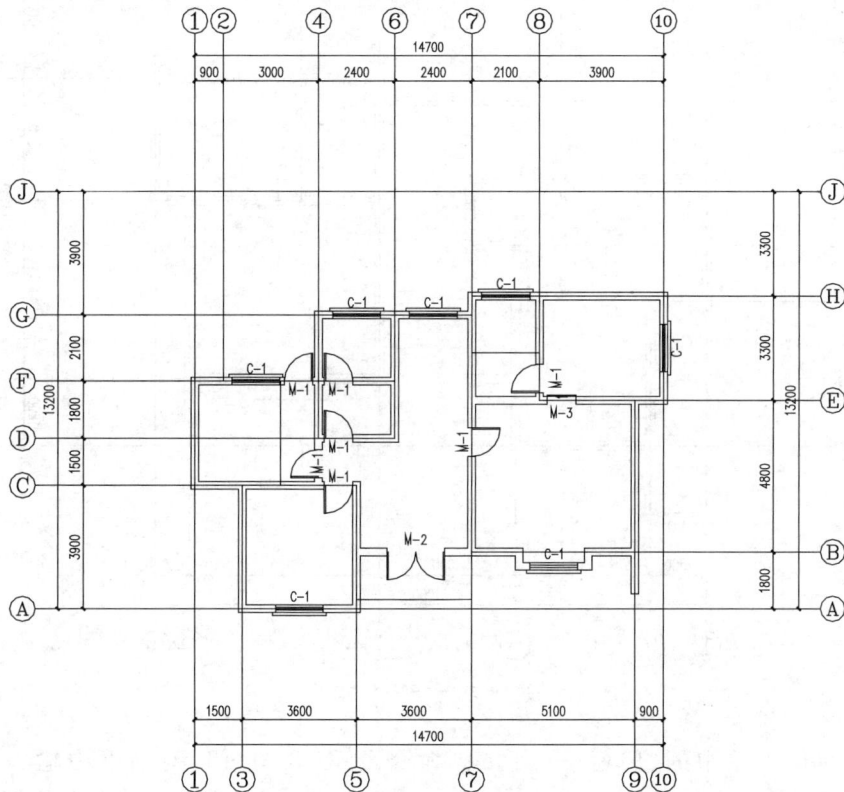

图 18-68 插入门窗

插入门窗的步骤如下。

（1）单击菜单中的"门窗"→"门窗"命令，在打开的对话框中选择单扇平开门，采用"轴线定距插入"的方式，如图18-69所示，参照最终的结果图，指定距离插入门。

图18-69　确定"M-1"数据

（2）在绘图区域单击需要设置"M-1"的位置，形成如图18-70所示的插入"M-1"的形式。

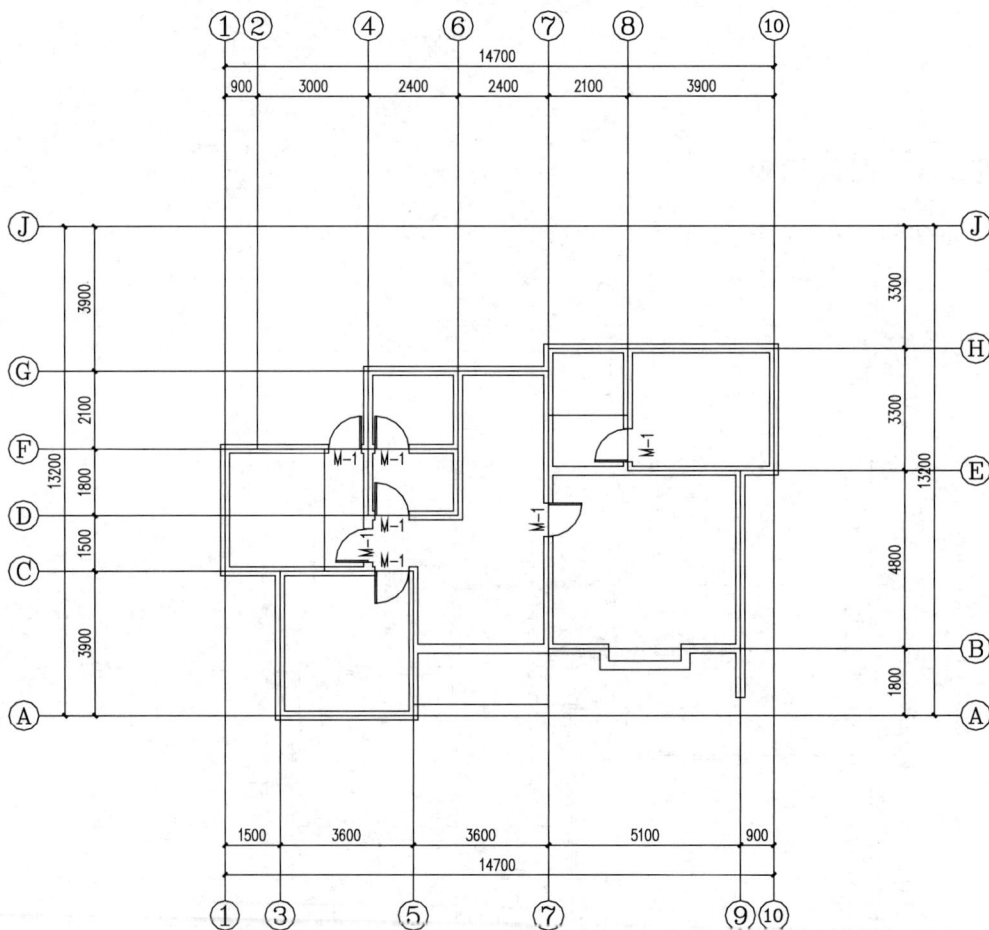

图18-70　插入"M-1"

（3）单击菜单中的"门窗"→"门窗"命令，在打开的"门"对话框中输入相应的"M-2"数据，如图18-71所示。图18-71中左侧门的形式与本例中要求的双扇平开门不一致，单击左侧门，打开对话框如图18-72所示。

图 18-71　确定"M-2"数据

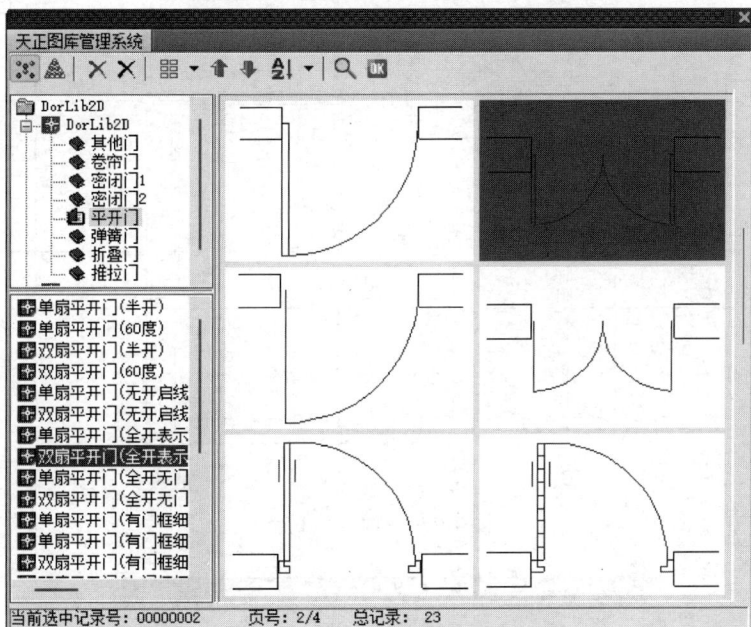

图 18-72　确定"M-2"形状

（4）双击选择的双扇平开门，打开"门"对话框，选择轴线等分插入方式，如图 18-73 所示。

图 18-73　"门"对话框

（5）在绘图区域单击需要设置"M-2"的位置，形成如图 18-74 所示的插入"M-2"的形式。

（6）单击菜单中的"门窗"→"门窗"命令，在打开的"门"对话框中输入相应的"M-3"数据，如图 18-75 所示。图 18-75 中平面门的形式与本例中要求的推拉门不一致，单击平面门，打开对话框如图 18-76 所示。

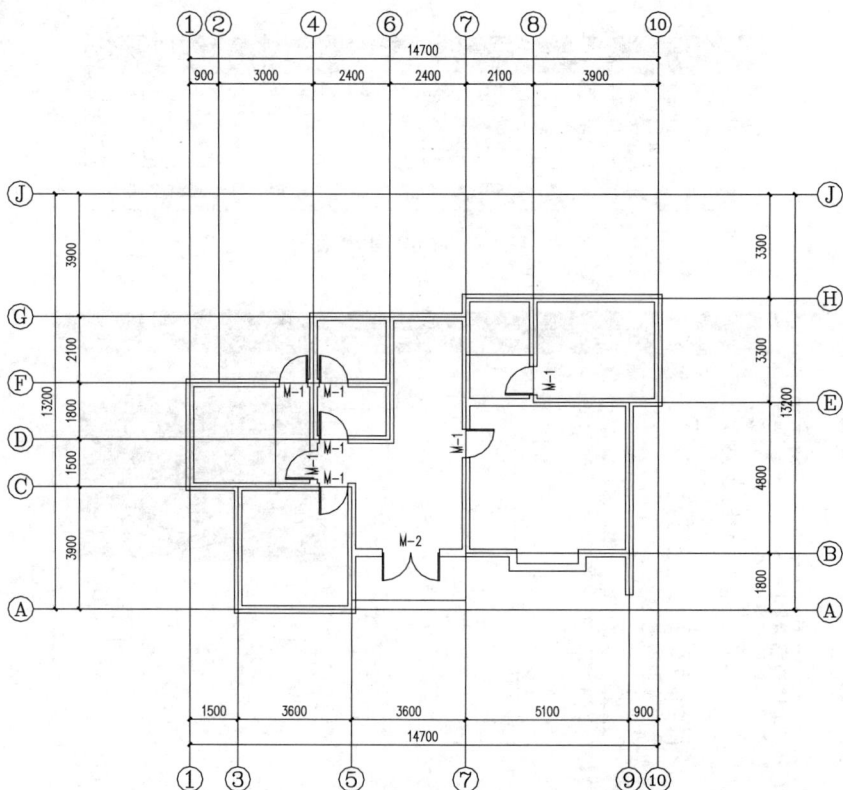

图 18-74 插入"M-2"

图 18-75 "门"对话框

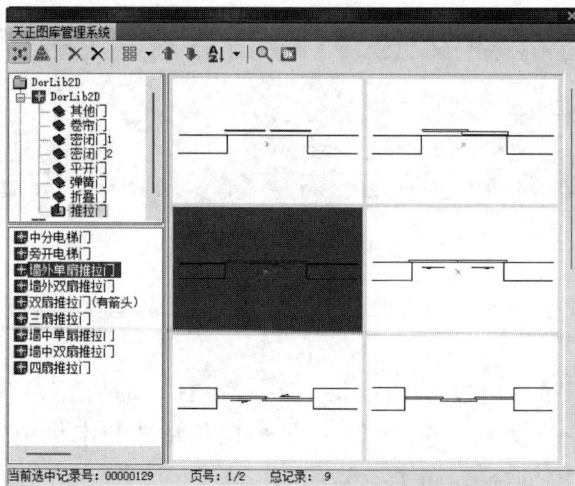

图 18-76 确定"M-3"形状

（7）双击选择的单扇推拉门，打开"门"对话框，选择自由插入的方式，如图 18-77 所示。

图 18-77　确定"M-3"数据

（8）在绘图区域单击需要设置"M-3"的位置，形成如图 18-78 所示的插入"M-3"的形式。

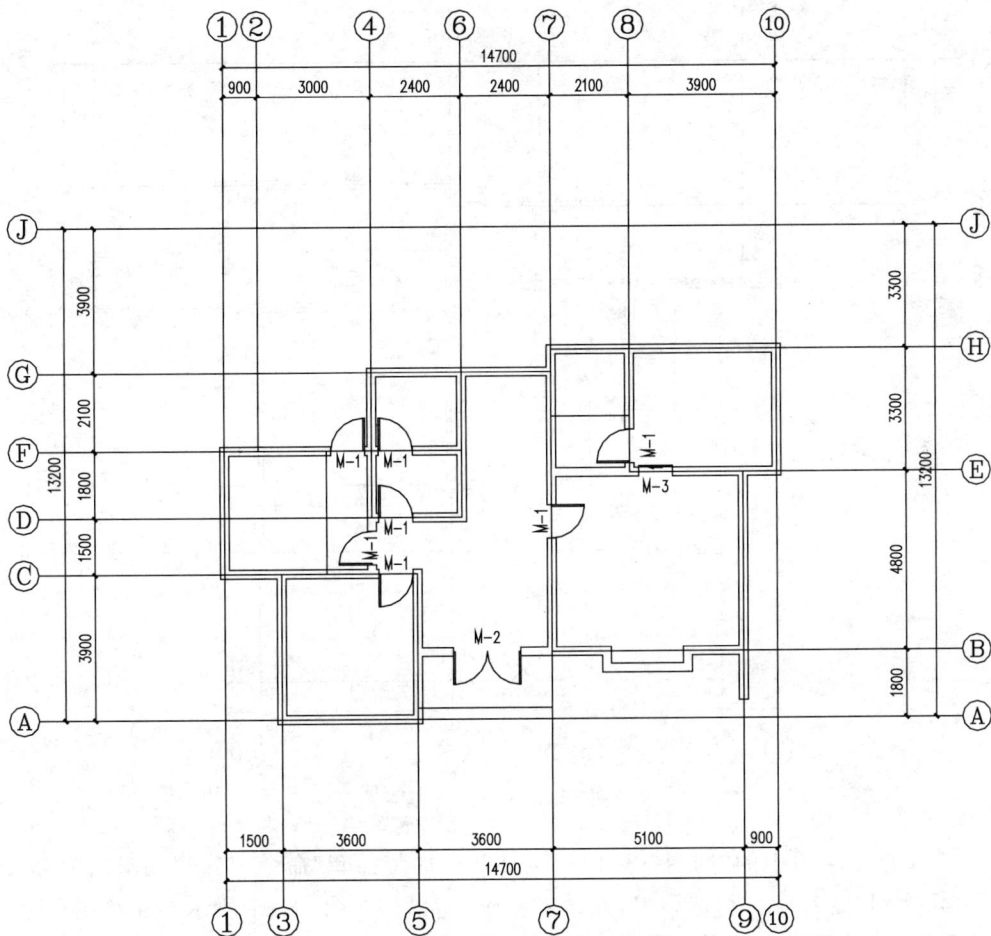

图 18-78　插入"M-3"

（9）单击菜单中的"门窗"→"门窗"命令，在打开的"窗"对话框中输入相应的"C-1"数据，如图 18-79 所示。

（10）在绘图区域单击需要设置 C-1 的位置，形成如图 18-80 所示的插入"C-1"的形式。

图 18-79　确定"C-1"数据

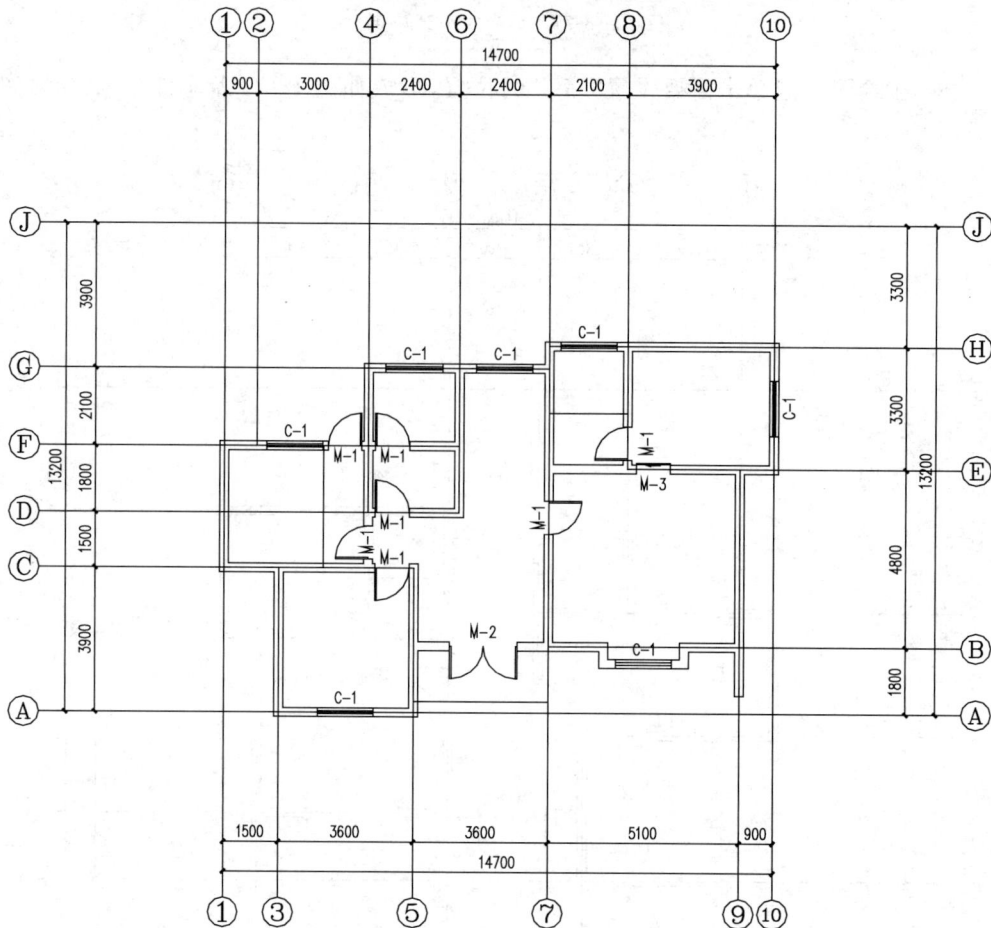

图 18-80　插入"C-1"

　　(11) 单击菜单中的"门窗"→"门窗工具"→"加装饰套"命令,打开"编辑门窗套"对话框,切换到"窗台/檐板"选型卡,并设置相应的参数,如图 18-81 所示。在绘图区域窗户处单击,选择建筑物需要设置窗台的位置,形成如图 18-68 所示的窗户形式。

18.2.4　插入楼梯

　　本节具体讲解一个楼梯的生成过程。插入的楼梯如图 18-82 所示。
　　插入楼梯的步骤如下。

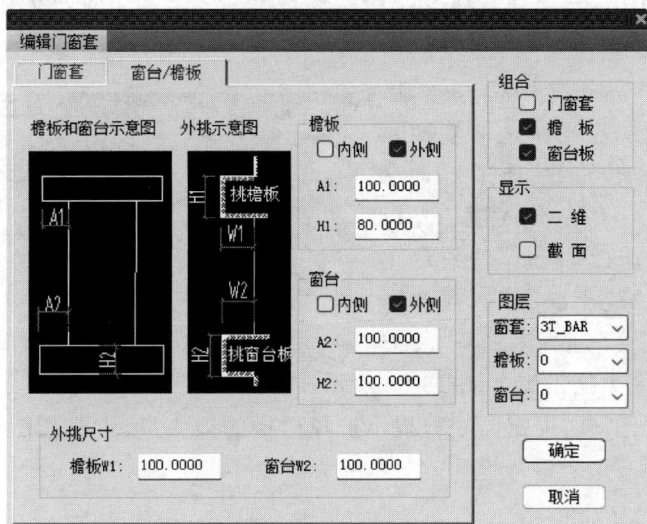

图 18-81　设置"窗台/檐板"选项卡参数

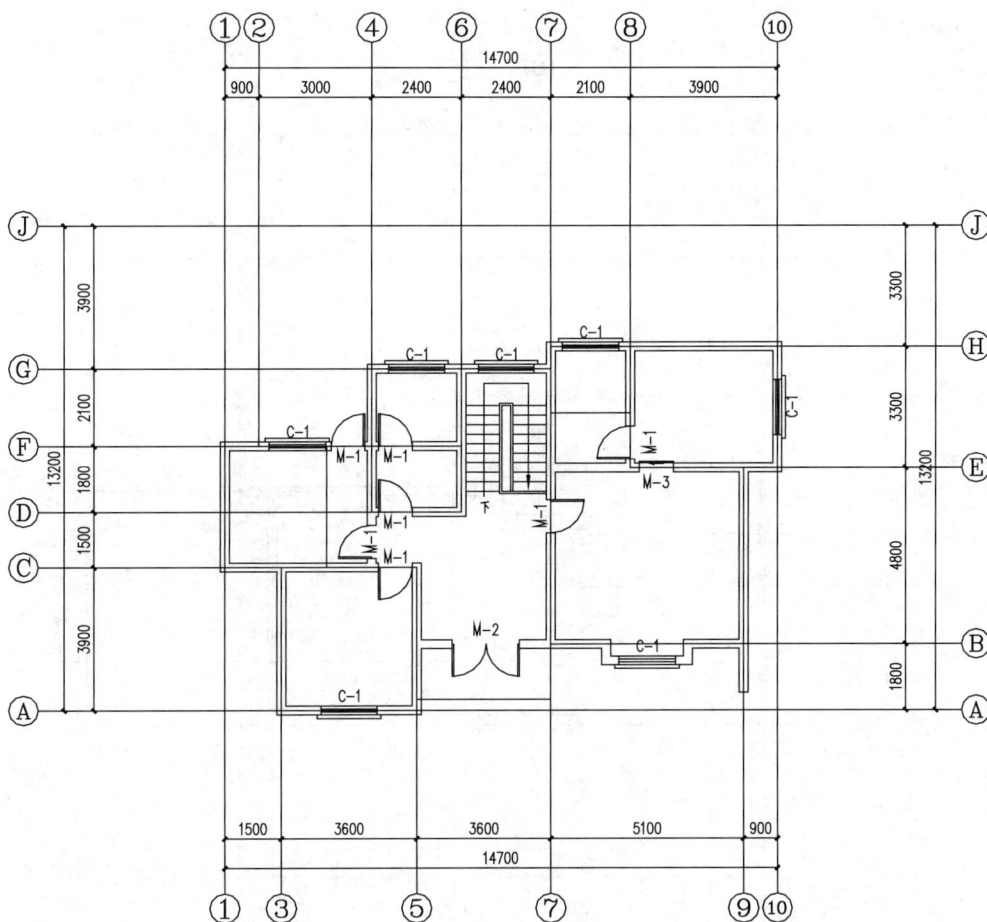

图 18-82　插入楼梯

（1）单击菜单中的"楼梯其他"→"双跑楼梯"命令，在打开的"双跑楼梯"对话框中输入相应的楼梯数据。

在"楼梯高度"中选择层高3300，单击"梯间宽＜"按钮，在图中选取楼梯间的内部净尺寸，"踏步总数"选择20，"踏步高度"选择165，"踏步宽度"选择260，"休息平台"选择"矩形"，"平台宽度"设置为1000，"踏步取齐"选择齐平台方式，"上楼位置"选择右边，"层类型"选择顶层，其余数据设置如图18-83所示。

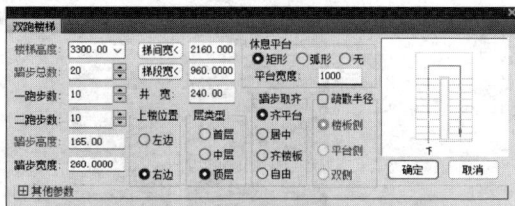

图 18-83 "双跑楼梯"对话框

（2）单击绘图区域，根据命令行提示选择楼梯的插入点，生成如图18-82所示的插入楼梯。

18.2.5　插入阳台

本例中的阳台位于大门口处，可以直接用天正软件绘制而成。生成的阳台如图18-84所示。

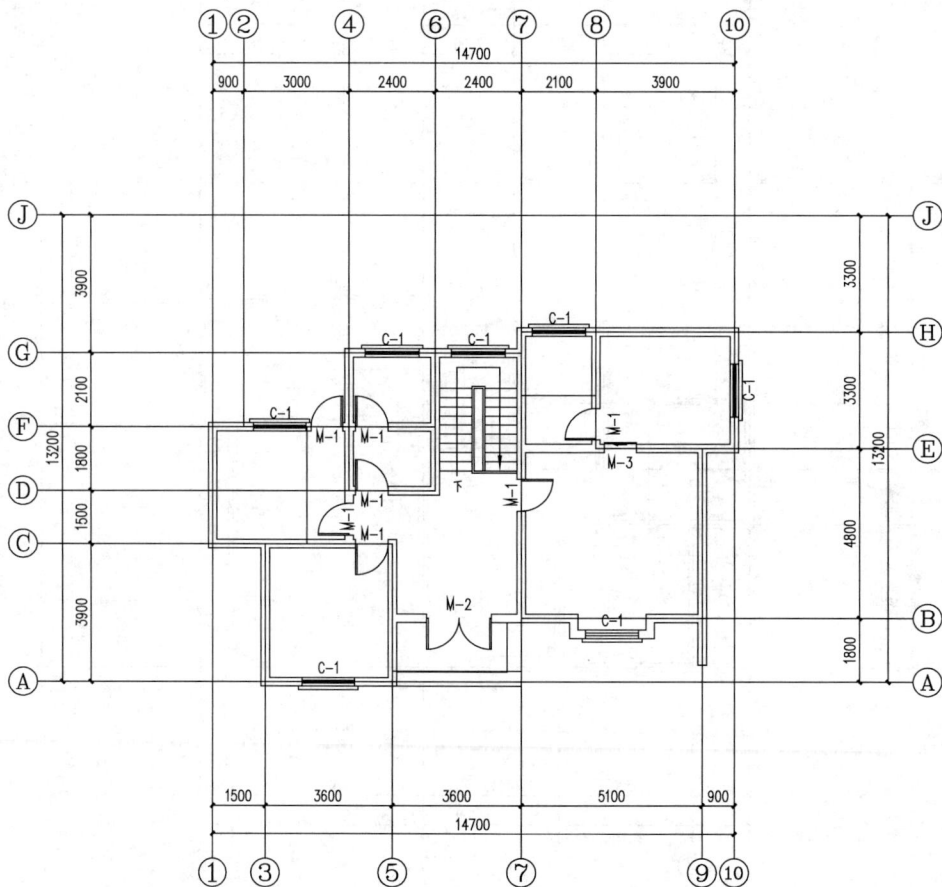

图 18-84　生成阳台

插入阳台的步骤如下。

（1）单击菜单中的"楼梯其他"→"阳台"命令，打开"绘制阳台"对话框，输入相应的阳台相关数据，如图18-85所示。

在"栏板宽度"中输入400，"栏板高度"中输入870，其余数据的设置见图18-85。

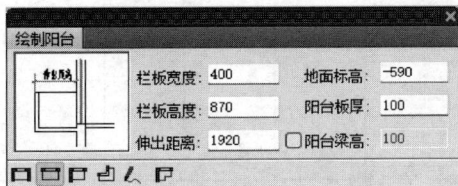

图18-85 确定阳台数据

（2）在合适位置处单击，绘制的阳台如图18-84所示。

18.2.6 细化平面图

平面图的细节部分可以直接用AutoCAD命令绘制而成，结果如图18-86所示。

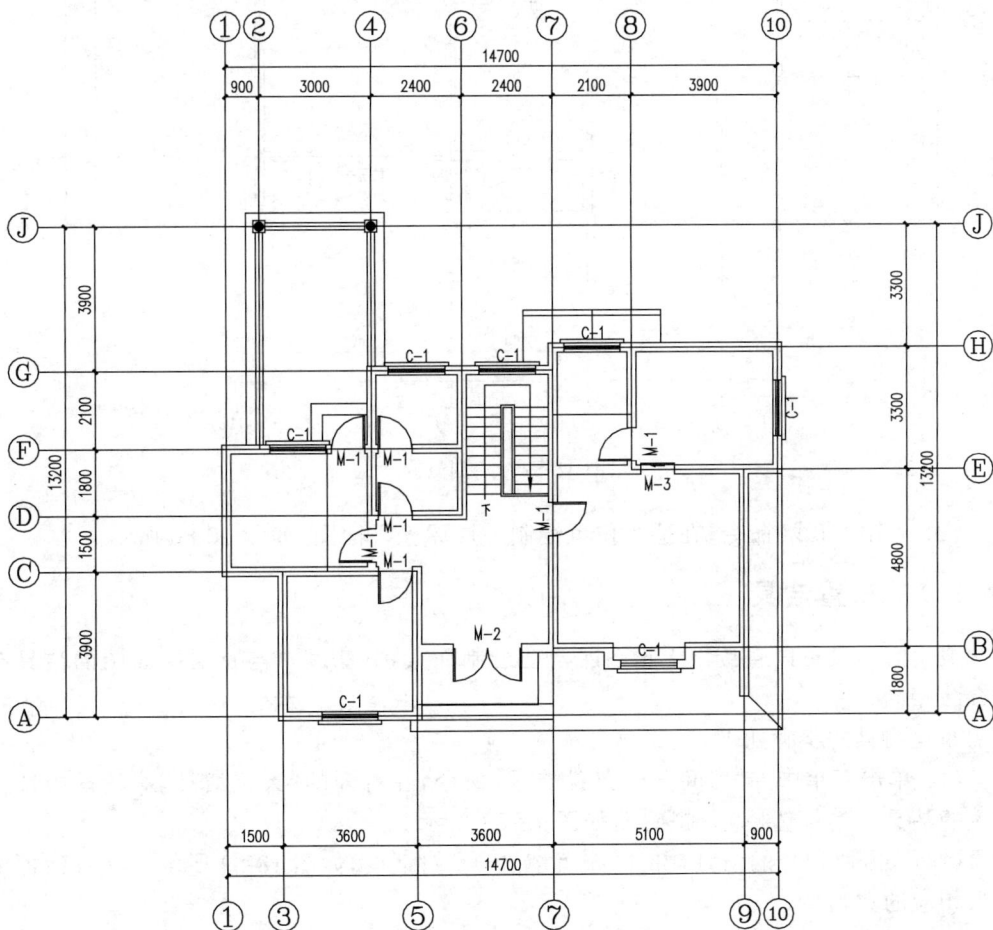

图18-86 细化图形

绘制细节部分的步骤如下。

（1）单击菜单中的"绘图"→"多线"命令，并配合使用"直线"命令，在适当位置绘制露台，如图18-87所示。

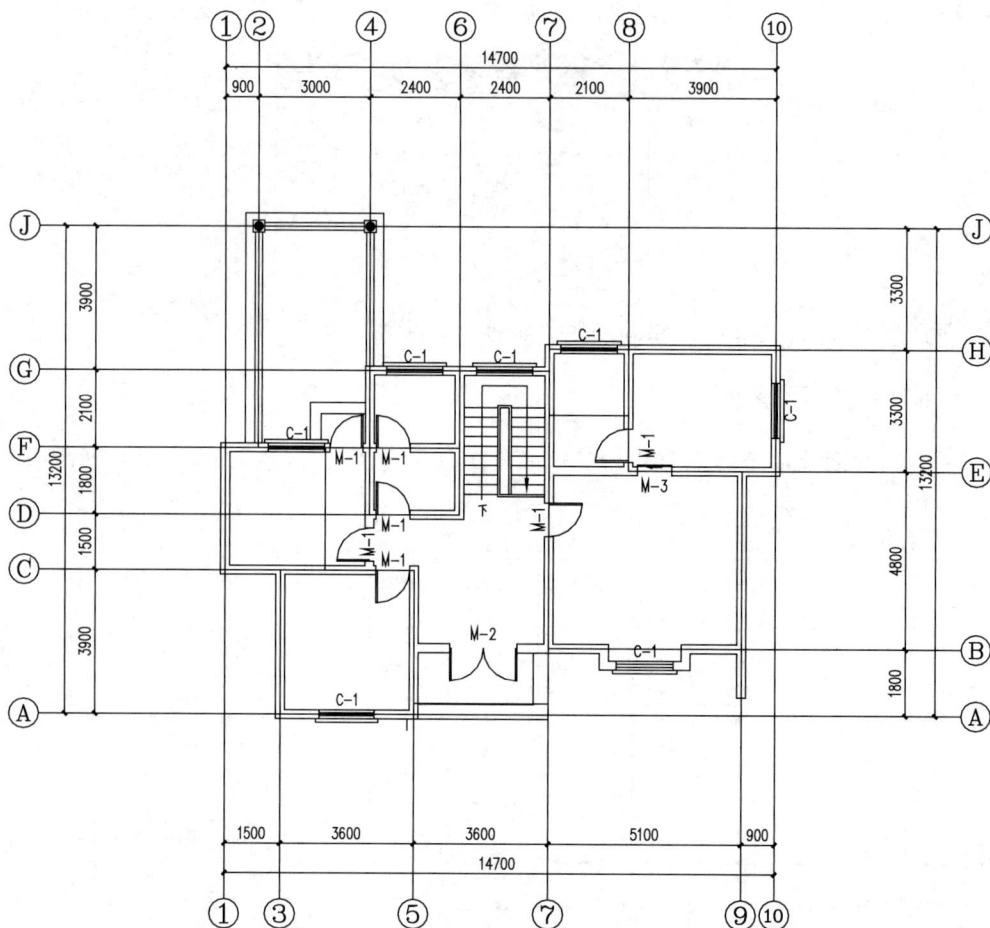

图18-87　绘制露台

（2）利用"直线"命令，在适当位置绘制一层屋檐平面图，如图18-86所示。

18.2.7　布置洁具

卫生间洁具可以直接用天正图库自动绘制而成，方法基本与首层平面图的洁具布置方法相同。

布置洁具的步骤如下。

（1）单击菜单中的"房间"→"布置洁具"命令，在打开的"天正洁具"对话框中选择相应的洁具。本例选择"浴缸07"，如图18-88所示。

（2）双击所选择的洁具，打开"布置浴缸07"对话框，如图18-89所示。在对话框中输入相应的数据。

（3）单击绘图区域，根据命令行提示选择卫生间相应的墙线，布置洁具如图18-90所示。

18-21

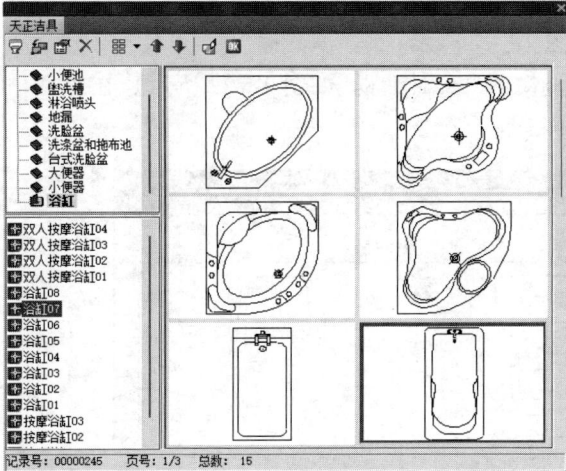

图 18-88 选择浴缸

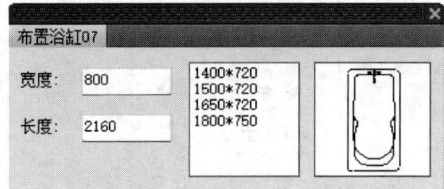

图 18-89 "布置浴缸 07"对话框

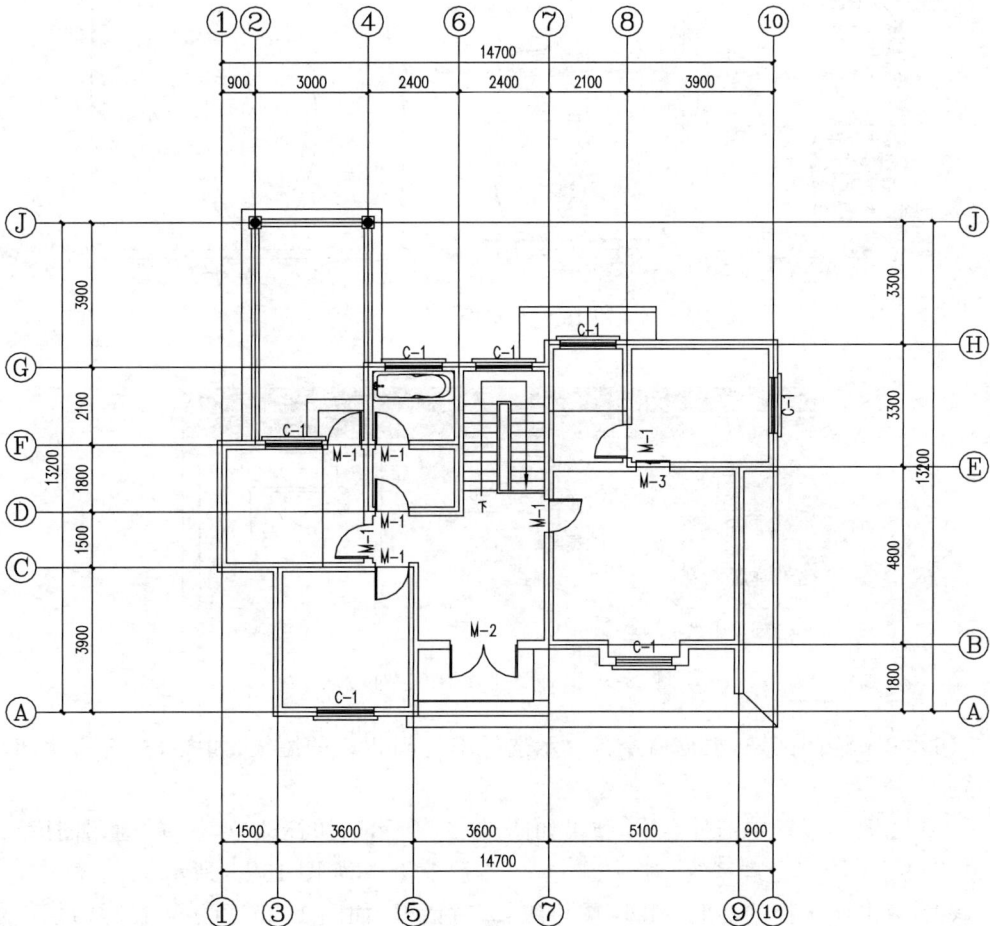

图 18-90 布置洁具 1

（4）单击菜单中的"房间"→"布置洁具"命令，在打开的"天正洁具"对话框中选择相应的洁具。本例选择"坐便器03"，如图18-91所示。

（5）双击所选择的洁具，打开"布置坐便器03"对话框，如图18-92所示。在对话框中输入相应的数据。

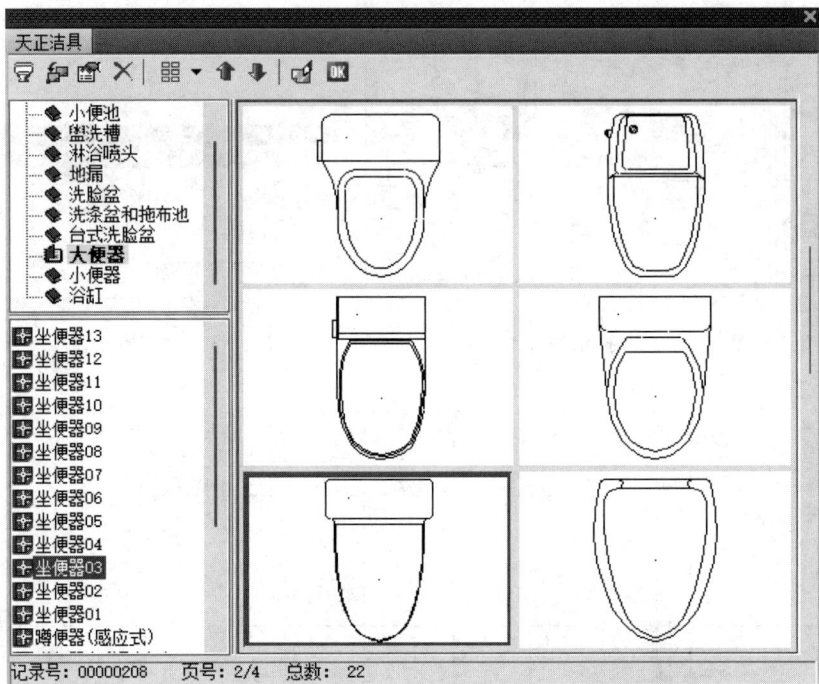

图18-91 选择坐便器

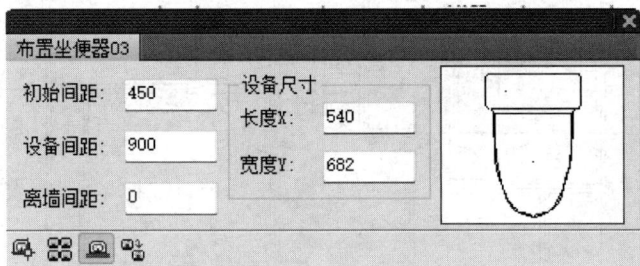

图18-92 "布置坐便器03"对话框

（6）单击绘图区域，根据命令行提示选择卫生间相应的墙线，如图18-93所示布置洁具。

（7）在图形任意空白处右击，弹出如图18-94所示的快捷菜单，选择"通用图库"命令，打开"天正图库管理系统"对话框，选择"洗脸盆20"，如图18-95所示。

（8）双击所选择的洁具，打开"图块编辑"对话框，如图18-96所示。在对话框中输入相应的数据。

（9）单击绘图区域，根据命令行提示选择合适的位置，插入洗脸盆。

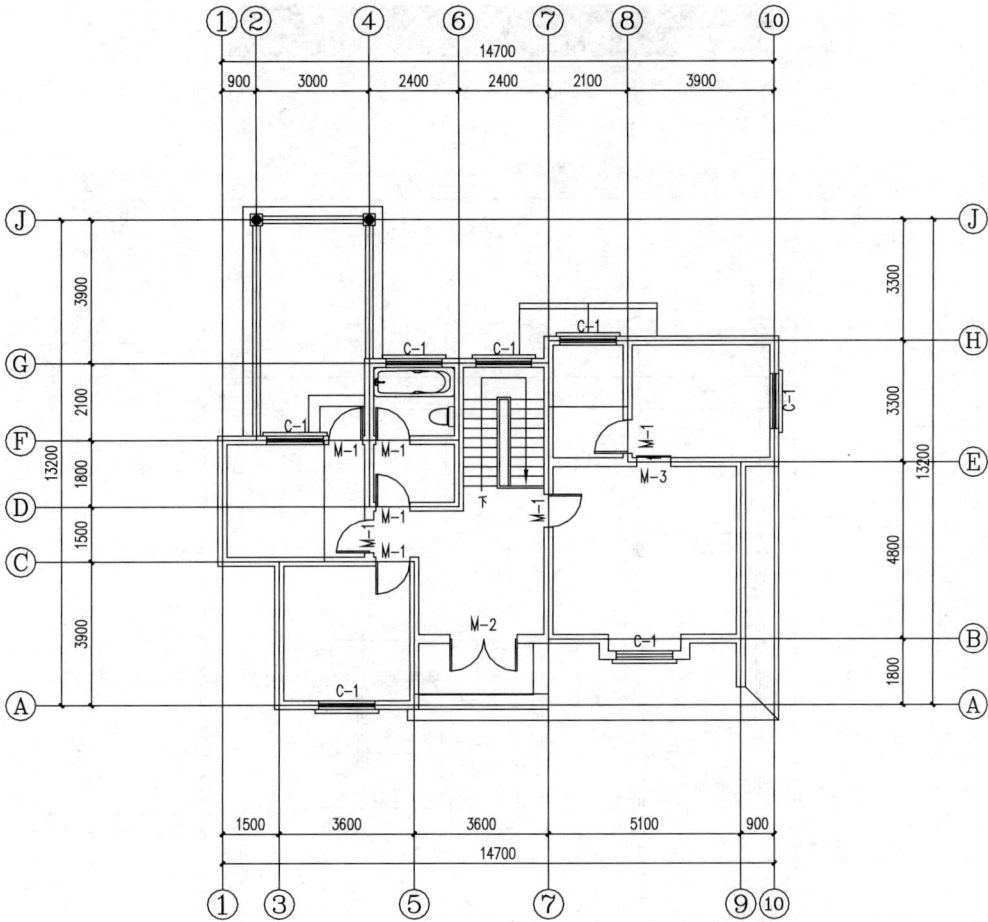

图 18-93　布置洁具 2

图 18-94　快捷菜单

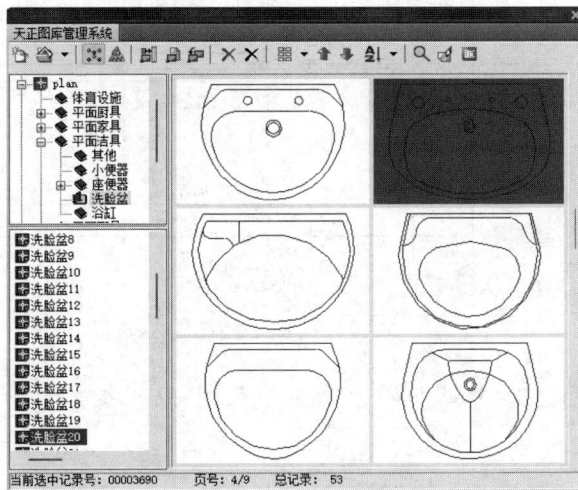

图 18-95　选择洗脸盆

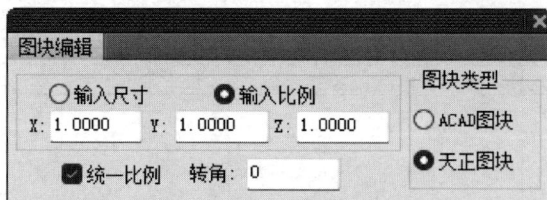

图 18-96 "图块编辑"对话框

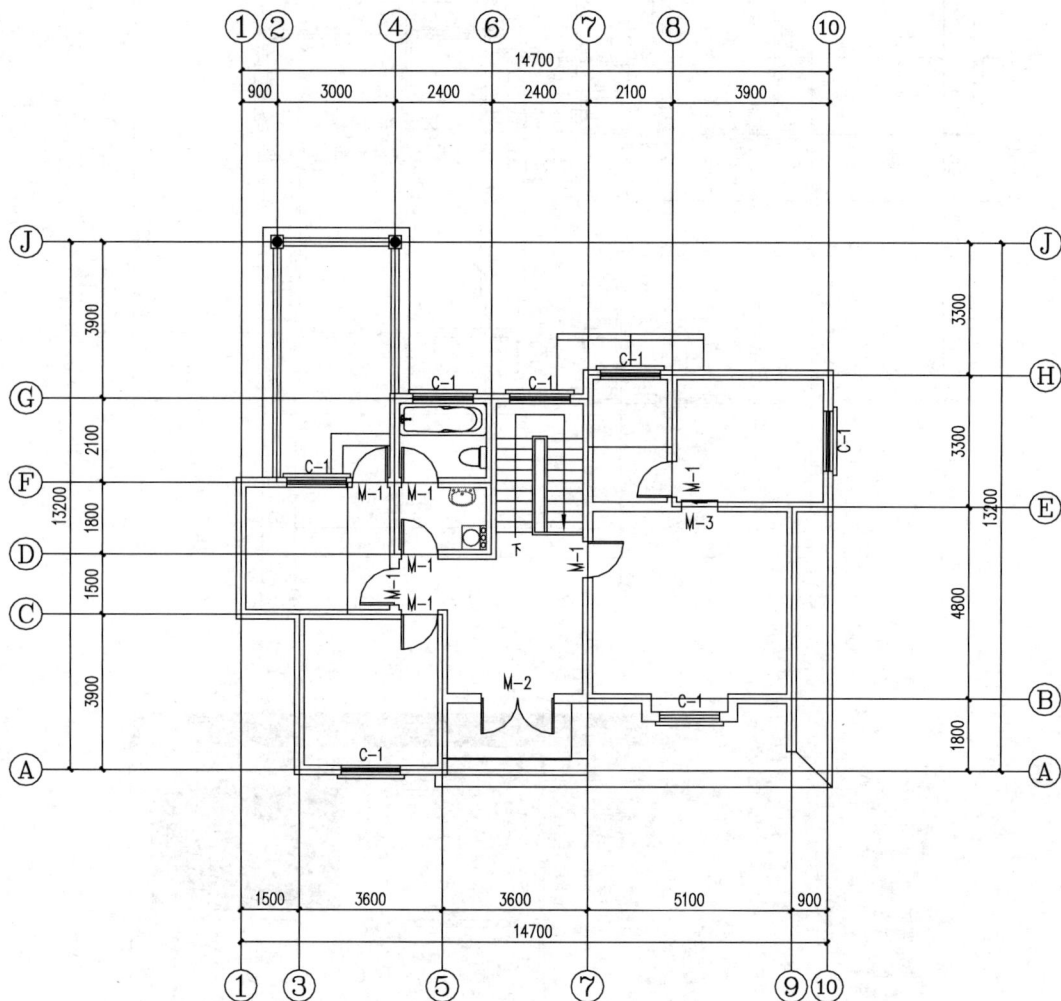

图 18-97 插入洗脸盆

（10）其他家具的布置方法基本相同，这里不再·····赘述。最终结果如图 18-98 所示。

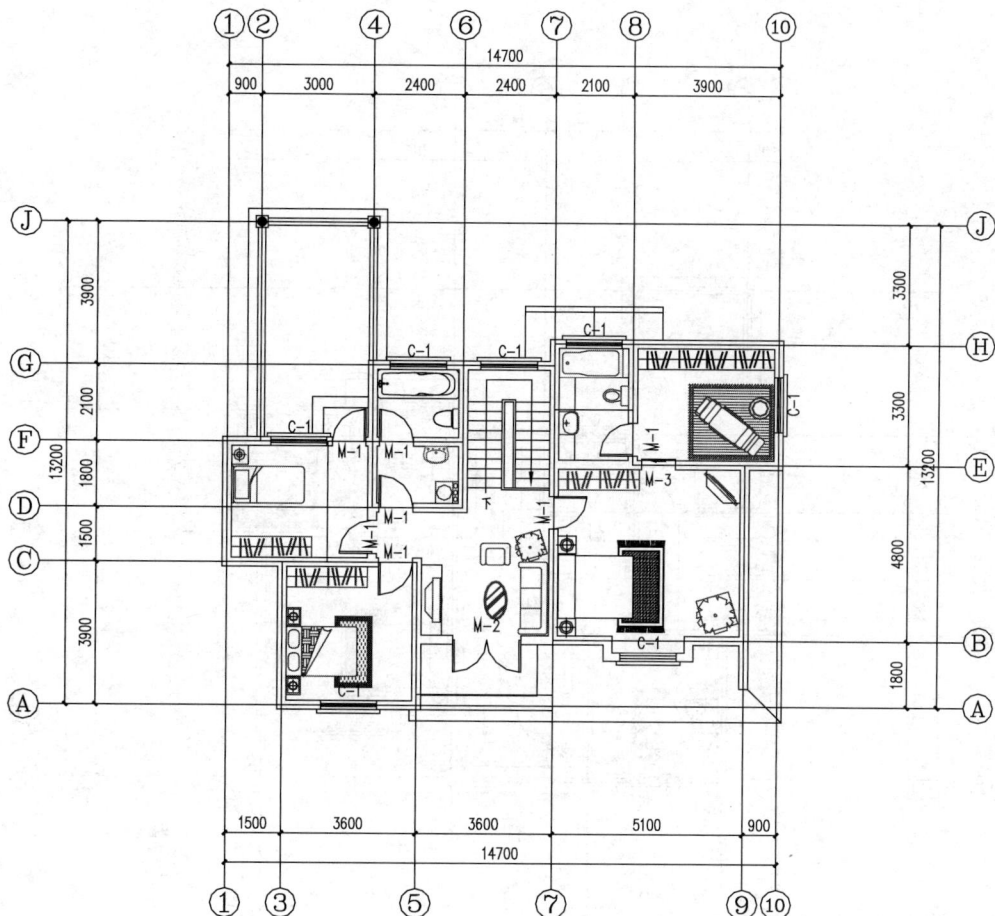

图 18-98　布置家具

18.2.8　房间标注

房屋的标注信息可以直接由天正软件自动绘制而成，比如室内面积、房间编号等，本例中只生成室内面积。生成的房间标注如图 18-99 所示。

生成房间标注的步骤如下。

（1）单击菜单中的"房间"→"搜索房间"命令，在打开的"搜索房间"对话框中进行相应的设置，如图 18-100 所示。

（2）单击绘图区域，根据命令行提示框选建筑物所有墙体，形成如图 18-101 所示的房间标注信息。

（3）利用在位编辑命令，双击需要修改名称的房间，直接改名字。最终形成如图 18-102 所示的房间标注信息。

（4）单击菜单中的"文字表格"→"单行文字"命令，打开"单行文字"对话框，如图 18-103 所示，标注露台和阳台。最终的房间标注如图 18-99 所示。

18-22

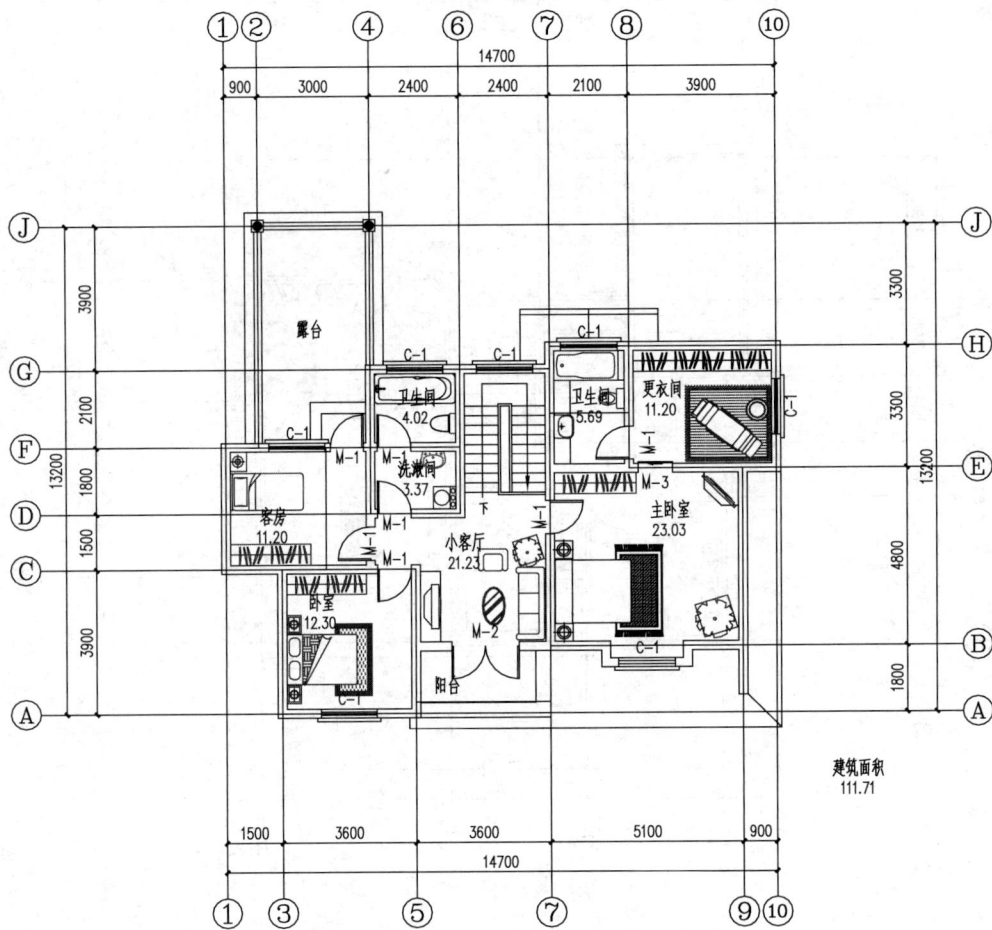

图 18-99 房间标注

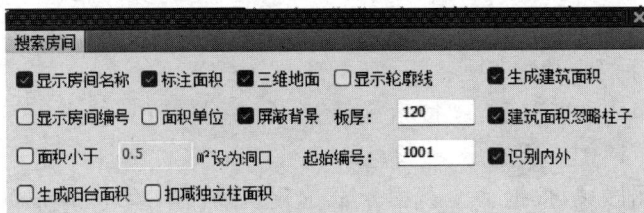

图 18-100 "搜索房间"对话框

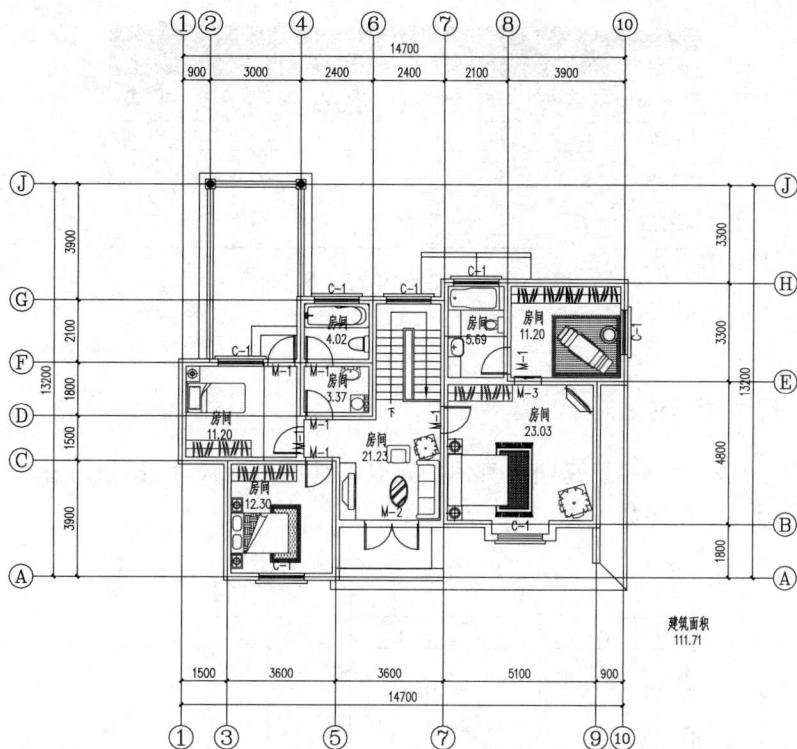

图 18-101 形成房间标注

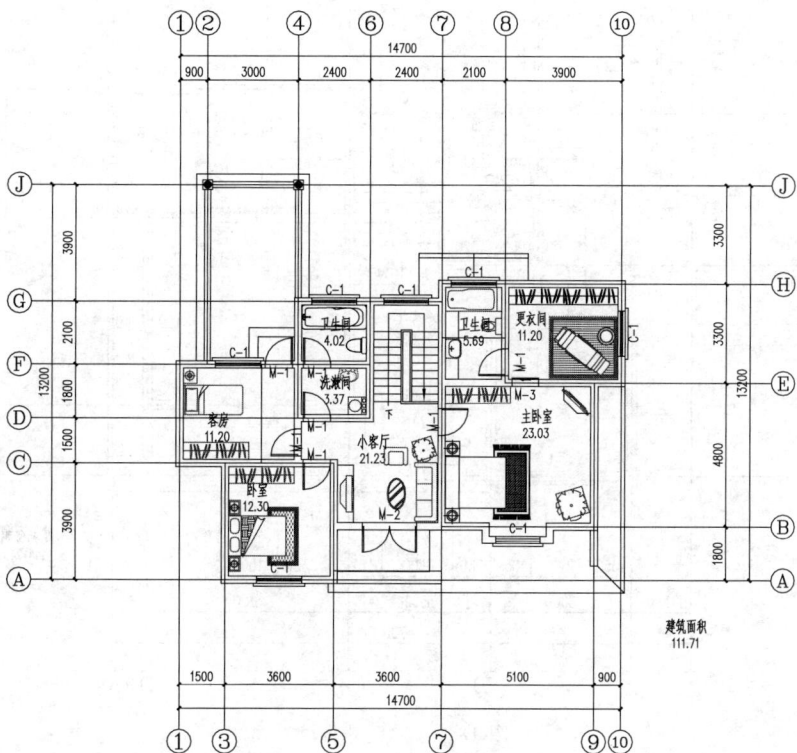

图 18-102 修改房间名称

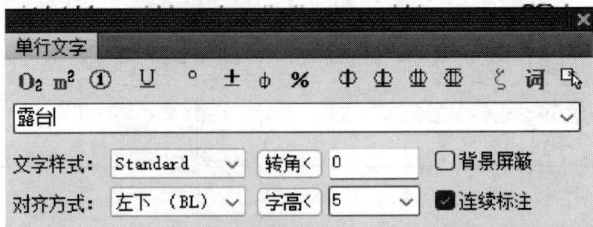

图 18-103 设置"单行文字"参数

18.2.9 尺寸标注

尺寸标注在本例中主要是明确具体的建筑构件的平面尺寸，比如门窗、墙体等位置尺寸。生成的尺寸标注如图 18-104 所示。

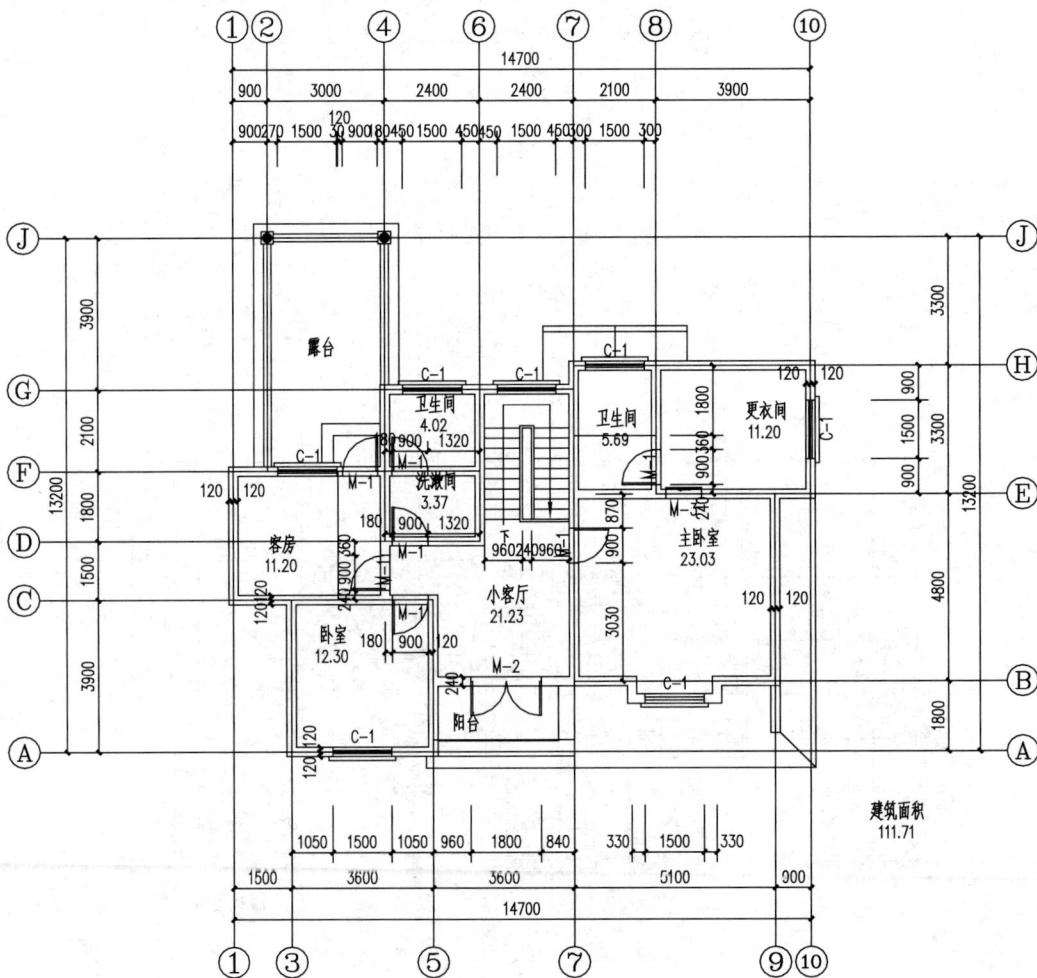

图 18-104 尺寸标注

生成尺寸标注的步骤如下。

（1）在标注门窗尺寸时，先把"家具"图层关闭。然后单击菜单中的"尺寸标注"→"门窗标注"命令，根据命令行提示选择要进行尺寸标注的门窗所在的墙线和第一道、第二道标注线，自动生成外侧的门窗标注，具体步骤不再详述。生成的外侧的门窗标注如图18-105所示。

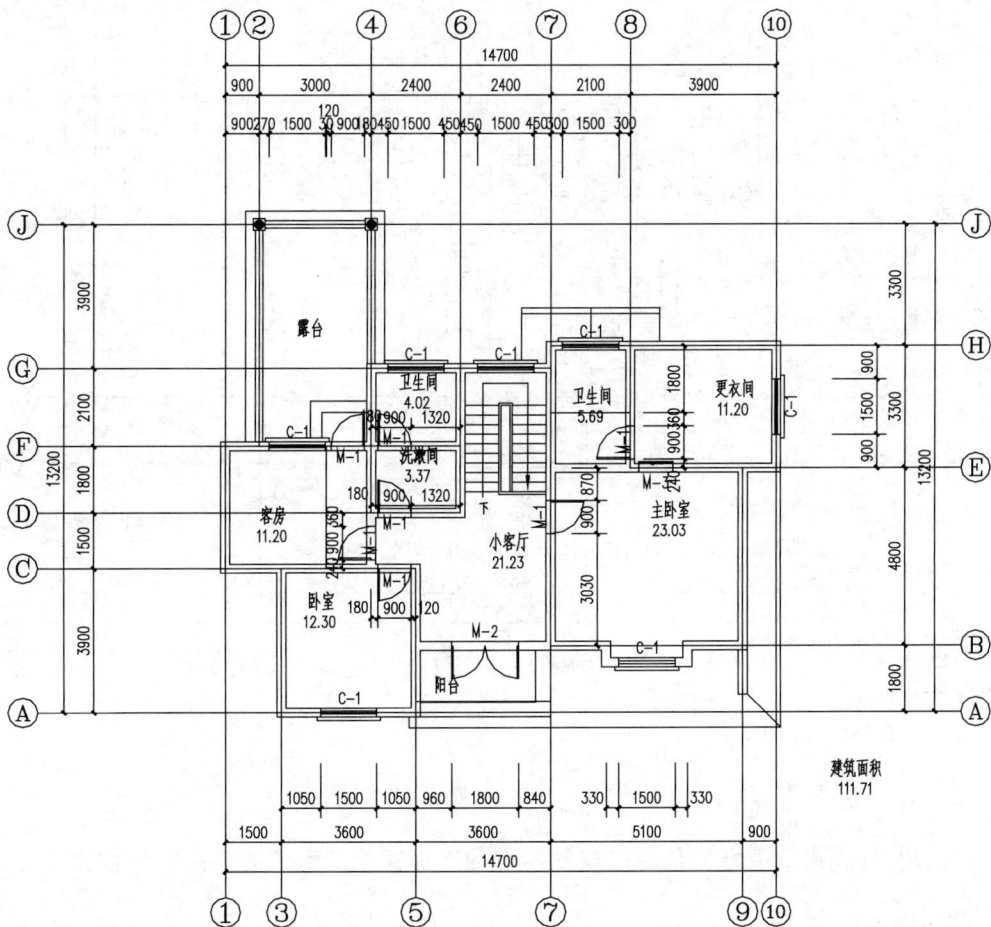

图18-105　外侧的门窗标注

（2）对墙体进行墙厚标注。完成外侧的门窗尺寸标注后，对于墙厚标注可以利用"墙厚标注"命令，按照命令行提示选择需要标注厚度的墙体，即可完成操作。最终形成的墙厚标注形式如图18-106所示。

（3）其他部位的标注可以采用"逐点标注"命令直接标注尺寸，具体方法不再详述。最终形成如图18-104所示的尺寸标注信息。

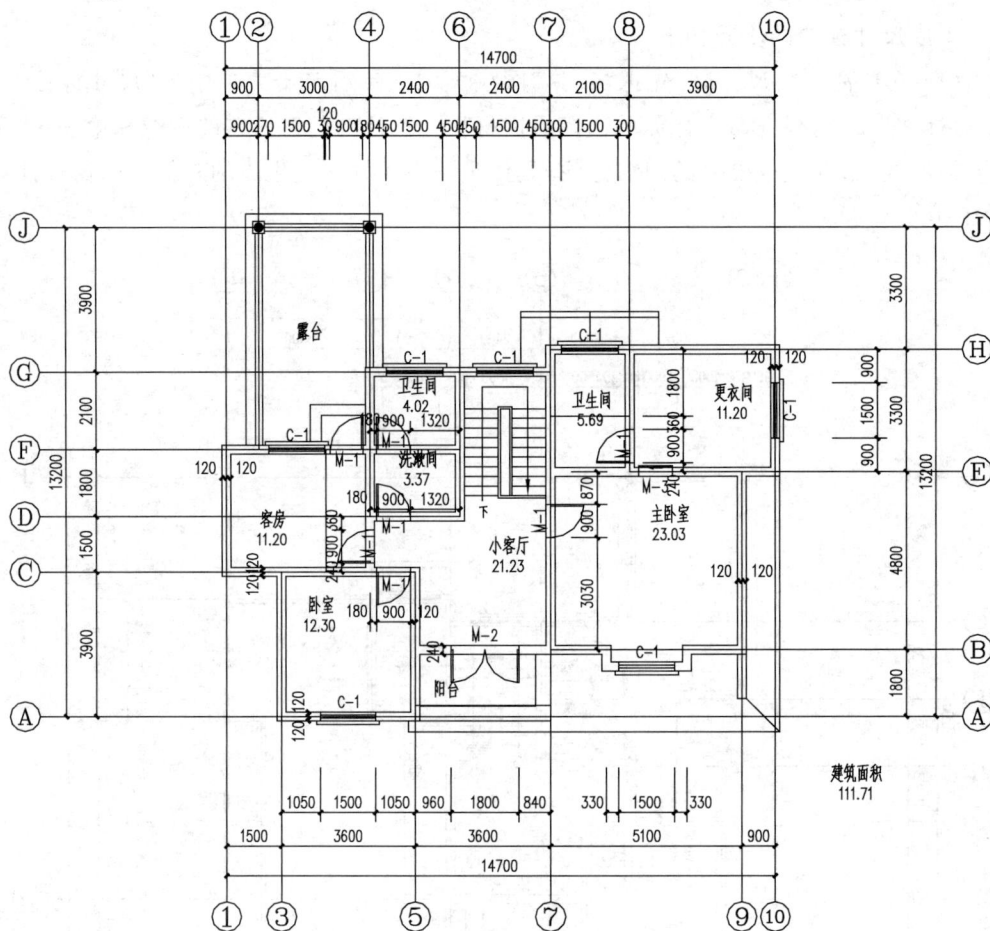

图 18-106 墙厚标注

18.2.10 标高标注

标高标注在本例中主要是明确建筑内部的平面高差。生成的标高标注如图 18-107 所示。

生成标高标注的步骤如下。

（1）单击菜单中的"符号标注"→"标高标注"命令，在打开的"标高标注"对话框中输入楼层标高 3.300，选中"手工输入"复选框，如图 18-108 所示。

单击绘图区，选择室内标高位置为小客厅，如图 18-109 所示。

（2）在"标高标注"对话框中输入楼层标高 3.240，如图 18-110 所示。单击绘图区，选择阳台位置为其添加标注，如图 18-111 所示。

（3）在"标高标注"对话框中输入楼层标高 3.060，如图 18-112 所示。在绘图区露台处单击，标注标高，结果如图 18-113 所示。

（4）在"标高标注"对话框中输入楼层标高 1.575，如图 18-114 所示。单击楼梯平台处，标注标高，结果如图 18-115 所示。

最终形成如图 18-107 所示的标高标注信息。

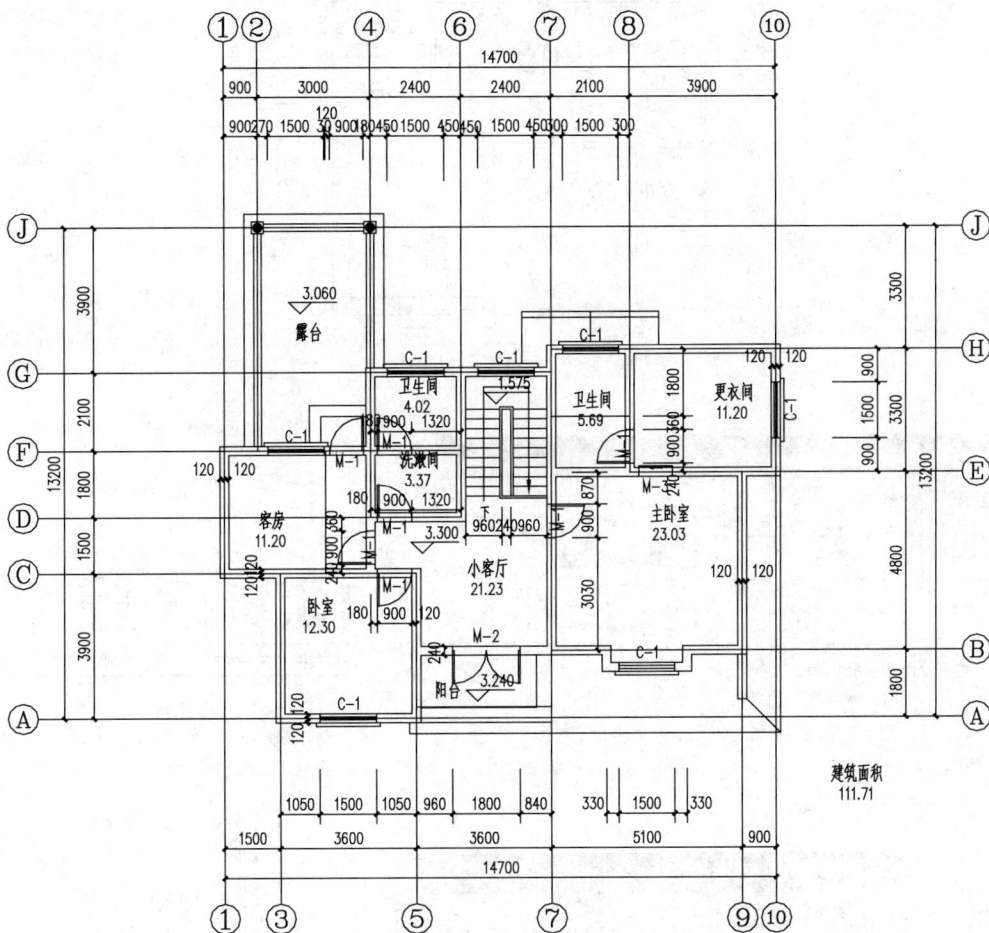

图 18-107 标高标注

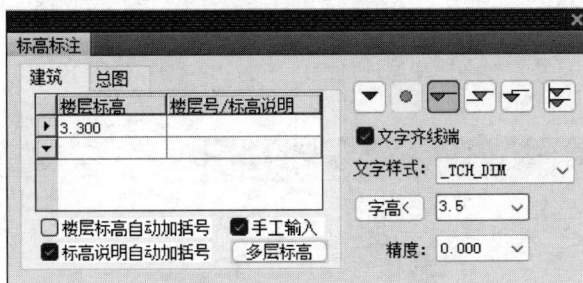

图 18-108 "标高标注"对话框(一)

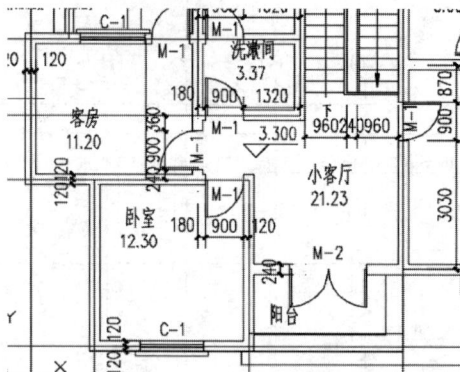

图 18-109 标注室内标高

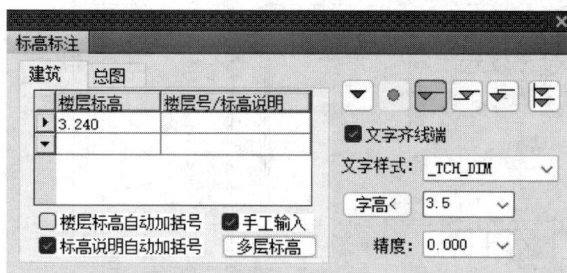

图 18-110 "标高标注"对话框(二)

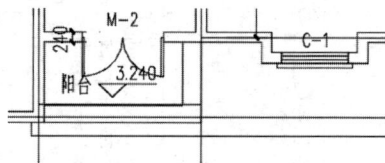

图 18-111 标注阳台标高

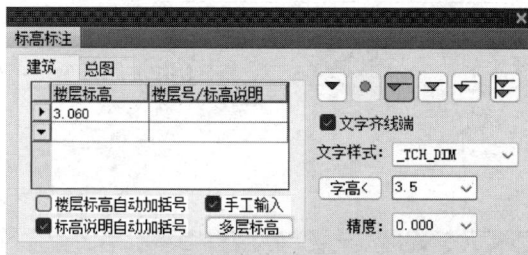

图 18-112 "标高标注"对话框(三)

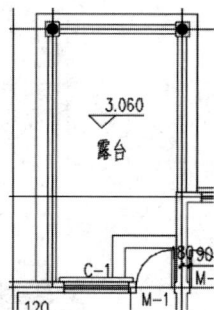

图 18-113 标注露台标高

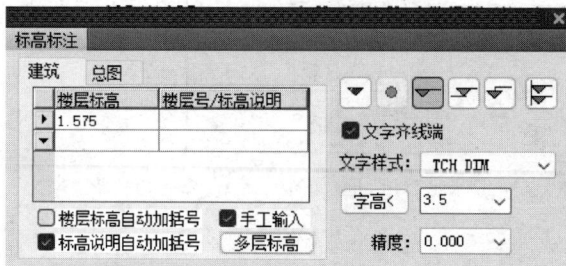

图 18-114 "标高标注"对话框(四)

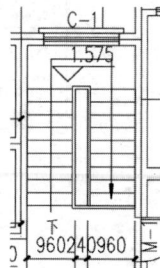

图 18-115 标注楼梯平台标高

18.2.11 图名标注

单击菜单中的"符号标注"→"图名标注"命令,在打开的"图名标注"对话框中输入图名"别墅二层平面图",并设置文字高度,如图 18-116 所示。在平面图下方正中央添加图名,标注的最终结果如图 18-63 所示。

至此完成别墅二层平面图的绘制。

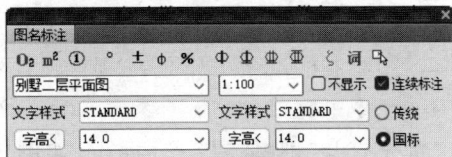

图 18-116 "图名标注"对话框

18.3 绘制别墅屋顶平面图

本节绘制别墅屋顶平面图,方法比较简单。绘制的别墅屋顶平面图如图 18-117 所示。

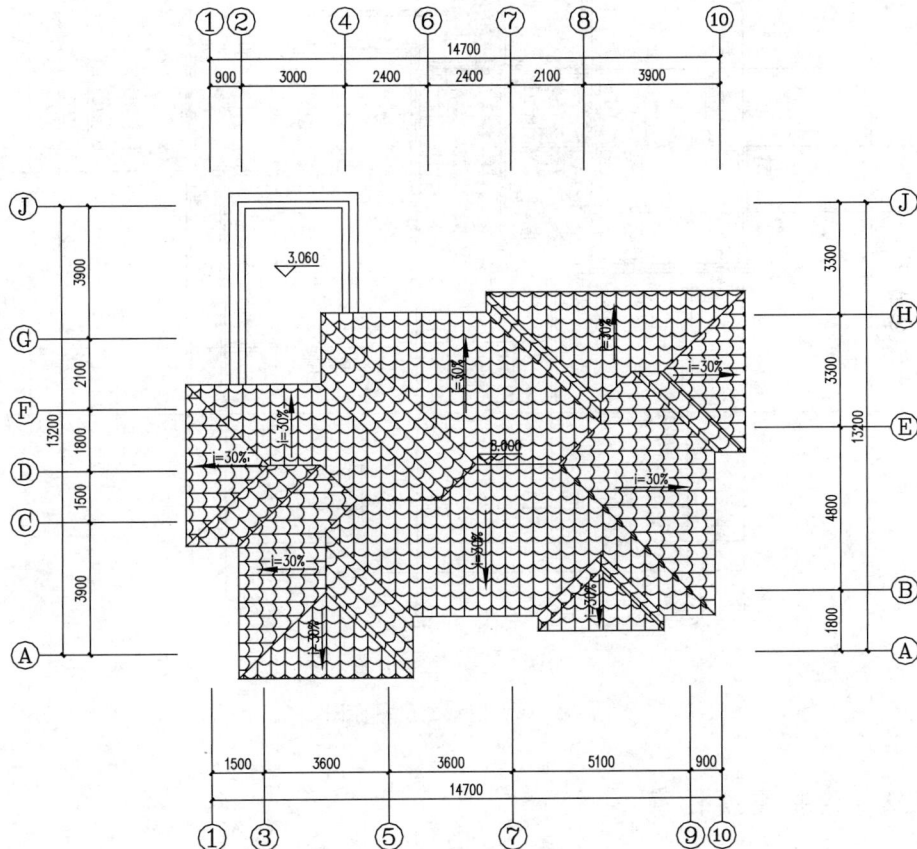

别墅屋顶平面图 1:100

图 18-117 别墅屋顶平面图

18.3.1 准备工作

本图绘制的准备工作是在"别墅二层平面图"的基础上修改,并利用"屋顶"菜单中的相关命令来完成的。

首先打开"别墅二层平面图",如图 18-118 所示,将其另存为"别墅屋顶平面图"。接下来对其进行整理,将不需要的家具和洁具、部分细节尺寸、楼梯等删除,绘制结果如图 18-119 所示。

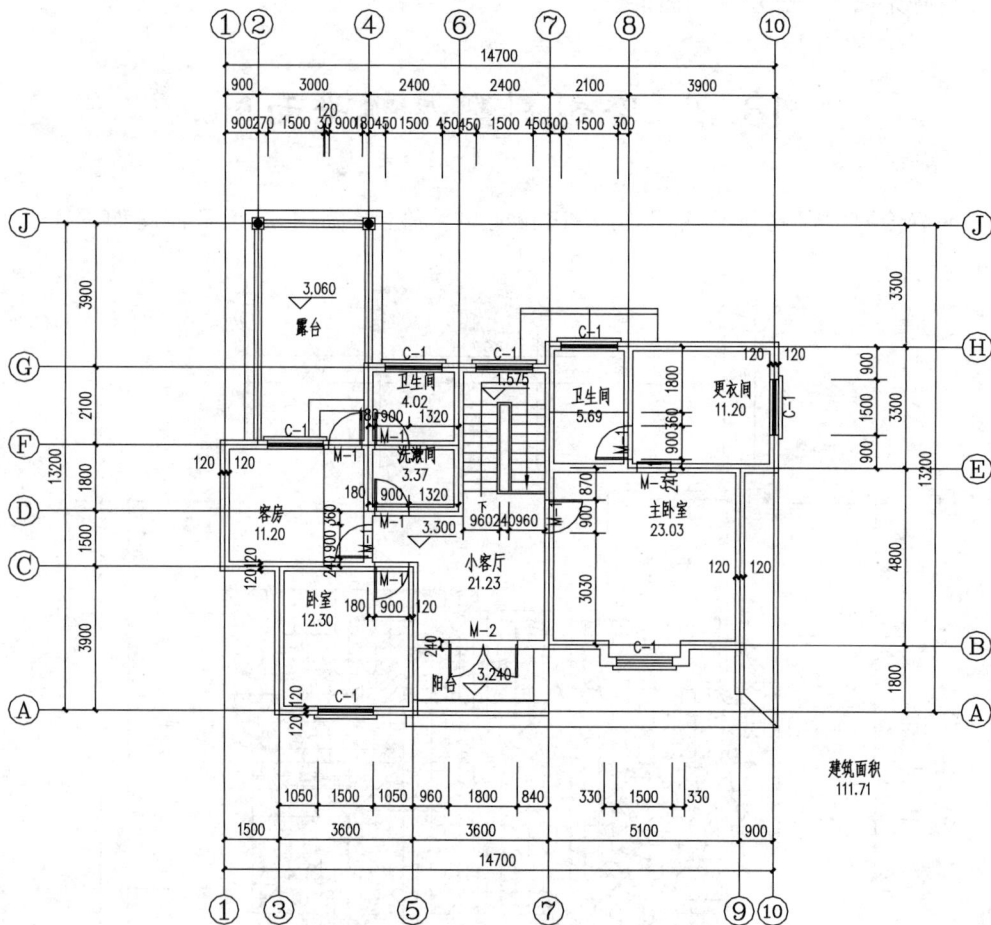

别墅二层平面图 1:100

图 18-118　别墅二层平面图

18.3.2 绘制屋顶轮廓

绘制屋顶轮廓的步骤如下。

（1）单击菜单中的"屋顶"→"搜屋顶线"命令,选择构成整栋建筑物的所有墙体,设置间距为 600,绘制外部轮廓线,如图 18-120 所示。

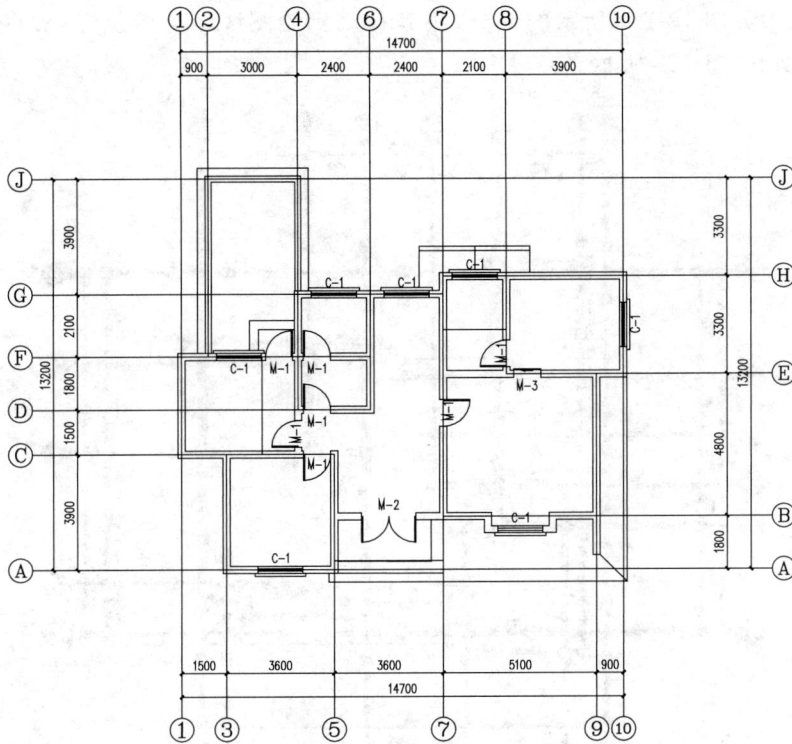

图 18-119 整理图形

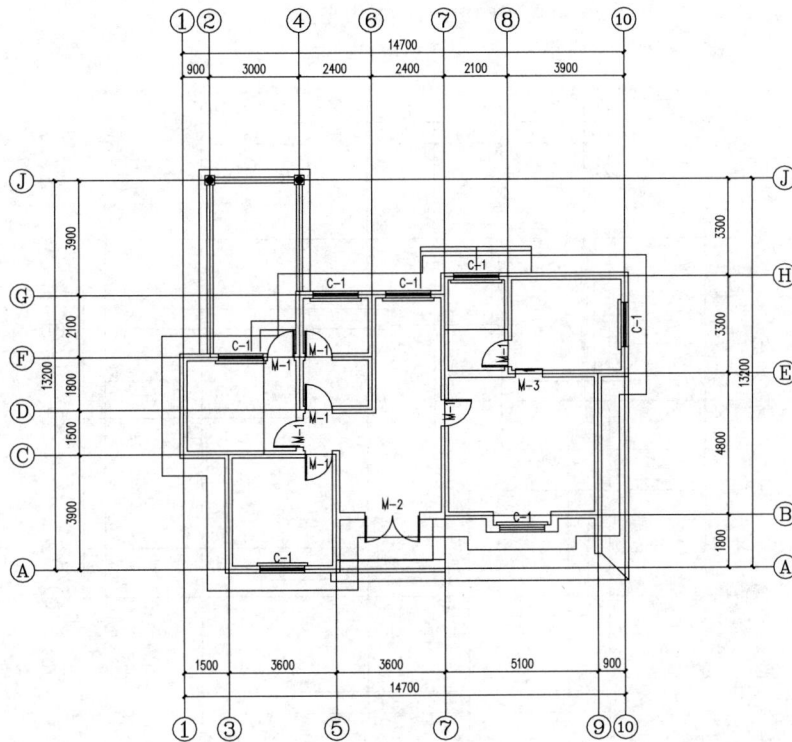

图 18-120 绘制外部轮廓线

（2）选中如图 18-121 所示的部分，将其移动到绘图区域空白位置处，将未选中的部分删除，如图 18-122 所示。

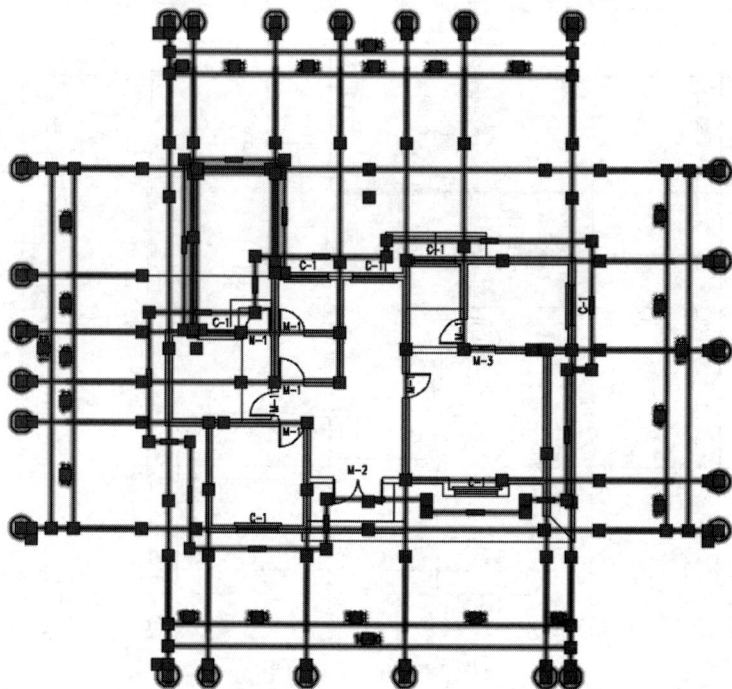

图 18-121　选中亮显

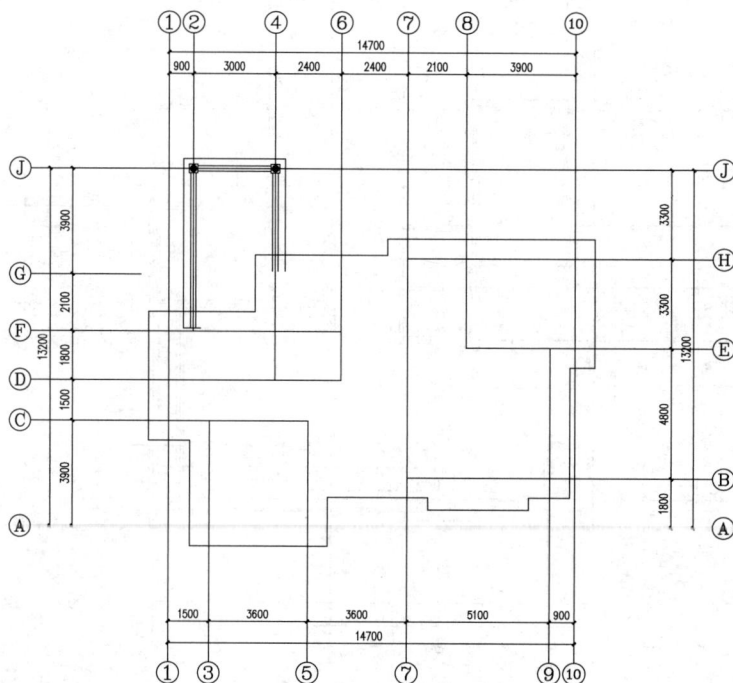

图 18-122　外部轮廓线图形

（3）利用 AutoCAD 的"修剪"和"删除"命令对外部轮廓线图形进行进一步整理，并将"DOTE"图层关闭，如图 18-123 所示。

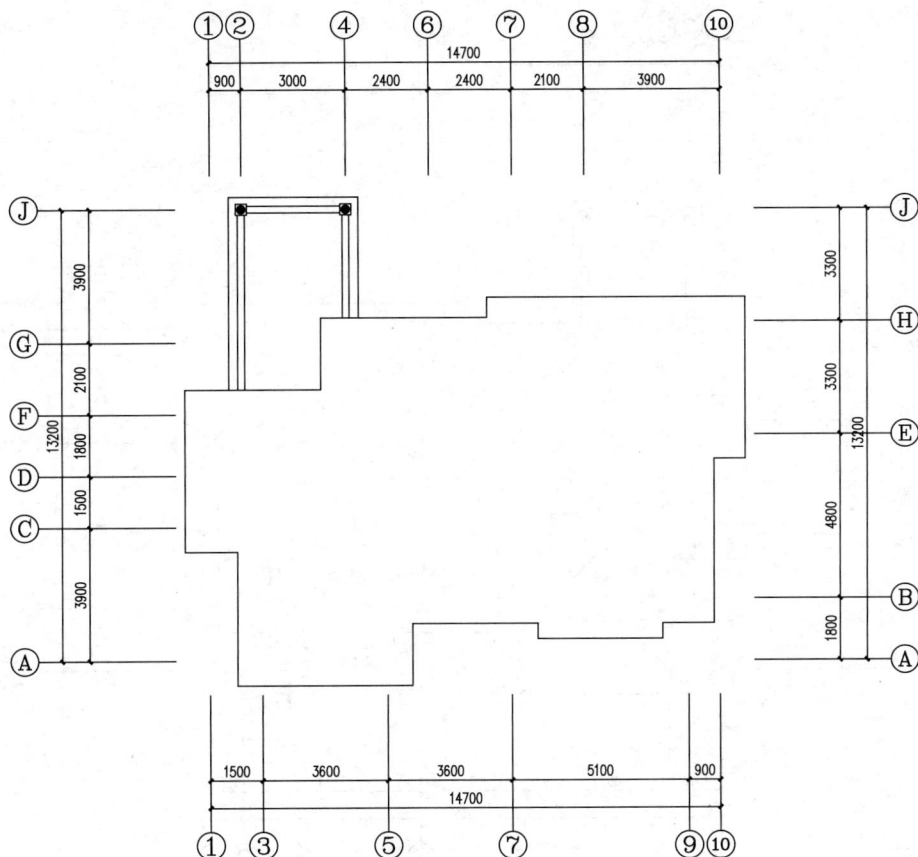

图 18-123　整理外部轮廓线图形

18.3.3　绘制屋脊线

绘制屋脊线的步骤如下。

单击菜单中的"屋顶"→"任意坡顶"命令，选择整栋建筑物的屋顶轮廓线，绘制坡顶屋脊线，如图 18-124 所示。

18.3.4　标注尺寸

单击菜单中的"符号标注"→"箭头引注"命令，打开如图 18-125 所示的"箭头引注"对话框，在坡屋顶上依次标注坡度尺寸，如图 18-126 所示。

18.3.5　填充屋顶

单击"默认"选项卡"绘图"面板中的"图案填充"按钮，选择整栋建筑物的屋顶区域，绘制瓦面屋顶，如图 18-127 所示。

18-28

18-29

18-30

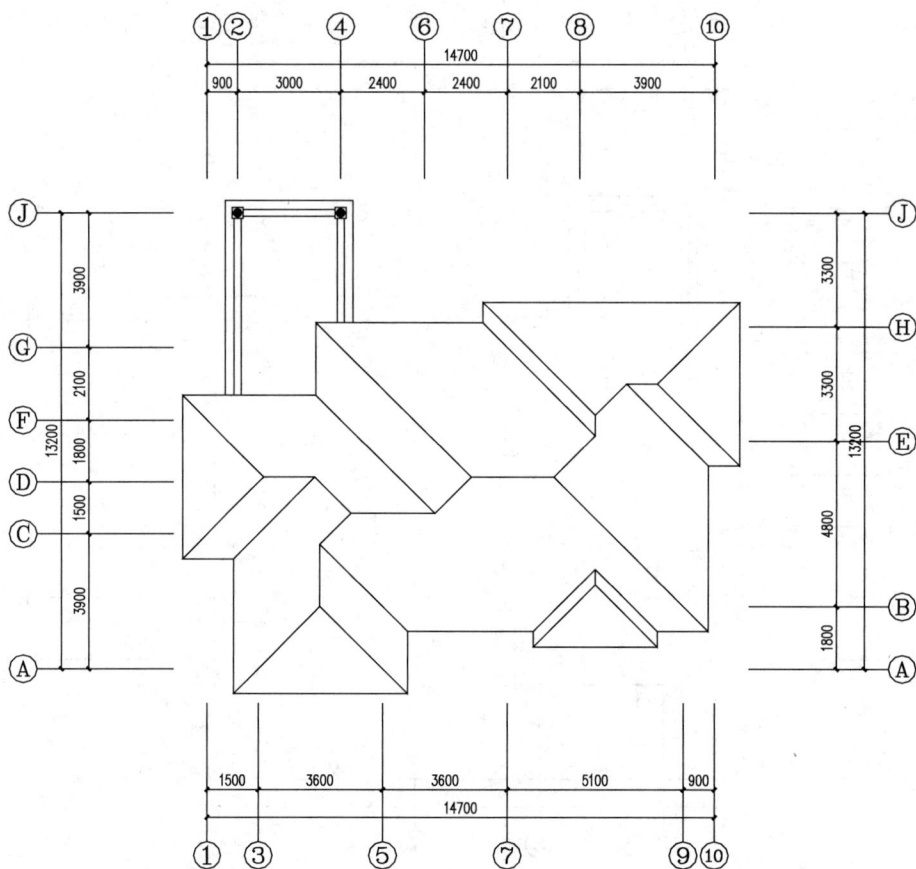

图 18-124　绘制屋脊线

图 18-125　"箭头引注"对话框

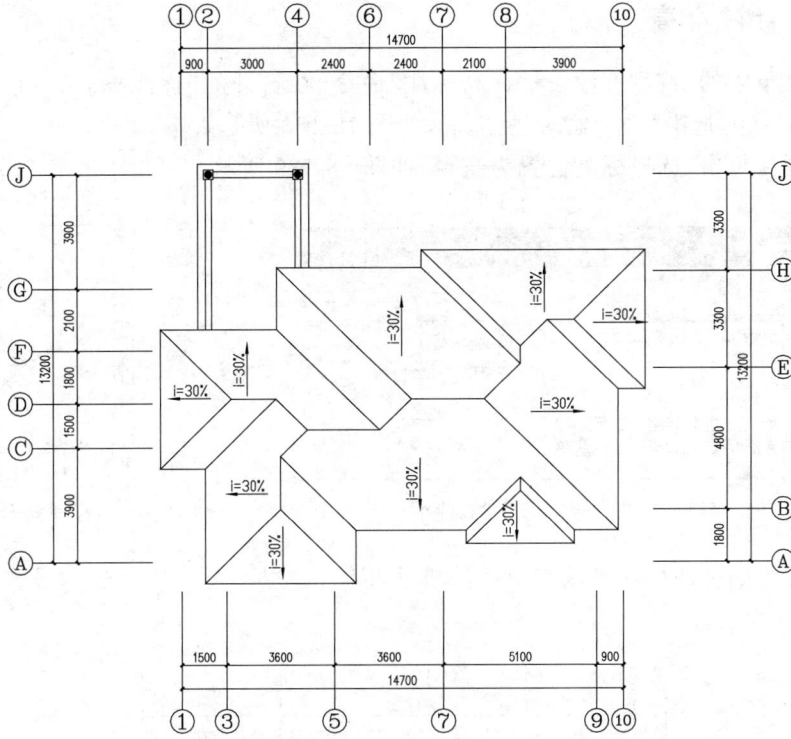

图 18-126　标注坡度

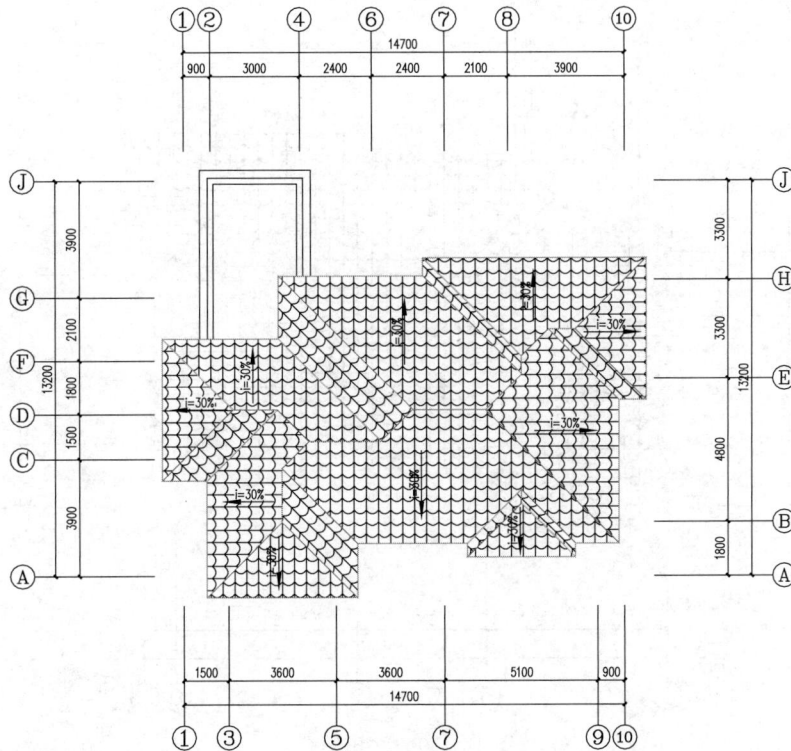

图 18-127　填充屋顶

18.3.6 标注标高

单击菜单中的"符号标注"→"标高标注"命令,在打开的"标注标高"对话框中输入楼层标高 3.060,选中"手工输入"复选框,如图 18-128 所示。

在绘图区单击,选择标高位置为露台,如图 18-129 所示。

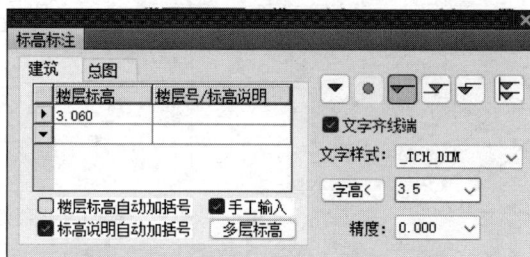

图 18-128 "标高标注"对话框

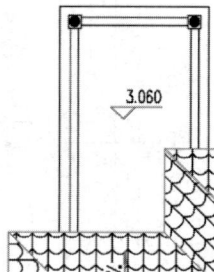

图 18-129 标注露台标高

其他位置的标高标注方法与上面的方法相同,这里不再一一赘述。最终标注结果如图 18-130 所示。

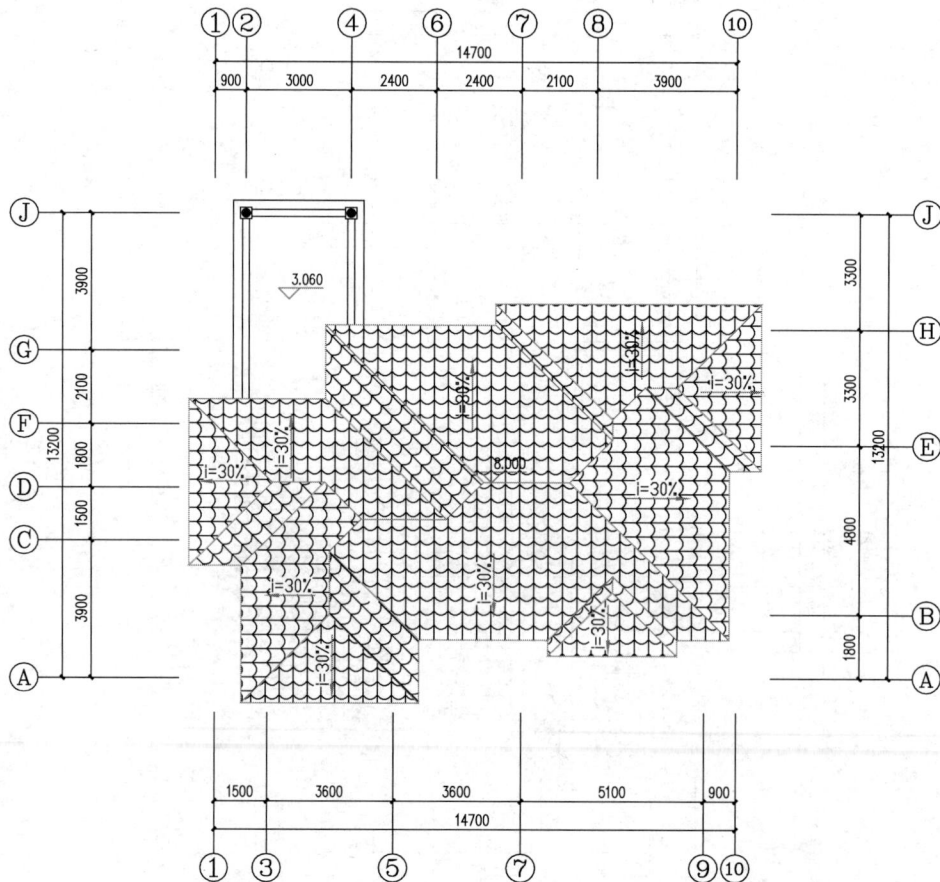

图 18-130 标注标高

18.3.7　图名标注

单击菜单中的"符号标注"→"图名标注"命令,在打开的"图名标注"对话框中输入图名"别墅屋顶平面图",并设置文字高度,如图 18-131 所示。在平面图下方正中央添加图名,绘制结果如图 18-117 所示。

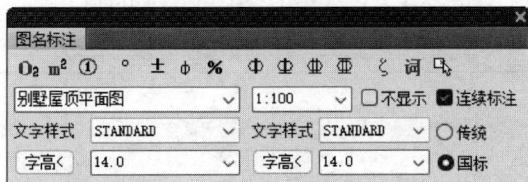

图 18-131　"图名标注"对话框

18.4　绘制别墅立面图

本节综合运用立面命令,详细的创建介绍别墅立面图的绘制方法。别墅正立面图如图 18-132 所示。

别墅正立面图 1:100

图 18-132　别墅正立面图

18.4.1　立面图创建

当所有平面图绘制完毕后,建立一个工程文件,然后用"建筑立面"命令直接生成建筑立面。生成的建筑立面图如图 18-133 所示。

打开需要生成建筑立面的各层平面图,将其依次复制到新的文件下,并将其命名为"标准层",如图 18-134 所示。

图 18-133　立面图

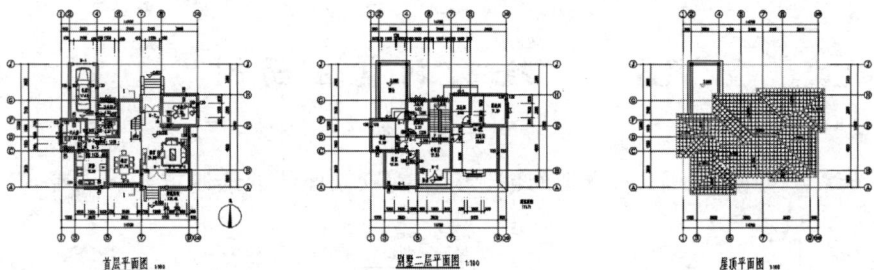

图 18-134　平面图

生成建筑立面的步骤如下。

（1）单击菜单中的"文件布图"→"工程管理"命令，打开"工程管理"选项板，选取新建工程，打开新建工程对话框，如图 18-135 所示。在"文件名"中输入文件名称为"平面"，单击"保存"按钮。

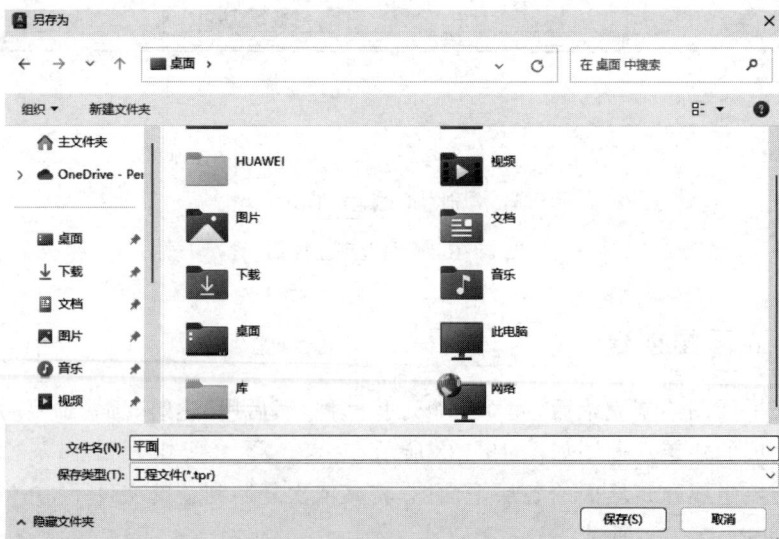

图 18-135　新建工程对话框

（2）在"工程管理"选项板中展开"楼层"下拉列表框，如图 18-136 所示。

（3）将三个平面图放在一个图样文件中，然后在楼层栏的电子表格中分别选取图中的三个平面图，指定共同对齐点，完成组合楼层。

单击相应按钮，命令行显示如下：

```
选择第一个角点<取消>:点选所选标准层文件中别墅首层平面图的左下角
另一个角点<取消>:点选所选标准层文件中别墅首层平面图的右上角
对齐点<取消>:选择开间和进深的第一轴线交点
成功定义楼层!
```

此时将所选的楼层定义为第一层，如图 18-137 所示。

图 18-136 "楼层"下拉列表框   图 18-137 定义第一层

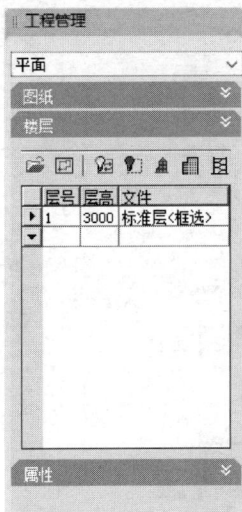

重复上面的操作完成楼层的定义，天正软件默认的层高为 3000，我们需要根据自己的需要对层高进行修改。这里将层高改为 3300，如图 18-138 所示。当标准层不在同一图样中时，可以单击"文件"栏，此时会出现"选楼层文件"方框，单击此方框，选择需要装入的标准层。

单击菜单中的"立面"→"建筑立面"命令，命令行显示如下：

```
请输入立面方向或 [正立面(F)/背立面(B)/左立面(L)/右立面(R)]<退出>:选择正立面 F
请选择要出现在立面图上的轴线:选择轴线
请选择要出现在立面图上的轴线:选择轴线
请选择要出现在立面图上的轴线:按回车键
```

此时系统打开"立面生成设置"对话框，如图 18-139 所示。

（4）在对话框中输入标注的数值，然后单击"生成立面"按钮，打开"输入要生成的文件"对话框。在此对话框中输入要生成的立面文件名称并选择保存位置，如图 18-140 所示。

（5）单击"保存"按钮，即可在指定位置生成立面图，如图 18-133 所示。此时生成的立面图是不可以直接应用的，需要进行编辑修改。

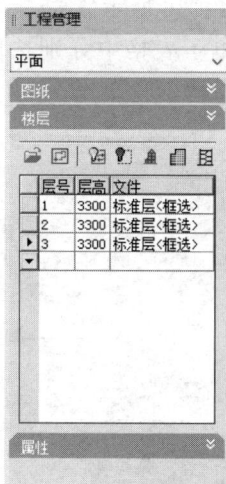

图 18-138 定义楼层

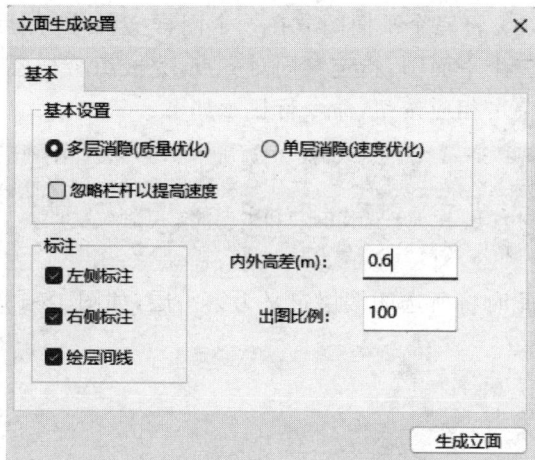

图 18-139 "立面生成设置"对话框

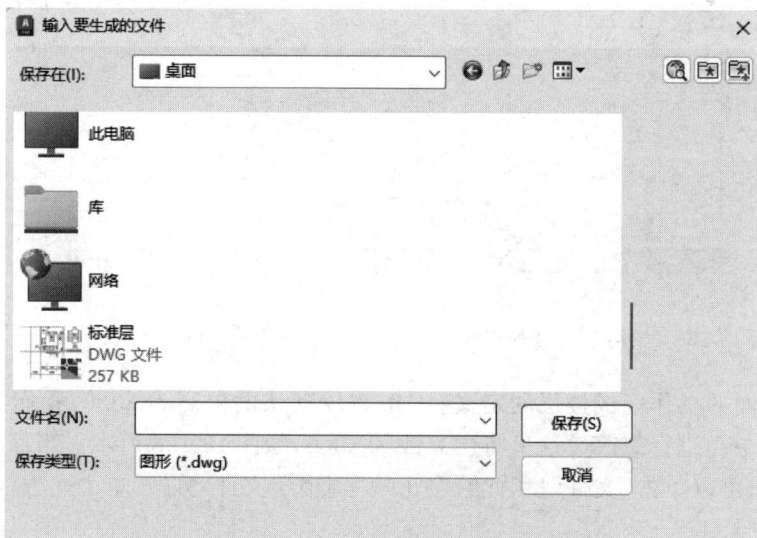

图 18-140 "输入要生成的文件"对话框

18.4.2 立面图编辑

根据立面构件的要求,一系列用于编辑建筑立面的命令可以完成创建门窗、阳台、墙裙以及绘制轮廓线等功能。如图 18-141 所示。

1. 立面门窗

立面门窗命令可以插入、替换立面图上的门窗,同时对立面门窗库进行维护。

(1) 单击菜单中的"立面"→"立面门窗"命令,打开"天正图库管理系统"对话框,如图 18-142 所示。

替换已有的门窗。在上侧图库中选择"普通窗"中所需替换的门窗图块,然后单击上方的"替换"按钮 ,命令行显示如下:

18-34

图 18-141　立面图

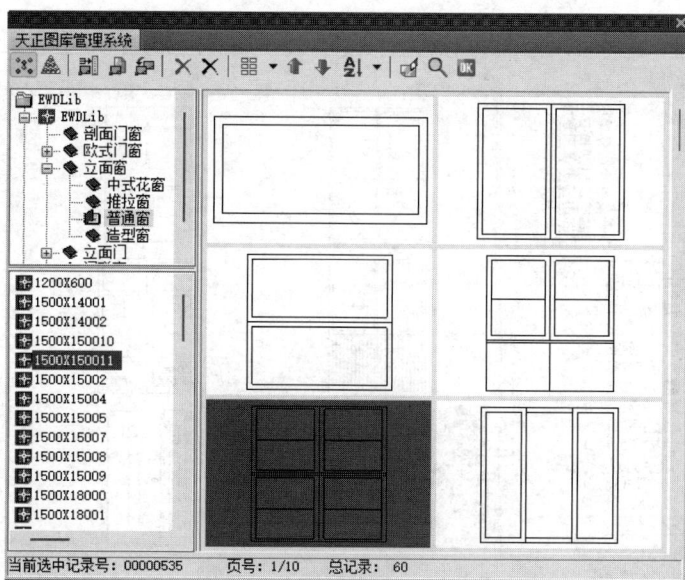

图 18-142　"天正图库管理系统"对话框(一)

选择图中将要被替换的图块!

选择对象:选择已有的门窗图块

选择对象:按回车键退出

　　系统自动按照选取图框的左下角和右上角所对应的范围,以左下角为插入点替换窗图块,如图 18-143 所示。

　　(2)替换门。单击菜单中的"立面"→"立面门窗"命令,打开"天正图库管理系统"对话框,选择所需替换成的门图块,如图 18-144 所示。

　　单击上方的"替换"按钮,然后选择图中要替换的立面门,命令行显示如下:

选择图中将要被替换的图块!

选择对象:选择已有的门

选择对象:按回车键退出

图 18-143 替换的窗

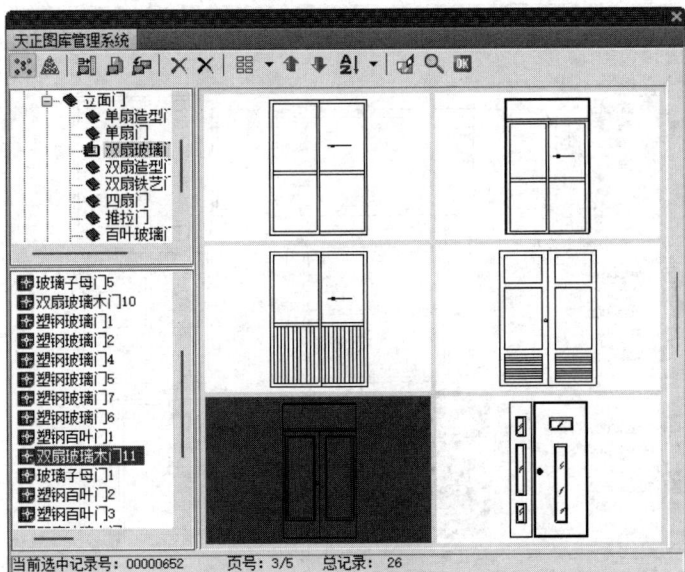

图 18-144 "天正图库管理系统"对话框(二)

系统自动以新选的门替换原有的门,结果如图 18-145 所示。

(3)使用相同的方法替换一层中间的窗户,结果如图 18-141 所示。

2. 门窗参数

打开需要查询立面门窗参数的立面图,如图 18-146 所示,选中窗户右击,在弹出的快捷菜单中选择"门窗参数"命令,查询并更改右上侧的窗参数,命令行显示如下:

```
底标高< 6525 >:4800 ↙
高度< 1730 >:1500 ↙
宽度< 845 >:1500 ↙
```

系统自动按照尺寸更新所选立面窗。

图 18-145　替换门

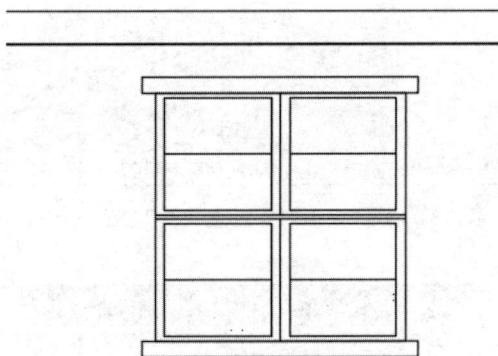

图 18-146　窗户立面图

使用相同的方法对一层门窗的参数进行修改，具体尺寸参照标准层中的尺寸。更新立面图的立面窗尺寸，如图 18-147 所示。

图 18-147　更新立面窗尺寸后的立面图

3．立面阳台

（1）单击菜单中的"立面"→"立面阳台"命令，打开"天正图库管理系统"对话框，按图18-148所示进行选择。双击选择的阳台图，打开"图块编辑"对话框，如图18-149所示，按图所示进行选择，在指定位置单击生成二层阳台立面图，结果如图18-150所示。

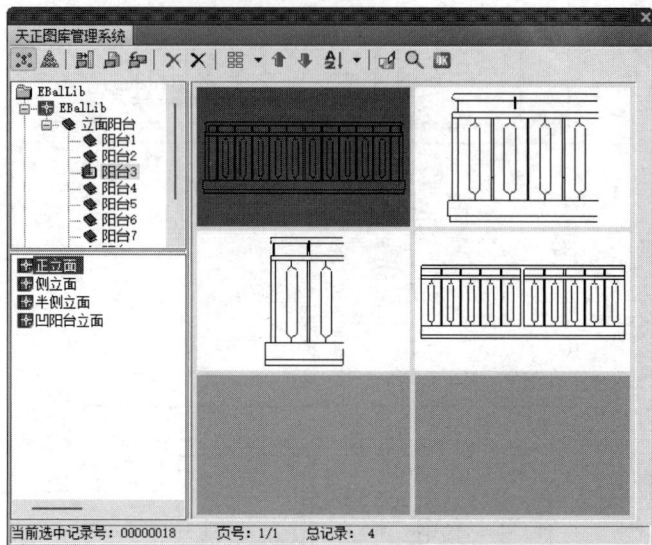

图18-148 "天正图库管理系统"对话框（三）

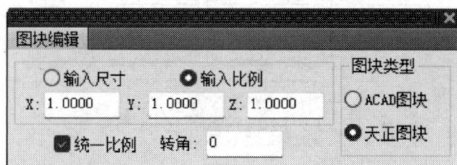

图18-149 "图块编辑"对话框

图18-150 生成二层阳台立面图

（2）单击菜单中的"立面"→"立面阳台"命令，为一层立面图添加阳台图块，如图 18-151 所示。

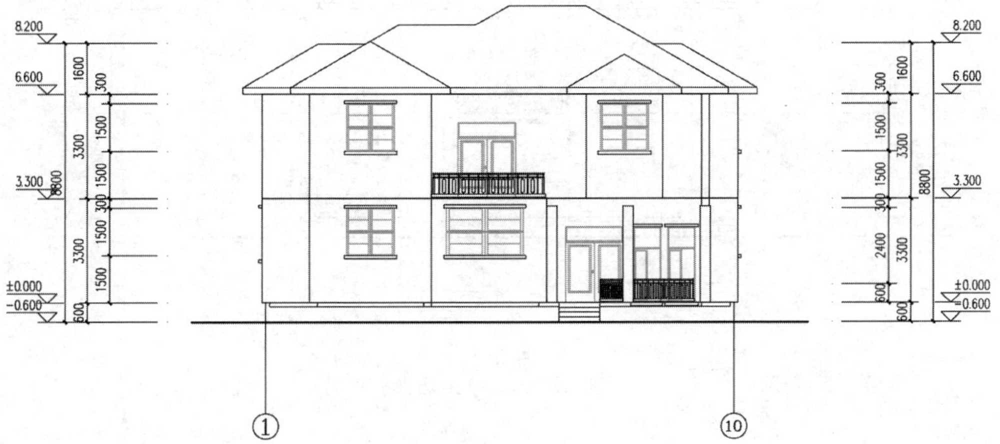

图 18-151　添加一层的阳台

18.4.3　立面墙裙

18-35

利用 AutoCAD 中的"直线"和"图案填充"命令，绘制一层立面图的墙裙，结果如图 18-152 所示。

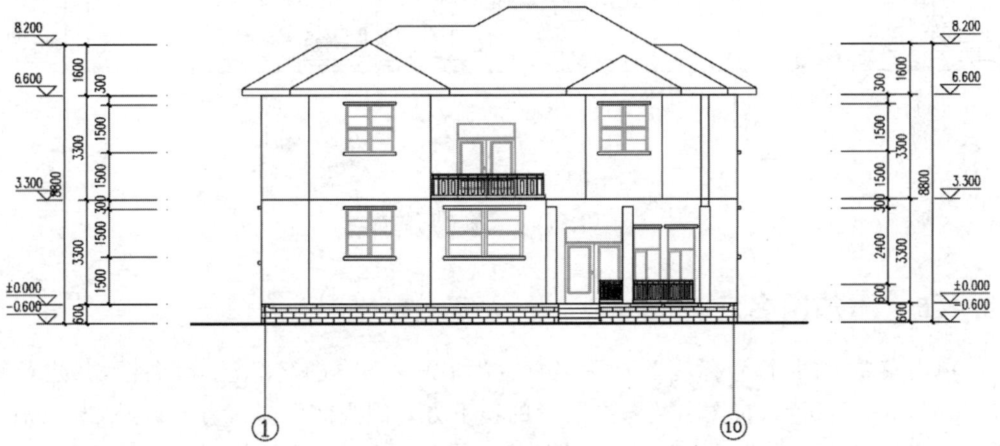

图 18-152　绘制立面墙裙和台阶

18.4.4　立面轮廓

18-36

（1）利用 AutoCAD 中的删除和修剪等命令对整个图形进行整理，结果如图 18-153 所示。

（2）单击菜单中的"立面"→"立面轮廓"命令，在命令行提示下选择整个二维图形，设置轮廓宽度为 10，为其添加立面轮廓，结果如图 18-154 所示。

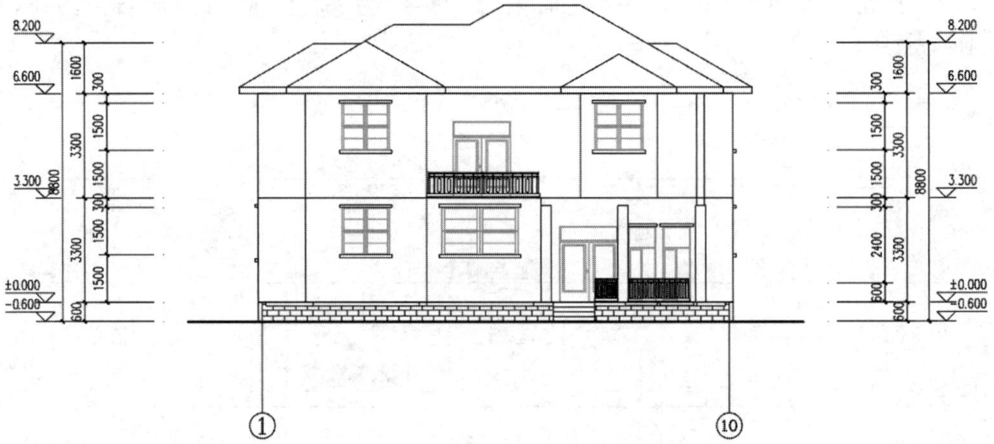

图 18-153　整理图形

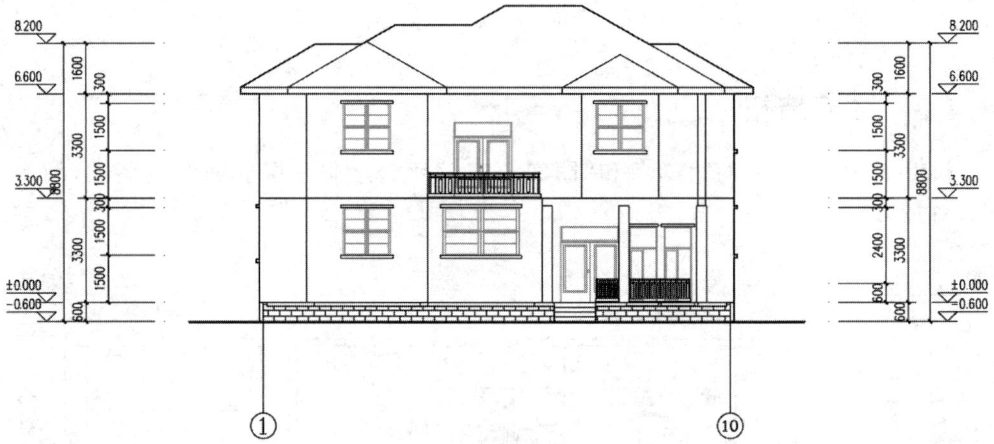

图 18-154　添加立面轮廓

18.4.5　添加图名

单击菜单中的"符号标注"→"图名标注"命令，打开"图名标注"对话框，并进行设置，如图 18-155 所示，将图名放置在图形的正下方。因为前面门窗有所调整，所以最后要把生成的尺寸标注进行修改，标注的最终结果如图 18-156 所示。

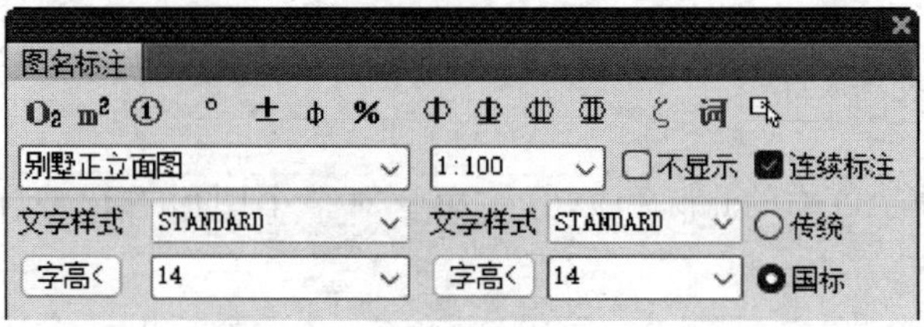

18-37

图 18-155　"图名标注"对话框

别墅正立面图 1:100

图 18-156 添加图名后别墅正立面图

18.5 绘制别墅剖面图

本节综合运用剖面绘制命令,详细介绍别墅剖面图的绘制方法。绘制的别墅 1-1 剖面图如图 18-157 所示。

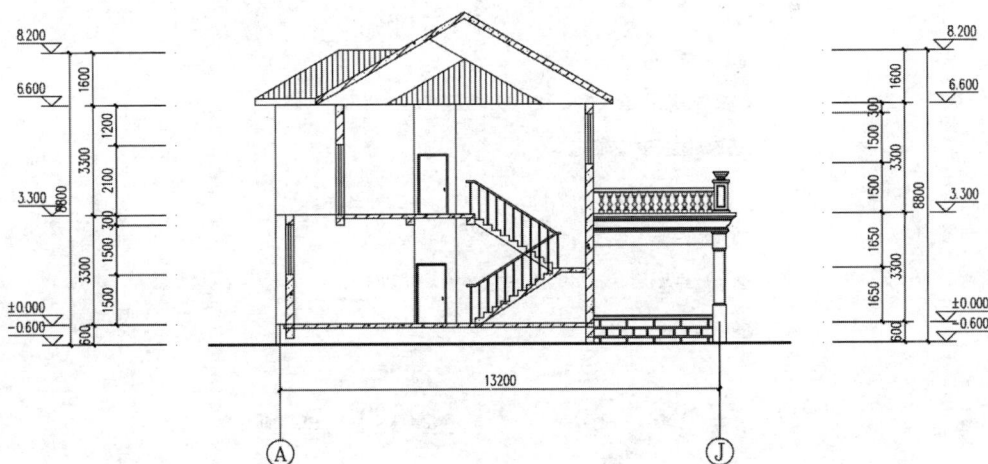

1-1剖面图 1:100

图 18-157 别墅剖面图

18.5.1 建筑剖面

利用建筑剖面命令可以生成建筑剖面。可以在创建的标准层上建立工程管理项目,并在其中绘制剖切线,然后用"建筑剖面"命令直接生成建筑剖面。

18-38

打开需要生成建筑剖面的标准层,平面图如图 18-158 所示。

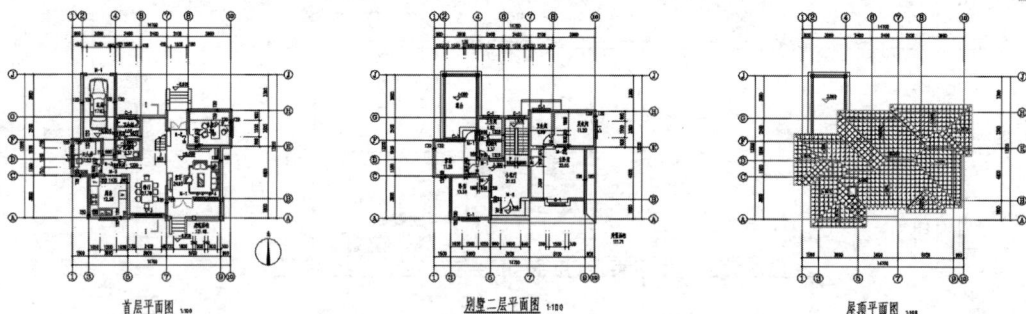

图 18-158　平面图

绘制建筑剖面的操作步骤如下。

(1) 在首层确定剖面剖切位置,单击菜单中的"剖面"→"建筑剖面"命令,命令行显示如下:

```
请选择一剖切线:选择剖切线
请选择要出现在剖面图上的轴线:选择 A 轴
请选择要出现在剖面图上的轴线:选择 J 轴
请选择要出现在剖面图上的轴线:按回车键退出
```

打开系统"剖面生成设置"对话框,如图 18-159 所示。

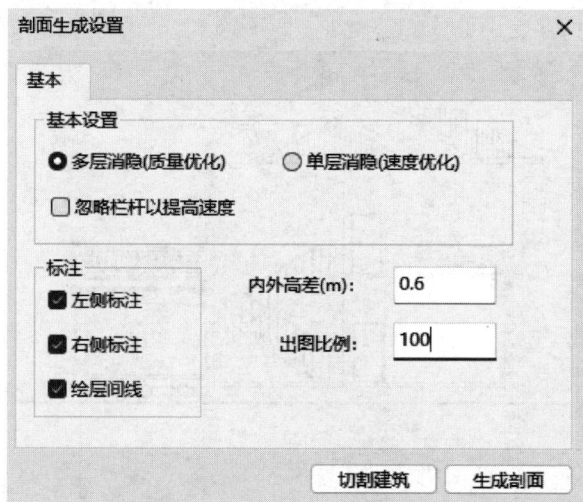

图 18-159　"剖面生成设置"对话框

在对话框中输入标注的数值,然后单击"生成剖面"按钮,打开"输入要生成的文件"对话框,在此对话框中输入要生成的剖面文件名称并选择保存位置,如图 18-160 所示。

(2) 单击"保存"按钮,即可在指定位置生成剖面图。由天正软件生成的剖面图一般不可以直接应用,应进行适当修整。

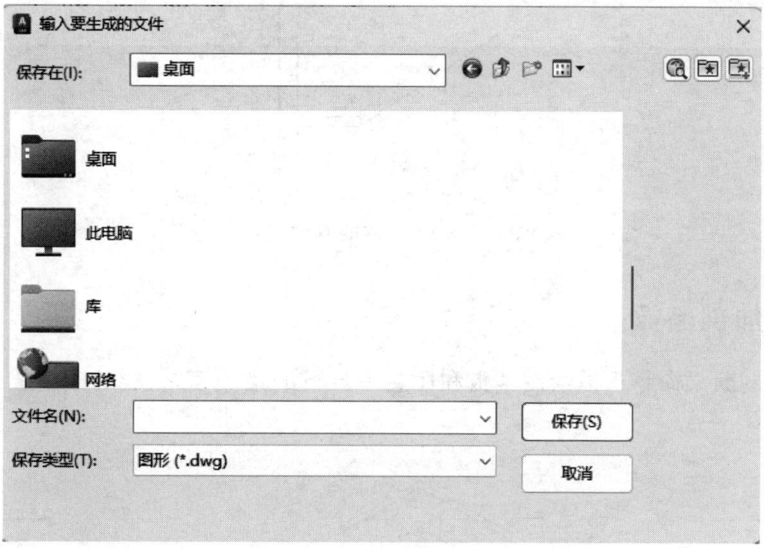

图 18-160　"输入要生成的文件"对话框

18.5.2　双线楼板

利用双线楼板命令可以绘制剖面双线楼板，生成的双线楼板如图 18-161 所示。

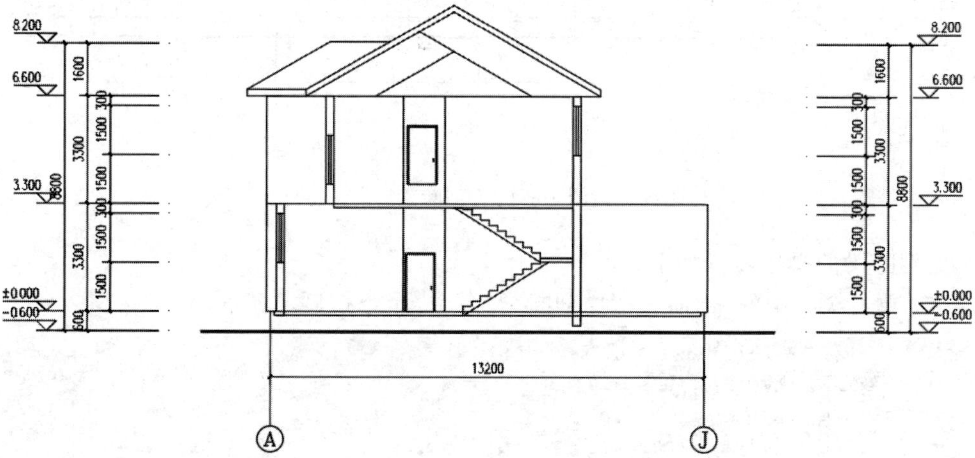

图 18-161　双线楼板

绘制双线楼板的操作步骤如下。

单击菜单中的"剖面"→"双线楼板"命令，命令行显示如下：

```
请输入楼板的起始点 <退出>:A
结束点 <退出>:B
楼板顶面标高 <9000>:1650↙
楼板的厚度(向上加厚输负值) <200>:120↙
```

生成的双线楼板如图 18-162 所示。

绘出双线楼板后的别墅图形如图 18-161 所示。

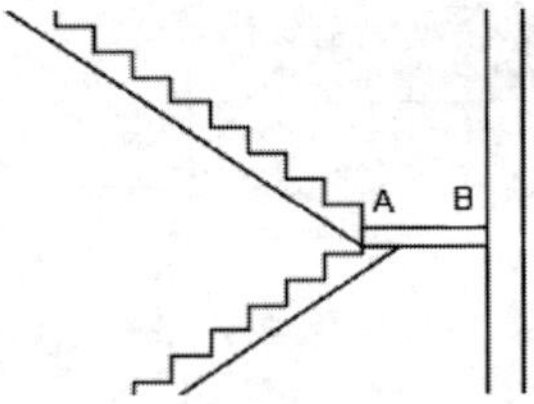

Note

18-40

图 18-162　生成的双线楼板

18.5.3　加剖断梁

利用加剖断梁命令可以绘制楼板和休息平台下的梁截面,生成的剖断梁如图 18-163 所示。

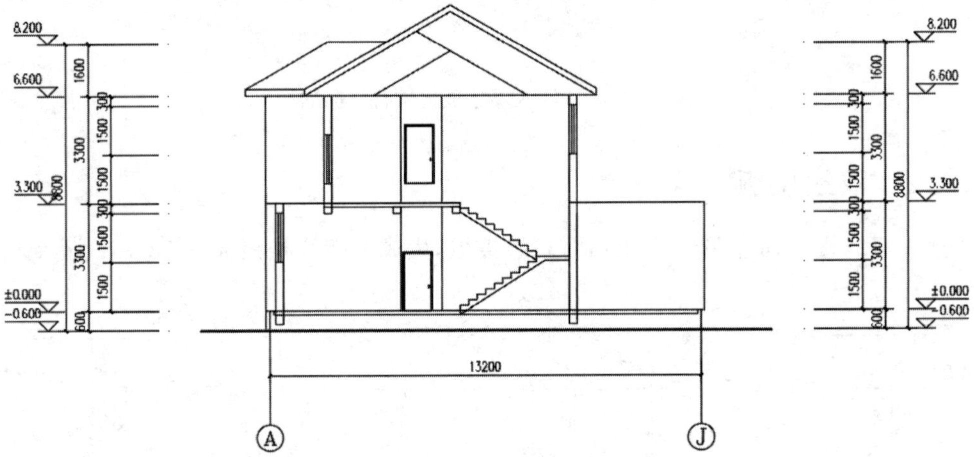

图 18-163　剖断梁

加剖断梁的操作步骤如下。

(1) 单击菜单中的"剖面"→"加剖断梁"命令,命令行显示如下:

```
请输入剖面梁的参照点 <退出>:选 A
梁左侧到参照点的距离 <100>:120↵
梁右侧到参照点的距离 <100>:120↵
梁底边到参照点的距离 <300>:200↵
```

生成的剖断梁如图 18-164 所示。

(2) 同理,单击菜单中的"剖面"→"加剖断梁"命令,完成其他位置的剖断梁图,结果如图 18-163 所示。

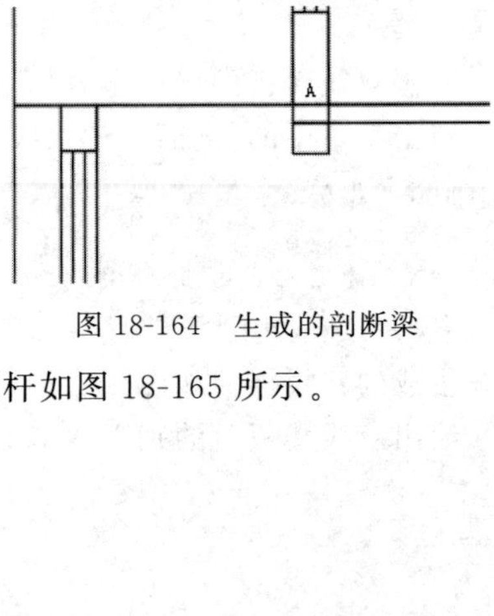

18.5.4　楼梯栏杆

楼梯栏杆命令可以自动识别剖面楼梯与可见楼梯,绘制楼梯栏杆和扶手。本例别墅生成的楼梯栏杆如图 18-165 所示。

绘制楼梯栏杆的操作步骤如下。

图 18-164　生成的剖断梁

18-41

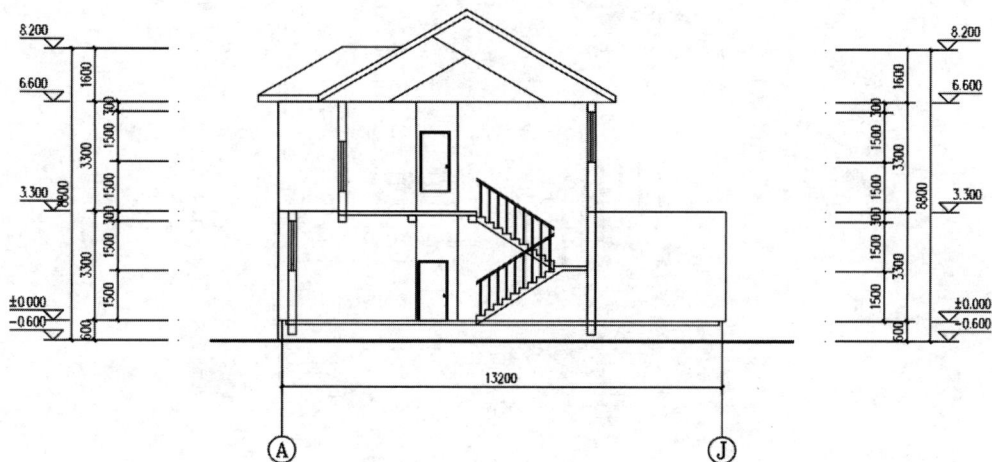

图 18-165　楼梯栏杆

（1）单击菜单中的"剖面"→"参数栏杆"命令，打开"剖面楼梯栏杆参数"对话框，按照尺寸对其参数进行设置，如图 18-166 所示。选择楼梯合适的位置为插入点将其插入，结果如图 18-167 所示。

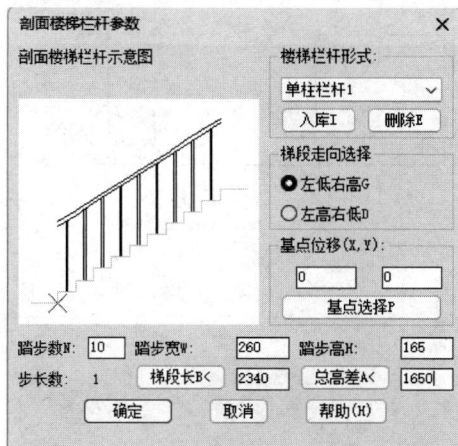

图 18-166　"剖面楼梯栏杆参数"对话框

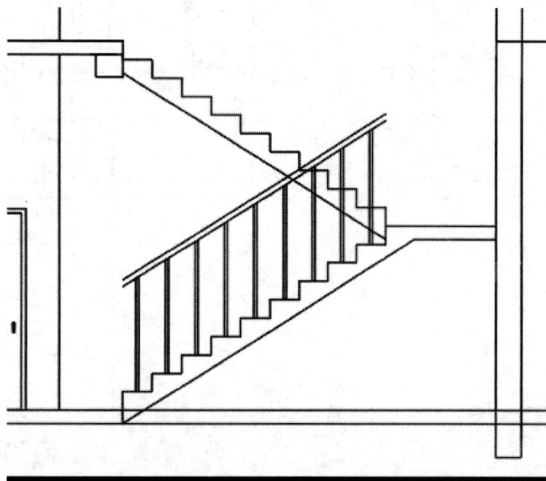

图 18-167　绘制首层楼梯栏杆

（2）操作同上，按照尺寸设置参数，如图 18-168 所示，选择楼梯合适的位置将其插入，结果如图 18-165 所示。

18.5.5　扶手接头

扶手接头命令对楼梯扶手的接头位置作细部处理，生成的扶手接头如图 18-169 所示。

绘制扶手接头的操作步骤如下。

（1）单击菜单中的"剖面"→"扶手接头"命令，命令行显示如下：

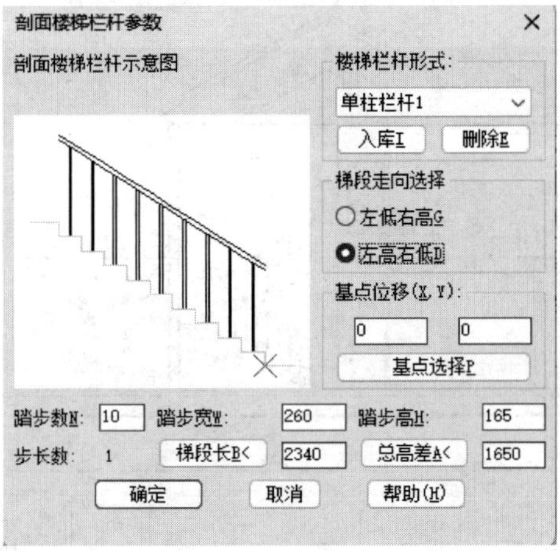

图 18-168　设置栏杆参数

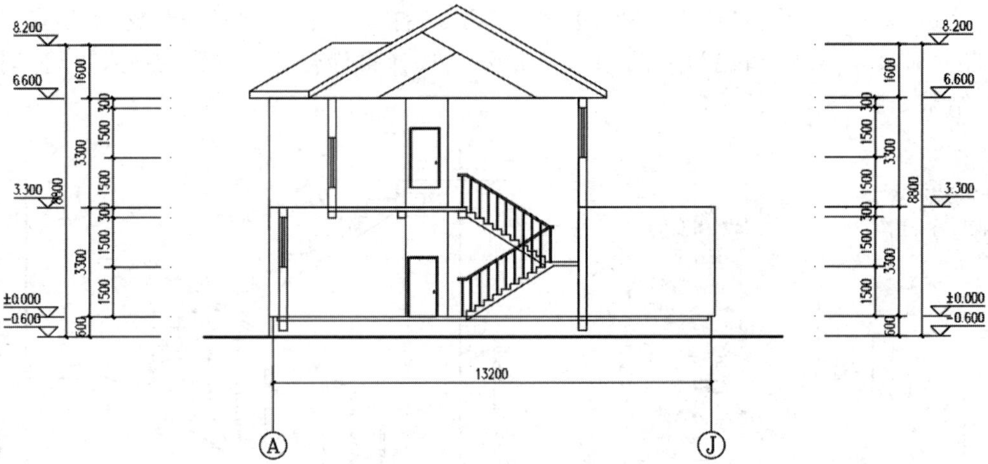

图 18-169　扶手接头

请输入扶手伸出距离<150>:250↙
请选择是否增加栏杆[增加栏杆(Y)/不增加栏杆(N)]<增加栏杆(Y)>:Y
请指定两点来确定需要连接的一对扶手!
选择第一个角点<取消>:指定需要连接的扶手的第一角点
另一个角点<取消>:指定需要连接的扶手的第二角点
请指定两点来确定需要连接的一对扶手!选择第一个角点<取消>:按回车键退出

执行命令后,即可在一层平台指定位置生成楼梯扶手接头,如图 18-170 所示。

(2)继续单击菜单中的"剖面"→"扶手接头"命令,将扶手伸出距离设置为 250,增加栏杆,为上下两侧添加扶手接头,最终结果如图 18-169 所示。

18.5.6　剖面填充

剖面填充命令可以识别天正软件生成的剖面构件,进行图案填充。生成的剖面填充如图 18-171 所示。

剖面填充的操作步骤如下。

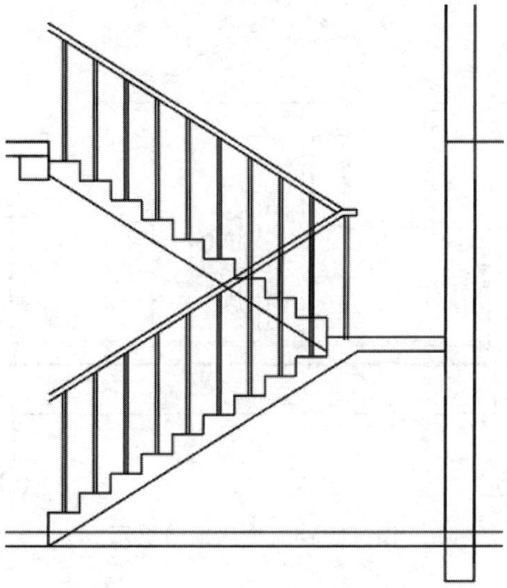

图 18-170   绘制一层平台扶手接头

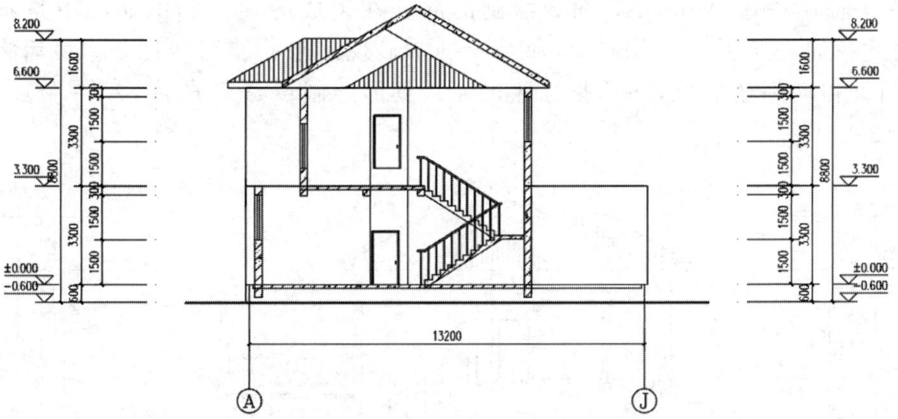

图 18-171   剖面填充

(1) 单击菜单中的"剖面"→"剖面填充"命令,选择剖切到的墙体和梯梁,以及楼板,按回车键,打开"请点取所需的填充图案"对话框,如图 18-172 所示。

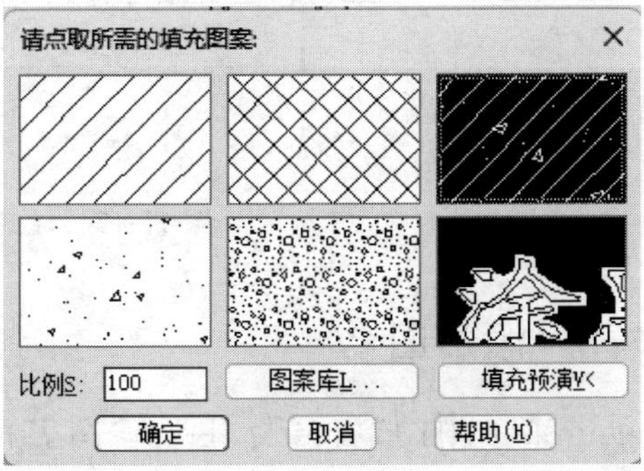

(2) 选中钢筋混凝土填充图案,图案变暗。单击"确定"按钮,即可在指定位置生成剖面填充,如图 18-173 所示。

(3) 对于图中未剖到的屋顶的瓦楞线,使用 AutoCAD 中的"图案填充"命令绘制,并对图形作相应的修整,结果如图 18-171 所示。

图 18-172   "请点取所需的填充图案"对话框

Note

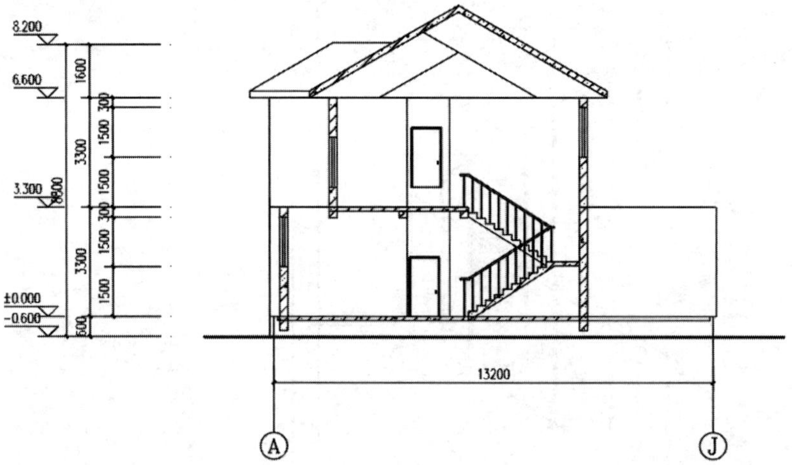

图 18-173　生成剖面填充

18-44

18.5.7　装饰墙裙和柱

在平面图中用 AutoCAD 命令绘制的部分在生成的立面和剖面图中是不显示的，因此我们需要利用 AutoCAD 命令绘制未显现出来的墙裙和柱子。最后将二层的门向下移动到楼板处，并调整标注尺寸。具体绘制步骤与方法不一一赘述，结果如图 18-174 所示。

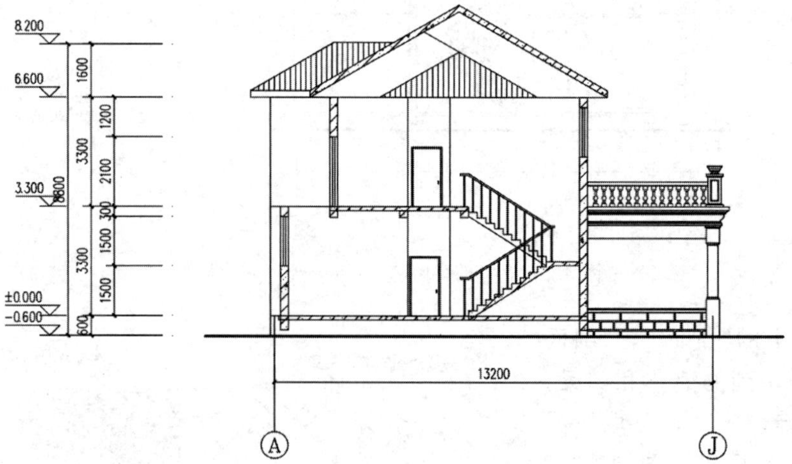

图 18-174　绘制装饰墙裙和柱

18-45

18.5.8　添加图名

单击菜单中的"符号标注"→"图名标注"命令，打开"图名标注"对话框，并进行设置，如图 18-175 所示。将图名放置在图形的正下方，结果如图 18-176 所示。

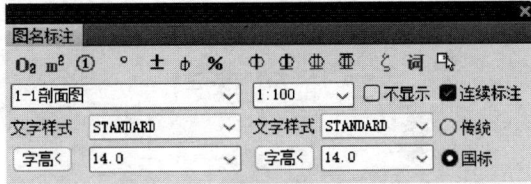

图 18-175 "图名标注"对话框

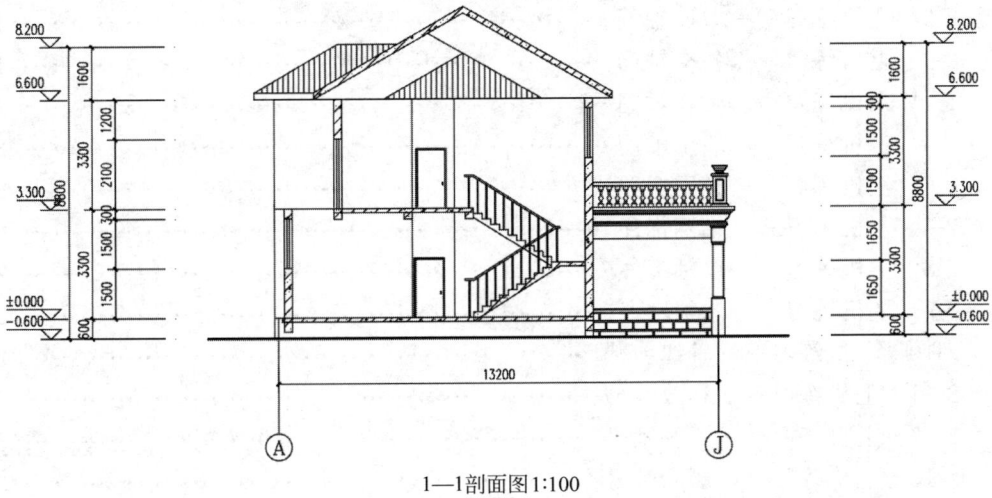

1—1剖面图1:100

图 18-176 1—1 剖面图

二维码索引

Note

Note

Note